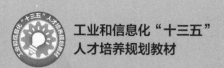

工业和信息化"十三五"
人才培养规划教材

U0161362

高等数学

上册

张颖 周华 张爱华 ◎ 编著

人民邮电出版社

北 京

图书在版编目（CIP）数据

高等数学. 上册 / 张颖，周华，张爱华编著. -- 北京 ： 人民邮电出版社，2020.10（2023.8重印）
ISBN 978-7-115-54436-0

Ⅰ. ①高… Ⅱ. ①张… ②周… ③张… Ⅲ. ①高等数学－高等学校－教材 Ⅳ. ①O13

中国版本图书馆CIP数据核字(2020)第125100号

内 容 提 要

本套书根据教育部高等学校大学数学课程教学指导委员会公布的最新大学数学课程教学的基本要求进行编写，力争体现新工科理念与国际化的深度整合。全套书在编写过程中充分吸取和借鉴国内外优秀教材的精华，针对当前学生的知识结构和习惯特点，结合南京邮电大学高等数学教学中心和南京邮电大学通达学院数学教研室多年的科研与教学经验，在配有课程思政内容的同时对教材的深度和广度进行了精心的安排。全套书分为上、下两册。本书是上册，为一元函数微积分部分，共 6 章，内容包括函数、极限与连续，导数与微分，微分中值定理与导数的应用，不定积分，定积分及其应用和常微分方程。每节后配有习题，每章后配有本章小结和总习题，书末附有习题答案与提示。

本书可作为高等院校理工科类各专业学生的教材，也可作为报考硕士研究生的人员和科研工作者学习高等数学知识的参考用书。

◆ 编　　著　张　颖　周　华　张爱华
　　责任编辑　武恩玉
　　责任印制　周昇亮

◆ 人民邮电出版社出版发行　　北京市丰台区成寿寺路 11 号
　　邮编　100164　电子邮件　315@ptpress.com.cn
　　网址　https://www.ptpress.com.cn
　　三河市祥达印刷包装有限公司印刷

◆ 开本：787×1092　1/16
　　印张：16　　　　　　　　　2020 年 10 月第 1 版
　　字数：382 千字　　　　　　2023 年 8 月河北第 4 次印刷

定价：49.80 元

读者服务热线：(010)81055256　印装质量热线：(010)81055316
反盗版热线：(010)81055315
广告经营许可证：京东市监广登字 20170147 号

前　言

2019 年 4 月，教育部启动实施"双万计划"，推动"四新建设"，这对高等院校的教学改革提出了更高的要求. 同时，如何依托、借助通识课进行思想政治教育(即课程思政)也对高等院校教材的内容、体系改革提出了新的更高要求. 在此背景下，编者策划并编写了本书.

本书是南京邮电大学高等数学教学中心和南京邮电大学通达学院数学教研室多年科研与教学经验的总结，是编者参考了近年来国内外出版的多本同类教材，吸取了它们在内容编排、例题设置、定义定理叙述等方面的优点，并结合工科院校的实际需求编写而成的.

本书以培养学生的数学能力、造就高素质的应用型人才为目标，通过概念介绍、定理证明、公式推导、例题讲解等形式，由浅入深地讲解了一元与多元微积分、极限理论和无穷级数等内容. 本书的特色如下.

(1)侧重知识应用. 本书结合新工科的特点，在内容编排上更加注重数学知识在实际中的应用，增加了与新工科专业背景相关的介绍和应用性例题. 例如，在微分方程的应用一节列举了追迹问题的数学模型、混合溶液的数学模型、振动模型及市场价格模型等.

(2)优化表述方式. 本书在保证数学概念准确及基本理论完整的前提下，尽量借助直观几何和实际意义进行理论的阐述，使数学知识简单化、形象化，以保证教材内容难易适中.

(3)分章归纳总结. 本书每章末配有本章小结和总习题，其中，本章小结说明本章学习的基本要求和内容概要，帮助学生系统地归纳本章知识；总习题遴选综合性典型题目，可提高学生分析问题和解决问题的能力.

(4)兼顾考研需求. 本书内容紧贴教学大纲的要求，同时兼顾学生的考研需求. 书中超出教学大纲范围的内容、难度较大的知识点及证明过程均以 * 号标注，在方便授课教师分层次教学的同时，也可以让学有余力的学生深入了解各知识点的内容，为日后考研打好基础.

本书由张颖、周华、张爱华编写，全书由张颖统稿. 本书的编写工作得到了南京邮电大学通达学院和南京邮电大学理学院的大力支持，同时，南京邮电大学高等数学教学中心和南京邮电大学通达学院数学教研室的各位任课老师也提出了很多建设性意见，在此表示衷心的感谢!

由于编者学术水平有限，书中难免存在表达欠妥之处，望广大读者和专家提出宝贵的修改建议，修改建议可直接反馈至编者的电子邮箱：zhangying3@njupt.edu.cn.

编　者

2020 年春于南京

目　　录

第1章 函数、极限与连续

初等数学的研究对象基本上是不变的量，高等数学则以变量为研究对象，所谓函数关系就是变量之间的关系. 微积分是高等数学的核心内容，函数是微积分的研究对象，而极限方法是研究函数的一种基本方法，它是微积分学的基础. 本章将介绍极限和函数连续等基本概念以及它们的一些性质. 为了准确而深刻地理解极限与连续的概念及理论，本章还将对中学已学过的集合、函数等知识做简要的复习和适当的补充.

1.1 函　　数

1.1.1 预备知识

1. 集合

集合是现代数学中最基本的概念，研究任何对象都不可避免地用到集合. 例如，所有自然数构成一个集合、一个教室内所有的学生构成一个集合等.

一般地，把具有某种性质的对象的全体称为**集合**，其中的对象称为该集合的**元素**，通常用大写字母 $A, B, C, X, \cdots$ 表示集合，而用小写字母 $a, b, c, x, \cdots$ 表示集合的元素.

若 a 是集合 A 的元素，则记作 $a \in A$（读作 a 属于 A）；若 a 不是集合 A 的元素，则记作 $a \notin A$（读作 a 不属于 A）. 不含任何元素的集合，称为**空集**，记作 $\varPhi$. 含有限个元素的集合称为**有限集**；既不是有限集，又不是空集的集合称为**无限集**.

表示集合的方法有两种：一种是列举法，就是把它的所有元素一一列出来. 例如，方程 $x^2 - 1 = 0$ 的解集可以表示为 $A = \{-1, 1\}$. 另一种是描述集合中的元素所具有的确定性质，将具有性质 $P(x)$ 的对象 x 所构成的集合表示为 $X = \{x \mid x$ 具有性质 $P(x)\}$. 例如，方程 $x^2 - 1 = 0$ 的解集也可以表示为 $B = \{x \mid x^2 - 1 = 0, x \in \mathbf{R}\}$.

习惯上，用 **R** 表示全体实数集；用 **Z** 表示全体整数集；用 **N** 表示全体非负整数即自然数集，即
$$\mathbf{N} = \{0, 1, 2, 3, \cdots, n, \cdots\};$$
用 **N**$^+$ 表示全体正整数集，即
$$\mathbf{N}^+ = \{1, 2, 3, \cdots, n, \cdots\};$$
用 **Q** 表示全体有理数集，即
$$\mathbf{Q} = \left\{ \frac{p}{q} \mid p \in Z, \ q \in \mathbf{N}^+, \ p \text{ 与 } q \text{ 互质} \right\};$$
用 **C** 表示全体复数构成的集合，即
$$\mathbf{C} = \{z = x + iy \mid x, y \in \mathbf{R}, i^2 = -1\}.$$

设 A, B 是两个集合，若集合 A 的每个元素都是集合 B 的元素，则称 A 是 B 的**子集**，记作 $A \subseteq B$ 或 $B \supseteq A$，读作"A 包含于 B"或"B 包含 A". 若 $A \subseteq B$ 且 $B \subseteq A$，则称集合 A 与集

合 B 相等，记作 $A=B$. 若 $A\subseteq B$ 且 $A\neq B$，则称集合 A 为集合 B 的真子集，记作 $A\subset B$.

对任何集合 A，规定 $\Phi\subseteq A$；显然 $A\subseteq A$，$\mathbf{N}\subset\mathbf{Z}\subset\mathbf{Q}\subset\mathbf{R}\subset\mathbf{C}$.

集合的基本运算有三种：并、交、差.

设 A,B 是两个集合，由属于 A 或属于 B 的元素所构成的集合称为 A 与 B 的**并集**(简称并)，记作 $A\cup B$，即 $A\cup B=\{x\mid x\in A$ 或 $x\in B\}$.

由同时属于 A 和 B 的元素所构成的集合称为 A 与 B 的**交集**(简称交)，记作 $A\cap B$，即 $A\cap B=\{x\mid x\in A$ 且 $x\in B\}$.

由属于 A 而不属于 B 的元素所构成的集合称为 A 与 B 的**差集**(简称差)，记作 $A\setminus B$，即 $A\setminus B=\{x\mid x\in A$ 且 $x\notin B\}$.

通常，我们所讨论的问题是在一个大的集合 I 中进行的，所研究的集合 A 都是 I 的子集，此时称 I 为全集或基本集，称 $I\setminus A$ 为集合 A 的**补集**或**余集**，记作 A^c. 例如，在实数集 $\mathbf{R}$ 中，集合 $A=\{x\mid 0<x\leqslant 2\}$ 的余集为 $A^c=\{x\mid x\leqslant 0$ 或 $x>2\}$.

2. 区间与邻域

本书中用得较多的集合是数集，而最常用的数集是区间. 设 a,b 都是实数且 $a<b$，数集 $\{x\mid a<x<b\}$ 称为开区间，记作 (a,b)，即

$$(a,b)=\{x\mid a<x<b\}$$

数集 $\{x\mid a\leqslant x\leqslant b\}$ 称为闭区间，记作 $[a,b]$，即

$$[a,b]=\{x\mid a\leqslant x\leqslant b\}$$

类似可定义 $\qquad [a,b)=\{x\mid a\leqslant x<b\}$，$(a,b]=\{x\mid a<x\leqslant b\}$

$[a,b)$，$(a,b]$ 称为半开半闭区间. 以上这些区间都是有限区间. 此外，还有无限区间. 引进记号 $+\infty$，$-\infty$，分别读作正无穷大与负无穷大，则可类似表示无限区间，例如，

$$[a,+\infty)=\{x\mid x\geqslant a\}，\quad (-\infty,b]=\{x\mid x\leqslant b\}$$

全体实数集也可表示为 $\mathbf{R}=(-\infty,+\infty)$.

邻域也是一个经常用到的概念. 以点 a 为中心的任何开区间称为点 a 的**邻域**，记作 $U(a)$.

设 δ 是任意一正数，则开区间 $(a-\delta,a+\delta)$ 就是点 a 的一个邻域，这个邻域称为点 a 的 δ 邻域，记作 $U(a,\delta)$，即

$$U(a,\delta)=\{x\mid|x-a|<\delta,\delta>0\}$$

点 a 称为邻域的中心，δ 称为邻域的半径(见图 1.1).

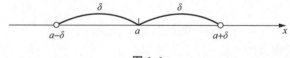

图 1.1

有时用到的邻域需要把邻域中心去掉. 点 a 的 δ 邻域去掉中心 a 后，称为点 a 的 δ 去心邻域，记作 $\mathring{U}(a,\delta)$，即

$$\mathring{U}(a,\delta)=\{x\mid 0<|x-a|<\delta,\delta>0\}$$

这里 $0<|x-a|$ 表示点 $x\neq a$，即点 a 不含在邻域内.

为了方便，有时称开区间 $(a-\delta,a)$ 为 a 的左 δ 邻域，开区间 $(a,a+\delta)$ 为 a 的右 δ 邻域.

3. 极坐标

在中学我们学习了平面直角坐标系，在本书中我们还要用到平面上另外一种坐标表示的形式，这就是极坐标.

一般地，在平面上取一定点 O，自点 O 引一条射线 Ox，同时确定一个长度单位与计算角度的正方向(通常取逆时针方向为正方向)，这样就建立了一个**极坐标系**. 其中点 O 称为**极点**，Ox 称为**极轴**.

设 P 是平面上任意一点，ρ 表示 OP 的长度，θ 表示以射线 Ox 为始边，OP 为终边所成的角，那么，每一对有序实数对 (ρ,θ) 表示平面上的任意一点 P，其中 $\rho(\rho \geqslant 0)$ 称为点 P 的**极径**，θ 称为点 P 的**极角**. 有序数对 (ρ,θ) 称为点 P 的**极坐标**. 若极角 θ 的取值范围是 $[0,2\pi)$，则平面上的点(除去极点)就与极坐标 (ρ,θ) 一一对应. 我们约定在极点的极坐标中，$\rho=0$，极角 θ 可以取任意角(见图 1.2).

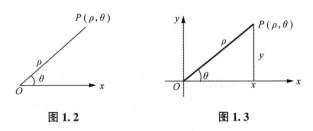

图 1.2　　　　　　图 1.3

下面，我们看一下极坐标系中点的坐标 (ρ,θ) 与直角坐标系中点的坐标 (x,y) 的关系，以平面直角坐标系的原点 O 为极点，x 轴的正半轴为极轴，且在两种坐标系中取相同的单位(见图 1.3)，平面上任意一点 P 的直角坐标与极坐标分别为 (x,y) 和 (ρ,θ)，则由三角函数的定义得到如下两组关系式：

$$\begin{cases} x=\rho\cos\theta, \\ y=\rho\sin\theta \end{cases} \quad 或 \quad \begin{cases} \rho=\sqrt{x^2+y^2}, \\ \tan\theta=\dfrac{y}{x} \end{cases}$$

例 1　将点 $P\left(8,\dfrac{2}{3}\pi\right)$ 的极坐标化为直角坐标；将点 $Q(-\sqrt{6},-\sqrt{2})$ 的直角坐标化为极坐标.

解　利用上面的关系式 $\begin{cases} x=\rho\cos\theta, \\ y=\rho\sin\theta, \end{cases}$ 则 $x=8\cos\dfrac{2}{3}\pi=-4$，$y=8\sin\dfrac{2}{3}\pi=4\sqrt{3}$，点 $P\left(8,\dfrac{2}{3}\pi\right)$ 化成直角坐标为 $(-4,4\sqrt{3})$.

另外根据 $\rho=\sqrt{(-\sqrt{6})^2+(-\sqrt{2})^2}=2\sqrt{2}$，$\tan\theta=\dfrac{-\sqrt{2}}{-\sqrt{6}}=\dfrac{\sqrt{3}}{3}$，又 $Q(-\sqrt{6},-\sqrt{2})$ 在第三象限，得 $\theta=\dfrac{7}{6}\pi$，因此 $Q(-\sqrt{6},-\sqrt{2})$ 的极坐标为 $\left(2\sqrt{2},\dfrac{7}{6}\pi\right)$.

同样利用上面两组关系，同一曲线也可以在不同的坐标下表示出来.

例如，设 $a>0$，在直角坐标系下的圆 $x^2+y^2=a^2$ 在极坐标表示下的方程就是 $\rho=a$.

圆 $x^2+y^2=2ax$ 的极坐标方程为 $\rho=2a\cos\theta$.

而极坐标表示下的方程 $\rho=2a\sin\theta$ 就是圆 $x^2+y^2=2ay$.

再如双纽线 $(x^2+y^2)^2=a^2(x^2-y^2)$ 的极坐标表示下的方程就是 $\rho^2=a^2\cos2\theta$（见图 1.4）.

而心形线 $\rho=a(1-\cos\theta)$ 的直角坐标方程为 $x^2+y^2+ax=a\sqrt{x^2+y^2}$（见图 1.5）.

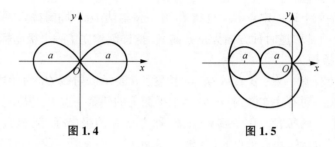

图 1.4　　　　　　　　　　　图 1.5

1.1.2　映射

1. 映射的概念

定义 1.1.1　设 X，Y 是两个非空集合，如果存在一个法则 f，使得对 X 中的每个元素 x，按一定的法则 f，在 Y 中有唯一确定的元素 y 与之对应，则称 f 为从 X 到 Y 的**映射**，记作：

$$f: X\to Y$$

其中 y 称为元素 x（在映射 f 下）的**像**，记作 $y=f(x)$，而元素 x 称为元素 y 的**原像**. 集合 X 称为映射 f 的**定义域**，记作 D_f，即 $D_f=X$. X 中所有像的集合称为映射 f 的**值域**，记作 W_f 或 $f(X)$，即

$$W_f=f(X)=\{f(x)\mid x\in X\}$$

从上述映射的定义中，我们知道，映射的概念中有三个基本要素，即定义域 X、限制值域的范围的集合 Y 与对应法则. 值得注意的是，对每个 $x\in X$，元素 x 的像是唯一的，而对每一个 $y\in W_f$，元素 y 的原像不一定唯一，映射 f 的值域 W_f 也不一定等于 Y.

设 f 是从集合 X 到 Y 的映射，若 $W_f=Y$，则称 f 是从集合 X 到 Y 的**满射**；若对 $\forall x_1$，$x_2\in X$ 且 $x_1\neq x_2$，有 $f(x_1)\neq f(x_2)$，即对每一个 $y\in W_f$ 有唯一的原像，则称 f 是从集合 X 到 Y 的**单射**；若映射 f 既是单射又是满射，则称 f 是从集合 X 到 Y 的**一一映射**.

例 2　设 $f:\left[-\dfrac{\pi}{2},\dfrac{\pi}{2}\right]\to(-\infty,+\infty)$，对每一个 $x\in\left[-\dfrac{\pi}{2},\dfrac{\pi}{2}\right]$，$f(x)=\sin x$，这个 f 是一个映射，因为值域为 $[-1,1]$，所以此映射不是满射，而是单射.

若设 $f:(-\infty,+\infty)\to[-1,1]$，$f(x)=\sin x$ 则此映射不是单射，而是满射.

又若 $f:\left[-\dfrac{\pi}{2},\dfrac{\pi}{2}\right]\to[-1,1]$，$f(x)=\sin x$ 则此映射既是满射又是单射，是一一映射.

2. 逆映射与复合映射的概念

定义 1.1.2　f 是从集合 X 到 Y 的一一映射，则对每一个 $y\in Y$ 有唯一的 $x\in X$，使得 $f(x)=y$，于是得到一个从 Y 到 X 的映射，它将每一个 $y\in Y$ 对应于 $x\in X$，其中 x 满足 $f(x)=y$，称该映射为映射 f 的**逆映射**，记为 f^{-1}，即有：

$$f^{-1}: Y\to X,\ x=f^{-1}(y)$$

只有一一映射才有逆映射，因此也把一一映射称为**可逆映射**.

例 3 f：$(-\infty,+\infty)\to(0,+\infty)$，$f(x)=2^x$ 是一一映射，其逆映射为对数函数：

$$f^{-1}：(0,+\infty)\to(-\infty,+\infty)，f^{-1}(x)=\log_2 x$$

定义 1.1.3 设有两个映射，g：$X\to Y_1$，f：$Y_2\to Z$，其中 $Y_1\subseteq Y_2$，则由映射 g，f 可以定义出一个从 $X\to Z$ 的新映射，称此映射为 g 与 f 的**复合映射**，记为

$$f\circ g：X\to Z，(f\circ g)(x)=f(g(x))，x\in X$$

例 4 设 g：$(-\infty,+\infty)\to[-1,1]$，$g(x)=\sin x$，$f$：$[-1,1]\to[0,1]$，$f(x)=\sqrt{1-x^2}$，则映射 g，f 构成复合映射 $f\circ g$：$(-\infty,+\infty)\to[0,1]$，$(f\circ g)(x)=\sqrt{1-\sin^2 x}=|\cos x|$.

1.1.3 函数

1. 函数的概念

（1）函数的定义

定义 1.1.4 设 A,B 为两个非空的实数集，则称映射 f：$A\to B$ 为定义在 A 上的一元函数，记作：$y=f(x)$，$x\in A$，其中数集 A 叫作这个函数的**定义域**，x 叫作自变量，y 叫作**因变量**. 当 x 取数值 $x_0\in A$ 时，与 x_0 对应的 y 称为函数 $y=f(x)$ 在点 x_0 处的函数值，记作 $f(x_0)$. 当 x 取遍 A 中的各个数值时，对应的函数值全体组成的数集

$$W=f(A)=\{y\mid y=f(x)，x\in A\}$$

称为函数的**值域**.

一般定义域用 D 表示，值域用 W 或 $f(D)$ 表示. 函数 $y=f(x)$ 中表示对应关系的记号 f 也可改写为其他字母，如 g，φ 等，这时函数就记作 $y=g(x)$，$y=\varphi(x)$ 等.

注意　（i）函数实际上是数集到数集的映射，由映射的定义可知，当定义域与对应法则确定后，函数就完全确定了. 两个函数相等当且仅当它们的定义域、对应法则都相同.

（ii）在实际问题中，函数的定义域是根据问题的实际意义确定的. 对于用数学式子给出的函数，函数的定义域就是自变量所能取的使算式有意义的所有实数值的集合.

例 5　在自由落体运动中，设物体下落的时间为 t，下落的距离为 s，开始下落的时间 $t=0$，落地的时刻为 $t=T$，那么函数 $s=\dfrac{1}{2}gt^2$ 给出了物体的运动规律，其定义域为 $[0,T]$.

例 6　函数 $y=\dfrac{1}{\sqrt{1-x^2}}+\ln(1-2x)$ 的定义域为 $\left(-1,\dfrac{1}{2}\right)$.

（iii）函数 $y=f(x)$ 的图形可看作平面上的点集 $C=\{(x,y)\mid y=f(x),x\in D\}$，一般表示一条曲线（见图 1.6）.

（iv）函数的表示方法通常有表格法、图形法、解析法（公式法），其中，最常用的是解析法，即用数学式子表示函数. 用数学式子表示函数的方式也有多种，其中，最常用的是 $y=f(x)$，这样的函数称为**显函数**. 但我们常常遇到的函数关系是通过一个方程或参数方程所确定的，这样的函数称为**隐函数**或由**参数方程所确定的函数**.

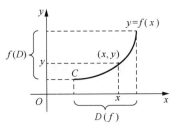

图 1.6

例7 $y=\sqrt{1-x^2}$，$x\in[-1,1]$ 与 $x^2+y^2=1$，$y\geqslant 0$ 及 $\begin{cases} x=\cos t, \\ y=\sin t, \end{cases} t\in[0,\pi]$ 实际上是同一个

函数 $y=y(x)$ 的三种不同的表示方法. $y=\sqrt{1-x^2}$，$x\in[-1,1]$ 为显函数；由方程 $x^2+y^2=1$，

$y\geqslant 0$ 所确定的函数 $y=y(x)$ 为隐函数；由 $\begin{cases} x=\cos t, \\ y=\sin t, \end{cases} t\in[0,\pi]$ 所确定的函数 $y=y(x)$ 为由参

数方程所确定的函数.

（2）分段函数

在函数定义中，并不要求在整个定义域上只用一个表达式来表示对应法则. 我们把自变量在不同变化范围中用不同的表达式来表示对应法则的函数称为**分段函数**.

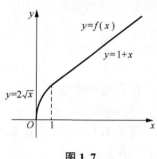

图 1.7

例如，函数 $f(x)=\begin{cases} 2\sqrt{x}, & 0\leqslant x\leqslant 1, \\ 1+x, & x>1, \end{cases}$ 就是一个分段函数

（见图 1.7）.

注意 分段函数是一个整体，不是几个函数. 分段函数的图形应分段作出. 求函数值 $f(x_0)$ 时要先判断 x_0 所在的范围，再用对应的法则求函数值.

下面介绍一些重要的分段函数.

（i）**绝对值函数**：$y=|x|=\begin{cases} x, & x\geqslant 0, \\ -x, & x<0, \end{cases}$ 定义域 $D=(-\infty,+\infty)$，值域 $W=[0,+\infty)$.

（ii）**符号函数**：$y=\mathrm{sgn}\,x=\begin{cases} 1, & x>0, \\ 0, & x=0, \\ -1, & x<0, \end{cases}$ 因此 $|x|=\mathrm{sgn}\,x\cdot x$.

（iii）**取整函数**：$y=[x]$，其中 $[x]$ 表示不超过 x 的最大整数.

上述三个函数的图形如图 1.8 所示.

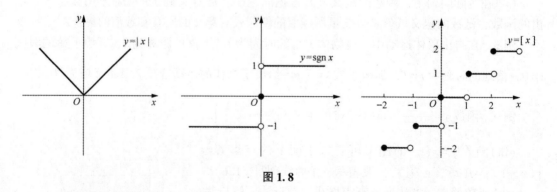

图 1.8

2. 函数的几种特性

（1）周期性

定义 1.1.5 设函数 $y=f(x)$ 的定义域为 D，如果存在一个不为零的数 l，使得对于任一 $x\in D$ 有 $x\pm l\in D$，且 $f(x+l)=f(x)$ 恒成立，则称 $f(x)$ 为**周期函数**，l 称为 $f(x)$ 的周期. 通常我们说周期函数的周期是指最小正周期.

例如，函数 $y=\sin x$，$y=\cos x$ 都是以 2π 为周期的周期函数，函数 $y=\tan x$，$y=\cot x$ 都是以 π 为周期的周期函数. 值得注意的是，并不是任意周期函数都有最小正周期，例如，

狄利克雷函数

$$y=D(x)=\begin{cases}1, & \text{当 } x \text{ 是有理数时,}\\ 0, & \text{当 } x \text{ 是无理数时.}\end{cases}$$

容易验证，这是一个周期函数，任何一个正有理数都是它的周期，因为没有最小有理数，故没有最小正周期.

（2）奇偶性

定义 1.1.6 设函数 $y=f(x)$ 的定义域 D 关于原点对称.

（i）如果对于任一 $x\in D$，$f(-x)=f(x)$ 恒成立，则称函数 $y=f(x)$ 为**偶函数**.

（ii）如果对于任一 $x\in D$，$f(-x)=-f(x)$ 恒成立，则称函数 $y=f(x)$ 为**奇函数**.

偶函数的图形关于 y 轴对称；奇函数的图形关于原点对称（见图 1.9）.

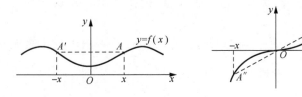

图 1.9

（3）单调性

定义 1.1.7 设函数 $y=f(x)$ 的定义域为 D，区间 $I\subset D$. 如果对于区间 I 上任意两点 x_1 及 x_2，当 $x_1<x_2$ 时，有 $f(x_1)<f(x_2)$，则称函数 $y=f(x)$ 在区间 I 上**单调增加**或**单调递增**；如果对于区间 I 上任意两点 x_1 及 x_2，当 $x_1<x_2$ 时，有 $f(x_1)>f(x_2)$，则称函数 $y=f(x)$ 在区间 I 上**单调减少**或**单调递减**（见图 1.10）.

单调增加和单调减少的函数统称为**单调函数**.

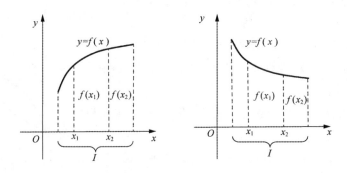

图 1.10

（4）有界性

定义 1.1.8 设函数 $y=f(x)$ 的定义域为 D，数集 $I\subset D$.

（i）如果存在数 K_1，使得 $f(x)\leqslant K_1$ 对任意 $x\in I$ 都成立，则称函数 $y=f(x)$ 在 I 上有上

界，而 K_1 称为函数 $y=f(x)$ 的一个上界.

（ii）如果存在数 K_2，使得 $f(x) \geqslant K_2$ 对任意 $x \in I$ 都成立，则称函数 $y=f(x)$ 在 I 上有下界，而 K_2 称为函数 $y=f(x)$ 的一个下界.

（iii）如果存在正数 M，使得 $|f(x)| \leqslant M$ 对任意 $x \in I$ 都成立，则称函数 $y=f(x)$ 在 I 上有界. 如果这样的 M 不存在，就称函数 $y=f(x)$ 在 I 上无界.

容易证明，函数 $y=f(x)$ 在 I 上有界的充分必要条件是它在该区间内既有上界又有下界.

例如，当 $x \in (-\infty, +\infty)$ 时，有 $|\sin x| \leqslant 1$，所以函数 $y=\sin x$ 在整个实数集 $\mathbf{R}$ 上有界.

例 8　证明函数 $y=\dfrac{1}{x}$ 在区间 $(1,2)$ 上是有界的，但在区间 $(0,1)$ 上是无界的.

证明　当 $x \in (1,2)$ 时，$\left|\dfrac{1}{x}\right| < 1$，所以函数 $y=\dfrac{1}{x}$ 在区间 $(1,2)$ 上是有界的；

又因为对于无论怎样大的 $M>0$，总可在 $(0,1)$ 内找到相应的 x，例如，取 $x_0=\dfrac{1}{M+1} \in$

$(0,1)$，使得 $|f(x_0)| = \dfrac{1}{x_0} = \dfrac{1}{\dfrac{1}{M+1}} = M+1 > M$，所以 $f(x)=\dfrac{1}{x}$ 在 $(0,1)$ 上是无界的.

3. 反函数的概念

定义 1.1.9　设函数 $y=f(x)$ 的定义域是 D，值域为 $W=\{f(x) \mid x \in D\}$. 若对每个 $y \in W$，有满足关系式 $y=f(x)$ 的唯一的 x 与之对应. 如果把 y 看作自变量，x 看作因变量，按照函数概念，就得到一个新函数，记作 $x=f^{-1}(y)$. 称函数 $x=f^{-1}(y)$ 为函数 $y=f(x)$ 的**反函数**.

函数 $x=f^{-1}(y)$ 的定义域是 W，值域是 D. 相对于反函数 $x=f^{-1}(y)$ 来说，原来的函数 $y=f(x)$ 也称为**直接函数**.

习惯上，自变量用 x 表示，因变量用 y 表示，函数 $y=f(x)$ 的反函数通常记为 $y=f^{-1}(x)$.

注意　（i）函数 $y=f(x)$ 的图形与反函数 $y=f^{-1}(x)$ 的图形关于直线 $y=x$ 对称（见图 1.11）.

（ii）若 f 是定义在 D 上的单调函数，则映射 f: $D \rightarrow W=f(D)$ 是单射，于是 f 的反函数 f^{-1} 一定存在，而且容易证明 f^{-1} 也是 $f(D)$ 上的单调函数.

例 9　设 f 在 D 上单调增加，证明 f^{-1} 在 $f(D)$ 上也是单调增加的.

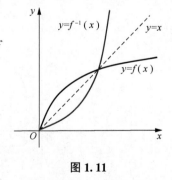

图 1.11

证明　任取 $y_1, y_2 \in f(D)$，且 $y_1 < y_2$，按照 f 的定义，对 y_1, y_2，在 D 内分别存在唯一的原像 x_1, x_2，使得 $f(x_1) = y_1$，$f(x_2) = y_2$，于是 $f^{-1}(y_1) = x_1$，$f^{-1}(y_2) = x_2$.

如果 $x_1 > x_2$，则由 $f(x)$ 单调增加必有 $y_1 > y_2$，如果 $x_1 = x_2$，则显然有 $y_1 = y_2$，这两种情形与假设 $y_1 < y_2$ 不符，故必有 $x_1 < x_2$，即 $f^{-1}(y_1) < f^{-1}(y_2)$，所以 f^{-1} 在 $f(D)$ 上也是单调增加的.

1.1.4 初等函数

1. 基本初等函数

我们在中学已经学习过幂函数、指数函数、对数函数、三角函数以及反三角函数，这五类函数是研究其他各种函数的基础，统称为**基本初等函数**. 今简述如下：

（1）**幂函数** $y = x^\mu$（μ 为非零常数），其定义域 D 与 μ 有关. 公共定义域是 $D = (0, +\infty)$. 如图 1.12(a)，(b)，(c)所示为常用的幂函数的图形.

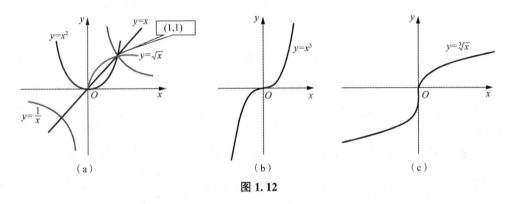

图 1.12

（2）**指数函数** $y = a^x (a>0, a \neq 1)$. 其定义域 $D = (-\infty, +\infty)$，值域 $W = (0, +\infty)$. $a>1$ 时，函数在 $(-\infty, +\infty)$ 上单调增加；$0<a<1$ 时，函数在 $(-\infty, +\infty)$ 上单调减少. 指数函数的图形过点 $(0,1)$（见图 1.13）.

（3）**对数函数** $y = \log_a x (a>0, a \neq 1)$. 对数函数 $y = \log_a x$ 与指数函数 $y = a^x$ 互为反函数，其定义域 $D = (0, +\infty)$，值域 $W = (-\infty, +\infty)$. $a>1$ 时，函数在 $(0, +\infty)$ 上单调增加；$0<a<1$ 时，函数在 $(0, +\infty)$ 上单调减少. 对数函数的图形过点 $(1,0)$（见图 1.14）.

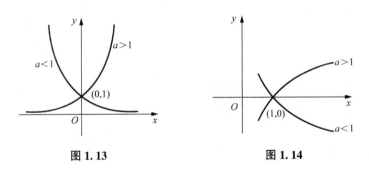

图 1.13　　　　　　　图 1.14

特别地，指数函数 $y = \mathrm{e}^x$，其反函数称为自然对数函数，记作 $y = \ln x$. 其中常数 $\mathrm{e} = 2.718281828\cdots$ 是一个常数（无理数），它是微积分中一个非常重要的常数.

（4）**三角函数**

正弦函数：$y = \sin x$，定义域为 $D = (-\infty, +\infty)$，值域为 $W = [-1, 1]$.

余弦函数：$y = \cos x$，定义域为 $D = (-\infty, +\infty)$，值域为 $W = [-1, 1]$.

正弦、余弦函数都是以 2π 为周期的周期函数（这两个函数的图形见图 1.15）.

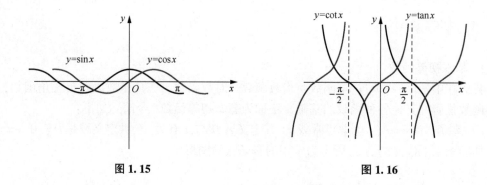

图 1.15   图 1.16

正切函数：$y = \tan x$，定义域为 $D = \left\{ x \mid x \in \mathbf{R}, x \neq n\pi + \dfrac{\pi}{2},\ n = 0, \pm 1, \pm 2, \cdots \right\}$，值域为 $W = (-\infty, +\infty)$.

余切函数：$y = \cot x$，定义域为 $D = \left\{ x \mid x \in \mathbf{R}, x \neq n\pi,\ n = 0, \pm 1, \pm 2, \cdots \right\}$，值域为 $W = (-\infty, +\infty)$.

正切、余切函数也是周期函数，其周期为 π（这两个函数的图形见图 1.16）.

正割函数：$y = \sec x = \dfrac{1}{\cos x}$，定义域 $D = \left\{ x \mid x \in \mathbf{R}, x \neq n\pi + \dfrac{\pi}{2},\ n = 0, \pm 1, \pm 2, \cdots \right\}$，值域为 $W = \left\{ y \mid \mid y \mid \geqslant 1 \right\}$.

余割函数：$y = \csc x = \dfrac{1}{\sin x}$，定义域为 $D = \left\{ x \mid x \in \mathbf{R}, x \neq n\pi,\ n = 0, \pm 1, \pm 2, \cdots \right\}$，值域为 $W = \left\{ y \mid \mid y \mid \geqslant 1 \right\}$.

正割、余割函数也是以 2π 为周期的周期函数（这两个函数的图形见图 1.17（a）和图 1.17（b））.

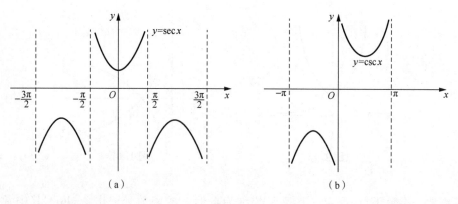

（a）   （b）

图 1.17

（5）反三角函数

反三角函数是三角函数的反函数. 三角函数都是周期函数，对于值域中的任何 y 都有无穷多个 x 与之对应，故三角函数在其定义域内不存在反函数. 为了定义它们的反函数，必须限制自变量的取值范围，使之在该区间上是单调的.

正弦函数 $y = \sin x$ 在区间 $\left[-\dfrac{\pi}{2}, \dfrac{\pi}{2}\right]$ 上单调增加，因此具有反函数，我们把正弦函数 $y = \sin x$，$x \in \left[-\dfrac{\pi}{2}, \dfrac{\pi}{2}\right]$ 的反函数称为**反正弦函数**，记为 $y = \arcsin x$，它的定义域为 $D = [-1, 1]$，值域为 $W = \left[-\dfrac{\pi}{2}, \dfrac{\pi}{2}\right]$. 其图形如图 1.18(a) 所示.

显而易见 $y = \arcsin x$ 在 $[-1, 1]$ 上是奇函数，且为单调增加的有界函数.

在反正弦函数 $y = \arcsin x$ 中，$x = \sin y$，$x \in [-1, 1]$，$y \in \left[-\dfrac{\pi}{2}, \dfrac{\pi}{2}\right]$. 常用的反正弦函数值有

$$\arcsin(\pm 1) = \pm \frac{\pi}{2}, \quad \arcsin\left(\pm \frac{\sqrt{3}}{2}\right) = \pm \frac{\pi}{3},$$

$$\arcsin\left(\pm \frac{1}{2}\right) = \pm \frac{\pi}{6}, \quad \arcsin 0 = 0.$$

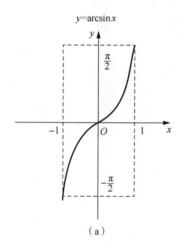

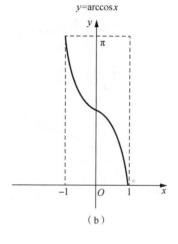

图 1.18

同理可以定义：

反余弦函数：$y = \arccos x$，定义域为 $D = [-1, 1]$，值域为 $W = [0, \pi]$，其图形如图 1.18(b) 所示. 它在 $[-1, 1]$ 上单调减少且为有界函数.

常用的反余弦函数值有

$$\arccos(-1) = \pi, \quad \arccos\left(-\frac{1}{2}\right) = \frac{2\pi}{3},$$

$$\arccos 0 = \frac{\pi}{2}, \quad \arccos \frac{1}{2} = \frac{\pi}{3},$$

$$\arccos \frac{\sqrt{3}}{2} = \frac{\pi}{6}, \quad \arccos 1 = 0.$$

反正切函数：$y = \arctan x$，定义域为 $D = (-\infty, +\infty)$，值域为 $W = \left(-\dfrac{\pi}{2}, \dfrac{\pi}{2}\right)$，其图形

如图 1.19(a)所示. $y=\arctan x$ 在 $(-\infty,+\infty)$ 上是奇函数，且为单调增加的有界函数. $|\arctan x|<\dfrac{\pi}{2}$.

常用的反正切函数值有

$$\arctan 0=0, \quad \arctan(\pm 1)=\pm\frac{\pi}{4},$$

$$\arctan(\pm\sqrt{3})=\pm\frac{\pi}{3}, \quad \arctan\left(\pm\frac{\sqrt{3}}{3}\right)=\pm\frac{\pi}{6}.$$

反余切函数：$y=\operatorname{arccot}x$，定义域为 $D=(-\infty,+\infty)$，值域为 $W=(0,\pi)$，其图形如图 1.19(b)所示. $y=\operatorname{arccot}x$ 在 $(-\infty,+\infty)$ 上单调减少且有界，$0<\operatorname{arccot}x<\pi$.

常用的反余切函数值有

$$\operatorname{arccot}0=\frac{\pi}{2}, \quad \operatorname{arccot}1=\frac{\pi}{4},$$

$$\operatorname{arccot}\sqrt{3}=\frac{\pi}{6}, \quad \operatorname{arccot}(-1)=\frac{3\pi}{4},$$

$$\operatorname{arccot}\left(-\frac{\sqrt{3}}{3}\right)=\frac{2\pi}{3}.$$

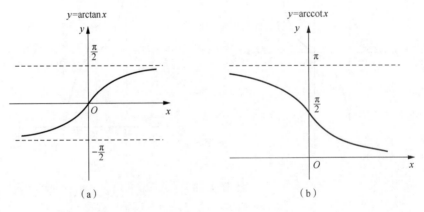

图 1.19

2. 复合函数

定义 1.1.10 设函数 $y=f(u)$ 的定义域是 D_1，函数 $u=g(x)$ 在 D 上有定义，如果 g 的值域 $W\subseteq D_1$，那么对于 D 中的每一个实数 x，通过中间变量 u，有确定的 y 值与之对应，从而得到一个以 x 为自变量，y 为因变量的函数，这个函数称为由函数 $y=f(u)$ 和 $u=g(x)$ 复合而成的函数，记作 $y=f[g(x)]$，$x\in D$.

注意 （1）一般地说两函数 $y=f(u)$ 和 $u=g(x)$ 可以复合，需要有 $W\subseteq D_1$.

例如，$y=f(u)=\mathrm{e}^u$ 的定义域为 $(-\infty,+\infty)$，$u=g(x)=x^2+1$ 的定义域为 $\mathbf{R}=(-\infty,+\infty)$ 且值域 $g(\mathbf{R})=[1,+\infty)\subset(-\infty,+\infty)$，故 $y=f(u)=\mathrm{e}^u$ 与 $u=g(x)=x^2+1$ 可构成复合函数

$$y=\mathrm{e}^{x^2+1}, \quad x\in(-\infty,+\infty)$$

又例如，函数 $y=\sqrt{u}$ 的定义域为 $[0,+\infty)$，$u=1-x^2$ 的定义域为 $\mathbf{R}$，值域为 $(-\infty,1]$，

显然 $(-\infty,1]\not\subset[0,+\infty)$，故 $y=\sqrt{u}$ 与 $u=1-x^2$ 不能构成复合函数.

但如果将函数 $u=1-x^2$ 的定义域限制在它的定义域的一个子集 $D=[-1,1]$ 上，则 $y=\sqrt{u}$ 与 $u=1-x^2$ 可构成复合函数 $y=\sqrt{1-x^2}$，$x\in D$.

以后我们碰到类似情况，即满足 $W\cap D_1\neq\varPhi$，我们仍然称 $y=f(u)$ 与 $u=g(x)$ 可以构成复合函数 $y=f[g(x)]$，但它的定义域不是函数 $u=g(x)$ 原来的定义域，而是它的一个非空子集.

（2）复合函数也可以由两个以上的函数复合而成.

例如，由函数 $y=\sqrt{u}$，$u=\cot v$，$v=\dfrac{x}{2}$ 复合而成的函数是 $y=\sqrt{\cot\dfrac{x}{2}}$，其中 u，v 是中间变量，它的定义域为：$D=\{x\mid 2k\pi<x<(2k+1)\pi,\ k\in\mathbf{Z}\}$ 而不是 $v=\dfrac{x}{2}$ 的定义域 $\mathbf{R}$，D 是 $\mathbf{R}$ 的一个非空子集.

（3）对于复合函数，不但要会把几个简单函数"复合"成一个复杂函数，而且也要会把一个复杂函数"拆分"成几个简单函数的复合.

所谓简单函数就是基本初等函数或由基本初等函数及常数的某种四则运算构成的函数.

例如，函数 $y=2^{\arccos\sqrt{1-x^2}}$ 是由函数 $y=2^u$，$u=\arccos v$，$v=\sqrt{w}$，$w=1-x^2$ 复合而成的.

例 10 求函数 $f(x)=\dfrac{\lg(3-x)}{\sin x}+\sqrt{5+4x-x^2}$ 的定义域.

解 要使 $f(x)$ 有意义，显然 x 要满足：

$$\begin{cases}3-x>0,\\ \sin x\neq0,\\ 5+4x-x^2\geq0,\end{cases}$$

即

$$\begin{cases}x<3,\\ x\neq k\pi,\quad(k\text{ 为整数}).\\ -1\leq x\leq5\end{cases}$$

所以 $f(x)$ 的定义域为

$$D=\{x\mid-1\leq x<3,\ x\neq0\}.$$

例 11 设 $f(x)=\begin{cases}1,&|x|<1,\\ 0,&|x|=1,\ g(x)=\ln x,\ 求 f[g(x)].\\ -1,&|x|>1,\end{cases}$

解 $f[g(x)]=\begin{cases}1,&|g(x)|<1,\\ 0,&|g(x)|=1,\\ -1,&|g(x)|<1,\end{cases}$

当 $|g(x)|<1$ 时，即 $-1<\ln x<1$，得 $\dfrac{1}{e}<x<e$；当 $|g(x)|=1$ 时，即 $\ln x=\pm1$，得 $x=\dfrac{1}{e}$ 或 e；

当 $|g(x)|>1$ 时，即 $\ln x>1$，或 $\ln x<-1$，得 $x>e$ 或 $0<x<\dfrac{1}{e}$.

所以
$$f[g(x)]=\begin{cases} 1, & \dfrac{1}{e}<x<e, \\ 0, & x=\dfrac{1}{e} \text{或} x=e, \\ -1, & 0<x<\dfrac{1}{e} \text{或} x>e. \end{cases}$$

3. 初等函数

所谓**初等函数**是指由常数及基本初等函数经过有限次的四则运算与有限次的复合步骤所构成，并可用一个数学式子表示的函数.

例如，$\dfrac{1+2^x\cos x}{\arctan x}$，$\ln(x+\sqrt{x^2+1})$，$x^{\cos x}$ 等都是初等函数，本书中所讨论的绝大多数函数都是初等函数.

1.1.5* 双曲函数与反双曲函数

在工程技术中，经常用到一种由指数函数 e^x 与 e^{-x} 构成的初等函数，就是所谓**双曲函数**.

双曲正弦：$\mathrm{sh}x=\dfrac{e^x-e^{-x}}{2}$，定义域为 $(-\infty,+\infty)$，它是奇函数，在 $(-\infty,+\infty)$ 内单调增加.

双曲余弦：$\mathrm{ch}x=\dfrac{e^x+e^{-x}}{2}$，定义域为 $(-\infty,+\infty)$，它是偶函数，在 $(-\infty,0)$ 内单调减少，在 $(0,+\infty)$ 内单调增加.

双曲正切：$\mathrm{th}x=\dfrac{\mathrm{sh}x}{\mathrm{ch}x}=\dfrac{e^x-e^{-x}}{e^x+e^{-x}}$，定义域为 $(-\infty,+\infty)$，它是奇函数，在 $(-\infty,+\infty)$ 内单调增加. 它们的图形如图 1.20 所示.

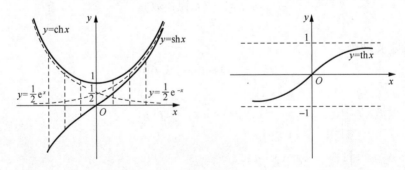

图 1.20

双曲函数 $y=\mathrm{sh}x, y=\mathrm{ch}x(x\geqslant0)$，$y=\mathrm{th}x$ 的反函数称为**反双曲函数**，可以推出如下表达式：

反双曲正弦：$y=\mathrm{arsh}x=\ln(x+\sqrt{x^2+1})\,(-\infty<x<+\infty)$

反双曲余弦：$y=\mathrm{arch}x=\ln(x+\sqrt{x^2-1})\,(1\leqslant x<+\infty)$

反双曲正切：$y = \mathrm{arth}x = \dfrac{1}{2}\ln\dfrac{1+x}{1-x}\ (-1 < x < 1)$

习题 1.1

1. 设 $A = \{x \mid 1 < x < 4\}$，$B = \{x \mid x \leqslant 3\}$，求 $A \cup B$，$A \cap B$，$A \backslash B$，$B \backslash A$.

2. 下列映射哪些是满射，哪些是单射，哪些是一一映射？

$(1)A = (-\infty, +\infty)$，$B = [0, +\infty)$，$f: A \to B$，$y = 3^x$；

$(2)A = (-\infty, +\infty)$，$B = [0, +\infty)$，$f: A \to B$，$y = x^2$；

$(3)A = (0, \pi)$，$B = (-\infty, +\infty)$，$f: A \to B$，$y = \cot x$.

3. 求下列函数的定义域：

$(1)y = \dfrac{1}{4-x^2} + \sqrt{x+1}$；　　　　$(2)f(x) = \sqrt{3-x} + \arctan\dfrac{1}{x}$；

$(3)y = \arccos\sqrt{\lg(x^2-1)}$.

4. 下列函数是否相等？为什么？

$(1)f(x) = \mathrm{e}^{\ln x}$ 与 $g(x) = x$；　　　$(2)f(x) = \sqrt{(x-2)^2}$ 与 $g(x) = |x-2|$；

$(3)f(x) = 1$ 与 $g(x) = \sec^2 x - \tan^2 x$.

5. 下列函数中哪些是偶函数？哪些是奇函数？哪些是非奇非偶函数？

$(1)y = x^4 - 2x^2$；　　　　　$(2)y = x\sin x$；　　　　　$(3)y = \sin x - \cos x$；

$(4)y = \arctan(\sin x)$；　　　$(5)y = \dfrac{a^x + a^{-x}}{2}$；　　　$(6)f(x) = \ln(\sqrt{1+x^2} - x)$.

6. 下列各函数中哪些是周期函数？对于周期函数，指出其最小正周期：

$(1)y = |\sin 2x|$；　　　　$(2)y = \sin^2 x$；　　　　$(3)y = x\cos x$.

7. 判断下列函数在所给区间上的单调性：

$(1)y = \dfrac{1}{1-x}$，$(-\infty, 1)$；　　　$(2)y = x + \ln x$，$(0, +\infty)$.

8. 判断下列函数在所给区间上的有界性：

$(1)y = \dfrac{x}{x^2+1}$，$(-\infty, +\infty)$；　　$(2)y = \arctan x$，$(-\infty, +\infty)$.

9. 求下列函数的反函数：

$(1)y = \dfrac{1-\sqrt{1+4x}}{1+\sqrt{1+4x}}$；　　　　$(2)y = \dfrac{2^x}{2^x+1}$.

10. 设函数 $y = f(x)$ 的定义域为 $[0,1]$，问：$f(x+a) + f(x-a)\ (a>0)$ 的定义域是什么？

11. 设 $f(x) = \begin{cases} x^2, & x<0, \\ -x, & x\geqslant 0, \end{cases}$ $g(x) = \begin{cases} 2-x, & x\leqslant 0, \\ 2+x, & x>0, \end{cases}$ 求 $f[g(x)]$ 和 $g[(f(x))]$，并作出这两个函数的图形.

12. 指出下列函数的复合过程：

$(1)y = \sqrt{\ln\sin^2 x}$；　　　　$(2)y = \mathrm{e}^{\arctan^2\frac{1}{x}}$.

13. 设 $f\left(x - \dfrac{1}{x}\right) = x^2 + \dfrac{1}{x^2}$,求 $f(x)$.

14. 设 $f(x) = \min\{2x+5, x^2, -x+6\}$,试给出 $f(x)$ 的分段表达式,画出 $f(x)$ 的图形,并求 $\max f(x)$.

15. 某工厂生产某型号车床,年产量为 a 台,分若干批进行生产,每批生产准备费为 b 元,设产品均匀投入市场,且上一批用完后立即生产下一批,平均库存量为批量的一半. 设每年每台库存费为 c 元. 显然,生产批量大则库存费高;生产批量少则批数增多,因而生产准备费高. 为了选择最优批量,试求出一年中库存费与生产准备费的和与批量的函数关系.

1.2 数列的极限

极限是描述变量变化过程中变化趋势的一个重要概念,极限方法是人们从有限中认识无限,从近似中把握精确,从量变中认识质变的一种数学方法,是微积分中最重要的一种思想方法. 本节中我们将用精确的数学语言来描述数列极限的概念与性质.

1.2.1 引例(割圆术)

极限概念是由于求某些实际问题的精确解而产生的. 例如,我国古代数学家刘徽利用圆内接正多边形来推算圆面积的方法——割圆术,就是极限思想在几何学上的应用.

设有一圆,首先作圆的内接正六边形,其面积记为 A_1;再作圆的内接正十二边形,其面积记为 A_2;再作内接正二十四边形,其面积记为 A_3;循此下去,每次边数加倍,一般地,把圆的内接正 $6 \times 2^{n-1}$ 边形的面积记为 $A_n(n \in \mathbf{N}^+)$,这样,就得到一列内接正多边形的面积:

$$A_1, A_2, A_3, \cdots, A_n, \cdots$$

它们构成一列有次序的数. n 越大,内接正多边形与圆的差别就越小,从而以 $A_n(n \in \mathbf{N}^+)$ 作为圆的面积的近似值也就越精确. 但是 n 无论取得如何大,只要 n 取定了,A_n 终究只是多边形的面积,而还不是圆的面积. 因此,设想 n 无限增大(记为 $n \to \infty$,读作 n 趋于无穷大),即内接正多边形的边数无限增加,在这个过程中,内接正多边形无限接近于圆,同时 A_n 也无限接近于某一确定的数值,这个确定的数值就理解为圆的面积. 这个确定的数值在数学上称为上面这列有次序的数(数列)$A_1, A_2, A_3, \cdots, A_n, \cdots$ 当 $n \to \infty$ 时的极限. 在圆面积问题中我们看到,正是这个数列的极限才精确地表达了圆的面积.

在解决实际问题中逐渐形成的这种极限方法,已成为微积分中的一种基本方法,因此有必要作进一步的阐明.

1.2.2 数列的概念

1. 数列的定义

设 f 是定义在正整数集 $\mathbf{N}^+$ 上的一个函数,按自变量 n 从小到大的顺序对应的函数数值

$x_n = f(n)$ 排列而成一列数 $x_1, x_2, \cdots, x_n, \cdots$，称这列数为数列，记为 $\{x_n\}$，数列的第 n 项 x_n 称为**通项**或**一般项**.

例如，(1) $\dfrac{1}{2}, \dfrac{2}{3}, \dfrac{3}{4}, \cdots, \dfrac{n}{n+1}, \cdots$，

(2) $2, 4, 8, \cdots, 2^n, \cdots$，

(3) $\dfrac{1}{2}, \dfrac{1}{4}, \dfrac{1}{8}, \cdots, \dfrac{1}{2^n}, \cdots$，

(4) $1, -1, 1, \cdots, (-1)^{n+1}, \cdots$，

(5) $1, -\dfrac{1}{2}, \dfrac{1}{3}, \cdots, \dfrac{(-1)^{n-1}}{n}, \cdots$，

都是数列的例子，它们的通项依次为 $\dfrac{n}{n+1}, 2^n, \dfrac{1}{2^n}, (-1)^{n+1}, \dfrac{(-1)^{n-1}}{n}$.

在几何上，数列 $\{x_n\}$ 可看作数轴上的一个动点，它依次取数轴上的点 $x_1, x_2, \cdots, x_n, \cdots$ (见图 1.21).

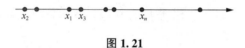

图 1.21

2. 数列的特性

(1) 有界性：若存在 $M > 0$ 使得 $|x_n| \leqslant M$，$n = 1, 2, \cdots$，则称数列 $\{x_n\}$ 有界.

(2) 单调性：若 $x_1 \leqslant x_2 \leqslant x_3 \leqslant \cdots \leqslant x_n \leqslant x_{n+1} \leqslant \cdots$，则称数列 $\{x_n\}$ 单调增加；若 $x_1 \geqslant x_2 \geqslant x_3 \geqslant \cdots \geqslant x_n \geqslant x_{n+1} \geqslant \cdots$，则称数列 $\{x_n\}$ 单调减少.

单调增加或单调减少的数列统称为**单调数列**.

1.2.3 数列极限的概念

对于数列，我们关心的主要问题是：当 n 无限增大时，x_n 的变化趋势如何？仔细观察上面几个数列随 n 变化的趋势，不难发现随着 n 的无限增大，(4) 中的数列没有确定的变化趋势；(2) 中的数列无限增大；而 (1)，(3)，(5) 中的数列无限接近于某个常数 a，这个常数 a 叫作该数列的极限. 例如，(5) 中的数列 $\left\{\dfrac{(-1)^{n-1}}{n}\right\}$，其各项的绝对值随着 n 的增大而变小，当 n 无限增大时，该数列无限接近于 0，通常就说 0 是它的极限，类似地，(1) 中数列的极限是 1.

但是，仅仅凭直观观察得到极限和用"无限增大"，"无限接近"来描述极限是不够的，因此必须用精确的数学语言来定义数列的极限.

我们知道，在数学上，两个数 a, b 的接近程度可以用这两个数的差的绝对值 $|a-b|$ 来度量 (在数轴上表示点 a, b 之间的距离)，$|a-b|$ 越小表示 a 与 b 就越接近. 以数列 $\left\{\dfrac{(-1)^{n-1}}{n}\right\}$ 为例，可以看出它的通项 $x_n = \dfrac{(-1)^{n-1}}{n}$ 能无限接近数 0，即当 n 越来越大时，$\left|\dfrac{(-1)^{n-1}}{n} - 0\right| = \dfrac{1}{n}$ 越来越小，从而越来越接近常数 0. 换句话说，只要 n 足够大，

$\left| \dfrac{(-1)^{n-1}}{n} - 0 \right| = \dfrac{1}{n}$ 就可以任意小.

例如，要使 $\left| \dfrac{(-1)^{n-1}}{n} - 0 \right| < 0.1$，只要 $n > 10$，即从数列的第 11 项 x_{11} 起，后面的一切项 $x_{11}, x_{12}, \cdots, x_n, \cdots$，都能使 $\left| \dfrac{(-1)^{n-1}}{n} - 0 \right| < 0.1$ 成立.

要使 $\left| \dfrac{(-1)^{n-1}}{n} - 0 \right| < 0.01$，只要 $n > 100$，即从数列的第 101 项 x_{101} 起，后面的一切项 $x_{101}, x_{102}, \cdots, x_n, \cdots$，都能使 $\left| \dfrac{(-1)^{n-1}}{n} - 0 \right| < 0.01$ 成立.

要使 $\left| \dfrac{(-1)^{n-1}}{n} - 0 \right| < 0.001$，只要 $n > 1000$，即从数列的第 1001 项 x_{1001} 起，后面的一切项 $x_{1001}, x_{1002}, \cdots, x_n, \cdots$，都能使 $\left| \dfrac{(-1)^{n-1}}{n} - 0 \right| < 0.001$ 成立.

为了刻画 $a_n = \dfrac{(-1)^{n-1}}{n}$ 与 0 的接近程度，我们引入任意给定的正数 ε，那么上述情形可以用如下方式描述：

一般地，不论给定多么小的正数 ε，要使 $\left| \dfrac{(-1)^{n-1}}{n} - 0 \right| < \varepsilon$，只要 $n > \dfrac{1}{\varepsilon}$，因此总存在着一个正整数 $N = \left[\dfrac{1}{\varepsilon} \right]$，使得对于 $n > N$ 的一切项 $x_{N+1}, x_{N+2}, \cdots, x_n, \cdots$，都能使 $\left| \dfrac{(-1)^{n-1}}{n} - 0 \right| < \varepsilon$ 成立. 这就是数列 $\left\{ \dfrac{(-1)^{n-1}}{n} \right\}$ 当 $n \to \infty$ 时无限接近于 0 的实质.

把这个例子中的思想和表述方式用于一般的数列，就得到数列极限的定义.

定义 1.2.1 设 $\{x_n\}$ 为一数列，a 为一常数，如果对任意给定的正数 ε，存在正整数 N，使得当 $n > N$ 时，恒有

$$|x_n - a| < \varepsilon$$

成立，则称数列 $\{x_n\}$ 以 a 为极限，并称 a 为数列 $\{x_n\}$ 的极限，或称数列 $\{x_n\}$ **收敛**于 a，记作

$$\lim_{n \to \infty} x_n = a, \quad \text{或} \quad x_n \to a (n \to \infty)$$

如果不存在这样的数，则称数列 $\{x_n\}$ 没有极限，或称数列**发散**.

上述定义常称为数列极限的 "ε-N" 语言，为了表达方便，引入记号 "$\forall$" 表示 "对任给的"，"对所有的"；"$\exists$" 表示 "存在"，则数列极限可简记为：

$\lim\limits_{n \to \infty} x_n = a \Leftrightarrow \forall \varepsilon > 0$，$\exists$ 正整数 N，当 $n > N$ 时，有 $|x_n - a| < \varepsilon$.

注意 定义中的 ε 是任意的，正因为它的任意性，不等式 $|x_n - a| < \varepsilon$ 才能刻画 x_n 与 a 无限接近. 正整数 N 是与任意给定的 ε 有关的，它随着 ε 的给定而选定，并且 N 不是唯一的，对于任意给定的 ε，若 N 满足要求，则任何大于 N 的正整数都满足要求.

由于不等式 $|x_n - a| < \varepsilon$ 表示 a 的 ε 邻域 $U(a, \varepsilon)$，将常数 a 及数列 $x_1, x_2, \cdots, x_n, \cdots$ 在数轴上用它们的对应点表示出来，再在数轴上作点 a 的 ε 邻域 $U(a, \varepsilon)$，即开区间 $(a - \varepsilon, a + \varepsilon)$，

所以极限"$x_n \to a (n \to \infty)$"的**几何解释**是：

对于点 a 的任意的 ε 邻域 $U(a, \varepsilon)$，一定存在一项 x_N，使得它后面的一切项 x_{N+1}，$x_{N+2}, x_{N+3}, \cdots$ 都落入 $U(a, \varepsilon)$ 之中，也就是说，在这个邻域之外至多只能有 $\{x_n\}$ 的有限项 $x_1, x_2, x_3, \cdots, x_N$（见图1.22）．

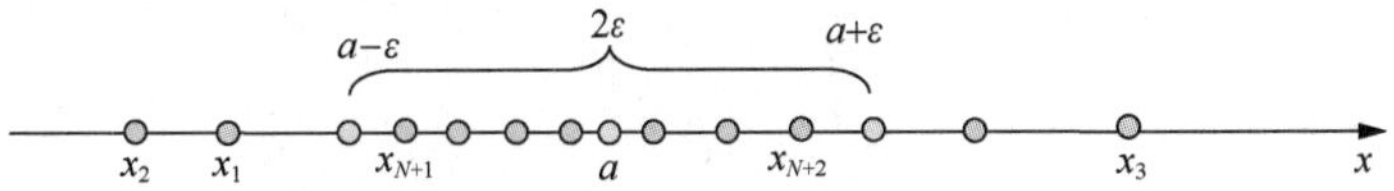

图 1.22

例 1 证明：$\lim\limits_{n \to \infty} \dfrac{n+(-1)^{n-1}}{n} = 1$．

证明 因为 $|x_n - a| = \left| \dfrac{n+(-1)^{n-1}}{n} - 1 \right| = \dfrac{1}{n}$，故 $\forall \varepsilon > 0$，要使 $|x_n - 1| < \varepsilon$，只要 $\dfrac{1}{n} < \varepsilon$，即 $n > \dfrac{1}{\varepsilon}$．所以，若取 $N = \left[\dfrac{1}{\varepsilon} \right]$，则当 $n > N$ 时，就有

$$\left| \frac{n+(-1)^{n-1}}{n} - 1 \right| < \varepsilon.$$

即

$$\lim\limits_{n \to \infty} \frac{n+(-1)^{n-1}}{n} = 1.$$

例 2 证明：$\lim\limits_{n \to \infty} q^n = 0$，其中 $|q| < 1$．

证明 $\forall \varepsilon > 0$，若 $q = 0$，则 $\lim\limits_{n \to \infty} q^n = \lim\limits_{n \to \infty} 0 = 0$；

若 $0 < |q| < 1$，欲使 $|x_n - 0| = |q^n| < \varepsilon$，必须 $n \ln|q| < \ln \varepsilon$，即 $n > \dfrac{\ln \varepsilon}{\ln|q|}$，故 $\forall \varepsilon > 0$，若取 $N = \left[\dfrac{\ln \varepsilon}{\ln|q|} \right]$，则当 $n > N$ 时，就有 $|q^n - 0| < \varepsilon$，从而证得 $\lim\limits_{n \to \infty} q^n = 0$．

例 3 证明：$\lim\limits_{n \to \infty} \dfrac{n^2-2}{n^2+n+1} = 1$．

证明 由于 $\left| \dfrac{n^2-2}{n^2+n+1} - 1 \right| = \dfrac{3+n}{n^2+n+1} < \dfrac{n+n}{n^2} = \dfrac{2}{n} (n>3)$，$\forall \varepsilon > 0$，要使 $\left| \dfrac{n^2-2}{n^2+n+1} - 1 \right| < \varepsilon$，只要 $\dfrac{2}{n} < \varepsilon$，即 $n > \dfrac{2}{\varepsilon}$，取 $N = \max\left(3, \left[\dfrac{2}{\varepsilon} \right]\right)$，当 $n > N$ 时，有 $\left| \dfrac{n^2-2}{n^2+n+1} - 1 \right| < \varepsilon$，即 $\lim\limits_{n \to \infty} \dfrac{n^2-2}{n^2+n+1} = 1$．

注意 一般地，为了比较简单地得到 N，可以适当放大 $|x_n - a|$，使之小于某个以 n 为变量的简单且趋于零 $(n \to \infty)$ 的表达式，令它小于 ε 后求出 N．

1.2.4 收敛数列的性质

定理 1.2.1（极限的唯一性） 收敛数列的极限是唯一的．

证明 用反证法．假设同时有 $x_n \to a$ 及 $x_n \to b (n \to \infty)$，且 $a < b$，取 $\varepsilon = \dfrac{b-a}{2}$，因为 $\lim\limits_{n \to \infty} x_n = a$，

故 ∃ 正整数 N_1，使得对于 $n>N_1$ 的一切 x_n，不等式

$$|x_n-a|<\frac{b-a}{2} \tag{1.1}$$

都成立.

又因为 $\lim_{n\to\infty} x_n=b$，故 ∃ 正整数 N_2，使得对于 $n>N_2$ 的一切 x_n，不等式

$$|x_n-b|<\frac{b-a}{2} \tag{1.2}$$

都成立. 取 $N=\max\{N_1,N_2\}$，则当 $n>N$ 时，(1.1)式及(1.2)式同时成立. 但由(1.1)式有 $x_n<\frac{b+a}{2}$，由(1.2)式有 $x_n>\frac{b+a}{2}$，这是不可能的. 该矛盾证明了本定理的结论成立.

例 4 证明数列 $x_n=(-1)^{n+1}(n=1,2,\cdots)$ 是发散的.

证明 如果这数列收敛，根据定理 1.2.1，它有唯一的极限，设极限为 a，即 $\lim_{n\to\infty} x_n=a$. 按数列极限的定义，对于 $\varepsilon=\frac{1}{2}$，∃ 正整数 N，当 $n>N$ 时，$|x_n-a|<\frac{1}{2}$，即当 $n>N$ 时，x_n 都落在开区间 $\left(a-\frac{1}{2},a+\frac{1}{2}\right)$ 内，这是不可能的，因为当 $n>N$ 时，x_n 在 -1 和 1 两个数之间来回取值，而这两个数不可能同时属于长度为 1 的开区间 $\left(a-\frac{1}{2},a+\frac{1}{2}\right)$ 内. 因此该数列发散.

定理 1.2.2(收敛数列的有界性) 如果数列 $\{x_n\}$ 收敛，那么数列 $\{x_n\}$ 一定有界.

证明 因为数列 $\{x_n\}$ 收敛，设 $\lim_{n\to\infty} x_n=a$，根据数列极限的定义，对于 $\varepsilon=1$，∃ 正整数 N，使得对于 $n>N$ 时的一切 x_n，不等式 $|x_n-a|<1$ 都成立. 于是，当 $n>N$ 时，

$$|x_n|=|(x_n-a)+a|\leqslant|x_n-a|+|a|<1+|a|$$

取 $M=\max\{|x_1|,|x_2|,|x_3|,\cdots,|x_N|,1+|a|\}$，那么数列 $\{x_n\}$ 中的一切 x_n 都满足不等式 $|x_n|\leqslant M$，这就证明了数列 $\{x_n\}$ 是有界的.

定理 1.2.2 表明，有界性是数列收敛的必要条件，所以，若数列 $\{x_n\}$ 无界，则 $\{x_n\}$ 必定发散. 但是，有界不是数列收敛的充分条件，就是说，有界数列不一定收敛. 例如，数列 $\{(-1)^{n+1}\}$ 是有界的，但却发散.

定理 1.2.3(收敛数列的保号性) 如果 $\lim_{n\to\infty} x_n=a$，且 $a>0$(或 $a<0$)，那么存在正整数 N，当 $n>N$ 时，都有 $x_n>0$(或 $x_n<0$).

证明 就 $a>0$ 的情形证明. 因为 $\lim_{n\to\infty} x_n=a$，对 $\varepsilon=\frac{a}{2}>0$，∃ 正整数 N，当 $n>N$ 时，有

$$|x_n-a|<\frac{a}{2}$$

从而

$$x_n>a-\frac{a}{2}=\frac{a}{2}>0$$

推论 如果数列 $\{x_n\}$ 从某项起有 $x_n\geqslant 0$(或 $x_n\leqslant 0$)，且 $\lim_{n\to\infty} x_n=a$，则 $a\geqslant 0$(或 $a\leqslant 0$).

1.2.5 子数列的概念

在数列 $\{x_n\}$ 中任意抽取无限多项并保持这些项在原数列 $\{x_n\}$ 的先后次序，这样得到的

一个数列称为原数列$\{x_n\}$的**子数列**(或子列).

设在数列$\{x_n\}$中, 第一次抽取x_{n_1}, 第二次抽取x_{n_2}, 第三次抽取x_{n_3},$\cdots$, 这样一直抽取下去, 得到一个数列

$$x_{n_1}, x_{n_2}, x_{n_3}, \cdots, x_{n_k}, \cdots,$$

这个数列$\{x_{n_k}\}$就是数列$\{x_n\}$的一个子数列. 这里x_{n_k}在子数列中是第k项, 在原数列中是第n_k项, 一般有$n_k \geq k$.

定理 1.2.4(收敛数列与其子数列间的关系) 如果数列$\{x_n\}$收敛于a, 那么它的任一子数列也收敛, 且极限也是a.

证明 设数列$\{x_{n_k}\}$是数列$\{x_n\}$的任一子数列,

由于$\lim\limits_{n \to \infty} x_n = a$, 故对于$\forall \varepsilon > 0$, $\exists$正整数N, 使得当$n > N$时, $|x_n - a| < \varepsilon$成立. 取$K = N$, 则当$k > K$时, $n_k > n_K = n_N \geq N$. 于是$|x_{n_k} - a| < \varepsilon$. 这就证明了$\lim\limits_{k \to \infty} x_{n_k} = a$.

由定理 1.2.4 可知, 如果数列$\{x_n\}$有两个子数列收敛于不同的极限, 那么数列$\{x_n\}$是发散的. 例如, 例 4 中的数列$\{(-1)^{n+1}\}$中的子数列$\{x_{2k-1}\} = \{1\}$收敛于 1, 而子数列$\{x_{2k}\} = \{-1\}$收敛于-1, 因此数列$\{(-1)^{n+1}\}$是发散的.

习题 1.2

1. 下列各题中, 哪些数列收敛? 哪些数列发散? 对收敛数列, 通过观察$\{x_n\}$的变化趋势, 写出它们的极限.

$(1)\, x_n = \dfrac{1}{a^n}\, (a > 1)$; $(2)\, x_n = \dfrac{n-1}{n+1}$;

$(3)\, x_n = n\,(-1)^n$; $(4)\, x_n = n - \dfrac{1}{n}$.

2. 根据极限的定义证明:

$(1)\, \lim\limits_{n \to \infty} \dfrac{1}{n^2} = 0$; $(2)\, \lim\limits_{n \to \infty} \dfrac{3n+1}{4n+1} = \dfrac{3}{4}$;

$(3)\, \lim\limits_{n \to \infty} \dfrac{\sqrt{n^2+1}}{n} = 1$; $(4)\, \lim\limits_{n \to \infty} \dfrac{\sin n}{n} = 0$.

3^*. 若$\lim\limits_{n \to \infty} u_n = a$, 证明: $\lim\limits_{n \to \infty} |u_n| = |a|$, 并举例说明反之未必成立. 又若$a = 0$, 结果怎样?

4^*. 若$\lim\limits_{n \to \infty} x_n = 0$, 而数列$\{y_n\}$有界, 证明: $\lim\limits_{n \to \infty} x_n y_n = 0$.

5^*. 对于数列$\{x_n\}$, 若$x_{2k} \to a\,(k \to \infty)$, $x_{2k-1} \to a\,(k \to \infty)$, 证明$x_n \to a\,(n \to \infty)$.

1.3 函数的极限

本节我们将数列极限的概念、性质推广到函数上. 数列$\{x_n\}$可以看成自变量n的函

数，数列的极限是讨论当自变量 n "离散地"取正整数并且无限增大时，函数 $x_n = f(n)$ 的变化趋势. 而一般的函数 $y = f(x)$ 的自变量 x 的变化趋势有两种：

（1）自变量 x 的绝对值 $|x|$ 无限增大即趋于无穷大，记作 $x \to \infty$；

（2）自变量 x 可以任意接近某个数 x_0，或者说趋于有限值 x_0，记作 $x \to x_0$.

下面根据自变量 x 的两种变化趋势，来讨论函数的变化趋势，即函数的极限.

1.3.1 函数极限的概念

1. 自变量趋向无穷大 $(x \to \infty)$ 时函数的极限

如果在自变量 x 趋于无穷大（记作 $x \to \infty$）时，函数 $y = f(x)$ 无限接近于确定的常数 A，那么 A 叫作函数 $y = f(x)$ 当 $x \to \infty$ 时的极限. 精确地说就是：

定义 1.3.1 设函数 $y = f(x)$ 当 $|x|$ 大于某一正数时有定义. 如果对于任意给定的正数 ε（不论它多么小），总存在正数 $X > 0$，使得对于适合不等式 $|x| > X$ 的一切 x，对应的函数值 $f(x)$ 都满足不等式 $|f(x) - A| < \varepsilon$，那么常数 A 就称为函数 $y = f(x)$ 当 $x \to \infty$ 时的极限，记作

$$\lim_{x \to \infty} f(x) = A \text{ 或 } f(x) \to A (x \to \infty).$$

这个定义常称为函数极限的"$\varepsilon - X$"语言，函数极限的"$\varepsilon - X$"语言可简记作：

$$\lim_{x \to \infty} f(x) = A \Leftrightarrow \forall \varepsilon > 0, \exists X > 0, \text{ 当 } |x| > X, \text{ 有 } |f(x) - A| < \varepsilon$$

极限"$\lim\limits_{x \to \infty} f(x) = A$"的**几何解释**是：

对于任意给定 $\varepsilon > 0$，总能找到正数 X，使得当 $|x| > X$ 时，函数 $y = f(x)$ 的图形都夹在两条直线 $y = A - \varepsilon$ 与 $y = A + \varepsilon$ 之间（见图 1.23）.

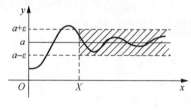

图 1.23

例 1 利用极限的"$\varepsilon - X$"定义，证明 $\lim\limits_{x \to \infty} \dfrac{1}{x} = 0$.

证明 $\forall \varepsilon > 0$，要使得 $\left| \dfrac{1}{x} - 0 \right| < \varepsilon$ 成立，只要 $|x| > \dfrac{1}{\varepsilon}$，所以可取 $X = \dfrac{1}{\varepsilon} > 0$，那么对于适合不等式 $|x| > X = \dfrac{1}{\varepsilon}$ 的一切 x，不等式 $\left| \dfrac{1}{x} - 0 \right| < \varepsilon$ 都成立，这就证明了 $\lim\limits_{x \to \infty} \dfrac{1}{x} = 0$（见图 1.24）.

如果 $x > 0$ 且无限增大（记作 $x \to +\infty$），那么只要把上面定义中的 $|x| > X$ 换成 $x > X$，就可得到 $\lim\limits_{x \to +\infty} f(x) = A$ 的定义，即：

$$\lim_{x \to +\infty} f(x) = A \Leftrightarrow \forall \varepsilon > 0, \exists X > 0,$$

当 $x > X$ 时，有 $|f(x) - A| < \varepsilon$

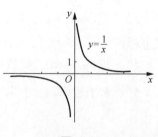

图 1.24

同样，如果 $x < 0$ 且绝对值无限增大（记作 $x \to -\infty$），那么只要把上面定义中的 $|x| > X$ 换成 $x < -X$，就可得到 $\lim\limits_{x \to -\infty} f(x) = A$ 的定义，即：

$$\lim_{x \to -\infty} f(x) = A \Leftrightarrow \forall \varepsilon > 0, \exists X > 0, \text{ 当 } x < -X \text{ 时，有 } |f(x) - A| < \varepsilon$$

由于 $x \to \infty$ 包含 $x \to +\infty$，$x \to -\infty$ 两种情形，容易证明下面的结论：

定理 1.3.1 函数 $f(x)$ 当 $x \to \infty$ 时极限存在的充分必要条件是 $\lim\limits_{x \to +\infty} f(x)$，$\lim\limits_{x \to -\infty} f(x)$ 存在且相等，即 $\lim\limits_{x \to \infty} f(x) = A \Leftrightarrow \lim\limits_{x \to +\infty} f(x) = \lim\limits_{x \to -\infty} f(x) = A$.

证明从略.

根据定理 1.3.1，若极限 $\lim\limits_{x \to +\infty} f(x)$，$\lim\limits_{x \to -\infty} f(x)$ 中有一个不存在，则极限 $\lim\limits_{x \to \infty} f(x)$ 不存在，或虽然两极限 $\lim\limits_{x \to +\infty} f(x)$，$\lim\limits_{x \to -\infty} f(x)$ 都存在，但不相等，则极限 $\lim\limits_{x \to \infty} f(x)$ 也不存在.

如果 $\lim\limits_{x \to +\infty} f(x) = A$ 或者 $\lim\limits_{x \to -\infty} f(x) = A$，则称直线 $y = A$ 就是函数 $y = f(x)$ 图形的**水平渐近线**.

由例 1 知，直线 $y = 0$ 为函数 $y = \dfrac{1}{x}$ 的图形的水平渐近线.

例 2 用极限定义证明 $\lim\limits_{x \to +\infty} \left(\dfrac{1}{2}\right)^x = 0$.

证明 $\forall \varepsilon > 0$，要使 $\left|\left(\dfrac{1}{2}\right)^x - 0\right| = \left(\dfrac{1}{2}\right)^x < \varepsilon$，只要 $2^x > \dfrac{1}{\varepsilon}$，即 $x > \dfrac{\ln\dfrac{1}{\varepsilon}}{\ln 2}$（不妨设 $\varepsilon < 1$）就可以了. 因此，$\forall \varepsilon > 0$，取 $X = \dfrac{\ln\dfrac{1}{\varepsilon}}{\ln 2}$，则当 $x > X$ 时，$\left|\left(\dfrac{1}{2}\right)^x - 0\right| < \varepsilon$ 恒成立. 所以 $\lim\limits_{x \to +\infty} \left(\dfrac{1}{2}\right)^x = 0$.

2. 自变量趋向有限值 $(x \to x_0)$ 时函数的极限

如果在自变量 x 无限接近有限值 x_0（记作 $x \to x_0$）时，函数 $y = f(x)$ 无限接近于确定的常数 A，那么 A 叫作函数 $y = f(x)$ 当 $x \to x_0$ 时的极限. 精确地说就是：

定义 1.3.2 设函数 $y = f(x)$ 在点 x_0 的某一去心邻域内有定义. 如果对于任意给定的正数 ε（不论它多么小），总存在正数 δ，使得对于适合不等式 $0 < |x - x_0| < \delta$ 的一切 x，对应的函数值 $f(x)$ 都满足不等式 $|f(x) - A| < \varepsilon$，那么常数 A 就称为函数 $y = f(x)$ 当 $x \to x_0$ 时的极限，记作

$$\lim_{x \to x_0} f(x) = A \text{ 或 } f(x) \to A \ (x \to x_0).$$

这个定义常称为函数极限的"ε-δ"语言，函数极限的"ε-δ"语言可简记作：

$$\lim_{x \to x_0} f(x) = A \Leftrightarrow \forall \varepsilon > 0, \ \exists \delta > 0, \text{ 当 } 0 < |x - x_0| < \delta \text{ 时，有 } |f(x) - A| < \varepsilon$$

极限"$\lim\limits_{x \to x_0} f(x) = A$"的**几何解释**是：

对于任意给定 $\varepsilon > 0$，总存在着点 x_0 的一个 δ 去心邻域 $\overset{\circ}{U}(x_0, \delta) = (x_0 - \delta, x_0) \cup (x_0, x_0 + \delta)$，使得当自变量 x 在 $\overset{\circ}{U}(x_0, \delta)$ 内取值时，函数 $y = f(x)$ 的图形都夹在两条直线 $y = A - \varepsilon$ 与 $y = A + \varepsilon$ 之间（见图 1.25）.

我们指出，定义中的 $0 < |x - x_0|$ 表示 $x \neq x_0$，所以 $x \to x_0$ 时，函数 $f(x)$ 有没有极限与函数 $f(x)$ 在点 x_0 处是否有定义并无关系.

事实上，极限值 $\lim\limits_{x \to x_0} f(x) = A$ 表示函数 $f(x)$ 在点 x_0 的附近（除 x_0 点）的变化趋势（**动态描述**），函数值

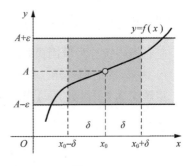

图 1.25

$f(x_0)$ 是函数 $f(x)$ 在 $x=x_0$ 点的**静态值**.

例 3　证明 $\lim\limits_{x \to x_0} x = x_0$.

证明　因为 $|f(x)-A| = |x-x_0|$，$\forall \varepsilon > 0$，取 $\delta = \varepsilon$，当 $0 < |x-x_0| < \delta = \varepsilon$ 时，$|f(x)-A|$ $= |x-x_0| < \varepsilon$ 成立，故 $\lim\limits_{x \to x_0} x = x_0$.

注意　容易证明 $\lim\limits_{x \to x_0} c = c$（$c$ 是常数）.

例 4　证明 $\lim\limits_{x \to 2}(3x-2) = 4$.

证明　$\forall \varepsilon > 0$，欲使 $|f(x)-4| = 3|x-2| < \varepsilon$，只需 $|x-2| < \dfrac{\varepsilon}{3}$ 即可，

因此，取 $\delta = \dfrac{\varepsilon}{3} > 0$，当 $0 < |x-2| < \delta$ 时，恒有 $|f(x)-4| = 3|x-2| < \varepsilon$，

所以 $\lim\limits_{x \to 2}(3x-2) = 4$.

例 5　证明 $\lim\limits_{x \to 1}\dfrac{x^2-1}{x-1} = 2$.

证明　函数在点 $x=1$ 处没有定义，因为 $|f(x)-A| = \left|\dfrac{x^2-1}{x-1}-2\right| = |x-1|$，

对 $\forall \varepsilon > 0$，要使 $|f(x)-A| < \varepsilon$，只要取 $\delta = \varepsilon$，则当 $0 < |x-1| < \delta$ 时，就有 $\left|\dfrac{x^2-1}{x-1}-2\right| < \delta$，

所以 $\lim\limits_{x \to 1}\dfrac{x^2-1}{x-1} = 2$.

上述 $x \to x_0$ 时函数 $f(x)$ 的极限定义中，$x \to x_0$ 表示 x 既从 x_0 的右侧趋于 x_0（记作 $x \to x_0+0$ 或 $x \to x_0^+$），又从 x_0 的左侧趋于 x_0（记作 $x \to x_0-0$ 或 $x \to x_0^-$），但有时只需考虑 x 从 x_0 的右侧趋于 x_0（记作 $x \to x_0+0$ 或 $x \to x_0^+$），或只从 x_0 的左侧趋于 x_0（记作 $x \to x_0-0$，或 $x \to x_0^-$）的情形.

在 $\lim\limits_{x \to x_0} f(x) = A$ 的定义中，把 $0 < |x-x_0| < \delta$ 换成 $x_0 < x < x_0+\delta$，那么 A 就叫作函数 $f(x)$ 当 $x \to x_0$ 时的**右极限**，记作 $\lim\limits_{x \to x_0^+} f(x)$ 或 $f(x_0+0)$.

即：$\lim\limits_{x \to x_0^+} f(x) = A \Leftrightarrow \forall \varepsilon > 0$，$\exists \delta > 0$，当 $x_0 < x < x_0+\delta$ 时，有 $|f(x)-A| < \varepsilon$.

类似地，在 $\lim\limits_{x \to x_0} f(x) = A$ 的定义中，把 $0 < |x-x_0| < \delta$ 换成 $x_0-\delta < x < x_0$，那么 A 就叫作函数 $f(x)$ 当 $x \to x_0$ 时的**左极限**，记作 $\lim\limits_{x \to x_0^-} f(x)$ 或 $f(x_0-0)$.

即：$\lim\limits_{x \to x_0^-} f(x) = A \Leftrightarrow \forall \varepsilon > 0$，$\exists \delta > 0$，当 $x_0-\delta < x < x_0$ 时，有 $|f(x)-A| < \varepsilon$.

左右极限统称为**单侧极限**.

与 $x \to \infty$ 的情形一样，也有下面的结论成立：

定理 1.3.2　函数 $f(x)$ 当 $x \to x_0$ 时极限存在的充分必要条件是 $\lim\limits_{x \to x_0^+} f(x)$，$\lim\limits_{x \to x_0^-} f(x)$ 存在且相等. 即

$$\lim\limits_{x \to x_0} f(x) = A \Leftrightarrow \lim\limits_{x \to x_0^+} f(x) = \lim\limits_{x \to x_0^-} f(x) = A$$

证明从略.

根据定理 1.3.2,若极限 $\lim\limits_{x \to x_0^+} f(x)$,$\lim\limits_{x \to x_0^-} f(x)$ 中有一个不存在,则极限 $\lim\limits_{x \to x_0} f(x)$ 就不存在,或虽然两极限 $\lim\limits_{x \to x_0^+} f(x)$,$\lim\limits_{x \to x_0^-} f(x)$ 都存在,但不相等,则极限 $\lim\limits_{x \to x_0} f(x)$ 也不存在.

例 6 设函数 $f(x) = \begin{cases} x-1, & x<0, \\ 0, & x=0, \\ x+1, & x>0. \end{cases}$

问:当 $x \to 0$ 时,$f(x)$ 的极限是否存在?

解 作出函数的图形(见图 1.26):

仿照例 2,可证得右极限 $\lim\limits_{x \to 0^+} f(x) = \lim\limits_{x \to 0^+}(x+1) = 1$;左极限 $\lim\limits_{x \to 0^-} f(x) = \lim\limits_{x \to 0^-}(x-1) = -1$.

因为左极限与右极限存在但不相等,所以极限 $\lim\limits_{x \to 0} f(x)$ 不存在.

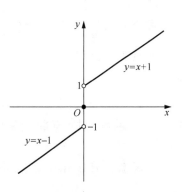

图 1.26

1.3.2 函数极限的性质

与数列的极限的性质类似,函数极限也有相应的一些性质. 由于函数极限的定义按照自变量的变化趋势有不同的形式,下面仅以 $\lim\limits_{x \to x_0} f(x) = A$ 这种形式给出函数极限的一些性质,并就其中的几个给出证明,至于其他形式的极限的性质及其证明,只要仿此即可得到.

定理 1.3.3(唯一性) 若 $\lim\limits_{x \to x_0} f(x) = A$ 存在,则 A 必唯一.

证明 用反证法. 设 $\lim\limits_{x \to x_0} f(x) = A$,$\lim\limits_{x \to x_0} f(x) = B$ 且 $A > B$.

因 $\lim\limits_{x \to x_0} f(x) = A$,取 $\varepsilon = \dfrac{A-B}{2} > 0$,$\exists \delta_1 > 0$,当 $0 < |x-x_0| < \delta_1$ 时,有 $|f(x) - A| < \dfrac{A-B}{2}$,

即

$$\frac{A+B}{2} < f(x) < \frac{3A-B}{2} \tag{1.3}$$

又 $\lim\limits_{x \to x_0} f(x) = B$,则对 $\varepsilon = \dfrac{A-B}{2} > 0$,$\exists \delta_2 > 0$,当 $0 < |x-x_0| < \delta_2$ 时,有 $|f(x) - B| < \dfrac{A-B}{2}$,

即

$$\frac{3B-A}{2} < f(x) < \frac{A+B}{2} \tag{1.4}$$

取 $\delta = \min(\delta_1, \delta_2)$,当 $0 < |x-x_0| < \delta$ 时,(1.3)式,(1.4)式同时成立,即有 $\dfrac{A+B}{2} < f(x) < \dfrac{A+B}{2}$,矛盾,故 $A = B$,即若 $\lim\limits_{x \to x_0} f(x) = A$ 存在,则 A 必唯一.

定理 1.3.4(局部有界性) 若 $\lim\limits_{x \to x_0} f(x) = A$ 存在,则 $f(x)$ 在 x_0 的某个去心邻域内有界. 即存在 $M > 0$ 与 $\delta > 0$,使得当 $0 < |x-x_0| < \delta$ 时,有 $|f(x)| \leqslant M$.

证明 因 $\lim\limits_{x \to x_0} f(x) = A$,取 $\varepsilon = 1$,则 $\exists \delta > 0$,当 $0 < |x-x_0| < \delta$,有 $|f(x) - A| < 1$,又 $|f(x)| = |f(x) - A + A| \leqslant |f(x) - A| + |A| < |A| + 1$,记 $M = |A| + 1$,定理即可获得证明.

定理 1.3.5(局部保号性)　设 $\lim\limits_{x \to x_0} f(x) = A > 0$(或 $A < 0$),则存在 $\delta > 0$,当 $0 < |x - x_0| < \delta$ 时,函数 $f(x) > 0$(或 $f(x) < 0$).

证明　就 $A > 0$ 给出证明.

因为 $\lim\limits_{x \to x_0} f(x) = A > 0$,取 $\varepsilon = \dfrac{A}{2} > 0$,则 $\exists \delta > 0$,当 $0 < |x - x_0| < \delta$ 时,有 $|f(x) - A| < \dfrac{A}{2}$,即 $f(x) > A - \dfrac{A}{2} = \dfrac{A}{2} > 0$.

类似地可以证明 $A < 0$ 的情形.

推论 1　设 $\lim\limits_{x \to x_0} f(x) = A(A \neq 0)$,则存在 $\delta > 0$,当 $x \in \mathring{U}(x_0, \delta)$ 时,有 $|f(x)| > \dfrac{|A|}{2}$.

推论 2　设函数 $f(x)$ 在 x_0 的某去心邻域内有 $f(x) \geqslant 0$(或 $f(x) \leqslant 0$),且 $\lim\limits_{x \to x_0} f(x) = A$,则 $A \geqslant 0$(或 $A \leqslant 0$).

1.3.3　函数极限与数列极限的关系

定理 1.3.6(Heine(海涅)定理)　$\lim\limits_{x \to x_0} f(x) = A$ 的充分必要条件为任何以 x_0 为极限的数列 $\{x_n\}(x_n \neq x_0)$,相应的函数值数列 $\{f(x_n)\}$ 都收敛于 A. 即对任何数列 $\{x_n\}(x_n \neq x_0)$,只要 $\lim\limits_{n \to \infty} x_n = x_0$,则 $\lim\limits_{n \to \infty} f(x_n) = A$.

此定理可以根据数列与函数极限的定义证明.

由此定理我们可以得到以下结论:若存在两个数列 $\{x_n\}(x_n \neq x_0)$ 和 $\{x_n'\}(x_n' \neq x_0)$,虽然 $\lim\limits_{n \to \infty} x_n = \lim\limits_{n \to \infty} x_n' = x_0$,但 $\lim\limits_{n \to \infty} f(x_n) \neq \lim\limits_{n \to \infty} f(x_n')$,则 $\lim\limits_{x \to x_0} f(x)$ 不存在.

例 7　证明:$\lim\limits_{x \to 0} \sin \dfrac{1}{x}$ 不存在.

证明　取 $x_n = \dfrac{1}{2n\pi + \dfrac{\pi}{2}}$,则 $x_n \neq 0$,且 $\lim\limits_{n \to \infty} x_n = 0$,而 $\lim\limits_{n \to \infty} f(x_n) = \lim\limits_{n \to \infty} \sin\left(2n\pi + \dfrac{\pi}{2}\right) = 1$,

再取 $x_n' = \dfrac{1}{2n\pi}$,则 $x_n' \neq 0$,且 $\lim\limits_{n \to \infty} x_n' = 0$,而 $\lim\limits_{n \to \infty} f(x_n') = \lim\limits_{n \to \infty} \sin(2n\pi) = 0$,

由 Heine 定理,知 $\lim\limits_{x \to 0} \sin \dfrac{1}{x}$ 不存在.

习题 1.3

1. 根据函数极限的定义证明:

(1) $\lim\limits_{x \to \infty} \dfrac{1 + 2x^3}{x^3} = 2$;

(2) $\lim\limits_{x \to +\infty} \dfrac{\sin x}{\sqrt{x}} = 0$;

(3) $\lim\limits_{x \to -2} \dfrac{x^2 - 4}{x + 2} = -4$;

(4) $\lim\limits_{x \to 0} a^x = 1 (a > 1)$.

2. 下列极限是否存在?

（1）$\lim\limits_{x\to 0}\dfrac{|x|}{x}$;　　　　　　　（2）$\lim\limits_{x\to 0}\cos\dfrac{1}{x}$.

3*. 证明：函数 $f(x)$ 当 $x\to\infty$ 时极限存在的充要条件是 $\lim\limits_{x\to +\infty}f(x)$，$\lim\limits_{x\to -\infty}f(x)$ 存在并相等，即 $\lim\limits_{x\to\infty}f(x)=A\Leftrightarrow\lim\limits_{x\to +\infty}f(x)=\lim\limits_{x\to -\infty}f(x)=A$.

4*. 证明：函数 $f(x)$ 当 $x\to x_0$ 时极限存在的充要条件是左、右极限都存在并且相等.

5*. 证明：若 $\lim\limits_{x\to\infty}f(x)=A$ 存在，则 A 必唯一.

6*. 证明：若 $\lim\limits_{x\to\infty}f(x)=A$ 存在，则存在 $X>0$，当 $|x|>X$ 时，$f(x)$ 有界.

1.4　无穷小与无穷大

无穷小是与极限密切相关的一类变量，在微积分中扮演着重要角色. 而无穷大原本是刻画一种极限不存在的变量，但这种变化状态在极限理论中占有重要地位，因此它和无穷小一样也是极限理论中的一个基本概念，本节将介绍无穷小与无穷大的概念及性质.

1.4.1　无穷小

1. 无穷小的定义

定义 1.4.1　如果函数 $f(x)$ 当 $x\to x_0$（或 $x\to\infty$）时的极限为零，那么称函数 $f(x)$ 为当自变量 $x\to x_0$（或 $x\to\infty$）时的**无穷小**.

特别地，以零为极限的数列 $\{x_n\}$ 称为 $n\to\infty$ 时的无穷小.

例如，因为 $\lim\limits_{x\to 1}(x-1)=0$，所以函数 $f(x)=x-1$ 为当 $x\to 1$ 时的无穷小，函数 $f(x)=\dfrac{1}{x}$ 是 $x\to\infty$ 时的无穷小，数列 $\left\{\dfrac{1}{n^2}\right\}$ 是 $n\to\infty$ 时的无穷小.

注意　（1）无穷小是一个变量，不能把它与很小的常数混为一谈，在常数中只有零可以作为无穷小.

（2）无穷小始终与自变量的变化过程联系在一起. 例如，$f(x)=x-1$ 当 $x\to 1$ 时是无穷小，但当 $x\to 0$ 时，$f(x)=x-1$ 就不是无穷小.

2. 无穷小的性质

定理 1.4.1　在自变量的同一变化过程（$x\to x_0$，或 $x\to\infty$）中，有限个无穷小的和仍是无穷小.

证明　考虑两个无穷小的和，且考虑 $x\to x_0$ 的情形.

设 α 和 β 是当 $x\to x_0$ 时的无穷小，并设 $\gamma=\alpha+\beta$，对任意给定正数 ε，因为 α 是当 $x\to x_0$ 时的无穷小，故对于 $\dfrac{\varepsilon}{2}>0$，$\exists\delta_1>0$，使当 $0<|x-x_0|<\delta_1$ 时，有 $|\alpha|<\dfrac{\varepsilon}{2}$ 成立. 又因为 β 是当 $x\to x_0$ 时的无穷小，故对于 $\dfrac{\varepsilon}{2}>0$，$\exists\delta_2>0$，使当 $0<|x-x_0|<\delta_2$ 时，有 $|\beta|<\dfrac{\varepsilon}{2}$ 成立.

取 $\delta = \min\{\delta_1, \delta_2\}$，当 $0 < |x - x_0| < \delta$ 时，有 $|\gamma| = |\alpha + \beta| \leqslant |\alpha| + |\beta| < \dfrac{\varepsilon}{2} + \dfrac{\varepsilon}{2} = \varepsilon$，

这就证明了 γ 也是当 $x \to x_0$ 时的无穷小.

有限个无穷小之和的情形可以同样证明.

注意　定理 1.4.1 不能推广到无穷多个的情形.

例如，当 $n \to \infty$ 时，$\dfrac{1}{n} \to 0$，但 n 个无穷小 $\dfrac{1}{n}$ 的和不是无穷小，这是因为

$$\lim_{n \to \infty} \underbrace{\left(\frac{1}{n} + \frac{1}{n} + \cdots + \frac{1}{n} \right)}_{n \uparrow \frac{1}{n}} = \lim_{n \to \infty} \left(n \times \frac{1}{n} \right) = 1$$

定理 1.4.2　（局部）有界函数与无穷小的乘积是无穷小.

证明　设函数 $u(x)$ 在点 x_0 的某一去心邻域 $\mathring{U}(x_0, \delta_1)$ 内有界，即存在正数 M，使 $|u(x)| \leqslant M$ 对一切 $x \in \mathring{U}(x_0, \delta_1)$ 成立. 又设 α 是当 $x \to x_0$ 时的无穷小，即对任意给定的正数 ε，存在 $\delta_2 > 0$，当 $x \in \mathring{U}(x_0, \delta_2)$ 时，有 $|\alpha| < \dfrac{\varepsilon}{M}$，取 $\delta = \min\{\delta_1, \delta_2\}$，则当 $x \in \mathring{U}(x_0, \delta)$ 时，$|u(x)| \leqslant M$ 及 $|\alpha| \leqslant \dfrac{\varepsilon}{M}$ 同时成立. 从而 $|u(x)\alpha| = |u(x)||\alpha| < M \cdot \dfrac{\varepsilon}{M} = \varepsilon$，这就证明了 $u(x)\alpha$ 也是当 $x \to x_0$ 时的无穷小.

定理 1.4.1，定理 1.4.2 对 $x \to \infty$ 的情形同样证明.

推论 1　常数与无穷小的乘积仍是无穷小.

推论 2　有限个无穷小的乘积仍是无穷小.

例 1　求下列函数的极限：

(1) $\lim\limits_{x \to 0} x \sin \dfrac{1}{x}$；　　　(2) $\lim\limits_{x \to \infty} \dfrac{\arctan x}{x}$.

解　(1) 因为函数 x 是 $x \to 0$ 时的无穷小，$\left| \sin \dfrac{1}{x} \right| \leqslant 1$，即函数 $\sin \dfrac{1}{x}$ 有界，利用定理

1.4.2 知函数 $x \sin \dfrac{1}{x}$ 也是 $x \to 0$ 时的无穷小，即 $\lim\limits_{x \to 0} x \sin \dfrac{1}{x} = 0$；

(2) 因为函数 $\dfrac{1}{x}$ 是 $x \to \infty$ 时的无穷小，$|\arctan x| < \dfrac{\pi}{2}$，即函数 $\arctan x$ 有界，利用定理

1.4.2 知函数 $\dfrac{\arctan x}{x}$ 也是 $x \to \infty$ 时的无穷小，即 $\lim\limits_{x \to \infty} \dfrac{\arctan x}{x} = 0$.

3. 无穷小与函数极限的关系

定理 1.4.3　在自变量的同一变化过程（$x \to x_0$ 或 $x \to \infty$）中，$f(x)$ 具有极限 A 的充要条件是 $f(x)$ 可以表示成 A 与一个无穷小 α 之和. 即

$$\lim_{\substack{x \to x_0 \\ (x \to \infty)}} f(x) = A \Leftrightarrow f(x) = A + \alpha, \ \alpha \text{ 是 } x \to x_0 (\text{或 } x \to \infty) \text{ 时的无穷小}.$$

证明　设 $\lim\limits_{x \to x_0} f(x) = A$，则对于任意给定的正数 ε，存在正数 δ，使当 $0 < |x - x_0| < \delta$ 时，有 $|f(x) - A| < \varepsilon$，令 $\alpha = f(x) - A$，则 α 是 $x \to x_0$ 时的无穷小，且 $f(x) = A + \alpha$. 这就证明了

$f(x)$ 等于它的极限 A 与一个无穷小 α 之和.

反之，设 $f(x) = A + \alpha$，其中 A 是常数，α 是 $x \to x_0$ 时的无穷小，于是 $|f(x) - A| = |\alpha|$. 因 α 是 $x \to x_0$ 时的无穷小，所以对于任意给定的正数 ε，存在正数 δ，使当 $0 < |x - x_0| < \delta$ 时，有 $|\alpha| < \varepsilon$，即 $|f(x) - A| < \varepsilon$. 这就证明了 A 是 $f(x)$ 当 $x \to x_0$ 时的极限.

类似地可证明当 $x \to \infty$ 时的情形.

1.4.2 无穷大

1. 无穷大的定义

如果当 $x \to x_0$ 或 $x \to \infty$ 时，$f(x)$ 的绝对值 $|f(x)|$ 无限增大，则称 $f(x)$ 为当 $x \to x_0$ 或 $x \to \infty$ 时的无穷大. 精确地说就是：

定义 1.4.2 设函数 $y = f(x)$ 在点 x_0 的某一去心邻域内有定义（或当 $|x|$ 大于某一正数时有定义）. 如果对于任意给定的正数 M（不论它多么大），总存在正数 δ（或正数 X），使得对于适合不等式 $0 < |x - x_0| < \delta$（或 $|x| > X$）的一切 x，对应的函数值 $f(x)$ 都满足不等式 $|f(x)| > M$，则称函数 $y = f(x)$ 是当 $x \to x_0$ 或 $x \to \infty$ 时的**无穷大**，记作

$$\lim_{x \to x_0} f(x) = \infty \ \left(\text{或} \lim_{x \to \infty} f(x) = \infty \right)$$

注意 （1）这里 $\lim\limits_{x \to x_0} f(x) = \infty$（或 $\lim\limits_{x \to \infty} f(x) = \infty$）用极限记号只是为了表述函数的这一变化趋势，虽然我们可以说当 $x \to x_0$ 或 $x \to \infty$ 时，极限为无穷大，但此时**极限不存在**.

（2）无穷大是一个变量，它的绝对值可以大于任意给定的正数 M，不能把它与很大的常数混为一谈，即没有任何常数可以作为无穷大.

（3）与无穷小一样，无穷大始终与自变量的变化过程联系在一起.

例如，可以证明函数 $\dfrac{1}{x}$ 是 $x \to 0$ 时的无穷大，但当 $x \to \infty$ 时，$\dfrac{1}{x}$ 为无穷小.

无穷大的定义也可简记为：

$$\lim_{x \to x_0} f(x) = \infty \Leftrightarrow \forall M > 0, \ \exists \delta > 0, \ \text{当} \ 0 < |x - x_0| < \delta \ \text{时，有} \ |f(x)| > M.$$

如果在无穷大的定义中，把 $|f(x)| > M$ 改成 $f(x) > M$（或 $f(x) < -M$），则称 $f(x)$ 是当 $x \to x_0$ 或 $x \to \infty$ 时的正无穷大（或负无穷大），记为：

$$\lim_{\substack{x \to x_0 \\ (x \to \infty)}} f(x) = +\infty \quad \text{或} \quad \lim_{\substack{x \to x_0 \\ (x \to \infty)}} f(x) = -\infty$$

例如，$\lim\limits_{x \to x_0} f(x) = +\infty \Leftrightarrow \forall M > 0, \ \exists \delta > 0, \ \text{当} \ 0 < |x - x_0| < \delta \ \text{时，有} \ f(x) > M$；

$\lim\limits_{x \to \infty} f(x) = -\infty \Leftrightarrow \forall M > 0, \ \exists X > 0, \ \text{当} \ |x| > X \ \text{时，有} \ f(x) < -M.$

例 2 证明：$\lim\limits_{x \to 1} \dfrac{1}{x - 1} = \infty$.

证明 设 M 是任意给定的正数，要使 $\left| \dfrac{1}{x - 1} \right| > M$，只要 $|x - 1| < \dfrac{1}{M}$. 所以，取 $\delta = \dfrac{1}{M}$，则对于适合不等式 $0 < |x - 1| < \delta = \dfrac{1}{M}$ 的一切 x，就有 $\left| \dfrac{1}{x - 1} \right| > M$ 成立. 这就证明了 $\lim\limits_{x \to 1} \dfrac{1}{x - 1} = \infty$.

直线 $x = 1$ 是函数 $y = \dfrac{1}{x - 1}$ 图形的铅直渐近线.

一般地，若 $\lim\limits_{x \to x_0} f(x) = \infty$ ，则称直线 $x = x_0$ 为函数 $y = f(x)$ 的图形的**铅直渐近线**.

2. 无穷大与无穷小的关系

定理 1.4.4 在自变量的同一变化过程中，如果 $f(x)$ 为无穷大，则 $\dfrac{1}{f(x)}$ 为无穷小；反之，如果 $f(x)$ 为无穷小，且 $f(x) \neq 0$，则 $\dfrac{1}{f(x)}$ 为无穷大.

证明 设 $\lim\limits_{x \to x_0} f(x) = \infty$.

$\forall \varepsilon > 0$，根据无穷大的定义，对于 $M = \dfrac{1}{\varepsilon} > 0$，$\exists \delta > 0$，当 $0 < |x - x_0| < \delta$ 时，有不等式 $|f(x)| > M$ 成立，即 $\left| \dfrac{1}{f(x)} \right| < \dfrac{1}{M} = \varepsilon$，这就证明了 $\dfrac{1}{f(x)}$ 为当 $x \to x_0$ 时的无穷小.

反之，设 $\lim\limits_{x \to x_0} f(x) = 0$，且 $f(x) \neq 0$.

$\forall M > 0$，根据无穷小的定义，对于 $\varepsilon = \dfrac{1}{M} > 0$，$\exists \delta > 0$，当 $0 < |x - x_0| < \delta$ 时，有不等式 $|f(x)| < \varepsilon = \dfrac{1}{M}$ 成立. 由于当 $0 < |x - x_0| < \delta$ 时 $f(x) \neq 0$，从而有 $\left| \dfrac{1}{f(x)} \right| > \dfrac{1}{\varepsilon} = M$，这就证明了 $\dfrac{1}{f(x)}$ 为当 $x \to x_0$ 时的无穷大.

类似地，可证明 $x \to \infty$ 的情形.

3. 无穷大与无界的关系

定理 1.4.5 若函数 $f(x)$ 是 $x \to x_0$ 时的无穷大，则必存在 x_0 的某一去心邻域 $\mathring{U}(x_0, \delta)$，在此邻域内函数 $f(x)$ 一定是无界的（$x \to \infty$ 时，也有类似的结论成立）.

比较无穷大的定义和无界的定义，即可得到证明.

注意 此定理的逆不成立.

例如，当 $x \in (0, 1]$ 时，函数 $y = \dfrac{1}{x} \sin \dfrac{1}{x}$ 无界，但 $x \to 0^+$ 时，$\dfrac{1}{x} \sin \dfrac{1}{x}$ 不是无穷大（习题 1.4 第 6 题）.

习题 1.4

1. 两个无穷小的商是否一定是无穷小？试举例说明之.

2. 根据定义证明：

(1) $y = \dfrac{x^2 - 9}{x + 3}$ 当 $x \to 3$ 时为无穷小；   (2) $y = x \sin \dfrac{1}{x}$ 当 $x \to 0$ 时为无穷小.

3. 根据定义证明 $y = \dfrac{1 + 2x}{x^2}$ 当 $x \to 0$ 时为无穷大.

4. 求下列极限并说明理由：

（1）$\lim\limits_{x\to\infty}\dfrac{1+3x}{x}$； （2）$\lim\limits_{x\to0}x^2\sin\dfrac{1}{x}$.

5. 根据函数极限或无穷大定义，填写下表.

	$f(x)\to A$	$f(x)\to\infty$	$f(x)\to+\infty$	$f(x)\to-\infty$
$x\to x_0$	$\forall\varepsilon>0,\ \exists\delta>0,$ 当 $0<\|x-x_0\|<\delta$ 时， 有 $\|f(x)-A\|<\varepsilon$			
$x\to x_0^+$				
$x\to x_0^-$				
$x\to\infty$		$\forall M>0,\ \exists X>0,$ 当 $\|x\|>X$ 时， 有 $\|f(x)\|>M$		
$x\to+\infty$				
$x\to-\infty$				

6*. 证明：函数 $y=\dfrac{1}{x}\sin\dfrac{1}{x}$ 在区间 $(0,1]$ 上无界，但当 $x\to0^+$ 时不是无穷大.

1.5 极限运算法则

本节讨论极限的计算方法，主要介绍极限的四则运算法则与复合函数的极限的运算法则，利用这些法则，就可以求一些函数的极限.

1.5.1 极限的四则运算法则

定理 1.5.1 设 $\lim f(x)=A$，$\lim g(x)=B$ 存在，则

1. $\lim[f(x)\pm g(x)]=\lim f(x)\pm\lim g(x)=A\pm B$

2. $\lim[f(x)g(x)]=\lim f(x)\cdot\lim g(x)=AB$

3. $\lim\dfrac{f(x)}{g(x)}=\dfrac{\lim f(x)}{\lim g(x)}=\dfrac{A}{B}(B\neq0)$

说明 以上定理中，符号"lim"下面没有标明自变量的变化过程，意思指对自变量的任意变化过程都成立. 但对每个定理，"lim"表示自变量的同一变化过程. 下面就 $x\to x_0$ 的情形给出定理 1.5.1 中 2 的证明，其他的情形类似可得到证明.

证明 因为 $\lim\limits_{x\to x_0}f(x)=A$，$\lim\limits_{x\to x_0}g(x)=B$，由 1.4 节定理 1.4.3 有

$$f(x)=A+\alpha,\ g(x)=B+\beta$$

其中 α，β 都是 $x \to x_0$ 时的无穷小. 于是

$$f(x)g(x) = (A+\alpha)(B+\beta) = AB + A\beta + B\alpha + \alpha\beta$$

根据无穷小的性质知，$A\alpha, B\beta, \alpha + \beta$ 都是当 $x \to x_0$ 时的无穷小，再由定理 1.4.3，得

$$\lim_{x \to x_0}[f(x)g(x)] = \lim_{x \to x_0}f(x) \cdot \lim_{x \to x_0}g(x) = AB$$

说明 $\lim\limits_{x \to x_0}[f(x)g(x)]$ 存在，未必有 $\lim\limits_{x \to x_0}f(x)$，$\lim\limits_{x \to x_0}g(x)$ 都存在，如：$\lim\limits_{x \to 0}x \cdot \sin\dfrac{1}{x} = 0$，

但 $\lim\limits_{x \to 0}\sin\dfrac{1}{x}$ 不存在.

注意 （1）定理 1.5.1 中 1,2 可以推广到有限个函数的情形.

（2）定理 1.5.1 可以推广到数列极限的四则运算性质.

定理 1.5.1 中 2 有如下推论：

推论 1 $\lim[Cf(x)] = C\lim f(x)$

推论 2 $\lim[f(x)]^n = [\lim f(x)]^n (n \in \mathbf{N}^+)$

有了函数极限的运算法则，我们就可以来求一些函数的极限了.

例 1 计算极限 $\lim\limits_{x \to 1}(2x-1)$.

解 $\lim\limits_{x \to 1}(2x-1) = \lim\limits_{x \to 1}(2x) - \lim\limits_{x \to 1}1 = 2\lim\limits_{x \to 1}x - 1 = 2 \times 1 - 1 = 1$.

例 2 计算极限 $\lim\limits_{x \to 2}\dfrac{x^3-1}{x^2-5x+3}$.

解 因为 $\lim\limits_{x \to 2}(x^2-5x+3) = -3 \neq 0$，利用极限四则运算法则，得

$$\lim_{x \to 2}\frac{x^3-1}{x^2-5x+3} = \frac{\lim\limits_{x \to 2}(x^3-1)}{\lim\limits_{x \to 2}(x^2-5x+3)} = \frac{7}{-3} = -\frac{7}{3}.$$

一般地，（1）设 $f(x)$ 为 n 次多项式，即 $f(x) = a_0x^n + a_1x^{n-1} + \cdots + a_n$，则

$$\begin{aligned}\lim_{x \to x_0}f(x) &= \lim_{x \to x_0}(a_0x^n + a_1x^{n-1} + \cdots + a_n)\\ &= a_0(\lim_{x \to x_0}x)^n + a_1(\lim_{x \to x_0}x)^{n-1} + \cdots + a_n\\ &= a_0x_0^n + a_1x_0^{n-1} + \cdots + a_n = f(x_0).\end{aligned}$$

（2）设有理分式函数 $g(x) = \dfrac{P(x)}{Q(x)}$，其中 $P(x)$，$Q(x)$ 是多项式，于是 $\lim\limits_{x \to x_0}P(x) = P(x_0)$，$\lim\limits_{x \to x_0}Q(x) = Q(x_0)$；若 $Q(x_0) \neq 0$，则对有理分式函数 $g(x) = \dfrac{P(x)}{Q(x)}$ 有：

$$\lim_{x \to x_0}g(x) = \lim_{x \to x_0}\frac{P(x)}{Q(x)} = \frac{\lim\limits_{x \to x_0}P(x)}{\lim\limits_{x \to x_0}Q(x)} = \frac{P(x_0)}{Q(x_0)} = g(x_0).$$

例 3 计算极限 $\lim\limits_{x \to 1}\dfrac{2x-9}{x^2-5x+4}$.

解 由于 $\lim\limits_{x \to 1}(x^2-5x+4) = 0$，所以商的极限的运算法则不能用.

但由于 $\lim\limits_{x \to 1}\dfrac{x^2-5x+4}{2x-9} = \dfrac{1-5+4}{2-9} = 0$，由无穷小与无穷大的关系得：

$$\lim_{x\to 1}\frac{2x-9}{x^2-5x+4}=\infty .$$

例4 计算极限 $\lim_{x\to 1}\dfrac{x^2-1}{x^2+2x-3}$.

解 $x\to 1$ 时, 分子和分母的极限都是零(我们称此极限形式为 $\dfrac{0}{0}$ 型未定式或不定型) 先约去不为零的无穷小因子(零因子) $x-1$ 后再求极限.

$$\lim_{x\to 1}\frac{x^2-1}{x^2+2x-3}=\lim_{x\to 1}\frac{(x+1)(x-1)}{(x+3)(x-1)}=\lim_{x\to 1}\frac{x+1}{x+3}=\frac{1}{2} .$$

这种通过初等运算约去分子分母中的无穷小因子(零因子)求极限的方法称为**消去零因子法**.

例5 计算下列极限:

(1) $\lim_{x\to\infty}\dfrac{3x^3+4x^2+2}{7x^3+5x^2-3}$;　　　(2) $\lim_{x\to\infty}\dfrac{3x^2-2x-1}{2x^3-x^2+5}$;　　　(3) $\lim_{x\to\infty}\dfrac{2x^3-x^2+5}{3x^2-2x-1}$.

解 $x\to\infty$ 时, 分子和分母的极限都是无穷大(称此极限形式为 $\dfrac{\infty}{\infty}$ 型未定式或不定型). 先用分子、分母中 x 的最高次幂 x^n 去除分子分母, 分出无穷小, 再求极限.

(1) $\lim_{x\to\infty}\dfrac{3x^3+4x^2+2}{7x^3+5x^2-3}=\lim_{x\to\infty}\dfrac{3+4\cdot\dfrac{x^2}{x^3}+2\cdot\dfrac{1}{x^3}}{7+5\cdot\dfrac{x^2}{x^3}-3\cdot\dfrac{1}{x^3}}=\dfrac{\lim_{x\to\infty}\left(3+4\cdot\dfrac{1}{x}+2\cdot\dfrac{1}{x^3}\right)}{\lim_{x\to\infty}\left(7+5\cdot\dfrac{1}{x}-3\cdot\dfrac{1}{x^3}\right)}=\dfrac{3}{7}$;

(2) $\lim_{x\to\infty}\dfrac{3x^2-2x-1}{2x^3-x^2+5}=\lim_{x\to\infty}\dfrac{3\cdot\dfrac{x^2}{x^3}-2\cdot\dfrac{x}{x^3}-\dfrac{1}{x^3}}{2-\dfrac{x^2}{x^3}+5\cdot\dfrac{1}{x^3}}=\dfrac{\lim_{x\to\infty}\left(3\cdot\dfrac{1}{x}-2\cdot\dfrac{1}{x^2}-\dfrac{1}{x^3}\right)}{\lim_{x\to\infty}\left(2-\dfrac{1}{x}+5\cdot\dfrac{1}{x^3}\right)}=0$;

(3) 因为 $\lim_{x\to\infty}\dfrac{3x^2-2x-1}{2x^3-x^2+5}=0$, 利用无穷小与无穷大的关系得 $\lim_{x\to\infty}\dfrac{2x^3-x^2+5}{3x^2-2x-1}=\infty$.

说明 这里用到极限 $\lim_{x\to\infty}\dfrac{a}{x^n}=0$ (n 为正整数). 这是因为 $\lim_{x\to\infty}\dfrac{a}{x^n}=a\left(\lim_{x\to\infty}\dfrac{1}{x}\right)^n=0$.

这种以分子和分母中自变量的最高次幂除分子和分母, 以分出无穷小, 然后再求极限的方法称为**无穷小因子分出法**.

一般地, 设 $a_0b_0\neq 0$, 则 $\lim_{x\to\infty}\dfrac{a_0x^m+a_1x^{m-1}+\cdots+a_m}{b_0x^n+b_1x^{n-1}+\cdots+b_n}=\begin{cases}\dfrac{a_0}{b_0}, & n=m, \\ 0, & n>m, \\ \infty, & n<m.\end{cases}$

例6 求 $\lim_{n\to\infty}\left(\dfrac{1}{n^2}+\dfrac{2}{n^2}+\cdots+\dfrac{n}{n^2}\right)$.

解 本题是无穷多个无穷小之和. 先求和再求极限.

$$\lim_{n\to\infty}\left(\frac{1}{n^2}+\frac{2}{n^2}+\cdots+\frac{n}{n^2}\right)=\lim_{n\to\infty}\frac{1+2+\cdots+n}{n^2}=\lim_{n\to\infty}\frac{\dfrac{1}{2}n(n+1)}{n^2}=\lim_{n\to\infty}\frac{1}{2}\left(1+\frac{1}{n}\right)=\frac{1}{2} .$$

1.5.2 复合函数的极限运算法则

定理 1.5.2(复合函数的极限运算法则) 设复合函数 $y=f[\varphi(x)]$ 由 $y=f(u)$,$u=\varphi(x)$ 复合而成,$\lim\limits_{x \to x_0}\varphi(x)=a$,$\lim\limits_{u \to a}f(u)=A$,且在 x_0 的某去心邻域中,$u=\varphi(x) \neq a$,则复合函数 $f[\varphi(x)]$ 当 $x \to x_0$ 时极限存在,且

$$\lim_{x \to x_0}f[\varphi(x)]=\lim_{u \to a}f(u)=A$$

证明 按函数极限的定义,由于 $\lim\limits_{u \to a}f(u)=A$,$\forall \varepsilon>0$,$\exists \eta>0$,当 $0<|u-a|<\eta$ 时,

$$|f(u)-A|<\varepsilon \qquad (1.5)$$

又由于 $\lim\limits_{x \to x_0}\varphi(x)=a$,对上面的 η,$\exists \delta_1>0$,当 $0<|x-x_0|<\delta_1$ 时,有

$$|\varphi(x)-a|<\eta$$

又根据定理条件,$\exists \delta_2>0$,当 $x \in \mathring{U}(x_0,\delta_2)$ 时 $u=\varphi(x) \neq a$,于是,取 $\delta=\min\{\delta_1,\delta_2\}$,则当 $0<|x-x_0|<\delta$ 时,便有 $0<|\varphi(x)-a|<\eta$ 成立,从而由(1.5)式得

$$|f[\varphi(x)]-A|=|f(u)-A|<\varepsilon$$

这就证明了定理结论 $\lim\limits_{x \to x_0}f[\varphi(x)]=A$.

注意 (1)定理 1.5.2 中,把 $\lim\limits_{x \to x_0}\varphi(x)=a$ 换成 $\lim\limits_{x \to x_0}\varphi(x)=\infty$,或 $\lim\limits_{x \to \infty}\varphi(x)=a(\infty)$;把 $\lim\limits_{u \to a}f(u)=A$ 换成 $\lim\limits_{u \to \infty}f(u)=A$ 可得类似结论:

$$\lim_{x \to x_0}f[\varphi(x)]=\lim_{u \to \infty}f(u)=A(\text{这里}\lim_{x \to x_0}\varphi(x)=\infty,\ \lim_{u \to \infty}f(u)=A)$$

$$\lim_{x \to \infty}f[\varphi(x)]=\lim_{u \to a}f(u)=A(\text{这里}\lim_{x \to \infty}\varphi(x)=a,\ \lim_{u \to a}f(u)=A)$$

$$\lim_{x \to \infty}f[\varphi(x)]=\lim_{u \to \infty}f(u)=A(\text{这里}\lim_{x \to \infty}\varphi(x)=\infty,\ \lim_{u \to \infty}f(u)=A)$$

(2)定理 1.5.2 表明,若 $y=f(u)$,$u=\varphi(x)$ 满足该定理的条件,那么作变量代换 $u=\varphi(x)$ 可将求极限 $\lim\limits_{x \to x_0}f[\varphi(x)]$ 转化成求 $\lim\limits_{u \to a}f(u)=A$ 的极限问题,这里 $\lim\limits_{x \to x_0}\varphi(x)=a$.

例 7 计算 $\lim\limits_{x \to 0}\dfrac{\sqrt{1+x}-1}{x}$.

解 根据复合函数的极限的运算法则及四则运算法则知 $\lim\limits_{x \to 0}(\sqrt{1+x}-1)=0$,

$$\lim_{x \to 0}\frac{\sqrt{1+x}-1}{x}=\lim_{x \to 0}\frac{(\sqrt{1+x}-1)(\sqrt{1+x}+1)}{x(\sqrt{1+x}+1)}$$

$$=\lim_{x \to 0}\frac{(1+x)-1}{x(\sqrt{1+x}+1)}=\lim_{x \to 0}\frac{1}{\sqrt{1+x}+1}=\frac{1}{2}.$$

例 8 计算 $\lim\limits_{x \to +\infty}(\sqrt{x^2+4x}-\sqrt{x^2+3})$.

解 先有理化,再求极限.

$$\lim_{x \to +\infty}(\sqrt{x^2+4x}-\sqrt{x^2+3})=\lim_{x \to +\infty}\frac{4x-3}{\sqrt{x^2+4x}+\sqrt{x^2+3}}=\lim_{x \to +\infty}\frac{4-\dfrac{3}{x}}{\sqrt{1+\dfrac{4}{x}}+\sqrt{1+\dfrac{3}{x^2}}}=2.$$

例9 已知 $\lim\limits_{x\to+\infty}(5x-\sqrt{ax^2-bx+c})=2$，求 a,b 的值.

解 因 $\lim\limits_{x\to+\infty}(5x-\sqrt{ax^2-bx+c})=\lim\limits_{x\to+\infty}\dfrac{(5x-\sqrt{ax^2-bx+c})(5x+\sqrt{ax^2-bx+c})}{5x+\sqrt{ax^2-bx+c}}$

$$=\lim\limits_{x\to+\infty}\dfrac{(25-a)x^2+bx-c}{5x+\sqrt{ax^2-bx+c}}=\lim\limits_{x\to+\infty}\dfrac{(25-a)x+b-\dfrac{c}{x}}{5+\sqrt{a-\dfrac{b}{x}+\dfrac{c}{x^2}}}=2,$$

故 $\begin{cases}25-a=0,\\ \dfrac{b}{5+\sqrt{a}}=2,\end{cases}$ 解得 $a=25$，$b=20$.

习题 1.5

1. 计算下列极限：

$(1)\ \lim\limits_{x\to2}\dfrac{x^2+3}{x-3}$；

$(2)\ \lim\limits_{x\to\infty}\left(1+\dfrac{1}{x}\right)\left(2-\dfrac{1}{x^2}\right)$；

$(3)\ \lim\limits_{x\to-3}\dfrac{x+3}{x^2-9}$；

$(4)\ \lim\limits_{x\to4}\dfrac{x^2-6x+8}{x^2-5x+4}$；

$(5)\ \lim\limits_{h\to0}\dfrac{(x+h)^3-x^3}{h}$；

$(6)\ \lim\limits_{x\to\infty}\dfrac{x^2+x+1}{3x^4-x^2+1}$；

$(7)\ \lim\limits_{x\to\infty}\dfrac{x^2-1}{2x^2-x-1}$；

$(8)\ \lim\limits_{x\to+\infty}\dfrac{\sqrt{x^2-x+1}}{\sqrt[3]{8x^3+1}}$；

$(9)\ \lim\limits_{x\to0}\dfrac{\sqrt{9+x}-3}{\sqrt{4+x}-2}$；

$(10)\ \lim\limits_{x\to0}\dfrac{\sqrt[n]{1+x}-1}{x}(n>1,n\in\mathbf{N}^+)$；

$(11)\ \lim\limits_{x\to1}\left(\dfrac{1}{1-x}-\dfrac{3}{1-x^3}\right)$；

$(12)\ \lim\limits_{x\to+\infty}(\sqrt{x^2+x}-\sqrt{x^2-1})$；

$(13)\ \lim\limits_{n\to\infty}\left(1+\dfrac{1}{3}+\dfrac{1}{3^2}+\cdots+\dfrac{1}{3^n}\right)$；

$(14)\ \lim\limits_{n\to\infty}\dfrac{\sqrt[3]{n^2}\sin n!}{n+1}$；

$(15)\ \lim\limits_{x\to1}\dfrac{x^n-1}{x^m-1}(m,n\in\mathbf{N}^+)$；

$(16)\ \lim\limits_{n\to\infty}\dfrac{(-2)^{n+1}+3^{n+1}}{(-2)^n+3^n}$.

2. 已知 $f(x)=\begin{cases}x-1, & x<0,\\ \dfrac{x^2+3x-1}{x^3+1}, & x\geqslant0,\end{cases}$ 求 $\lim\limits_{x\to0}f(x)$，$\lim\limits_{x\to+\infty}f(x)$，$\lim\limits_{x\to-\infty}f(x)$.

3. 确定常数 a,b 的值，使下列极限成立.

$(1)\ \lim\limits_{x\to2}\dfrac{x^2+ax+b}{x^2-x-2}=2$；

$(2)\ \lim\limits_{x\to+\infty}(\sqrt{x^2+x+1}-ax-b)=0$.

1.6　极限存在准则　两个重要极限

本节将介绍判别函数极限存在的两个准则及由这两个准则推出的在微积分中起重要作用的两个重要极限.

1.6.1　准则Ⅰ　夹逼准则

定理 1.6.1(数列的夹逼准则)　设数列 $\{x_n\}$，$\{y_n\}$，$\{z_n\}$ 满足条件：

(1) $y_n \leq x_n \leq z_n$，$n \geq 1$；

(2) $\lim\limits_{n\to\infty} y_n = a$，$\lim\limits_{n\to\infty} z_n = a$，则数列 $\{x_n\}$ 的极限存在，且有 $\lim\limits_{n\to\infty} x_n = a$.

证明　因为 $\lim\limits_{n\to\infty} y_n = a$，$\lim\limits_{n\to\infty} z_n = a$，根据数列极限的定义，对于任意给定的正数 ε，存在正整数 N_1，使得当 $n > N_1$ 时，有

$$|y_n - a| < \varepsilon;$$

又存在正整数 N_2，使得当 $n > N_2$ 时，有

$$|z_n - a| < \varepsilon.$$

现在取 $N = \max\{N_1, N_2\}$，则当 $n > N$ 时，有

$$|y_n - a| < \varepsilon, \ |z_n - a| < \varepsilon$$

同时成立，即

$$a - \varepsilon < y_n < a + \varepsilon, \ a - \varepsilon < z_n < a + \varepsilon$$

同时成立. 又因为

$$y_n \leq x_n \leq z_n, \ n \geq 1,$$

所以有

$$a - \varepsilon < y_n \leq x_n \leq z_n < a + \varepsilon$$

成立，即

$$|x_n - a| < \varepsilon$$

成立，这就证明了 $\forall \varepsilon > 0$，$\exists$ 正整数 N，当 $n > N$ 时，有 $|x_n - a| < \varepsilon$，即 $\lim\limits_{n\to\infty} x_n = a$.

例 1　求 $\lim\limits_{n\to\infty}\left(\dfrac{1}{\sqrt{n^2+1}} + \dfrac{1}{\sqrt{n^2+2}} + \cdots + \dfrac{1}{\sqrt{n^2+n}}\right)$.

解　由于 $\dfrac{n}{\sqrt{n^2+n}} < \dfrac{1}{\sqrt{n^2+1}} + \cdots + \dfrac{1}{\sqrt{n^2+n}} < \dfrac{n}{\sqrt{n^2+1}}$，

又

$$\lim_{n\to\infty} \frac{n}{\sqrt{n^2+n}} = \lim_{n\to\infty} \frac{1}{\sqrt{1+\dfrac{1}{n}}} = 1, \ \lim_{n\to\infty} \frac{n}{\sqrt{n^2+1}} = \lim_{n\to\infty} \frac{1}{\sqrt{1+\dfrac{1}{n^2}}} = 1,$$

由夹逼准则得

$$\lim_{n\to\infty}\left(\frac{1}{\sqrt{n^2+1}} + \frac{1}{\sqrt{n^2+2}} + \cdots + \frac{1}{\sqrt{n^2+n}}\right) = 1.$$

例 2 求 $\lim\limits_{n\to\infty}\sqrt[n]{1+2^n+3^n}$.

解 由 $\sqrt[n]{1+2^n+3^n}=(1+2^n+3^n)^{\frac{1}{n}}$，易见对任意自然数 n，有

$$3=(3^n)^{\frac{1}{n}}<(1+2^n+3^n)^{\frac{1}{n}}<(3\cdot3^n)^{\frac{1}{n}}=3\cdot3^{\frac{1}{n}},$$

而 $\lim\limits_{n\to\infty}3=3$，由习题 1.3 第 1 题中(4)的结论 $\lim\limits_{x\to0}a^x=1$，$a>1$,

根据复合函数的极限运算法则，可得 $\lim\limits_{n\to\infty}3^{\frac{1}{n}}=1$，所以 $\lim\limits_{n\to\infty}3\cdot3^{\frac{1}{n}}=3$,

故根据夹逼准则得 $\lim\limits_{n\to\infty}\sqrt[n]{1+2^n+3^n}=3$.

定理 1.6.2(函数的夹逼准则) 设函数 $f(x)$，$g(x)$，$h(x)$ 满足条件：

(1)对 $x\in\mathring{U}(x_0,\delta_0)$(或 $|x|>M$)，有 $g(x)\leqslant f(x)\leqslant h(x)$,

(2) $\lim\limits_{\substack{x\to x_0\\x\to\infty}}g(x)=A$，$\lim\limits_{\substack{x\to x_0\\x\to\infty}}h(x)=A$,

则当 $x\to x_0$(或 $x\to\infty$)时，$f(x)$ 的极限存在，且有 $\lim\limits_{\substack{x\to x_0\\(x\to\infty)}}f(x)=A$.

证明 就 $x\to x_0$ 的情形来证.

因为 $\lim\limits_{x\to x_0}g(x)=A$，$\lim\limits_{x\to x_0}h(x)=A$,

对任意给定的正数 $\varepsilon>0$，存在 $\delta_1,\delta_2>0$，当 $0<|x-x_0|<\delta_1$，$0<|x-x_0|<\delta_2$ 时，有

$$|g(x)-A|<\varepsilon,\ |h(x)-A|<\varepsilon.$$

取 $\delta=\min\{\delta_0,\delta_1,\delta_2\}$，上面两式同时成立，即：

$$A-\varepsilon<g(x)<A+\varepsilon,\ A-\varepsilon<h(x)<A+\varepsilon$$

又因为 $g(x)\leqslant f(x)\leqslant h(x)$，所以有 $A-\varepsilon<g(x)\leqslant f(x)\leqslant h(x)<A+\varepsilon$,

即 $|f(x)-A|<\varepsilon$，这就证明了 $\forall\varepsilon>0$，$\exists\delta>0$，当 $0<|x-x_0|<\delta$ 时，有 $|f(x)-A|<\varepsilon$,

即 $\lim\limits_{x\to x_0}f(x)=A$

作为定理的应用，我们证明一个重要极限.

重要极限 Ⅰ $\lim\limits_{x\to0}\dfrac{\sin x}{x}=1$

证明 首先注意到，函数 $\dfrac{\sin x}{x}$ 对于一切 $x\neq0$ 都有意义.

图 1.27 所示的单位圆中，设圆心角 $\angle AOB=x$ $\left(0<x<\dfrac{\pi}{2}\right)$，点 A 处的切线与 OB 的延长线相交于 C，又 $AC\perp OA$，则 $\sin x=BD$，$x=\overset{\frown}{AB}$，$\tan x=AC$.

因为 $\triangle AOB$ 的面积 < 扇形 AOB 的面积 < $\triangle AOC$ 的面积

所以 $\dfrac{1}{2}\sin x<\dfrac{1}{2}x<\dfrac{1}{2}\tan x$，也即 $\sin x<x<\tan x$,

不等式两边各除以 $\sin x$，就有 $1<\dfrac{x}{\sin x}<\dfrac{1}{\cos x}$ 或 $\cos x<\dfrac{\sin x}{x}<1$.

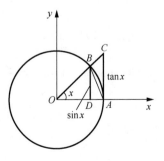

图 1.27

因为 $\dfrac{\sin x}{x}$，$\cos x$ 是偶函数，所以当 $-\dfrac{\pi}{2}<x<0$ 时，不等式 $\cos x<\dfrac{\sin x}{x}<1$ 仍然成立.

即有 $\cos x < \dfrac{\sin x}{x} < 1\left(0<|x|<\dfrac{\pi}{2}\right)$.

从而 $0<1-\dfrac{\sin x}{x}<1-\cos x=2\sin^2\dfrac{x}{2}<2\cdot\left(\dfrac{x}{2}\right)^2=\dfrac{x^2}{2}\left(0<|x|<\dfrac{\pi}{2}\right)$.

因为 $\lim\limits_{x\to0}\dfrac{x^2}{2}=0$，根据夹逼准则知 $\lim\limits_{x\to0}\left(1-\dfrac{\sin x}{x}\right)=0$，

所以 $\lim\limits_{x\to0}\dfrac{\sin x}{x}=\lim\limits_{x\to0}\left[1-\left(1-\dfrac{\sin x}{x}\right)\right]=1$.

注意　（1）由上面的证明过程，我们还得到两个不等式：当 $0<|x|<\dfrac{\pi}{2}$ 时，

$$|\sin x|<|x|,\ 0<1-\cos x<\dfrac{x^2}{2}$$

从而又有 $\lim\limits_{x\to0}\sin x=0$，$\lim\limits_{x\to0}\cos x=1$.

（2）极限 $\lim\limits_{x\to0}\dfrac{\sin x}{x}$ 也是 $\dfrac{0}{0}$ 型未定式.

例3　计算下列极限：

$(1)\ \lim\limits_{x\to0}\dfrac{\tan x}{x}$;　　　　$(2)\ \lim\limits_{x\to0}\dfrac{\tan3x}{\sin5x}$;　　　　$(3)\ \lim\limits_{n\to\infty}n\sin\dfrac{2}{n}$.

解　$(1)\ \lim\limits_{x\to0}\dfrac{\tan x}{x}=\lim\limits_{x\to0}\dfrac{\sin x}{x}\cdot\dfrac{1}{\cos x}=\lim\limits_{x\to0}\dfrac{\sin x}{x}\cdot\lim\limits_{x\to0}\dfrac{1}{\cos x}=1$;

$(2)\ \lim\limits_{x\to0}\dfrac{\tan3x}{\sin5x}=\lim\limits_{x\to0}\dfrac{\tan3x}{3x}\cdot\dfrac{5x}{\sin5x}\cdot\dfrac{3}{5}=\dfrac{3}{5}\lim\limits_{x\to0}\dfrac{\tan3x}{3x}\cdot\lim\limits_{x\to0}\dfrac{5x}{\sin5x}=\dfrac{3}{5}$;

$(3)\ \lim\limits_{n\to\infty}n\sin\dfrac{2}{n}=\lim\limits_{n\to\infty}2\dfrac{\sin\dfrac{2}{n}}{\dfrac{2}{n}}=2$.

例4　计算 $\lim\limits_{x\to0}\dfrac{1-\cos x}{x^2}$.

解　$\lim\limits_{x\to0}\dfrac{1-\cos x}{x^2}=\lim\limits_{x\to0}\dfrac{2\sin^2\dfrac{x}{2}}{x^2}=\dfrac{1}{2}\lim\limits_{x\to0}\dfrac{\sin^2\dfrac{x}{2}}{\left(\dfrac{x}{2}\right)^2}=\dfrac{1}{2}\lim\limits_{x\to0}\left(\dfrac{\sin\dfrac{x}{2}}{\dfrac{x}{2}}\right)^2=\dfrac{1}{2}\cdot1^2=\dfrac{1}{2}$.

例5　计算 $\lim\limits_{x\to1}(1-x)\tan\dfrac{\pi x}{2}$.

解　$\lim\limits_{x\to1}(1-x)\tan\dfrac{\pi x}{2}\xlongequal{\text{令}\ 1-x=t}\lim\limits_{t\to0}t\tan\dfrac{\pi}{2}(1-t)=\lim\limits_{t\to0}t\tan\left(\dfrac{\pi}{2}-\dfrac{\pi}{2}t\right)$

$$=\lim\limits_{t\to0}t\cot\dfrac{\pi}{2}t=\lim\limits_{t\to0}\dfrac{t}{\tan\dfrac{\pi}{2}t}$$

$$=\dfrac{2}{\pi}\lim\limits_{t\to0}\dfrac{\dfrac{\pi}{2}t}{\tan\dfrac{\pi}{2}t}=\dfrac{2}{\pi}.$$

例 6 计算 $\lim\limits_{x\to 0}\dfrac{\tan x-\sin x}{x^3}$.

解 $\lim\limits_{x\to 0}\dfrac{\tan x-\sin x}{x^3}=\lim\limits_{x\to 0}\dfrac{\sin x\cdot\left(\dfrac{1}{\cos x}-1\right)}{x^3}=\lim\limits_{x\to 0}\dfrac{\sin x}{x}\cdot\dfrac{1-\cos x}{x^2}\cdot\dfrac{1}{\cos x}=1\cdot\dfrac{1}{2}\cdot 1=\dfrac{1}{2}$.

1.6.2 准则Ⅱ 单调有界收敛准则

在 1.3 节中曾证明：收敛的数列一定有界，但有界的数列不一定收敛．下面的定理 1.6.3 表明：如果数列不仅有界，并且是单调的，那么这数列的极限必定存在，也就是说这数列一定收敛．

定理 1.6.3(单调有界收敛准则) 单调有界数列必有极限.

对于定理 1.6.3 我们证明从略，而给出如下的**几何解释**.

从数轴上看，单调数列的点 x_n 只可能向一个方向移动，所以只有两种可能情形：或者是点 x_n 沿数轴移向无穷远（$x_n\to+\infty$，或 $x_n\to-\infty$）；或者点 x_n 趋近某一个定点 A（见图 1.28），也就是数列 $\{x_n\}$ 趋于一个极限.

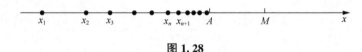

图 1.28

现在假定数列是有界的，而有界数列的点都落在数轴上某一区间 $[-M,M]$ 内，那么上述第一种情形就不可能发生了. 这就表示这个数列趋于一个极限，并且这个极限的绝对值不超过 M.

因为单调增加的数列只要有上界就足以保证它有界了，故定理也可叙述为：

单调增加有上界的数列必收敛. 类似地，单调减少有下界的数列必收敛.

例 7 设 $x_n=1+\dfrac{1}{2^2}+\dfrac{1}{3^2}+\cdots+\dfrac{1}{n^2}$，$n=1,2,\cdots$，证明数列 $\{x_n\}$ 收敛.

证明 显然，$x_n<x_{n+1}$，即数列 $\{x_n\}$ 是单调增加的.

又因为 $x_n=1+\dfrac{1}{2^2}+\dfrac{1}{3^2}+\cdots+\dfrac{1}{n^2}<1+\dfrac{1}{1\cdot 2}+\dfrac{1}{2\cdot 3}+\cdots+\dfrac{1}{(n-1)\cdot n}$

$=1+\left(1-\dfrac{1}{2}\right)+\left(\dfrac{1}{2}-\dfrac{1}{3}\right)+\cdots+\left[\dfrac{1}{(n-1)}-\dfrac{1}{n}\right]=2-\dfrac{1}{n}<2,\ n=1,2,\cdots,$

这说明数列 $\{x_n\}$ 有上界. 根据定理 1.6.3 可知数列 $\{x_n\}$ 收敛.

定理 1.6.3 是判别数列 $\{x_n\}$ 收敛的一个有力工具. 它只需根据数列 $\{x_n\}$ 本身的特点来判别，不需要像利用定义那样，借助于 $\{x_n\}$ 以外的数 a 来验证 $\{x_n\}$ 是否收敛.

例 8 证明数列 $x_n=\sqrt{3+\sqrt{3+\sqrt{\cdots+\sqrt{3}}}}$（$n$ 重根式）的极限存在，并求此极限.

证明 数列 $\{x_n\}$ 可表示为递推关系：$x_{n+1}=\sqrt{3+x_n}$，$x_1=\sqrt{3}$，$n=1,2,\cdots$.

下面利用数学归纳法证明 $\{x_n\}$ 单调增加.

因为 $x_2=\sqrt{3+\sqrt{3}}>\sqrt{3}=x_1$，设 $x_k>x_{k-1}$，则 $x_{k+1}=\sqrt{3+x_k}>\sqrt{3+x_{k-1}}=x_k$，

所以 $x_{n+1}>x_n$，$\{x_n\}$ 是单调增加的.

下面再利用数学归纳法证明 $\{x_n\}$ 有界.

因为 $x_1=\sqrt{3}<3$，设 $x_k<3$，则 $x_{k+1}=\sqrt{3+x_k}<\sqrt{3+3}<3$，
所以 $\{x_n\}$ 是有界的. 从而 $\lim\limits_{n\to\infty}x_n=A$ 存在.

由递推关系 $x_{n+1}=\sqrt{3+x_n}$，得 $x_{n+1}^2=3+x_n$，

故 $\lim\limits_{n\to\infty}x_{n+1}^2=\lim\limits_{n\to\infty}(3+x_n)$，即 $A^2=3+A$，

解得 $A=\dfrac{1+\sqrt{13}}{2}$ 或 $A=\dfrac{1-\sqrt{13}}{2}$，因为 $x_n>0$，由极限的保号性知，$A\geqslant0$，

所以 $\lim\limits_{n\to\infty}x_n=\dfrac{1+\sqrt{13}}{2}$.

作为定理 1.6.3 的应用，我们讨论另一个重要极限.

重要极限Ⅱ $\lim\limits_{x\to\infty}\left(1+\dfrac{1}{x}\right)^x=e=2.718281828459045\cdots$

我们分三步来证明.

第一步：设 $x_n=\left(1+\dfrac{1}{n}\right)^n$，我们来证明数列 $\{x_n\}$ 单调增加并有界.

根据牛顿二项公式，有

$$x_n=1+\frac{n}{1!}\cdot\frac{1}{n}+\frac{n(n-1)}{2!}\cdot\left(\frac{1}{n}\right)^2+\frac{n(n-1(n-2)}{3!}\cdot\left(\frac{1}{n}\right)^3+\cdots+\frac{n(n-1)\cdots[n-(n-1)]}{n!}\cdot\left(\frac{1}{n}\right)^n$$

$$=1+1+\frac{1}{2!}\cdot\left(1-\frac{1}{n}\right)+\frac{1}{3!}\cdot\left(1-\frac{1}{n}\right)\left(1-\frac{2}{n}\right)+\cdots+\frac{1}{n!}\cdot\left(1-\frac{1}{n}\right)\left(1-\frac{2}{n}\right)\cdots\left(1-\frac{n-1}{n}\right).$$

将 n 换成 $n+1$，有

$$x_{n+1}=1+1+\frac{1}{2!}\cdot\left(1-\frac{1}{n+1}\right)+\frac{1}{3!}\cdot\left(1-\frac{1}{n+1}\right)\left(1-\frac{2}{n+1}\right)+\cdots$$

$$+\frac{1}{n!}\cdot\left(1-\frac{1}{n+1}\right)\left(1-\frac{2}{n+1}\right)\cdots\left(1-\frac{n-1}{n+1}\right)+\frac{1}{(n+1)!}\cdot\left(1-\frac{1}{n+1}\right)\left(1-\frac{2}{n+1}\right)\cdots\left(1-\frac{n}{n+1}\right).$$

比较 x_n，x_{n+1} 的展开式，可以看出除前两项外，x_n 的每一项都小于 x_{n+1} 的对应项，并且 x_{n+1} 还多了最后一项，其值大于零，因此 $x_n<x_{n+1}$，这说明数列 $\{x_n\}$ 是单调增加的.

又因为 $\quad x_n<1+1+\dfrac{1}{2!}+\dfrac{1}{3!}+\cdots+\dfrac{1}{n!}<1+1+\dfrac{1}{2}+\dfrac{1}{2^2}+\cdots+\dfrac{1}{2^{n-1}}<1+\dfrac{1-\dfrac{1}{2^n}}{1-\dfrac{1}{2}}=3-\dfrac{1}{2^{n-1}}<3$，

这就证明了 $x_1<x_2<\cdots<x_n<\cdots<3$，因此数列 $\{x_n\}$ 是有上界的. 根据定理 1.6.3，数列 $\{x_n\}$ 是收敛的，即极限 $\lim\limits_{n\to\infty}x_n$ 存在，将此极限值记作 e，即有

$$\lim_{n\to\infty}\left(1+\frac{1}{n}\right)^n=e$$

这个数 e 是无理数，它的值为 $2.718281828459045\cdots$. 指数函数 $y=e^x$ 及自然对数 $y=\ln x$ 中的 e 就是这个数.

第二步：利用夹逼准则证明 $\lim\limits_{x\to+\infty}\left(1+\dfrac{1}{x}\right)^x=e$.

设 $n\leqslant x<n+1$，则 $\left(1+\dfrac{1}{n+1}\right)^n<\left(1+\dfrac{1}{x}\right)^x<\left(1+\dfrac{1}{n}\right)^{n+1}$，

且 x, n 同时趋于 $+\infty$，因为 $\lim\limits_{n \to \infty}\left(1+\dfrac{1}{n}\right)^{n+1} = \lim\limits_{n \to \infty}\left(1+\dfrac{1}{n}\right)^{n}\left(1+\dfrac{1}{n}\right) = \mathrm{e}$，

$$\lim_{n \to \infty}\left(1+\frac{1}{n+1}\right)^{n} = \lim_{n \to \infty}\left(1+\frac{1}{n+1}\right)^{n+1}\left(1+\frac{1}{n+1}\right)^{-1} = \mathrm{e},$$

应用夹逼准则(定理 1.6.2)得：

$$\lim_{x \to +\infty}\left(1+\frac{1}{x}\right)^{x} = \mathrm{e}.$$

第三步：利用变量代换证明 $\lim\limits_{x \to -\infty}\left(1+\dfrac{1}{x}\right)^{x} = \mathrm{e}$.

若 $x \to -\infty$，令 $x = -(t+1)$，则 $x \to -\infty \Leftrightarrow t \to +\infty$.

$$\lim_{x \to -\infty}\left(1+\frac{1}{x}\right)^{x} = \lim_{t \to +\infty}\left(1-\frac{1}{t+1}\right)^{-(t+1)} = \lim_{t \to +\infty}\left(1+\frac{1}{t}\right)^{t+1} = \lim_{t \to +\infty}\left(1+\frac{1}{t}\right)^{t}\left(1+\frac{1}{t}\right) = \mathrm{e}.$$

因为 $\lim\limits_{x \to -\infty}\left(1+\dfrac{1}{x}\right)^{x} = \lim\limits_{x \to +\infty}\left(1+\dfrac{1}{x}\right)^{x} = \mathrm{e}$，由 1.3 节定理 1.3.1 得：

$$\lim_{x \to \infty}\left(1+\frac{1}{x}\right)^{x} = \mathrm{e}.$$

注意 利用复合函数的极限运算法则，上述极限也可以写为 $\lim\limits_{x \to 0}(1+x)^{\frac{1}{x}} = \mathrm{e}$，这是因为

如设 $\dfrac{1}{x} = t$，则 $\lim\limits_{x \to 0}(1+x)^{\frac{1}{x}} = \lim\limits_{t \to \infty}\left(1+\dfrac{1}{t}\right)^{t} = \mathrm{e}$.

例 9 计算下列极限：

$(1)\ \lim\limits_{x \to \infty}\left(1-\dfrac{1}{x}\right)^{x}$；　　$(2)\ \lim\limits_{x \to 0}(1-2x)^{\frac{1}{x}}$.

解 $(1)\ \lim\limits_{x \to \infty}\left(1-\dfrac{1}{x}\right)^{x} = \lim\limits_{x \to \infty}\left\{\left[1+\left(-\dfrac{1}{x}\right)\right]^{-x}\right\}^{-1} = \mathrm{e}^{-1}$；

$(2)\ \lim\limits_{x \to 0}(1-2x)^{\frac{1}{x}} = \lim\limits_{x \to 0}\left[(1-2x)^{-\frac{1}{2x}}\right]^{-2} = \mathrm{e}^{-2}$.

例 10 计算极限 $\lim\limits_{x \to \infty}\left(\dfrac{3+x}{2+x}\right)^{2x}$.

解 $\lim\limits_{x \to \infty}\left(\dfrac{3+x}{2+x}\right)^{2x} = \lim\limits_{x \to \infty}\left[\left(1+\dfrac{1}{x+2}\right)^{x}\right]^{2} = \lim\limits_{x \to \infty}\left[\left(1+\dfrac{1}{x+2}\right)^{x+2-2}\right]^{2}$

$$= \lim_{x \to \infty}\left[\left(1+\frac{1}{x+2}\right)^{x+2}\right]^{2}\left(1+\frac{1}{x+2}\right)^{-4} = \mathrm{e}^{2}.$$

习题 1.6

1. 计算下列极限：

$(1)\ \lim\limits_{x \to 0}\dfrac{\sin\alpha x}{\sin\beta x}(\beta \neq 0)$；

$(2)\ \lim\limits_{x \to 0}\dfrac{\tan 3x}{x}$；

$(3)\ \lim\limits_{x \to 0} x\cot 2x$；

$(4)\ \lim\limits_{x \to 0}\dfrac{1-\cos 2x}{x\sin 2x}$；

(5) $\lim\limits_{n\to\infty} 2^n \sin\dfrac{x}{2^n}$;

(6) $\lim\limits_{x\to a}\dfrac{\sin x-\sin a}{x-a}$;

(7) $\lim\limits_{x\to 0}\dfrac{\sin 4x}{\sqrt{x+1}-1}$;

(8) $\lim\limits_{x\to\pi}\dfrac{\sin mx}{\sin nx}(m,n\neq 0)$;

(9) $\lim\limits_{x\to\infty}\left(x\sin\dfrac{2}{x}+\dfrac{\sin 3x}{x}\right)$;

(10) $\lim\limits_{x\to 0}\dfrac{\tan x-\sin x}{x^2\sin 2x}$.

2. 计算下列极限：

(1) $\lim\limits_{x\to\infty}\left(1-\dfrac{2}{x}\right)^x$;

(2) $\lim\limits_{x\to 0}(1+3x)^{\frac{1}{x}}$;

(3) $\lim\limits_{x\to\infty}\left(\dfrac{x+2}{x}\right)^{x+1}$;

(4) $\lim\limits_{x\to\infty}\left(\dfrac{x}{x+1}\right)^x$;

(5) $\lim\limits_{x\to\infty}\left(\dfrac{x+1}{x-1}\right)^x$;

(6) $\lim\limits_{n\to\infty}\left(1+\dfrac{2}{3^n}\right)^{3^n}$.

3. 设 $x_n\leqslant a\leqslant y_n$, 且 $\lim\limits_{n\to\infty}(y_n-x_n)=0$, 试证明 $\lim\limits_{n\to\infty}x_n=\lim\limits_{n\to\infty}y_n=a$.

4. 利用夹逼准则求下列极限：

(1) $\lim\limits_{n\to\infty}\left(\dfrac{1}{n^2+1}+\dfrac{2}{n^2+2}+\cdots+\dfrac{n}{n^2+n}\right)$;

(2) $\lim\limits_{n\to\infty}\sqrt[n]{a^n+b^n}\ (0<a<b)$;

(3) 设 $a_i>0, i=1,2,\cdots,m$, 求 $\lim\limits_{n\to\infty}\sqrt[n]{a_1^n+a_2^n+\cdots+a_m^n}$.

5. 利用单调有界准则证明 $\lim\limits_{n\to\infty}x_n$ 存在并求其值：

(1) 已知 $x_1=\sqrt{2}$, $x_n=\sqrt{2+x_{n-1}}$, $n=2,3,\cdots$;

(2) 已知 $x_1=\dfrac{a}{2}$, $x_{n+1}=\dfrac{a+x_n^2}{2}(n=1,2,3,\cdots,0<a\leqslant 1)$.

1.7 无穷小的比较

在 1.4 节中我们已经知道，有限个无穷小的和、差、积仍旧是无穷小. 但是，关于两个无穷小的商，却会出现不同的情况，例如，当 $x\to 0$ 时，$3x$, x^2, $\sin x$, $1-\cos x$, $x\sin\dfrac{1}{x}$

等都是无穷小，但 $\lim\limits_{x\to 0}\dfrac{x^2}{3x}=0$, $\lim\limits_{x\to 0}\dfrac{3x}{x^2}=\infty$, $\lim\limits_{x\to 0}\dfrac{x}{\sin x}=1$, $\lim\limits_{x\to 0}\dfrac{1-\cos x}{x^2}=\dfrac{1}{2}$, 而 $\lim\limits_{x\to 0}\dfrac{x\sin\dfrac{1}{x}}{x}=\lim\limits_{x\to 0}$

$\sin\dfrac{1}{x}$ 不存在.

两个无穷小之比的极限的各种不同情况，反映了不同的无穷小趋于零的"快慢"程度. 就上面几个例子来说，当 $x\to 0$ 时，$x^2\to 0$ 比 $3x\to 0$"快些"；反过来 $x\to 0$ 时，$3x\to 0$ 比 $x^2\to 0$"慢些"；而 $x\to 0$ 时，$x\to 0$ 与 $\sin x\to 0$"快慢相仿"；$x\to 0$ 时，$1-\cos x\to 0$ 与 $x^2\to 0$"快慢相仿".

下面，我们就无穷小之比的极限，来说明两个无穷小之间的比较. 应该注意，下面的 α, β 都是同一极限过程的无穷小，且 $\alpha \neq 0$，而 $\lim \dfrac{\beta}{\alpha}$ 也是在这个变化过程中的极限.

定义 1.7.1 设 α, β 是同一极限过程的无穷小.

若 $\lim \dfrac{\beta}{\alpha} = 0$，则称 β 是比 α **高阶的无穷小**，记作 $\beta = o(\alpha)$；

若 $\lim \dfrac{\beta}{\alpha} = \infty$，则称 β 是比 α **低阶的无穷小**；

若 $\lim \dfrac{\beta}{\alpha} = C \neq 0$，则称 β 与 α 是**同阶的无穷小**，记为 $\beta = O(\alpha)$；

若 $\lim \dfrac{\beta}{\alpha} = 1$，则称 β 与 α 是**等价的无穷小**，记作 $\beta \sim \alpha$.

显然，等价无穷小是同阶无穷小的特殊情形，即 $C = 1$ 的情形.

例如：

因为 $\lim\limits_{x \to 0} \dfrac{3x^2}{x} = 0$，所以当 $x \to 0$ 时，$3x^2$ 是比 x 高阶的无穷小，即 $3x^2 = o(x)\,(x \to 0)$.

因为 $\lim\limits_{n \to \infty} \dfrac{\frac{1}{n}}{\frac{1}{n^2}} = \infty$，所以当 $n \to \infty$ 时，$\dfrac{1}{n}$ 是比 $\dfrac{1}{n^2}$ 低阶的无穷小.

因为 $\lim\limits_{x \to 3} \dfrac{x^2 - 9}{x - 3} = 6$，所以当 $x \to 3$ 时，$x^2 - 9$ 与 $x - 3$ 是同阶的无穷小.

因为 $\lim\limits_{x \to 0} \dfrac{1 - \cos x}{x^2} = \dfrac{1}{2}$，所以当 $x \to 0$ 时，$1 - \cos x$ 与 $\dfrac{x^2}{2}$ 是等价的无穷小，与 x^2 是同阶的无穷小，分别记作：

$$1 - \cos x \sim \dfrac{x^2}{2}\,(x \to 0), \quad 1 - \cos x = O(x^2)\,(x \to 0).$$

因为 $\lim\limits_{x \to 0} \dfrac{\sin x}{x} = 1$，所以当 $x \to 0$ 时，$\sin x$ 与 x 是等价的无穷小，记作 $\sin x \sim x\,(x \to 0)$.

注意 当 $x \to 0$ 时，常用到下列重要的等价无穷小：

(1) $\sin x \sim x$，$\tan x \sim x$；

(2) $1 - \cos x \sim \dfrac{1}{2}x^2$；

(3) $\sqrt{1 + x} - 1 \sim \dfrac{1}{2}x$；

(4) $\sqrt[n]{1 + x} - 1 \sim \dfrac{1}{n}x\,(n > 1, n \in \mathbf{N}^+)$（见习题 1.5 中 1(10)题）.

还可进一步推广：若 $\lim\limits_{x \to x_0} \varphi(x) = 0$，则当 $x \to x_0$ 时，上面式子中的 x 可换成 $\varphi(x)$. 例如，当 $x \to 0$ 时，$\sin x^2 \sim x^2$，$\sqrt{1 + 3x^3} - 1 \sim \dfrac{3}{2}x^3$.

定义 1.7.2 若 $\lim \dfrac{\beta}{\alpha^k} = C \neq 0$，$k > 0$，则称 β 是关于 α 的 k 阶无穷小.

一般地，当 $x \to 0$ 时，称 x 为 x 的一阶无穷小，$x^k (k>0)$ 为 x 的 k 阶无穷小；

因为 $\lim\limits_{x \to 0} \dfrac{1-\cos x}{x^2} = \dfrac{1}{2}$，所以当 $x \to 0$ 时，$1-\cos x$ 为 x 的 2 阶无穷小；

当 $n \to \infty$ 时，称 $\dfrac{1}{n}$ 为 $\dfrac{1}{n}$ 的一阶无穷小，因此，$\dfrac{1}{n^2}$ 为 $\dfrac{1}{n}$ 的 2 阶无穷小；

当 $x \to x_0$ 时，称 $x - x_0$ 为 $x - x_0$ 的一阶无穷小，因此当 $x \to 3$ 时，$x^2 - 9$ 是 $x - 3$ 的 1 阶无穷小.

例 1 当 $x \to 0$ 时，确定下列无穷小关于 x 的阶数 k：

$(1) \sin\sqrt{x} \,(x>0)$； $(2) 1-\cos x^2$； $(3) \tan x - \sin x$.

解 (1) 因为 $\lim\limits_{x \to 0^+} \dfrac{\sin\sqrt{x}}{\sqrt{x}} = 1$，所以当 $x \to 0^+$ 时，$\sin\sqrt{x}$ 是 x 的 $\dfrac{1}{2}$ 阶无穷小；

(2) 因为 $\lim\limits_{x \to 0} \dfrac{1-\cos x^2}{(x^2)^2} = \dfrac{1}{2}$，所以当 $x \to 0$ 时，$1-\cos x^2$ 是 x 的 4 阶无穷小；

(3) 因为 $\lim\limits_{x \to 0} \dfrac{\tan x - \sin x}{x^3} = \dfrac{1}{2}$（由 1.6 节中例 6 得到），所以 $x \to 0$ 时，当 $\tan x - \sin x$ 是 x 的 3 阶无穷小.

下面介绍两个关于等价无穷小的定理：

定理 1.7.1 设 α, β 是同一极限过程的无穷小，β 与 α 是等价无穷小的充分必要条件为 $\beta = \alpha + o(\alpha)$.

证明 必要性 设 $\alpha \sim \beta$，则 $\lim \dfrac{\beta - \alpha}{\alpha} = \lim \left(\dfrac{\beta}{\alpha} - 1 \right) = \lim \dfrac{\beta}{\alpha} - 1 = 0$，因此 $\beta - \alpha = o(\alpha)$，即 $\beta = \alpha + o(\alpha)$.

充分性 设 $\beta = \alpha + o(\alpha)$，则 $\lim \dfrac{\beta}{\alpha} = \lim \dfrac{\alpha + o(\alpha)}{\alpha} = \lim \left[1 + \dfrac{o(\alpha)}{\alpha} \right] = 1$，因此 $\alpha \sim \beta$.

例如，若 $\beta = 2x + x^2$，因为当 $x \to 0$ 时，$x^2 = o(2x)$，所以，当 $x \to 0$ 时，$2x + x^2 \sim 2x$.

注意 若 $\beta = \alpha + o(\alpha)$，也称 α 是 β 的主部. 上述定理表明一个无穷小与其主部等价.

定理 1.7.2（等价无穷小替换法则） 设 $\alpha \sim \alpha'$，$\beta \sim \beta'$，若 $\lim \dfrac{\beta'}{\alpha'}$ 存在，则 $\lim \dfrac{\beta}{\alpha}$ 存在，且 $\lim \dfrac{\beta}{\alpha} = \lim \dfrac{\beta'}{\alpha'}$.

证明 $\lim \dfrac{\beta}{\alpha} = \lim \dfrac{\beta}{\beta'} \cdot \dfrac{\beta'}{\alpha'} \cdot \dfrac{\alpha'}{\alpha} = \lim \dfrac{\beta}{\beta'} \cdot \lim \dfrac{\beta'}{\alpha'} \cdot \lim \dfrac{\alpha'}{\alpha} = 1 \cdot \lim \dfrac{\beta'}{\alpha'} \cdot 1 = \lim \dfrac{\beta'}{\alpha'}$.

例 2 计算下列极限：

$(1) \lim\limits_{x \to 0} \dfrac{\tan 2x}{\sin 5x}$； $(2) \lim\limits_{x \to 0} \dfrac{x^2 + \sin^3 x}{\sqrt{1+x^2} - 1}$.

解 (1) 因为当 $x \to 0$ 时，$\tan 2x \sim 2x$，$\sin 5x \sim 5x$，

所以
$$\lim_{x \to 0} \frac{\tan 2x}{\sin 5x} = \lim_{x \to 0} \frac{2x}{5x} = \frac{2}{5}；$$

(2)当 $x \to 0$ 时，$x^2 + \sin^3 x = x^2 + o(x^2) \sim x^2$，$\sqrt{1+x^2} - 1 \sim \dfrac{x^2}{2}$，

所以
$$\lim_{x \to 0} \frac{x^2 + \sin^3 x}{\sqrt{1+x^2} - 1} = \lim_{x \to 0} \frac{x^2}{\dfrac{x^2}{2}} = 2.$$

由上面的例子可见，求某些 $\dfrac{0}{0}$ 型未定式的极限时，应用定理 1.7.2（等价无穷小替换法则），可使未定式的形式变得简洁而易求极限. 但需要注意的是，若未定式的分子分母是若干因子的乘积，则可对其中的任意一个或几个无穷小因子用等价无穷小替换，但若未定式中含有函数的加减运算，一般不能对其中的被加或被减函数进行等价无穷小替换，否则会出现错误.

例 3 计算下列极限 $\lim\limits_{x \to 0} \dfrac{\tan x - \sin x}{\sin^3 x}$.

解 因为当 $x \to 0$ 时，$\tan x - \sin x = \tan x(1 - \cos x) \sim \dfrac{x^3}{2}$，$\sin^3 x \sim x^3$，

所以
$$\lim_{x \to 0} \frac{\tan x - \sin x}{\sin^3 x} = \lim_{x \to 0} \frac{\tan x(1 - \cos x)}{\sin^3 x} = \lim_{x \to 0} \frac{x \cdot \dfrac{x^2}{2}}{x^3} = \frac{1}{2}.$$

若对分子中两个相减的函数用等价无穷小替换，即 $\lim\limits_{x \to 0} \dfrac{\tan x - \sin x}{\sin^3 x} = \lim\limits_{x \to 0} \dfrac{x - x}{\sin^3 x} = 0$，则得出错误的结果.

习题 1.7

1. 当 $x \to 0$ 时，$2x - x^2$ 与 $x^2 - x^3$ 相比，哪一个是较高阶无穷小？

2. 当 $x \to 0$ 时，函数 $\sqrt{1+x^2} - \sqrt{1-x^2}$ 是 x 的几阶无穷小？

3. 当 $x \to 1$ 时，无穷小 $1 - x$ 和（1）$1 - x^3$，（2）$\dfrac{1}{2}(1 - x^2)$ 是否同阶？是否等价？

4. 利用等价无穷小替换，求下列极限：

(1) $\lim\limits_{x \to 0} \dfrac{1 - \cos mx}{x^2}$；

(2) $\lim\limits_{x \to 0} \dfrac{\sin x^2}{x \tan x}$；

(3) $\lim\limits_{x \to 0} \dfrac{\tan(\tan x)}{\sin 2x}$；

(4) $\lim\limits_{x \to 0^+} \dfrac{1 - \sqrt{\cos x}}{x(1 - \cos \sqrt{x})}$；

(5) $\lim\limits_{x \to 0} \dfrac{\sqrt{1 + x - 2x^2} - 1}{\tan 2x}$；

(6) $\lim\limits_{x \to 0} \dfrac{\sin x - \tan x}{(\sqrt[3]{1+x^2} - 1)\sin x}$.

1.8 函数的连续性与间断点

连续函数是微积分研究的主要对象，本节讨论函数连续的概念和性质、初等函数的连

续性以及函数的间断点及其分类.

1.8.1 函数的连续性

自然界中有许多现象, 如气温的变化、河水的流动、植物的生长等都是连续地变化着的, 这种现象在函数关系上的反映, 就是函数的连续性. 怎样从数量关系上来刻画这种"连续不断地变化"的特点呢? 例如, 就气温的变化来看, 不难发现: 当时间变化很小时, 气温的变化也很小; 也就是说, 只要自变量的改变量充分接近零, 函数值的改变量就可以任意接近零. 因此我们可以用极限来给出函数连续性的定义.

1. 函数在一点连续的定义

设函数 $y=f(x)$ 在 x_0 的某邻域 $U(x_0,\delta)$ 内有定义, $x\in U(x_0,\delta)$, 令 $\Delta x=x-x_0$, 称 Δx 为自变量 x 在 x_0 处的增量, 相应地称函数值的改变量 $f(x_0+\Delta x)-f(x_0)$ 为函数在 x_0 处的增量, 记为 Δy, 即 $\Delta y=f(x_0+\Delta x)-f(x_0)$ (见图 1.29).

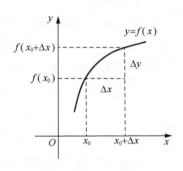

图 1.29

定义 1.8.1(函数在一点的连续性) 设函数 $y=f(x)$ 在 x_0 的某邻域 $U(x_0,\delta)$ 内有定义, 如果当自变量的增量 $\Delta x=x-x_0$ 趋于零时, 对应的函数的增量 $\Delta y=f(x_0+\Delta x)-f(x_0)$ 也趋于零, 即

$$\lim_{\Delta x\to 0}\Delta y=0$$

那么就称函数 $y=f(x)$ 在 x_0 点处**连续**.

进一步分析 $\lim\limits_{\Delta x\to 0}\Delta y=0$, 若令 $x=x_0+\Delta x$, 则 $\Delta x\to 0$ 就是 $x\to x_0$,

$$\lim_{\Delta x\to 0}\Delta y=\lim_{\Delta x\to 0}\left[f(x_0+\Delta x)-f(x_0)\right]=\lim_{x\to x_0}\left[f(x)-f(x_0)\right]=0,$$

即

$$\lim_{x\to x_0}f(x)=f(x_0).$$

由此可得连续的等价定义.

定义 1.8.2(函数在一点的连续性) 设函数 $y=f(x)$ 在 x_0 的某邻域 $U(x_0,\delta)$ 内有定义, 如果

$$\lim_{x\to x_0}f(x)=f(x_0)$$

则称函数 $y=f(x)$ 在 x_0 点处**连续**.

函数 $y=f(x)$ 在 x_0 点处连续也可以用"ε-δ"语言来描述:

函数 $y=f(x)$ 在 x_0 点处连续 $\Leftrightarrow \forall \varepsilon>0$, $\exists \delta>0$, 当 $|x-x_0|<\delta$ 时, 有 $|f(x)-f(x_0)|<\varepsilon$.

注意 在函数连续性的定义中, 要求函数 $y=f(x)$ 在 x_0 处是有定义的, 这与极限的定义不同.

类似于左、右极限, 还可以定义函数在点 x_0 处的**左连续**和**右连续**.

若 $\lim\limits_{x\to x_0^-}f(x)=f(x_0)$, 则称 $f(x)$ 在点 x_0 处**左连续**; 若 $\lim\limits_{x\to x_0^+}f(x)=f(x_0)$, 则称 $f(x)$ 在点 x_0 处**右连续**.

左、右连续统称为**单侧连续**, 根据定理 1.3.2 易得:

定理 1.8.1 $f(x)$ 在 x_0 点处连续的充要条件是 $f(x)$ 在 x_0 点处既左连续又右连续.

例 1 试证函数 $f(x) = \begin{cases} x\sin\dfrac{1}{x}, & x \neq 0, \\ 0, & x = 0 \end{cases}$ 在 $x = 0$ 处连续.

证明 函数 $y = f(x)$ 在 $x_0 = 0$ 的某邻域 $U(0, \delta)$ 内有定义.

因为 $\lim\limits_{x \to 0} x\sin\dfrac{1}{x} = 0$，又 $f(0) = 0$，所以 $\lim\limits_{x \to 0} f(x) = f(0)$，

由定义 1.8.2 知，函数 $f(x)$ 在 $x = 0$ 处连续.

例 2 已知函数 $f(x) = \begin{cases} x^2+1, & x<0, \\ 2x-b, & x \geqslant 0 \end{cases}$ 在点 $x = 0$ 处连续，求 b 的值.

解 $\lim\limits_{x \to 0^-} f(x) = \lim\limits_{x \to 0^-}(x^2+1) = 1$，$\lim\limits_{x \to 0^+} f(x) = \lim\limits_{x \to 0^+}(2x-b) = -b$，

因为 $f(x)$ 在点 $x = 0$ 处连续，所以 $\lim\limits_{x \to 0^-} f(x) = \lim\limits_{x \to 0^+} f(x)$，即 $b = -1$.

2. 函数在区间上的连续性

定义 1.8.3 若函数 $f(x)$ 在开区间 (a,b) 内每一点处都连续，则称它在开区间 (a,b) 内连续；若函数 $f(x)$ 在有限区间 (a,b) 内连续，并且在左端点 a 右连续，右端点 b 左连续，则称它在闭区间 $[a,b]$ 上连续.

类似地，还可定义 $f(x)$ 在半开半闭区间上的连续性.

一般地，若 $f(x)$ 在定义区间 I 上处处连续，则称它是该区间 I 上的**连续函数**，连续函数的图形在该区间上是一条连续不断的曲线.

在 1.5 节中，我们已证明：(1) 若 $f(x)$ 为 n 次多项式，则对任意实数 x_0，有

$$\lim\limits_{x \to x_0} f(x) = f(x_0),$$

因此，多项式在 $(-\infty, +\infty)$ 内连续.

若有理分式函数 $g(x) = \dfrac{P(x)}{Q(x)}$，其中 $P(x), Q(x)$ 是多项式，只要 $Q(x_0) \neq 0$，则有

$$\lim\limits_{x \to x_0} g(x) = \lim\limits_{x \to x_0} \frac{P(x)}{Q(x)} = \frac{\lim\limits_{x \to x_0} P(x)}{\lim\limits_{x \to x_0} Q(x)} = \frac{P(x_0)}{Q(x_0)} = g(x_0),$$

因此，有理分式函数在其定义域内的每一点都连续.

例 3 证明正弦函数 $y = \sin x$ 在 $(-\infty, +\infty)$ 内处处连续.

证明 显然，正弦函数 $y = \sin x$ 在 $(-\infty, +\infty)$ 上处处有定义，任取 $x_0 \in (-\infty, +\infty)$，则

$$\Delta y = \sin(x_0 + \Delta x) - \sin x_0 = 2\cos\left(x_0 + \frac{\Delta x}{2}\right)\sin\frac{\Delta x}{2}.$$

因为

$$\left|\cos\left(x_0 + \frac{\Delta x}{2}\right)\right| \leqslant 1, \quad \lim\limits_{\Delta x \to 0}\sin\frac{\Delta x}{2} = 0,$$

所以

$$\lim\limits_{\Delta x \to 0}\Delta y = \lim\limits_{\Delta x \to 0} 2\cos\left(x_0 + \frac{\Delta x}{2}\right)\sin\frac{\Delta x}{2} = 0.$$

此即说明，$y = \sin x$ 在 x_0 处连续，由 x_0 的任意性知，**正弦函数** $y = \sin x$ 在 $(-\infty, +\infty)$ 上处处连续.

类似地，可以证明**余弦函数** $y = \cos x$ 在 $(-\infty, +\infty)$ 上处处连续.

例 4 证明 $\lim\limits_{x\to 0}e^x=1$，$\lim\limits_{x\to x_0}a^x=a^{x_0}(a>0,a\neq 1)$.

证明 先证 $\lim\limits_{x\to 0^+}e^x=1$.

对于任意给定的正数 ε，为使 $|e^x-1|=e^x-1<\varepsilon$，只要 $x<\ln(1+\varepsilon)$，取 $\delta=\ln(1+\varepsilon)$，则当 $0<x<\delta$ 时，有 $|e^x-1|<\varepsilon$ 成立. 因此 $\lim\limits_{x\to 0^+}e^x=1$.

再证 $\lim\limits_{x\to 0^-}e^x=1$. 由于 $x\to 0^-$ 等价于 $-x\to 0^+$，所以 $\lim\limits_{x\to 0^-}e^x=\dfrac{1}{\lim\limits_{-x\to 0^+}e^{-x}}=1$.

故
$$\lim\limits_{x\to 0}e^x=\lim\limits_{x\to 0^+}e^x=\lim\limits_{x\to 0^-}e^x=1.$$

用类似的方法可以证明 $\lim\limits_{x\to 0}a^x=1$.

因为 $\lim\limits_{x\to x_0}a^x=\lim\limits_{x\to x_0}a^{x_0}\cdot a^{x-x_0}=a^{x_0}\lim\limits_{t\to 0}a^t=a^{x_0}$（这里令 $t=x-x_0$），

所以指数函数在其定义域 $(-\infty,+\infty)$ 内连续.

1.8.2 初等函数的连续性

1. 连续函数的运算

由函数在某点连续的定义和极限的四则运算法则、复合函数运算法则可得出下列定理.

定理 1.8.2(连续函数的四则运算法则) 设 $f(x)$，$g(x)$ 在 x_0 点处连续，则函数 $f(x)\pm g(x)$，$f(x)\cdot g(x)$，$\dfrac{f(x)}{g(x)}(g(x_0)\neq 0)$ 均在 x_0 点处连续.

例 5 讨论函数 $\tan x$，$\cot x$，$\sec x$，$\csc x$ 的连续性.

解 因为 $\tan x=\dfrac{\sin x}{\cos x}$，$\cot x=\dfrac{\cos x}{\sin x}$，$\sec x=\dfrac{1}{\cos x}$，$\csc x=\dfrac{1}{\sin x}$，

而 $\sin x$，$\cos x$ 在 $(-\infty,+\infty)$ 上处处连续，所以由定理 1.8.2 知，$\tan x$，$\cot x$，$\sec x$，$\csc x$ 在它们的定义域内处处连续.

利用复合函数的极限运算法则易得复合函数连续性的结论.

定理 1.8.3(复合函数的连续性) 设函数 $u=\varphi(x)$ 在 $x=x_0$ 点处连续，且 $\varphi(x_0)=u_0$，而函数 $y=f(u)$ 在 $u=u_0$ 点处连续，则复合函数 $y=f[\varphi(x)]$ 在 $x=x_0$ 点处连续，且有
$$\lim\limits_{x\to x_0}f[\varphi(x)]=f[\varphi(x_0)]=f[\lim\limits_{x\to x_0}\varphi(x)]$$

上式表明，当 f 连续时，求复合函数 $y=f[\varphi(x)]$ 的极限时，极限符号 $\lim$ 与函数符号 f 可以交换.

例 6 讨论函数 $y=\sin\dfrac{1}{x}$ 的连续性.

解 因为 $y=\sin u$ 在 $(-\infty,+\infty)$ 内连续，而 $u=\dfrac{1}{x}$ 在 $(-\infty,0)\cup(0,+\infty)$ 内连续，根据定理 1.8.3，复合函数 $y=\sin\dfrac{1}{x}$ 在 $(-\infty,0)\cup(0,+\infty)$ 内连续.

定理 1.8.4(反函数的连续性) 设函数 $y=f(x)$ 在区间 I_x 上单调增加(减少)且连续，则它的反函数 $x=f^{-1}(y)$ 在对应的区间 $I_y=\{y\mid y=f(x),x\in I_x\}$ 上单调增加(减少)且连续. 证明从略.

例 7 证明反三角函数、对数函数在其定义域内连续.

证明 因为 $y = \sin x$ 在区间 $\left[-\dfrac{\pi}{2}, \dfrac{\pi}{2}\right]$ 上单调增加且处处连续，根据定理 1.8.4，它的反函数 $x = \arcsin y$ 在对应的区间 $[-1, 1]$（即为定义域）内单调增加且连续.

其他反三角函数的连续性类似可证.

又由于 $y = a^x$，$a > 0, a \ne 1$ 在 $(-\infty, +\infty)$ 内单调（$a > 1$，单调增加，$0 < a < 1$，单调减少）且连续，因此它的反函数 $x = \log_a y$ 在其定义域 $(0, +\infty)$ 内连续.

2. 初等函数的连续性

现在利用上面所讨论的结果我们有如下结论：

（1）指数函数 $y = a^x$，$a > 0, a \ne 1$ 在其定义域 $(-\infty, +\infty)$ 内处处连续；

（2）对数函数 $y = \log_a x$，$a > 0, a \ne 1$ 在其定义域 $(0, +\infty)$ 内处处连续；

（3）幂函数 $y = x^\mu (\mu \in \mathbf{R})$ 在其定义域内连续；

这是由于 $y = x^\mu = e^{\mu \ln x}$ 可以看成是连续函数 $y = e^u$，$u = \mu \ln x$ 的复合函数，所以它在 $(0, +\infty)$ 内连续. 如果对于 μ 取不同值加以分别讨论（如 $y = x^n$，$n \in \mathbf{N}^+$ 在其定义域 $(-\infty, +\infty)$ 上处处连续），可知幂函数 $y = x^\mu (\mu \in \mathbf{R})$ 在其定义域内处处连续.

（4）三角函数在其定义域内处处连续；

（5）反三角函数在其定义域内也处处连续.

由以上讨论，可得以下重要结论.

定理 1.8.5 基本初等函数在它们的定义域内处处连续.

由于初等函数是由常数及基本初等函数经过有限次四则运算和复合运算而得的函数，因而我们有下面的结论.

定理 1.8.6（初等函数的连续性） 初等函数在其定义区间内都连续.

所谓**定义区间**即为包含在定义域内的区间.

注意 （1）初等函数仅在定义区间内连续，在定义域内不一定连续.

例如，$f(x) = \sqrt{x^2 (x-1)^3}$，它的定义域为 $\{x \mid x = 0,$ 或 $x \geqslant 1\}$，因为函数在 $x = 0$ 的邻域内无定义，所以，函数在 $x = 0$ 处不连续.

（2）上述关于初等函数连续性的结论提供了求极限的一个方法，这就是：如果 $f(x)$ 是初等函数，且 x_0 是 $f(x)$ 的定义区间内的点，则 $\lim\limits_{x \to x_0} f(x) = f(x_0)$.

例如，$x_0 = \dfrac{\pi}{2}$ 是初等函数 $f(x) = \ln \sin x$ 的一个定义区间 $(0, \pi)$ 内的一点，所以 $\lim\limits_{x \to \frac{\pi}{2}} \ln \sin x$

$= \ln \sin \dfrac{\pi}{2} = 0$.

例 8 计算下列极限：

（1）$\lim\limits_{x \to 0} \dfrac{\log_a (1+x)}{x} (a > 0, a \ne 1)$；　　（2）$\lim\limits_{x \to 0} \dfrac{a^x - 1}{x} (a > 0, a \ne 1)$；　　（3）$\lim\limits_{x \to 0} \dfrac{\arcsin x}{x}$.

解 （1）$\lim\limits_{x \to 0} \dfrac{\log_a (1+x)}{x} = \lim\limits_{x \to 0} \log_a (1+x)^{\frac{1}{x}} = \log_a e = \dfrac{1}{\ln a}$；

（2）令 $a^x - 1 = t$，则 $x = \log_a (1+t)$，所以 $\lim\limits_{x \to 0} \dfrac{a^x - 1}{x} = \lim\limits_{t \to 0} \dfrac{t}{\log_a (1+t)} = \ln a$；

特别地，$\lim\limits_{x \to 0} \dfrac{\ln(1+x)}{x} = 1$，$\lim\limits_{x \to 0} \dfrac{e^x - 1}{x} = 1$；

$(3) \lim\limits_{x \to 0} \dfrac{\arcsin x}{x} \xlongequal{\diamondsuit\, u = \arcsin x} \lim\limits_{u \to 0} \dfrac{u}{\sin u} = 1.$

同样的方法可得 $\lim\limits_{x \to 0} \dfrac{\arctan x}{x} = 1$.

由本例的结果，我们可以得到下列重要的**等价无穷小关系式**：

当 $x \to 0$ 时，$\log_a(1+x) \sim \dfrac{x}{\ln a}(a > 0, a \neq 1)$，特别地，$\ln(1+x) \sim x$；

$a^x - 1 \sim x \ln a\, (a > 0, a \neq 1)$，特别地，$e^x - 1 \sim x$；

$\arcsin x \sim x$，$\arctan x \sim x$.

例 9 计算 $\lim\limits_{x \to 0} \dfrac{(e^{2x} - 1)\arcsin^2 x}{x \ln(1+x^2)}$.

解 注意到当 $x \to 0$ 时，$\ln(1+x^2) \sim x^2$，$e^{2x} - 1 \sim 2x$，$\arcsin x \sim x$，所以

$$\lim\limits_{x \to 0} \dfrac{(e^{2x} - 1)\arcsin^2 x}{x \ln(1+x^2)} = \lim\limits_{x \to 0} \dfrac{2x \cdot x^2}{x \cdot x^2} = 2.$$

例 10 计算 $\lim\limits_{x \to 0}(1+2x)^{\frac{3}{\sin x}}$.

解 因为 $(1+2x)^{\frac{3}{\sin x}} = e^{\frac{3}{\sin x}\ln(1+2x)}$，

利用定理 1.8.3 与极限的运算法则

$$\lim\limits_{x \to 0}(1+2x)^{\frac{3}{\sin x}} = \lim\limits_{x \to 0} e^{\frac{3\ln(1+2x)}{\sin x}} = e^{\lim\limits_{x \to 0}\frac{3\ln(1+2x)}{\sin x}} = e^{\lim\limits_{x \to 0}\frac{3 \cdot 2x}{x}} = e^6.$$

一般地，我们把函数 $y = u(x)^{v(x)}$ 称为**幂指函数**，由于 $y = u(x)^{v(x)} = e^{v(x)\ln u(x)}$ 可以看成 $y = e^w$ 与 $w = v(x)\ln u(x)$ 的复合函数，故由定理 1.8.3 与极限的运算法则知，幂指函数的极限具有下列结论：

(1) 若 $\lim\limits_{x \to x_0} u(x) = A\,(A > 0)$，$\lim\limits_{x \to x_0} v(x) = B$，则

$$\lim\limits_{x \to x_0} u(x)^{v(x)} = \lim\limits_{x \to x_0} e^{v(x)\ln u(x)} = e^{\lim\limits_{x \to x_0} v(x)\ln u(x)} = e^{B\ln A} = A^B$$

$(2) \lim\limits_{x \to x_0} u(x) = 1$，$\lim\limits_{x \to x_0} v(x) = \infty$，则称极限 $\lim\limits_{x \to x_0} u(x)^{v(x)}$ 为 1^∞ 未定式，根据 (1) 的讨论及重要极限 $\lim\limits_{x \to 0}(1+x)^{\frac{1}{x}} = e$，我们有

$$\lim\limits_{x \to x_0} u(x)^{v(x)} = \lim\limits_{x \to x_0}\left\{[1 + u(x) - 1]^{\frac{1}{u(x)-1}}\right\}^{v(x)[u(x)-1]}.$$

因为 $\lim\limits_{x \to x_0}\left\{[1 + u(x) - 1]^{\frac{1}{u(x)-1}}\right\} = e$，若 $\lim\limits_{x \to x_0} v(x)[u(x)-1]$ 存在，则上述极限化为求极限 $e^{\lim\limits_{x \to x_0} v(x)[u(x)-1]}$ 即可.

注意 上述极限中把 $x \to x_0$ 换成 $x \to \infty$ 有同样的结论.

例 11 计算 $\lim\limits_{x \to 0}(\cos x)^{-\frac{1}{2x^2}}$.

解 $\lim\limits_{x \to 0}(\cos x)^{-\frac{1}{2x^2}} = \lim\limits_{x \to 0}\left[(1 + \cos x - 1)^{\frac{1}{\cos x - 1}}\right]^{-\frac{\cos x - 1}{2x^2}} = e^{\lim\limits_{x \to 0}\frac{1 - \cos x}{2x^2}} = e^{\lim\limits_{x \to 0}\frac{\frac{1}{2}x^2}{2x^2}} = e^{\frac{1}{4}}.$

1.8.3 函数的间断点及其分类

1. 间断点的定义

定义 1.8.4 设 $f(x)$ 在点 x_0 的某去心邻域内有定义，如果 $f(x)$ 在点 x_0 处不连续，则称点 x_0 为函数 $f(x)$ 的**间断点**.

由定义 1.8.2 可知，如果 $f(x)$ 在 x_0 处不连续(间断)，那么必是下列三种情况之一:

(1) $f(x)$ 在 $x=x_0$ 点无定义;

(2) $f(x)$ 在 $x=x_0$ 点有定义，但 $\lim\limits_{x \to x_0} f(x)$ 不存在;

(3) $f(x)$ 在 $x=x_0$ 点有定义，$\lim\limits_{x \to x_0} f(x)$ 存在，但 $\lim\limits_{x \to x_0} f(x) \neq f(x_0)$.

下面举例来说明函数间断点的几种常见类型.

例 12 求出下列函数的间断点:

$$(1)\, y = \frac{x^2-1}{x-1}; \qquad (2)\, y = f(x) = \begin{cases} x, & x \neq 1, \\ \dfrac{1}{2}, & x=1. \end{cases}$$

解 (1) 函数 $y = \dfrac{x^2-1}{x-1}$ 在点 $x=1$ 处没有定义，所以函数在点 $x=1$ 处间断. 由于 $\lim\limits_{x \to 1} \dfrac{x^2-1}{x-1}$ $= \lim\limits_{x \to 1}(x+1) = 2$，如果补充定义: 令 $x=1$ 时，$y=2$，则所给函数在 $x=1$ 处连续，这种情况称 $x=1$ 为该函数的**可去间断点**(见图 1.30).

(2) 函数 $y = f(x) = \begin{cases} x, & x \neq 1, \\ \dfrac{1}{2}, & x=1 \end{cases}$ 是一个分段函数，在 **R** 上处处有定义. 由于 $x=1$ 是该

函数的分段点，在此处函数有可能不连续.

因为 $\lim\limits_{x \to 1} f(x) = \lim\limits_{x \to 1} x = 1$，而 $f(1) = \dfrac{1}{2}$，所以 $\lim\limits_{x \to 1} f(x) \neq f(1)$，即 $x=1$ 是函数的间断点. 我们可以通过改变函数在此点的定义: 令 $f(1) = 1$，使函数在该处连续. 所以 $x=1$ 也称为函数的**可去间断点**(见图 1.31).

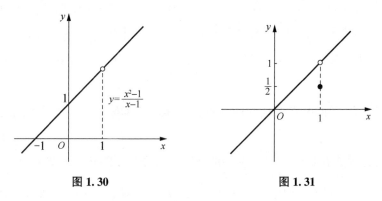

图 1.30　　　　　　图 1.31

例 13 已知 $y = f(x) = \begin{cases} x-1, & x < 0, \\ 0, & x=0, \\ x+1, & x > 0, \end{cases}$ 求函数的间断点.

解　所给函数是一个分段函数，在 **R** 上处处有定义．在函数的分段点 $x=0$ 处，函数有可能不连续．

由于 $\lim\limits_{x \to 0^+} f(x) = \lim\limits_{x \to 0^+} (x+1) = 1$，$\lim\limits_{x \to 0^-} f(x) = \lim\limits_{x \to 0^-} (x-1) = -1$，所以 $\lim\limits_{x \to 0} f(x)$ 不存在，因此 $x=0$ 是该函数的间断点（见图1.32）．

因函数 $y=f(x)$ 的图形在 $x=0$ 处产生了一个跳跃，我们称 $x=0$ 为函数的**跳跃间断点**．

例14　求出下列函数的间断点：

（1）$y=\tan x$；　　（2）$y=\sin \dfrac{1}{x}$．

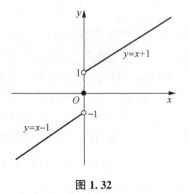

图1.32

解　（1）因为函数 $y=\tan x$ 在 $x=k\pi+\dfrac{\pi}{2}$，$k \in \mathbf{Z}$ 处没有定义，所以 $x=k\pi+\dfrac{\pi}{2}$，$k \in \mathbf{Z}$ 是函数的间断点．

又因为 $\lim\limits_{x \to k\pi+\frac{\pi}{2}} \tan x = \infty$，所以称 $x=k\pi+\dfrac{\pi}{2}$ 为函数的**无穷间断点**．

（2）因为函数 $y=\sin \dfrac{1}{x}$ 在 $x=0$ 处没有定义，所以 $x=0$ 是函数 $y=\sin \dfrac{1}{x}$ 的间断点．又因为 $\lim\limits_{x \to 0} \sin \dfrac{1}{x}$ 不存在（非 ∞），即当 $x \to 0$ 时，函数值在 $-1,1$ 之间变动无限次，所以称 $x=0$ 是函数 $y=\sin \dfrac{1}{x}$ 的**振荡间断点**（见图1.33）．

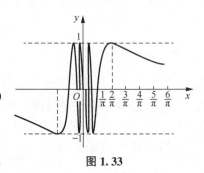

图1.33

2. 间断点的分类

上面举了一些间断点的例子，通常我们把间断点分成两类：

设点 x_0 是函数 $f(x)$ 的间断点．

（1）如果 $\lim\limits_{x \to x_0} f(x)$ 的左、右极限存在，则称点 x_0 是函数 $f(x)$ 的**第一类间断点**．又若 $\lim\limits_{x \to x_0} f(x)$ 的左、右极限存在且相等，即 $\lim\limits_{x \to x_0} f(x)$ 存在，则称 x_0 为 $f(x)$ 的**可去间断点**；若 $\lim\limits_{x \to x_0} f(x)$ 的左、右极限存在且不相等，即 $\lim\limits_{x \to x_0^+} f(x) \neq \lim\limits_{x \to x_0^-} f(x)$，则称 x_0 为 $f(x)$ 的**跳跃间断点**．

（2）凡不是第一类间断点的任何间断点称为**第二类间断点**．常见的有无穷间断点和振荡间断点．

例15　讨论函数 $f(x)=\dfrac{(x+1)\sin x}{|x|(x^2-1)}$ 的连续性，并判断间断点的类型．

解　因为函数 $f(x)$ 在 $x=0,1,-1$ 处无定义，所以 $x=0,1,-1$ 是函数 $f(x)$ 的间断点，在区间 $(-\infty,-1) \cup (-1,0) \cup (0,1) \cup (1,+\infty)$ 内，$f(x)$ 连续．

因为　$\lim\limits_{x \to 0^+} f(x) = \lim\limits_{x \to 0^+} \dfrac{(x+1)\sin x}{x(x^2-1)} = \lim\limits_{x \to 0^+} \dfrac{\sin x}{x(x-1)} = -1$，

$$\lim_{x \to 0^-} f(x) = \lim_{x \to 0^-} \frac{(x+1)\sin x}{-x(x^2-1)} = \lim_{x \to 0^-} \frac{\sin x}{-x(x-1)} = 1,$$

所以 $x=0$ 是 $f(x)$ 的第一类间断点(跳跃间断点);

因为
$$\lim_{x \to 1} f(x) = \lim_{x \to 1} \frac{\sin x}{|x|(x-1)} = \infty,$$

所以 $x=1$ 是 $f(x)$ 的第二类间断点(无穷间断点);

因为
$$\lim_{x \to -1} f(x) = \lim_{x \to -1} \frac{\sin x}{|x|(x-1)} = \frac{1}{2}\sin 1,$$

所以 $x=-1$ 是 $f(x)$ 的第一类间断点(可去间断点).

例 16 讨论函数 $f(x) = \dfrac{1}{1-e^{\frac{1}{x}}}$ 的间断点的类型.

解 因为函数 $f(x)$ 在 $x=0$ 处无定义,所以 $x=0$ 是函数 $f(x)$ 的间断点.

因为 $\lim\limits_{x \to 0^+} e^{\frac{1}{x}} = +\infty$,$\lim\limits_{x \to 0^-} e^{\frac{1}{x}} = 0$,所以

$$\lim_{x \to 0^+} \frac{1}{1-e^{\frac{1}{x}}} = 0, \quad \text{而} \lim_{x \to 0^-} \frac{1}{1-e^{\frac{1}{x}}} = 1,$$

故 $x=0$ 是函数 $f(x)$ 的跳跃间断点.

习题 1.8

1. 讨论下列函数的连续性,若有间断点,说明它的类型:

$(1) f(x) = \dfrac{x^2-4}{x^2+x-6}$; $\qquad (2) f(x) = \dfrac{x^2-x}{|x|(x^2-1)}$;

$(3) f(x) = \begin{cases} \dfrac{\sin x}{x}, & x < 0, \\ x^2-1, & x \geqslant 0; \end{cases}$ $\qquad (4) f(x) = \dfrac{x}{\tan x}$;

$(5) f(x) = \dfrac{1}{1-e^{\frac{1}{x-1}}}$; $\qquad (6) f(x) = \arctan \dfrac{1}{x}$.

2. 求下列函数的极限:

$(1) \lim\limits_{x \to 0} \sqrt{x^2-2x+3}$; $\qquad (2) \lim\limits_{x \to \frac{\pi}{6}} \ln(2\cos 2x)$;

$(3) \lim\limits_{x \to \frac{\pi}{2}} \dfrac{\sin x}{x}$; $\qquad (4) \lim\limits_{x \to -1} \dfrac{e^{-2x}-1}{x}$.

3. 求下列函数的极限:

$(1) \lim\limits_{x \to 0} \dfrac{\cos x-1}{e^{x^2}-1}$; $\qquad (2) \lim\limits_{x \to 0} \dfrac{2^x-1}{\arctan 3x}$;

$(3) \lim\limits_{x \to 0} \dfrac{3\sin x + x^2 \cos \dfrac{1}{x}}{(1+\cos x)\ln(1-x)}$;　　　$(4) \lim\limits_{x \to 0} \dfrac{x^2 \arcsin x}{(\mathrm{e}^{\sin x}-1)\ln(1+x^2)}$;

$(5) \lim\limits_{x \to \infty} \left(\dfrac{2x+3}{2x+1}\right)^{x+1}$;　　　$(6) \lim\limits_{x \to 0} (\mathrm{e}^{x^2}+\cos x-1)^{\frac{1}{x^2}}$;

$(7) \lim\limits_{x \to 0} \left(\dfrac{a^x+b^x}{2}\right)^{\frac{1}{x}}$ $(a,b>0$ 且 $a,b\neq 1)$.

4. 试确定常数 a,b 的值，使下列函数在 $x=0$ 处连续：

$(1) f(x) = \begin{cases} \dfrac{\mathrm{e}^{a\sin x}-1}{2x}, & x\neq 0, \\ 1, & x=0; \end{cases}$　　　$(2) f(x) = \begin{cases} \mathrm{e}^x+a, & x<0, \\ 2, & x=0, \\ \dfrac{\ln(1+bx)}{x}, & x>0. \end{cases}$

5. 讨论函数 $f(x) = \lim\limits_{n \to \infty} \dfrac{1-x^{2n}}{1+x^{2n}}x$ 的连续性，若有间断点，判别其类型.

1.9　闭区间上连续函数的性质

闭区间上的连续函数具有许多在理论上和应用上都很重要的性质，这些性质从几何直观上很容易得到，但其中有些性质的证明要用到数学分析中的实数理论，在此我们只加以叙述而略去证明.

1. 最大值和最小值定理

定义 1.9.1　对于在区间 I 上有定义的函数 $f(x)$，如果有 $x_0 \in I$，使得对于所有 $x \in I$ 都有

$$f(x) \leqslant f(x_0)(f(x) \geqslant f(x_0))$$

则称 $f(x_0)$ 为函数 $f(x)$ 在区间 I 上的最大值（最小值）.

例如，函数 $f(x)=1+\sin x$ 在闭区间 $[0,2\pi]$ 有最大值 2 和最小值 0. 又如，$f(x)=\mathrm{sgn}\,x$ 在区间 $(-\infty,+\infty)$ 有最大值 1 和最小值 -1. 而在开区间 $(0,+\infty)$ 内，$f(x)=\mathrm{sgn}\,x$ 的最大值和最小值都等于 1（注意，最大值和最小值可以相等！）. 但函数 $f(x)=x$ 在开区间 (a,b) 内既无最大值也无最小值. 下列定理给出最大值和最小值存在的充分条件.

定理 1.9.1（最大值和最小值定理）　闭区间上的连续函数在该区间上一定可以取到最大值与最小值.

这就是说，如果函数 $f(x)$ 在闭区间 $[a,b]$ 上连续，那么至少有一点 $\xi_1 \in [a,b]$，使得 $f(\xi_1)$ 是 $f(x)$ 在 $[a,b]$ 上的最大值；又至少有一点 $\xi_2 \in [a,b]$，使得 $f(\xi_2)$ 是 $f(x)$ 在 $[a,b]$ 上的最小值. 一般记 $f(\xi_1)=M=\max\limits_{x \in [a,b]} f(x)$，$f(\xi_2)=m=\min\limits_{x \in [a,b]} f(x)$（见图 1.34），证明从略.

注意　如果函数在开区间内连续，或函数在闭区间上有间断点，那么函数的该区间上就不一定有最大值或最小值.

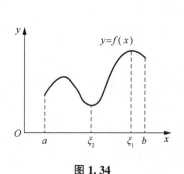

图 1.34   图 1.35

例如，前面提到的函数 $f(x)=x$ 在开区间 (a,b) 内是连续的，但在开区间 (a,b) 内既无最大值也无最小值．又如，函数 $y=f(x)=\begin{cases} -x+1, & 0\leqslant x<1, \\ 1, & x=1, \\ -x+3, & 1<x\leqslant 2. \end{cases}$ 在闭区间 $[0,2]$ 上有间断点 $x=1$，函数 $f(x)$ 在闭区间 $[0,2]$ 上既无最大值也无最小值（见图 1.35）．

由最大值和最小值定理可直接推出下面的有界性定理．

定理 1.9.2（有界性定理） 闭区间上的连续函数一定在该区间上有界．

注意 若条件"闭区间"或"连续"不满足，则结论可能不成立．例如，函数 $y=\dfrac{1}{x}$ 在 $(0,1]$ 内连续，但在该区间内是无界的．

2. 介值定理

先说明零点的概念．

定义 1.9.2 如果有 x_0，使 $f(x_0)=0$，则称 x_0 为函数 $f(x)$ 的**零点**．

定理 1.9.3（零点定理） 设函数 $f(x)$ 在闭区间 $[a,b]$ 上连续，且 $f(a)$，$f(b)$ 异号（即 $f(a)\cdot f(b)<0$），那么在开区间 (a,b) 内至少有函数 $f(x)$ 的一个零点，即至少有一点 $\xi(a<\xi<b)$，使 $f(\xi)=0$．

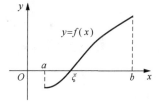

图 1.36

证明从略．

从几何上看，定理 1.9.3 表示，如果连续曲线弧 $y=f(x)$ 的两个端点位于 x 轴的上、下两侧，那么这段曲线弧与 x 轴至少有一个交点（见图 1.36）．

例 1 证明方程 $x^3-4x^2+1=0$ 在区间 $(0,1)$ 内至少有一个根．

证明 构造函数 $f(x)=x^3-4x^2+1$，显然函数在闭区间 $[0,1]$ 上连续，且 $f(0)=1>0$，$f(1)=-2<0$．

根据零点定理，在开区间 $(0,1)$ 内至少存在一点 ξ，使得 $f(\xi)=0$，

即 $\xi^3-4\xi^2+1=0(0<\xi<1)$．

这等式说明了方程 $x^3-4x^2+1=0$ 在区间 $(0,1)$ 内至少有一个根是 ξ．

例 2 设函数 $f(x)$ 在区间 $[a,b]$ 上连续，且 $f(a)<a$，$f(b)>b$，证明：存在 $\xi\in(a,b)$，使得 $f(\xi)=\xi$．

证明 令 $F(x)=f(x)-x$，则 $F(x)$ 在 $[a,b]$ 上连续．

而 $F(a)=f(a)-a<0$，$F(b)=f(b)-b>0$，由零点定理，$\exists\xi\in(a,b)$，使 $F(\xi)=f(\xi)-\xi=0$，即 $f(\xi)=\xi$．

定理 1.9.4(介值定理) 设函数 $f(x)$ 在闭区间 $[a,b]$ 上连续，且在这区间的端点取不同的函数值 $f(a)=A$, $f(b)=B$, $A\neq B$，那么对 A 与 B 之间的任意一个数 C，在开区间 (a,b) 内至少有一点 ξ，使得 $f(\xi)=C(a<\xi<b)$（见图 1.37）.

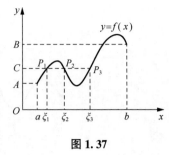

图 1.37

证明 设 $\varphi(x)=f(x)-C$，则 $\varphi(x)$ 在闭区间 $[a,b]$ 上连续，且 $\varphi(a)=f(a)-C=A-C$ 与 $\varphi(b)=f(b)-C=B-C$ 异号. 根据零点定理，在开区间 (a,b) 内至少有一点 ξ，使 $\varphi(\xi)=0(a<\xi<b)$. 但 $\varphi(\xi)=f(\xi)-C$，因此由上式即得 $f(\xi)=C(a<\xi<b)$.

由定理 1.9.1 及 1.9.4 可得到以下推论.

推论 在闭区间上连续的函数必取得介于最大值 M 与最小值 m 之间的任何值.

注意 对定理中的函数，其值域 $W=f([a,b])=\{f(x)\mid x\in[a,b]\}=[m,M]$，因此，定理的结论也可说成是：**闭区间上连续的函数的值域是一个闭区间**.

习题 1.9

1. 证明方程 $x^5-3x=1$ 至少有一个根介于 1 和 2 之间.

2. 证明方程 $x=a\sin x+b(a>0,b>0)$ 至少有一个正根，并且它不超过 $a+b$.

3. 若 $f(x)$ 在 $[a,b]$ 上连续，证明：

(1) 存在 $\xi\in[a,b]$，使得 $f(\xi)=\dfrac{f(a)+f(b)}{2}$；

(2) 若 $a<x_1<x_2<x_3<\cdots<x_n<b$，则在 $[x_1,x_n]$ 上必有 ξ，使得

$$f(\xi)=\frac{f(x_1)+f(x_2)+f(x_3)+\cdots+f(x_n)}{n}.$$

4. 设 $f(x)$ 在 $[a,+\infty)$ 上连续，$f(a)>0$，且 $\lim\limits_{x\to+\infty}f(x)=A<0$，证明：在 $[a,+\infty)$ 上至少有一点 ξ，使 $f(\xi)=0$.

 本章小结

一、基本要求

(1) 理解函数的概念，掌握函数的表示法，掌握基本初等函数的性质及图形，会建立简单应用问题的函数关系式.

(2) 了解极限的定义，并在学习过程中逐步加深对极限思想的理解.

(3) 掌握极限的性质及四则运算法则和复合函数的极限运算法则，了解极限存在准则，熟练掌握利用两个重要极限求极限.

(4) 了解无穷小、无穷大的概念及它们之间的关系，了解无穷小的性质及无穷小与极限之间的关系，熟练掌握无穷小的比较，熟练掌握等价无穷小替换求极限.

（5）理解函数连续的概念，会判断间断点的类型，理解函数连续与极限的关系，了解初等函数的连续性．

（6）掌握闭区间上连续函数的性质及其简单应用．

二、内容提要

1. 极限的定义

（1）数列极限的定义

$$\lim_{n\to\infty} x_n = a \Leftrightarrow \forall \varepsilon > 0, \ \exists \text{正整数} N, \ \text{当} n > N \text{时，有} |x_n - a| < \varepsilon$$

（2）函数极限的定义

（i）$\lim\limits_{x\to\infty} f(x) = A \Leftrightarrow \forall \varepsilon > 0, \ \exists X > 0, \ \text{当} |x| > X \text{时，有} |f(x) - A| < \varepsilon$

特别： $\lim\limits_{x\to+\infty} f(x) = A \Leftrightarrow \forall \varepsilon > 0, \ \exists X > 0, \ \text{当} x > X \text{时，有} |f(x) - A| < \varepsilon$

$\lim\limits_{x\to-\infty} f(x) = A \Leftrightarrow \forall \varepsilon > 0, \ \exists X > 0, \ \text{当} x < -X \text{时，有} |f(x) - A| < \varepsilon$

结论： $\lim\limits_{x\to\infty} f(x) = A \Leftrightarrow \lim\limits_{x\to+\infty} f(x) = \lim\limits_{x\to-\infty} f(x) = A$

（ii）$\lim\limits_{x\to x_0} f(x) = A \Leftrightarrow \forall \varepsilon > 0, \ \exists \delta > 0, \ \text{当} 0 < |x - x_0| < \delta \text{时，有} |f(x) - A| < \varepsilon$

结论： $\lim\limits_{x\to x_0} f(x) = A \Leftrightarrow \lim\limits_{x\to x_0^+} f(x) = \lim\limits_{x\to x_0^-} f(x) = A$

2. 极限的性质

唯一性、有界性、保号性、收敛数列与其子数列间的关系、Heine（海涅）定理、四则运算法则、复合函数的运算法则．

3. 无穷小与无穷大

（1）无穷小与无穷大定义，两者之间的关系．

（2）无穷小的比较．

（3）无穷小的运算．

4. 极限存在准则

夹逼准则、单调有界收敛准则．

5. 两个重要极限

（1）$\lim\limits_{x\to 0} \dfrac{\sin x}{x} = 1$； （2）$\lim\limits_{x\to\infty} \left(1 + \dfrac{1}{x}\right)^x = e$．

对于幂指函数的极限 $\lim u(x)^{v(x)} (1^\infty)$ 可用下面方法来求：

$$\lim u(x)^{v(x)} = \lim \left[(1 + u(x) - 1)^{\frac{1}{u(x)-1}} \right]^{v(x)[u(x)-1]}$$

因为 $\lim \left[(1 + u(x) - 1)^{\frac{1}{u(x)-1}} \right] = e$，若 $\lim v(x)[u(x)-1]$ 存在，则上述极限化为求极限 $e^{\lim v(x)[u(x)-1]}$ 即可．

6. 常用的等价无穷小关系

$x \to 0$ 时，$\sin x \sim x$，$\tan x \sim x$，$\arcsin x \sim x$，$\arctan x \sim x$，$1 - \cos x \sim \dfrac{1}{2}x^2$．

$\sqrt[n]{1+x} - 1 \sim \dfrac{1}{n}x$，$n > 1$，$n \in \mathbf{N}^+$，特别地 $\sqrt{1+x} - 1 \sim \dfrac{1}{2}x$．

$\log_a(1+x) \sim \dfrac{x}{\ln a}(a > 0, a \neq 1)$，特别地 $\ln(1+x) \sim x$．

$a^x-1 \sim x\ln a\,(a>0$ 且 $a \neq 1)$，特别地 $e^x-1 \sim x$.

7. 连续函数

(1)函数在一点连续的定义

(2)间断点的分类：

$$\begin{cases} \text{第一类间断点(特征是左、右极限都存在)} \begin{cases} \text{可去间断点(左、右极限相等)} \\ \text{跳跃间断点(左、右极限不相等)} \end{cases} \\ \text{第二类间断点(特征是左、右极限至少有一个不存在)，常见的有} \begin{cases} \text{无穷间断点} \\ \text{振荡间断点} \end{cases} \end{cases}$$

(3)闭区间上连续函数性质 $\begin{cases} \text{最值定理} \\ \text{介值定理(零点定理)} \end{cases}$

(4)初等函数的连续性

总习题 1

1. 选择与填空题.

(1)$f(x)=|x\sin x|\,e^{\cos x}$ 在 $(-\infty,+\infty)$ 内是(   ).

A. 有界函数   B. 单调函数   C. 周期函数   D. 偶函数

(2)数列有界是数列收敛的(   ).

A. 充分非必要条件   B. 必要非充分条件

C. 充分必要条件   D. 既非充分也非必要条件

(3)当 $x \to 0^+$ 时，下列无穷小关于 x 的阶数最高的是(   ).

A. $1-\cos\sqrt{x}$ B. $\sqrt{x}+x^4$ C. $x\sin\sqrt{x}$ D. $x\ln(1+x)$

(4)设 $f(x)=2^x+3^x-2$，则当 $x \to 0$ 时成立的是(   ).

A.$f(x)$ 与 x 是等价无穷小   B.$f(x)$ 是比 x 高阶的无穷小

C.$f(x)$ 与 x 是同阶但不等价无穷小   D.$f(x)$ 是比 x 低阶的无穷小

(5)设 $f(x)=\begin{cases} \cos x+x\sin\dfrac{1}{x}, & x<0 \\ x^2+1, & x \geq 0, \end{cases}$ 则 $x=0$ 是 $f(x)$ 的(   ).

A. 连续点   B. 跳跃间断点   C. 振荡间断点   D. 可去间断点

(6)已知 $f(x)=\dfrac{ax^2-2}{x^2+1}+3bx+5$，当 $x \to \infty$ 时，$a=$ _____，$b=$ _____ 时，$f(x)$ 为无穷小；a 为 _____，b 为 _____ 时，$f(x)$ 为无穷大量.

(7)若 $\lim\limits_{x \to \infty}\left(\dfrac{x+a}{x-a}\right)^x=e^4$，则 $a=$ _____.

(8)设函数 $f(x)=\dfrac{x^2-x}{x^2-1}\sqrt{1+\dfrac{1}{x^2}}$，则 $x=0$ 是其 _____ 间断点，$x=-1$ 是其 _____ 间断点，$x=1$ 是其 _____ 间断点.

(9) 已知 $f(x) = \begin{cases} \dfrac{\cos x - \cos 2x}{x^2}, & x \neq 0 \\ k, & x = 0 \end{cases}$ 在 $x = 0$ 处连续，则 $k = $ _____.

(10) 设 $f(x)$ 连续，且 $\lim\limits_{x \to 0} \dfrac{1 - \cos[xf(x)]}{(e^{x^2} - 1)f(x)} = 1$，则 $\lim\limits_{x \to 0} f(x) = $ _____.

2. 计算下列极限：

(1) $\lim\limits_{n \to \infty} \left(\dfrac{1}{2} + \dfrac{3}{2^2} + \dfrac{5}{2^3} + \cdots + \dfrac{2n-1}{2^n} \right)$;

(2) $\lim\limits_{n \to \infty} \left(\dfrac{1}{n^2 + n + 1} + \dfrac{2}{n^2 + n + 2} + \cdots + \dfrac{n}{n^2 + n + n} \right)$;

(3) $\lim\limits_{n \to \infty} \sqrt[n]{1 + e^n + \pi^n}$;

(4) $\lim\limits_{x \to 0^+} \dfrac{1 - e^{\frac{1}{x}}}{x + e^{\frac{1}{x}}}$;

(5) $\lim\limits_{x \to 0} \left(\dfrac{2 + e^{\frac{1}{x}}}{1 + e^{\frac{4}{x}}} + \dfrac{\sin x}{|x|} \right)$;

(6) $\lim\limits_{x \to \infty} \left[\dfrac{x^2}{(x-a)(x-b)} \right]^x$;

(7) $\lim\limits_{x \to \frac{\pi}{2}} (\sin x)^{\tan x}$;

(8) $\lim\limits_{x \to 0} \dfrac{e^x - \sqrt{1+x}}{x}$;

(9) $\lim\limits_{x \to 0} \dfrac{\sqrt{1 + \tan x} - \sqrt{1 + \sin x}}{x \cdot \sqrt{1 + \sin^2 x} - x}$;

(10) $\lim\limits_{x \to 0} \dfrac{1 - \cos(1 - \cos x)}{x^2(e^{x^2} - 1)}$;

(11) $\lim\limits_{x \to 0} \dfrac{\ln(e^x + \sin^2 x) - x}{\ln(e^{2x} + x^2) - 2x}$;

(12) $\lim\limits_{n \to +\infty} n^2 \left(a^{\frac{1}{n}} - a^{\frac{1}{n+1}} \right)$ ($a > 0$ 且 $a \neq 1$).

3. 设 $f(x) = \dfrac{e^x - a}{x(x-1)}$，若 $x = 1$ 是可去间断点，求出 a，并判别 $x = 0$ 是哪类间断点.

4. 设函数 $f(x) = \lim\limits_{n \to \infty} \dfrac{x^{2n-1} + ax^2 + bx}{1 + x^{2n}}$ 连续，求常数 a, b.

5. 求函数 $f(x) = \begin{cases} e^{\frac{1}{1-x}}, & x > 0 \\ \ln(1+x), & -1 < x \leq 0 \end{cases}$ 的间断点，并说明间断点类型.

6. 讨论 $f(x) = \begin{cases} \dfrac{x^3 - x}{\sin \pi x}, & x < 0 \\ \ln(1+x) + \sin \dfrac{1}{x^2 - 1}, & x \geq 0 \end{cases}$ 的连续性，并指出间断点的类型.

7. 设 $0 < x_1 < 3$，$x_{n+1} = \sqrt{x_n(3 - x_n)}$ $(n = 1, 2, \cdots)$，证明 $\lim\limits_{n \to \infty} x_n$ 存在，并求出极限值.

8. $x_1 = 1$，$x_{n+1} = \dfrac{3(1 + x_n)}{3 + x_n}$ $(n = 1, 2, 3, \cdots)$，证明 $\lim\limits_{n \to \infty} x_n$ 存在，并求出极限值.

9. 证明方程 $2^x = 4x$ 在 $\left(0, \dfrac{1}{2} \right)$ 内至少有一个实根.

10. 设数列 $\{x_n\}$ 满足 $0 < x_1 < \pi$，$x_{n+1} = \sin x_n$ $(n = 1, 2, \cdots)$，(1) 证明 $\lim\limits_{n \to \infty} x_n$ 存在，并求出极限值；(2) 计算 $\lim\limits_{n \to \infty} \left(\dfrac{x_{n+1}}{\tan x_n} \right)^{\frac{1}{x_n^2}}$.

第 2 章　导数与微分

　　导数与微分的概念、理论以及它们的应用构成了微分学，它是微积分的重要组成部分. 导数反映出函数相对于自变量的变化快慢的程度，而微分则指明当自变量有微小变化时，函数大体变化多少.

　　本章以极限概念为基础，引进导数与微分的定义，建立导数与微分的计算方法，同时以实例说明它们的某些简单应用.

2.1　导数的定义

2.1.1　引例

　　与其他的数学概念一样，导数也是一些实际问题在数学上的抽象. 我们首先研究两个实际问题：速度问题和密度问题，进而引出导数的概念.

1. 变速直线运动的瞬时速度

　　一动点在 s 轴上沿轴的方向做变速直线运动，设 t 时刻所处的位置是 $s=f(t)$（见图 2.1）. 现求该点在任意时刻 t_0 的速度 v_0.

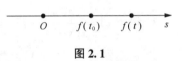

图 2.1

　　动点从 t_0 到 t 这段时间通过的路程为

$$\Delta s = f(t) - f(t_0)$$

所以平均速度为

$$\frac{\Delta s}{\Delta t} = \frac{f(t) - f(t_0)}{t - t_0}$$

　　在通常情况下，时间间隔越短，也即 t 越接近 t_0 时，平均速度就越能表达 t_0 时刻动点的速度状态. 所以若极限

$$\lim_{\Delta t \to 0} \frac{\Delta s}{\Delta t} = \lim_{t \to t_0} \frac{f(t) - f(t_0)}{t - t_0}$$

存在，则称此极限为动点在 t_0 时刻的速度或瞬时速度. 即

$$v_0 = \lim_{\Delta t \to 0} \frac{\Delta s}{\Delta t}$$

2. 非均匀分布质量的细直线密度

　　将分布有质量的直线称为质线. 今以质线为轴（见图 2.2），设从起点 O 到终点 x 这一段的质量为 $m=f(x)$，现求质线在任一点 x_0 处的线密度 ρ_0.

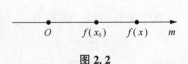

图 2.2

从 x_0 到 x 的这一段质线的质量为

$$\Delta m = f(x) - f(x_0)$$

所以该段的平均线密度为

$$\frac{\Delta m}{\Delta x} = \frac{f(x) - f(x_0)}{x - x_0}$$

在通常情况下，x 越接近于 x_0，平均密度也就越能接近 x_0 处的密度. 所以若极限

$$\lim_{\Delta x \to 0} \frac{\Delta m}{\Delta x} = \lim_{x \to x_0} \frac{f(x) - f(x_0)}{x - x_0}$$

存在，则称此极限为质线在 x_0 处的密度. 即

$$\rho_0 = \lim_{\Delta x \to 0} \frac{\Delta m}{\Delta x}$$

此外，如非恒稳的电流强度、化学反应速度、生物群体的繁殖速度等问题，最后都归结为求上述形式的极限.

2.1.2 导数的定义

上面的例子虽然来自完全不同的实际问题，但解决的方法完全一样，都归结为计算同一类型的极限. 由于这种类型的极限表示了自然界中许多不同质的现象在量方面的共性，因此有必要把它从许多不同的具体问题中抽象出来加以研究. 于是引入导数的概念.

定义 2.1.1 设函数 $y = f(x)$ 在点 x_0 的某个邻域内有定义，当自变量 x 在 x_0 处取得增量 Δx（点 $x_0 + \Delta x$ 仍在邻域内）时，相应地，函数 y 取得增量 $\Delta y = f(x_0 + \Delta x) - f(x_0)$，若极限

$$\lim_{\Delta x \to 0} \frac{\Delta y}{\Delta x} = \lim_{\Delta x \to 0} \frac{f(x_0 + \Delta x) - f(x_0)}{\Delta x}$$

存在，则称函数 $y = f(x)$ 在 x_0 点可导，并称这个极限为函数 $y = f(x)$ 在 x_0 处的**导数**，记为 $y'|_{x=x_0}$，即

$$y'|_{x=x_0} = \lim_{\Delta x \to 0} \frac{\Delta y}{\Delta x} = \lim_{\Delta x \to 0} \frac{f(x_0 + \Delta x) - f(x_0)}{\Delta x} \tag{2.1}$$

也可记为 $y'(x_0)$，$f'(x_0)$，$\left.\dfrac{\mathrm{d}y}{\mathrm{d}x}\right|_{x=x_0}$ 等.

注意 （1）导数的定义式（2.1）也可根据需要，采用不同的形式，常见的有

$$f'(x_0) = \lim_{h \to 0} \frac{f(x_0 + h) - f(x_0)}{h} \tag{2.2}$$

和

$$f'(x_0) = \lim_{x \to x_0} \frac{f(x) - f(x_0)}{x - x_0} \tag{2.3}$$

（2）若（2.1）式的极限不存在，则称函数 $f(x)$ 在点 x_0 处不可导或导数不存在. 若（2.1）式的极限等于 ∞，则称函数 $f(x)$ 在点 x_0 处的导数为无穷大.

（3）由定义 2.1.1 可见，引例中的动点做变速直线运动的瞬时速度是路程对时间的导数 $s'(t_0)$，而质线在一点的线密度是质线段的质量对长度的导数 $m'(x_0)$.

与函数 $y=f(x)$ 在点 x_0 处的左、右极限的定义类似，我们可以定义 $y=f(x)$ 在点 x_0 处的左、右导数.

定义 2.1.2　若极限

$$\lim_{\Delta x \to 0^-} \frac{f(x_0+\Delta x)-f(x_0)}{\Delta x} \text{和} \lim_{\Delta x \to 0^+} \frac{f(x_0+\Delta x)-f(x_0)}{\Delta x}$$

都存在，则分别称它们为函数 $f(x)$ 在点 x_0 处的**左导数**和**右导数**，记为 $f'_-(x_0)$ 和 $f'_+(x_0)$. 左导数和右导数统称为**单侧导数**.

由左、右极限与极限的关系，可知函数 $f(x)$ 在点 x_0 处可导的充要条件是：

$$f'_-(x_0)=f'_+(x_0)$$

定义 2.1.3　若函数 $y=f(x)$ 在开区间 (a,b) 内每一点都可导，则称这个函数是 (a,b) 内的**可导函数**.

此时对区间 (a,b) 内的任意一点 x，都有导数值

$$f'(x)=\frac{\mathrm{d}y}{\mathrm{d}x}=\lim_{\Delta x \to 0}\frac{f(x+\Delta x)-f(x)}{\Delta x} \tag{2.4}$$

与之对应，由此确定的一个新函数 $f'(x)$ 称为函数 $f(x)$ 在区间 (a,b) 内的**导函数**，简称导数.

比较 (2.1) 式与 (2.4) 式可知，$f'(x_0)$ 是导数 $f'(x)$ 在点 x_0 处的函数值，即 $f'(x_0)=f'(x)\big|_{x=x_0}$.

定义 2.1.4　若函数 $y=f(x)$ 在开区间 (a,b) 内每一点都可导，且 $f'_+(a)$ 与 $f'_-(b)$ 都存在，则称 $f(x)$ 在闭区间 $[a,b]$ 上可导.

2.1.3　求导举例

下面根据导数的定义求一些简单函数的导数.

例 1　求函数 $f(x)=C$（C 为常数）的导数.

解　$f'(x)=\lim_{\Delta x \to 0}\frac{f(x+\Delta x)-f(x)}{\Delta x}=\lim_{\Delta x \to 0}\frac{C-C}{\Delta x}=0,$

即 $\qquad\qquad\qquad\qquad\qquad (C)'=0.$

也就是说常数的导数等于零.

例 2　求函数 $f(x)=x^n$（n 是整数）的导数.

解　$f'(x)=\lim_{X \to x}\frac{f(X)-f(x)}{X-x}=\lim_{X \to x}(X^{n-1}+xX^{n-2}+\cdots+x^{n-1})=nx^{n-1}$

例 3　求函数 $f(x)=x^\mu$（μ 是任意实数）的导数.

解　随着 μ 的取值的不同，x^μ 有不同的定义域，设 x 属于 x^μ 的定义域且 $x \neq 0$，因为

$$\frac{\Delta y}{\Delta x}=\frac{(x+\Delta x)^\mu-x^\mu}{\Delta x}=x^{\mu-1}\frac{\left(1+\dfrac{\Delta x}{x}\right)^\mu-1}{\dfrac{\Delta x}{x}},$$

令 $\left(1+\dfrac{\Delta x}{x}\right)^\mu-1=t$，则 $\mu\ln\left(1+\dfrac{\Delta x}{x}\right)=\ln(1+t)$，

所以

$$\frac{\Delta y}{\Delta x} = x^{\mu-1} \frac{t}{\frac{\Delta x}{x}} = \mu x^{\mu-1} \frac{t}{\ln(1+t)} \cdot \frac{\ln\left(1+\frac{\Delta x}{x}\right)}{\frac{\Delta x}{x}},$$

当 $\Delta x \to 0$ 时，$t \to 0$，上式中令 $\Delta x \to 0$，则有 $f'(x) = \lim\limits_{\Delta x \to 0} \frac{\Delta y}{\Delta x} = \mu x^{\mu-1}$，

即

$$(x^{\mu})' = \mu x^{\mu-1}.$$

当 $\mu \geqslant 1$ 时，x^{μ}，$x^{\mu-1}$ 在 0 点都有意义，上式也适用于 $x = 0$ 的情况.

例 4 求函数 $f(x) = \log_a x$ 的导数（$a > 0$ 且 $a \neq 1$）.

解 $f'(x) = \lim\limits_{\Delta x \to 0} \dfrac{\log_a(x+\Delta x) - \log_a x}{\Delta x} = \lim\limits_{\Delta x \to 0} \dfrac{1}{\Delta x} \log_a\left(1 + \dfrac{\Delta x}{x}\right)$

$= \lim\limits_{\Delta x \to 0} \dfrac{1}{x} \log_a\left(1 + \dfrac{\Delta x}{x}\right)^{\frac{x}{\Delta x}} = \dfrac{1}{x} \log_a e = \dfrac{1}{x} \dfrac{1}{\ln a}$.

特别地，当 $a = e$ 时 有

$$(\ln x)' = \frac{1}{x}.$$

例 5 求函数 $f(x) = a^x$（$a > 0$ 且 $a \neq 1$）的导数.

解 $f'(x) = \lim\limits_{\Delta x \to 0} \dfrac{f(x+\Delta x) - f(x)}{\Delta x} = \lim\limits_{\Delta x \to 0} \dfrac{a^{x+\Delta x} - a^x}{\Delta x} = \lim\limits_{\Delta x \to 0} a^x \cdot \dfrac{a^{\Delta x} - 1}{\Delta x} = a^x \ln a$.

特别地，当 $a = e$ 时有

$$(e^x)' = e^x.$$

例 6 求函数 $f(x) = \sin x$ 的导数.

解 $f'(x) = \lim\limits_{\Delta x \to 0} \dfrac{\sin(x+\Delta x) - \sin x}{\Delta x} = \lim\limits_{\Delta x \to 0} \dfrac{2\sin\dfrac{\Delta x}{2}\cos\left(x+\dfrac{\Delta x}{2}\right)}{\Delta x}$

$= \lim\limits_{\Delta x \to 0} \dfrac{\sin\dfrac{\Delta x}{2}}{\dfrac{\Delta x}{2}} \cdot \cos\left(x+\dfrac{\Delta x}{2}\right) = \cos x$

即

$$(\sin x)' = \cos x.$$

类似可求出

$$(\cos x)' = -\sin x.$$

上面例题中所得到的结果是解决初等函数求导问题的基础，而在例 3、例 4、例 5、例 6 中，极限 $\lim\limits_{x \to 0}(1+x)^{\frac{1}{x}} = e$ 与 $\lim\limits_{x \to 0} \dfrac{\sin x}{x} = 1$ 发挥着主要作用.

例 7 求出函数 $f(x) = |x|$ 在 $x = 0$ 处的导数.

解 $\lim\limits_{h \to 0} \dfrac{f(0+h) - f(0)}{h} = \lim\limits_{h \to 0} \dfrac{|h| - 0}{h} = \lim\limits_{h \to 0} \dfrac{|h|}{h}$

当 $h < 0$ 时，$\dfrac{|h|}{h} = -1$，故 $\lim\limits_{h \to 0^-} \dfrac{|h|}{h} = -1$；

当 $h>0$ 时，$\dfrac{|h|}{h}=1$，故 $\lim\limits_{h\to0^+}\dfrac{|h|}{h}=1$.

从而

$$\lim_{h\to0}\frac{f(0+h)-f(0)}{h}\text{不存在，}$$

即 $f(x)=|x|$ 在 $x=0$ 处不可导.

例 8　已知 $\varphi(x)=\begin{cases}\ln x, & 0<x\le1,\\ x^2+ax+b, & x>1\end{cases}$，在 $x=1$ 处连续且可导，求出 a,b，并求 $\varphi'(x)$.

解　因为 $\varphi(x)$ 在 $x=1$ 处连续，所以有

$$\varphi(1+0)=\varphi(1-0)=\varphi(1)$$

即

$$1+a+b=0 \tag{2.5}$$

又因为 $\varphi(x)$ 在 $x=1$ 处可导，所以有

$$\varphi'_+(1)=\varphi'_-(1)$$

即

$$\lim_{x\to1^+}\frac{x^2+ax+b}{x-1}=\lim_{x\to1^-}\frac{\ln x}{x-1}$$

而

$$\lim_{x\to1^+}\frac{x^2+ax+b}{x-1}=\lim_{x\to1^+}\frac{x^2-1+a(x-1)+1+a+b}{x-1}=\lim_{x\to1^+}\left(x+1+a+\frac{1+a+b}{x-1}\right)=2+a$$

$$\lim_{x\to1^-}\frac{\ln x}{x-1}=\lim_{x\to1^-}\frac{\ln[(x-1)+1]}{x-1}=1$$

整理有

$$2+a=1 \tag{2.6}$$

由 (2.5) 式和 (2.6) 式可得 $a=-1$，$b=0$.

并且

$$\varphi'(x)=\begin{cases}\dfrac{1}{x}, & 0<x\le1\\[2mm] 2x-1, & x>1\end{cases}$$

其中 $(x^2-x)'=2x-1$ 可以由导数定义求出.

2.1.4　导数的几何意义

设曲线为 $y=f(x)$，M_0 是曲线上一定点，在其上任取一点 $M(x,f(x))$，则割线 M_0M 的斜率为 $\dfrac{f(x)-f(x_0)}{x-x_0}$. 设 $f(x)$ 在 x_0 处可导，则当 $x\to x_0$ 时，$M\to M_0$，割线 M_0M 的斜率趋于 $f'(x_0)$，从而它有一个极限位置 M_0T（见图 2.3）. 现将 M_0T 称为曲线 $y=f(x)$ 在 M_0 点的**切线**.

由上述我们可以知道：当 $y=f(x)$ 在 x_0 处可导时，$f'(x_0)$ 在几何上表示曲线 $y=f(x)$ 在点 $M_0(x_0,f(x_0))$ 处的切线的斜率，即

$$f'(x_0)=\tan\theta$$

其中 θ 是切线的倾角.

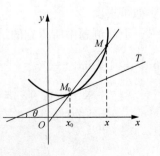

图 2.3

根据导数的几何意义并应用直线的点斜式方程，可知曲线 $y=f(x)$ 在点 $M_0(x_0,y_0)$ 处的切线方程为

$$y-y_0=f'(x_0)(x-x_0)$$

过切点 $M_0(x_0,y_0)$ 且与切线垂直的直线叫作曲线 $y=f(x)$ 在点 M_0 处的**法线**. 如果 $f'(x_0)\neq 0$，法线的斜率为 $-\dfrac{1}{f'(x_0)}$，从而法线的方程为

$$y-y_0=-\frac{1}{f'(x_0)}(x-x_0)$$

例 9 求双曲线 $y=\dfrac{1}{x}$ 在点 $\left(\dfrac{1}{2},2\right)$ 处的切线的斜率，并写出该点处的切线方程和法线方程.

解 由导数的几何意义知，所求切线的斜率为

$$k_1=y'\Big|_{x=\frac{1}{2}}=-\frac{1}{x^2}\Big|_{x=\frac{1}{2}}=-4$$

从而所求的切线方程为

$$y-2=-4\left(x-\frac{1}{2}\right)$$

即

$$4x+y-4=0$$

所求法线的斜率为

$$k_2=-\frac{1}{k_1}=\frac{1}{4}$$

于是所求法线的方程为

$$y-2=\frac{1}{4}\left(x-\frac{1}{2}\right)$$

即

$$2x-8y+15=0$$

例 10 曲线 $y=\log_a x\,(a>1)$ 在 $M(x,\ \log_a x)$ 处的切线和法线分别交于 y 轴上的 A 点与 B 点（见图 2.4）且 $MA=MB$，求点 M 的坐标.

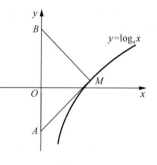

解 由于 $y'=\dfrac{1}{x}\dfrac{1}{\ln a}$，所以过 M 点的切线和法线方程分别为

$$Y=\log_a x+\frac{1}{x\ln a}(X-x),\quad Y=\log_a x-x\ln a(X-x).$$

易知，$A\left(0,\log_a x-\dfrac{1}{\ln a}\right)$，$B(0,\log_a x+x^2\ln a)$，因为 $MA=MB$，所以 M 点的纵坐标是 A，B 两点纵坐标的平均值，即

$$\log_a x=\frac{1}{2}\left(2\log_a x-\frac{1}{\ln a}+x^2\ln a\right),$$

整理有

$$x^2=\frac{1}{\ln^2 a},$$

图 2.4

因 $a>1$，所以 $x=\dfrac{1}{\ln a}$，

从而

$$y=\log_a x=\log_a\left(\dfrac{1}{\ln a}\right)=\dfrac{-\ln\ln a}{\ln a},$$

即点 M 的坐标为 $\left(\dfrac{1}{\ln a},\dfrac{-\ln\ln a}{\ln a}\right)$.

2.1.5 函数的可导性与连续性的关系

定理 2.1.1 若函数 $y=f(x)$ 在点 x_0 处可导，则 $f(x)$ 在 x_0 处必连续.

证明 由于

$$\lim_{x\to x_0}f(x)=\lim_{x\to x_0}\left[f(x_0)+\dfrac{f(x)-f(x_0)}{x-x_0}(x-x_0)\right]=f(x_0)+f'(x_0)\cdot 0=f(x_0),$$

故 $f(x)$ 在 x_0 处连续.

注意 一个函数在某点连续却不一定在该点可导.

例 11 函数 $f(x)=\sqrt[3]{x}$ 在 $(-\infty,+\infty)$ 上连续，但在 $x=0$ 处不可导. 因为在点 $x=0$ 处有

$$\lim_{x\to 0}\dfrac{f(x)-f(0)}{x-0}=\lim_{x\to 0}\dfrac{x^{\frac{1}{3}}}{x}=\lim_{x\to 0}\dfrac{1}{x^{\frac{2}{3}}}=+\infty$$

即导数为无穷大. 这事实在图形中表现为曲线 $y=\sqrt[3]{x}$ 在原点 O 处具有垂直于 x 轴的切线 $x=0$(见图 2.5).

例 12 函数 $y=|x|$ 在 $(-\infty,+\infty)$ 内连续，但由例 7 可见，这个函数在 $x=0$ 处不可导. 曲线 $y=|x|$ 在原点 O 处没有切线(见图 2.6).

由以上讨论可知，**函数在某点连续是函数在该点可导的必要条件，但不是充分条件**.

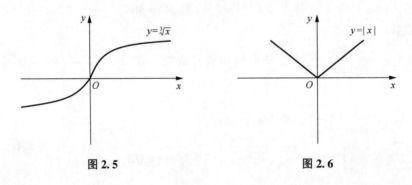

图 2.5　　　　　　　　　　　　图 2.6

习题 2.1

1. 设 $f(x)=ax^2+bx+c$（a,b,c 都为常数），求 $f'(x)$.

2. 设 $f(x)=x(x-1)(x-2)\cdots(x-10)$，求 $f'(9)$.

3. 证明 $(\cos x)'=-\sin x$.

4. 已知 $f(x)$ 在 x_0 处可导，指出 A 表示什么：

$(1)\displaystyle\lim_{\Delta x\to 0}\frac{f(x_0-\Delta x)-f(x_0)}{\Delta x}=A$；　　　　$(2)\displaystyle\lim_{h\to 0}\frac{f(x_0+ah)-f(x_0-bh)}{h}=A$；

$(3)\displaystyle\lim_{x\to 0}\frac{f(x)}{x}=A$，其中 $f(0)=0$，且 $f'(0)$ 存在.

5. 如果 $f(x)$ 为偶函数，且 $f'(0)$ 存在，证明 $f'(0)=0$.

6. 求下列函数的导数：

$(1)y=\sqrt[3]{x^2}$；　　$(2)y=\dfrac{1}{x^2}$；　　　　$(3)y=x^3\cdot\sqrt[5]{x}$；　　　　$(4)y=\dfrac{x^2\cdot\sqrt[3]{x^2}}{\sqrt{x^5}}$.

7. 求曲线 $y=\cos x$ 上点 $\left(\dfrac{\pi}{3},\dfrac{1}{2}\right)$ 处的切线方程与法线方程.

8. 在抛物线 $y=x^2$ 上取横坐标为 $x_1=1$，$x_2=3$ 的两点，问：抛物线上哪一点的切线平行于过这两点所引的割线？

9. 讨论下列函数在 $x=0$ 处的连续性与可导性：

$(1)y=|\sin x|$；　　　$(2)y=\begin{cases}x\sin\dfrac{1}{x}, & x\neq 0,\\[2mm] 0, & x=0;\end{cases}$　　　$(3)y=\begin{cases}x, & x<0,\\ \ln(1+x), & x\geqslant 0.\end{cases}$

10. 设 $f(x)=\begin{cases}x^2, & x\leqslant 1,\\ ax+b, & x>1,\end{cases}$ 问：当 a,b 为何值时，$f(x)$ 在点 $x=1$ 处连续且可导？

11. 已知 $f(x)=\begin{cases}x^2, & x\geqslant 0,\\ -x, & x<0,\end{cases}$ 求 $f'_+(0)$ 及 $f'_-(0)$，问：$f'(0)$ 是否存在？

12. 已知 $f(x)=\begin{cases}\sin x, & x<0,\\ x, & x\geqslant 0,\end{cases}$ 求 $f'(x)$.

13. 写出双曲线 $xy=1$ 上任一点处的切线方程，证明切线夹在两坐标轴之间的线段总是被切点平分，并证明切线与两坐标轴围成的三角形的面积与切点无关.

2.2　求导法则

上一节我们利用定义求出了一些简单函数的导数. 但是，对于比较复杂的函数来说，直接利用定义来求它们的导数是相当困难的，甚至是不可能的，因此必须建立一些导数的基本运算法则和基本公式，借助它们就能方便地求出常见的初等函数的导数.

2.2.1　函数的和、差、积、商求导法则

定理 2.2.1　设 $u(x)$，$v(x)$ 在点 x 处可导，则 $u(x)\pm v(x)$，$u(x)v(x)$，$\dfrac{u(x)}{v(x)}$ 都在该

点可导(对于商的情形要求 $v(x)\neq0$)，且

（1）
$$[u(x)\pm v(x)]'=u'(x)\pm v'(x) \tag{2.7}$$

（2）
$$[u(x)v(x)]'=u'(x)v(x)+u(x)v'(x) \tag{2.8}$$

（3）
$$\left[\frac{u(x)}{v(x)}\right]'=\frac{u'(x)v(x)-u(x)v'(x)}{[v(x)]^2} \tag{2.9}$$

证明

（1）因为

$$\lim_{X\to x}\frac{u(X)\pm v(X)-[u(x)\pm v(x)]}{X-x}=\lim_{X\to x}\frac{u(X)-u(x)}{X-x}\pm\lim_{X\to x}\frac{v(X)-v(x)}{X-x}=u'(x)\pm v'(x),$$

所以 $u(x)\pm v(x)$ 在点 x 处可导且公式(2.7)成立.

（2）因为

$$\lim_{X\to x}\frac{u(X)v(X)-u(x)v(x)}{X-x}=\lim_{X\to x}\frac{u(X)v(X)-u(x)v(X)+u(x)v(X)-u(x)v(x)}{X-x}$$

$$=\lim_{X\to x}\frac{[u(X)-u(x)]v(X)}{X-x}+\lim_{X\to x}\frac{u(x)[v(X)-v(x)]}{X-x}$$

$$=u'(x)v(x)+u(x)v'(x),$$

这里用到函数在 x 点可导必在该点连续的结论，所以 $u(x)v(x)$ 在 x 处可导且公式(2.8)成立.

（3）因为

$$\lim_{X\to x}\frac{1}{X-x}\left[\frac{u(X)}{v(X)}-\frac{u(x)}{v(x)}\right]=\lim_{X\to x}\frac{1}{X-x}\left[\frac{u(X)v(x)-u(x)v(X)}{v(X)v(x)}\right]$$

$$=\lim_{X\to x}\frac{1}{X-x}\left[\frac{u(X)v(x)-u(x)v(x)+u(x)v(x)-u(x)v(X)}{v(X)v(x)}\right]$$

$$=\lim_{X\to x}\frac{1}{v(X)v(x)}\left[\frac{u(X)-u(x)}{X-x}v(x)-u(x)\frac{v(X)-v(x)}{X-x}\right],$$

注意到 $v(x)$ 在 x 点连续又 $v(x)\neq0$，从而对 x 的充分小的邻域内的 X，$v(X)\neq0$，从而上式等于

$$\frac{u'(x)v(x)-u(x)v'(x)}{v^2(x)},$$

即 $\dfrac{u(x)}{v(x)}$ 在点 x 处可导且公式(2.9)成立.

注意　（1）上面的公式(2.7)和公式(2.8)可推广到多个函数的情形：如 $u=u(x)$，$v=v(x)$，$w=w(x)$ 均在点 x 处可导，则有

$$(u+v+w)'=u'+v'+w',$$

$$(uvw)'=u'vw+uv'w+uvw'.$$

（2）在公式(2.8)中如果取 $v(x)=C$(常数)，则有

$$[Cu(x)]'=Cu'(x),$$

即　常数因子可提到求导符号外面来.

例 1　$y=2x^3-5x^2+3x-7$，求 y'.

解　$y'=(2x^3-5x^2+3x-7)'$

$$= (2x^3)' - (5x^2)' + (3x)' - (7)'$$
$$= 2 \times 3x^2 - 5 \times 2x + 3 - 0$$
$$= 6x^2 - 10x + 3.$$

例2 $y = e^x(\sin x + \cos x)$，求 y' 及 $y'(0)$.

解 $y' = (e^x)'(\sin x + \cos x) + e^x(\sin x + \cos x)'$
$$= e^x(\sin x + \cos x) + e^x(\cos x - \sin x)$$
$$= 2e^x \cos x,$$
$$y'(0) = 2.$$

例3 分别求出 $\tan x$, $\cot x$, $\sec x$, $\csc x$ 的导数.

解 $(\tan x)' = \left(\dfrac{\sin x}{\cos x}\right)' = \dfrac{(\sin x)' \cos x - \sin x (\cos x)'}{\cos^2 x} = \dfrac{\cos^2 x + \sin^2 x}{\cos^2 x} = \dfrac{1}{\cos^2 x} = \sec^2 x.$

类似可得 $(\cot x)' = -\dfrac{1}{\sin^2 x} = -\csc^2 x.$

而 $(\sec x)' = \left(\dfrac{1}{\cos x}\right)' = \dfrac{-(\cos x)'}{\cos^2 x} = \dfrac{\sin x}{\cos^2 x} = \tan x \sec x,$

类似可得 $(\csc x)' = -\cot x \csc x.$

例4 设 $f(x) = \dfrac{x - \dfrac{2}{x} + x\sqrt{x}}{\sqrt[3]{x^2}}$，求 $f'(x)$.

解 在 $f(x)$ 的表达式中加、减、乘、除运算都有，将它首先视为商，按商的法则作为求导的第一步，这个思路是可用的. 但若将 $f(x)$ 变形为

$$f(x) = x^{\frac{1}{3}} - 2x^{\frac{-5}{3}} + x^{\frac{5}{6}},$$

则求导更简单些，

$$f'(x) = \frac{1}{3}x^{-\frac{2}{3}} + \frac{10}{3}x^{-\frac{8}{3}} + \frac{5}{6}x^{-\frac{1}{6}}.$$

此例说明在用求导法则求函数的导数之前首先要考虑一下函数是否可以通过恒等变形进行化简，在很多问题中恒等变形是有益的.

2.2.2 反函数的求导法则

定理 2.2.2 设函数 $y = f(x)$ 在某一区间内单调、可导，且 $f'(x) \neq 0$，则其反函数 $x = g(y)$ 在对应的区间内也可导，且

$$g'(y) = \frac{1}{f'(x)} \text{ 或 } \frac{dx}{dy} = \frac{1}{\dfrac{dy}{dx}}$$

即反函数的导数等于原来函数导数的倒数.

证明 设 $y = f(x)$ 是单调连续函数，则其反函数 $x = g(y)$ 也是单调连续函数. 因此，若令

$$\Delta x = g(y + \Delta y) - g(y),$$

则当 $\Delta y \to 0$ 时，$\Delta x \to 0$，当 $\Delta y \neq 0$ 时，$\Delta x \neq 0$，于是

$$\frac{\Delta x}{\Delta y} = \frac{1}{\dfrac{\Delta y}{\Delta x}},$$

两边取极限有

$$g'(y) = \frac{\mathrm{d}x}{\mathrm{d}y} = \lim_{\Delta y \to 0} \frac{\Delta x}{\Delta y} = \lim_{\Delta x \to 0} \frac{1}{\dfrac{\Delta y}{\Delta x}}.$$

由于 $f'(x) \neq 0$，故由商的极限法则可知，反函数 $g(y)$ 是可导的且有

$$g'(y) = \frac{1}{\lim\limits_{\Delta x \to 0} \dfrac{\Delta y}{\Delta x}} = \frac{1}{f'(x)}.$$

例 5 证明

$$(\arcsin x)' = \frac{1}{\sqrt{1-x^2}}, \ x \in (-1,1)$$

$$(\arccos x)' = \frac{-1}{\sqrt{1-x^2}}, \ x \in (-1,1)$$

$$(\arctan x)' = \frac{1}{1+x^2}, \ x \in (-\infty, +\infty)$$

$$(\operatorname{arccot} x)' = \frac{-1}{1+x^2}, \ x \in (-\infty, +\infty)$$

证明 因为 $y = \arcsin x$ 是 $x = \sin y$ 的反函数，$x = \sin y$ 在区间 $\left(-\dfrac{\pi}{2}, \dfrac{\pi}{2}\right)$ 内是单调递增函数且可导，并有 $(\sin y)' = \cos y > 0$，于是在对应区间 $-1 < x < 1$ 内，有

$$(\arcsin x)' = \frac{1}{(\sin y)'} = \frac{1}{\cos y} = \frac{1}{\sqrt{1-\sin^2 y}} = \frac{1}{\sqrt{1-x^2}}.$$

类似可证

$$(\arccos x)' = \frac{-1}{\sqrt{1-x^2}}, \ x \in (-1,1).$$

又因为函数 $y = \arctan x$ 是函数 $x = \tan y$ 的反函数，$x = \tan y$ 在区间 $\left(-\dfrac{\pi}{2}, \dfrac{\pi}{2}\right)$ 内是单调递增函数且可导，且 $(\tan y)' = \sec^2 y \neq 0$，于是在对应区间 $-\infty < x < +\infty$ 内，有

$$(\arctan x)' = \frac{1}{(\tan y)'} = \frac{1}{\sec^2 y} = \frac{1}{1+\tan^2 y} = \frac{1}{1+x^2}$$

类似可证

$$(\operatorname{arccot} x)' = -\frac{1}{1+x^2}, \ x \in (-\infty, +\infty).$$

2.2.3 复合函数的求导法则

到目前为止，由导数的定义、导数的四则运算法则及反函数的求导法则，我们已经求出了所有基本初等函数的导数. 为了能够求出所有初等函数的导数，我们需要介绍下面的复合函数求导法则.

定理 2.2.3 函数 $u=\varphi(x)$ 在点 x 处可导，而 $y=f(u)$ 在与 x 相应的点 u 处可导，则复合函数 $y=f[\varphi(x)]$ 在点 x 处可导且

$$\{f[\varphi(x)]\}'=f'(u)\varphi'(x)=f'[\varphi(x)]\varphi'(x) \tag{2.10}$$

或写为

$$\frac{\mathrm{d}y}{\mathrm{d}x}=\frac{\mathrm{d}y}{\mathrm{d}u}\cdot\frac{\mathrm{d}u}{\mathrm{d}x}$$

证明 假定 $\varphi'(x)\neq0$，于是对于 x 的充分小的邻域中异于 x 的 X，有 $\dfrac{\varphi(X)-\varphi(x)}{X-x}\neq0$，也即 $\varphi(X)\neq\varphi(x)$，考察

$$\frac{f[\varphi(X)]-f[\varphi(x)]}{X-x}=\frac{f[\varphi(X)]-f[\varphi(x)]}{\varphi(X)-\varphi(x)}\cdot\frac{\varphi(X)-\varphi(x)}{X-x}$$

$$=\frac{f(U)-f(u)}{U-u}\cdot\frac{\varphi(X)-\varphi(x)}{X-x}$$

令 $X\to x$，则 $U\to u$，根据定理的条件可知，右边趋于 $f'(u)\varphi'(x)$，也即 $f'[\varphi(x)]\varphi'(x)$，所以 $y=f[\varphi(x)]$ 在点 x 处可导且公式 (2.10) 成立.

注意 (1) 此定理是在 $\varphi'(x)\neq0$ 的假定下证明的，没有这一假定定理依旧成立.

(2) 公式 (2.10) 中 $(f[\varphi(x)])'$ 与 $f'[\varphi(x)]$ 有根本的区别. 前者是复合函数 $f[\varphi(\cdot)]$ 对它的变量在 x 处求导，后者是函数 $f(\cdot)$ 对它的变量在与 x 相应的点 $u=\varphi(x)$ 处求导.

(3) 公式 (2.10) 可以推广到任意有限次复合的情形，如 $y=f(u)$，$u=\varphi(v)$，$v=\psi(x)$，则复合函数 $y=f\{\varphi[\psi(x)]\}$ 的导数为

$$(f\{\varphi[\psi(x)]\})'=f'\{\varphi[\psi(x)]\}\varphi'[\psi(x)]\psi'(x).$$

或简写为

$$\frac{\mathrm{d}y}{\mathrm{d}x}=\frac{\mathrm{d}y}{\mathrm{d}u}\cdot\frac{\mathrm{d}u}{\mathrm{d}v}\cdot\frac{\mathrm{d}v}{\mathrm{d}x}.$$

当然，这里假定上式右端所出现的导数在相应点处都是存在的.

例 6 设 $y=\sin\dfrac{2x}{1+x^2}$，求 $\dfrac{\mathrm{d}y}{\mathrm{d}x}$.

解 函数 $y=\sin\dfrac{2x}{1+x^2}$ 是由 $y=\sin u$，$u=\dfrac{2x}{1+x^2}$ 复合而成，故

$$\frac{\mathrm{d}y}{\mathrm{d}x}=\frac{\mathrm{d}y}{\mathrm{d}u}\cdot\frac{\mathrm{d}u}{\mathrm{d}x}=\cos u\cdot\frac{2(1+x^2)-2x\cdot2x}{(1+x^2)^2}=\cos u\cdot\frac{2(1-x^2)}{(1+x^2)^2}=\frac{2(1-x^2)}{(1+x^2)^2}\cdot\cos\frac{2x}{1+x^2}.$$

例 7 设 $y=\tan^3(\ln x)$，求 $\dfrac{\mathrm{d}y}{\mathrm{d}x}$.

解 函数 $y=\tan^3(\ln x)$ 是由 $y=u^3$，$u=\tan v$，$v=\ln x$ 复合而成，故

$$\frac{\mathrm{d}y}{\mathrm{d}x}=\frac{\mathrm{d}y}{\mathrm{d}u}\cdot\frac{\mathrm{d}u}{\mathrm{d}v}\cdot\frac{\mathrm{d}v}{\mathrm{d}x}=3u^2\cdot\sec^2 v\cdot\frac{1}{x}=3\tan^2(\ln x)\cdot\sec^2(\ln x)\cdot\frac{1}{x}.$$

应用复合函数求导法则时，关键是能将所给函数熟练地拆分为若干个已知导数的简单函数的复合，一旦掌握了这一点，就可省去中间变量而直接写出求导的结果.

例 8 $y=\mathrm{e}^{\sin\frac{1}{x}}$，求 y'.

解 $y'=(\mathrm{e}^{\sin\frac{1}{x}})'=\mathrm{e}^{\sin\frac{1}{x}}\left(\sin\dfrac{1}{x}\right)'=\mathrm{e}^{\sin\frac{1}{x}}\cdot\cos\dfrac{1}{x}\cdot\left(\dfrac{1}{x}\right)'=-\dfrac{1}{x^2}\mathrm{e}^{\sin\frac{1}{x}}\cos\dfrac{1}{x}.$

例 9　证明 $(\ln|x|)' = \dfrac{1}{x}$.

证明　当 $x>0$ 时, $\ln|x| = \ln x$, $(\ln x)' = \dfrac{1}{x}$,

当 $x<0$ 时, $\ln|x| = \ln(-x)$ 是个复合函数, 故有 $(\ln|x|)' = [\ln(-x)]' = \dfrac{1}{-x}(-1) = \dfrac{1}{x}$,

从而结论成立.

例 10　设 $y = \ln(x+\sqrt{x^2 \pm a^2})$, 求 $\dfrac{dy}{dx}$.

解　$\dfrac{dy}{dx} = [\ln(x+\sqrt{x^2 \pm a^2})]' = \dfrac{1}{x+\sqrt{x^2 \pm a^2}} \cdot (x+\sqrt{x^2 \pm a^2})'$

$$= \dfrac{1}{x+\sqrt{x^2 \pm a^2}}\left(1+\dfrac{x}{\sqrt{x^2 \pm a^2}}\right) = \dfrac{1}{\sqrt{x^2 \pm a^2}}.$$

2.2.4　基本求导法则与导数公式

初等函数是由常数和基本初等函数经过有限次四则运算和有限次的函数复合步骤所构成并可用一个式子表示的函数. 前面我们已经求出了常数和全部基本初等函数的导数, 并且推出了函数的和、差、积、商的求导法则以及复合函数的求导法则, 所以到目前为止, 我们可以求出所有初等函数的导数. 而在这求导过程中起着重要的作用的是基本初等函数的求导公式和上述求导法则, 我们必须熟练地掌握它们. 为了便于查阅, 现在把这些导数公式和求导法则归纳如下:

1. 常数和基本初等函数的求导公式

(1) $(C)' = 0$;

(2) $(x^\mu)' = \mu x^{\mu-1}$;

(3) $(\sin x)' = \cos x$;

(4) $(\cos x)' = -\sin x$;

(5) $(\tan x)' = \sec^2 x$;

(6) $(\cot x)' = -\csc^2 x$;

(7) $(\arcsin x)' = \dfrac{1}{\sqrt{1-x^2}}$;

(8) $(\arccos x) = -\dfrac{1}{\sqrt{1-x^2}}$;

(9) $(\arctan x)' = \dfrac{1}{1+x^2}$;

(10) $(\operatorname{arccot} x)' = -\dfrac{1}{1+x^2}$;

(11) $(\log_a x)' = \dfrac{1}{x\ln a}\,(a>0$ 且 $a\neq 1)$;

(12) $(\ln x)' = \dfrac{1}{x}$;

(13) $(a^x)' = a^x \ln a\,(a>0$ 且 $a\neq 1)$;

(14) $(e^x)' = e^x$;

(15) $(\sec x)' = \sec x \tan x$;

(16) $(\csc x)' = -\csc x \cot x$.

2. 导数运算的基本法则

(1) $[Cu(x)]' = Cu'(x)$;

(2) $[u(x)\pm v(x)]' = u'(x)\pm v'(x)$;

(3) $[u(x)v(x)]' = u'(x)v(x)+u(x)v'(x)$;

(4) $\left[\dfrac{u(x)}{v(x)}\right]' = \dfrac{u'(x)v(x)-v'(x)u(x)}{v^2(x)}$, $v(x)\neq 0$;

$(5)\left[f^{-1}(x)\right]'=\dfrac{1}{f'(y)}$ 或 $\dfrac{\mathrm{d}y}{\mathrm{d}x}=\dfrac{1}{\dfrac{\mathrm{d}x}{\mathrm{d}y}}$;

$(6)\left\{f\left[\varphi(x)\right]\right\}'=f'\left[\varphi(x)\right]\varphi'(x)$.

下面再举几个综合应用这些法则和导数公式的例子.

例 11　求 $y=x^{\sec x}(x>0)$ 的导数.

解　形如 $y=f(x)^{g(x)}(f(x)>0)$ 的函数称为**幂指函数**，它可以变形为复合函数
$$y=\mathrm{e}^{g(x)\ln f(x)},$$

于是　$y'=(\mathrm{e}^{\sec x\ln x})'=\mathrm{e}^{\sec x\ln x}\left[(\sec x)'\ln x+\sec x(\ln x)'\right]=x^{\sec x}\left[\sec x\cdot\tan x\cdot\ln x+\dfrac{\sec x}{x}\right]$.

例 12　证明 $(\mathrm{sh}x)'=\mathrm{ch}x$，$(\mathrm{ch}x)'=\mathrm{sh}x$，$(\mathrm{th}x)'=\dfrac{1}{\mathrm{ch}^2x}$.

证明　$(\mathrm{sh}x)'=\left(\dfrac{\mathrm{e}^x-\mathrm{e}^{-x}}{2}\right)'=\dfrac{1}{2}(\mathrm{e}^x+\mathrm{e}^{-x})=\mathrm{ch}x$,

$(\mathrm{ch}x)'=\left(\dfrac{\mathrm{e}^x+\mathrm{e}^{-x}}{2}\right)'=\dfrac{1}{2}(\mathrm{e}^x-\mathrm{e}^{-x})=\mathrm{sh}x$,

$(\mathrm{th}x)'=\left(\dfrac{\mathrm{sh}x}{\mathrm{ch}x}\right)'=\dfrac{(\mathrm{sh}x)'\mathrm{ch}x-\mathrm{sh}x(\mathrm{ch}x)'}{\mathrm{ch}^2x}=\dfrac{\mathrm{ch}^2x-\mathrm{sh}^2x}{\mathrm{ch}^2x}=\dfrac{1}{\mathrm{ch}^2x}$.

由例 10 也可得到反双曲函数的导数公式：
$$(\mathrm{arsh}x)'=\left[\ln(x+\sqrt{x^2+1})\right]'=\dfrac{1}{\sqrt{x^2+1}}$$
$$(\mathrm{arch}x)'=\left[\ln(x+\sqrt{x^2-1})\right]'=\dfrac{1}{\sqrt{x^2-1}}$$

例 13　设 $f(x)$ 可导，求 $y=f(\ln x)\arctan\dfrac{1}{f(x)}$ 的导数.

解　$y'=\left[f(\ln x)\right]'\arctan\dfrac{1}{f(x)}+f(\ln x)\left[\arctan\dfrac{1}{f(x)}\right]'$

$=f'(\ln x)\cdot\dfrac{1}{x}\cdot\arctan\dfrac{1}{f(x)}+f(\ln x)\cdot\dfrac{1}{1+\dfrac{1}{f^2(x)}}\cdot\left[\dfrac{1}{f(x)}\right]'$

$=f'(\ln x)\cdot\dfrac{1}{x}\cdot\arctan\dfrac{1}{f(x)}+f(\ln x)\cdot\dfrac{1}{1+\dfrac{1}{f^2(x)}}\cdot\left[-\dfrac{1}{f^2(x)}\right]\cdot f'(x)$

$=f'(\ln x)\dfrac{1}{x}\arctan\dfrac{1}{f(x)}-\dfrac{f(\ln x)\cdot f'(x)}{1+f^2(x)}$.

习题 2.2

1. 求下列函数的导数：

$(1)\ y=x^5+\dfrac{6}{\sqrt[3]{x}}-\dfrac{2}{x}$;
　　　　　　$(2)\ y=5x^3-2^x+3\mathrm{e}^x$;
　　　　　　$(3)\ y=2\tan x+\sec x-1$;

（4）$y = \sin x \cos^2 x$ ；　　　　　（5）$y = x^2 \ln x$ ；　　　　　（6）$y = 3\mathrm{e}^x \cos x$ ；

（7）$y = \sin x \tan x + \cot x$ ；　　（8）$y = \dfrac{\ln x}{x^\alpha}$ ；　　　　（9）$y = \dfrac{1 - \ln x}{1 + \ln x}$ ；

（10）$y = \dfrac{1 + \sin x}{1 + \cos x}$ ；　　　（11）$y = \dfrac{x + \arcsin x}{\sin x}$ ；　　（12）$y = \dfrac{t^3 \arctan t}{\mathrm{e}^t}$.

2. 求曲线 $y = 2\sin x + x^2$ 上横坐标为 $x = 0$ 的点处的切线方程和法线方程.

3. 抛物线 $y = x^2$ 上哪一点的切线和直线 $3x - y + 1 = 0$ 交成 $45°$ 角？

4. 求下列函数的导数：

（1）$y = \cos(4 - 3x)$ ；　　　　（2）$y = \mathrm{e}^{-3x^2}$ ；　　　　（3）$y = \arctan \mathrm{e}^x$ ；

（4）$y = \arcsin \sqrt{x}$ ；　　　　（5）$y = \ln(\cos x)$ ；　　　（6）$y = \ln(\sec x + \tan x)$ ；

（7）$y = \mathrm{e}^{-\frac{x}{2}} \cos 3x$ ；　　　（8）$y = \dfrac{\sin 2x}{x}$ ；　　　　（9）$y = a^x \mathrm{e}^{\sin \tan x}$ ；

（10）$y = \dfrac{\sqrt{1+x} - \sqrt{1-x}}{\sqrt{1+x} + \sqrt{1-x}}$ ；　（11）$\ln \ln \ln x$ ；　　　（12）$y = x \arcsin \dfrac{x}{2} + \sqrt{4 - x^2}$ ；

（13）$y = \dfrac{\arcsin x}{\sqrt{x + x^2}} + \ln \sqrt{\dfrac{1-x}{1+x}}$ ；　　（14）$y = \ln \cos \arctan \dfrac{\mathrm{e}^x - \mathrm{e}^{-x}}{2}$.

5. $f(x)$ 可导且满足 $af(x) + bf\left(\dfrac{1}{x}\right) = \dfrac{c}{x}$ ，$|a| \neq |b|$ ，求 $f'(x)$.

2.3　高阶导数

我们知道，变速直线运动的速度 $v(t)$ 是位置函数 $s(t)$ 对时间 t 的导数，即

$$v(t) = \frac{\mathrm{d}s(t)}{\mathrm{d}t} \text{或} v(t) = s'(t)$$

而加速度 $a(t)$ 又是速度 $v(t)$ 对时间 t 的变化率，即速度 $v(t)$ 对时间 t 的导数：

$$a(t) = \frac{\mathrm{d}v(t)}{\mathrm{d}t} = \frac{\mathrm{d}}{\mathrm{d}t}\left(\frac{\mathrm{d}s}{\mathrm{d}t}\right) \text{或} a(t) = [s'(t)]'$$

这种导数的导数 $\dfrac{\mathrm{d}}{\mathrm{d}t}\left(\dfrac{\mathrm{d}s}{\mathrm{d}t}\right)$ 或 $[s'(t)]'$ 叫作 $s(t)$ 对时间 t 的二阶导数，记作

$$\frac{\mathrm{d}^2 s}{\mathrm{d}t^2} \text{或} s''(t)$$

所以直线运动的加速度就是位置函数 $s(t)$ 对时间 t 的二阶导数.

一般地，设函数 $y = f(x)$ 在区间 $[a, b]$ 上可导，它的导数 $y' = f'(x)$ 仍然是 x 的函数. 我们把 $y' = f'(x)$ 的导数叫作函数 $y = f(x)$ 的**二阶导数**，记作 y'' 或 $f''(x)$ 或 $\dfrac{\mathrm{d}^2 y}{\mathrm{d}x^2}$ ，即

$$y'' = (y')' \text{ 或 } f''(x) = [f'(x)]' \text{ 或 } \frac{\mathrm{d}^2 y}{\mathrm{d}x^2} = \frac{\mathrm{d}}{\mathrm{d}x}\left(\frac{\mathrm{d}y}{\mathrm{d}x}\right)$$

按定义，就有

$$f''(x) = \lim_{\Delta x \to 0} \frac{f'(x+\Delta x) - f'(x)}{\Delta x}$$

类似地，可以定义**三阶导数**，**四阶导数**，…，一般地，$(n-1)$ 阶导数的导数叫作 n **阶导数**，分别记作

$$y''', \ y^{(4)}, \ \cdots, \ y^{(n)} \text{ 或 } f'''(x), \ f^{(4)}(x), \ \cdots, \ f^{(n)}(x) \text{ 或 } \frac{d^3 y}{dx^3}, \frac{d^4 y}{dx^4}, \ \cdots, \ \frac{d^n y}{dx^n}.$$

二阶和二阶以上的导数统称为**高阶导数**，而称 $y' = f'(x)$ 为一阶导数. 有时为方便起见，也记 $f(x)$ 为 $f^{(0)}(x)$.

函数 $f(x)$ 在点 x 处具有 n 阶导数，也常说成 $f(x)$ 在点 x 处 **n 阶可导**. $f(x)$ 在点 x 处 n 阶可导蕴含着 $f(x)$ 在 x 的某邻域内必定具有一切低于 n 阶的导数.

由上面的定义可见，求高阶导数就是多次接连地求导数. 所以，我们仍可应用前面学过的求导方法来计算高阶导数.

例 1 求 $y = \sin\omega t$ 的二阶导数.

解 $y' = \omega\cos\omega t$，$y'' = -\omega^2\sin\omega t$.

例 2 求 $y = e^x$ 的 n 阶导数.

解 $y' = e^x, y'' = e^x, y''' = e^x, y^{(4)} = e^x$，

一般地，可得

$$y^{(n)} = e^x$$

即

$$(e^x)^{(n)} = e^x$$

例 3 求 $y = x^\mu$ 的 n 阶导数（其中 a, b, μ 都是实常数）.

解 $y' = \mu x^{\mu-1}$，

$y'' = \mu(\mu-1)x^{\mu-2}$，

$y''' = \mu(\mu-1)(\mu-2)x^{\mu-3}$，

$y^{(4)} = \mu(\mu-1)(\mu-2)(\mu-3)x^{\mu-4}$，

一般地，可得

$$y^{(n)} = \mu(\mu-1)(\mu-2)\cdots(\mu-n+1)x^{\mu-n},$$

即

$$(x^\mu)^{(n)} = \mu(\mu-1)(\mu-2)\cdots(\mu-n+1)x^{\mu-n}.$$

特别地

$$(x^n)^{(n)} = n!.$$

例 4 求 $y = \sin x$ 的 n 阶导数.

解 $y' = \cos x = \sin\left(x + \dfrac{\pi}{2}\right)$，

$y'' = \cos\left(x + \dfrac{\pi}{2}\right) = \sin\left(x + 2 \cdot \dfrac{\pi}{2}\right)$，

$y''' = \cos\left(x + 2 \cdot \dfrac{\pi}{2}\right) = \sin\left(x + 3 \cdot \dfrac{\pi}{2}\right)$，

$y^{(4)} = \cos\left(x + 3 \cdot \dfrac{\pi}{2}\right) = \sin\left(x + 4 \cdot \dfrac{\pi}{2}\right)$，

一般地，可得

$$y^{(n)} = \sin\left(x + n \cdot \dfrac{\pi}{2}\right),$$

即
$$(\sin x)^{(n)} = \sin\left(x + n \cdot \frac{\pi}{2}\right).$$

类似可得
$$(\cos x)^{(n)} = \cos\left(x + n \cdot \frac{\pi}{2}\right).$$

例 5 求 $y = \ln(1+x)$ 的 n 阶导数.

解 $y' = \dfrac{1}{1+x}$, $y'' = -\dfrac{1}{(1+x)^2}$, $y''' = \dfrac{1 \cdot 2}{(1+x)^3}$, $y^{(4)} = -\dfrac{1 \cdot 2 \cdot 3}{(1+x)^4}$,

一般地, 可得
$$y^{(n)} = (-1)^{n-1} \frac{(n-1)!}{(1+x)^n},$$

即
$$[\ln(1+x)]^{(n)} = (-1)^{n-1} \frac{(n-1)!}{(1+x)^n}.$$

通常规定 $0! = 1$, 所以这个公式当 $n = 1$ 时也成立.

下面列出一些初等函数的 n 阶导数公式, 以便查用:

(1) $(e^x)^{(n)} = e^x$;

(2) $(x^\mu)^{(n)} = \mu(\mu-1)(\mu-2)\cdots(\mu-n+1)x^{\mu-n}$;

(3) $(\sin x)^{(n)} = \sin\left(x + n \cdot \dfrac{\pi}{2}\right)$;

(4) $(\cos x)^{(n)} = \cos\left(x + n \cdot \dfrac{\pi}{2}\right)$;

(5) $[\ln(1+x)]^{(n)} = (-1)^{n-1} \dfrac{(n-1)!}{(1+x)^n}$;

(6) $\left(\dfrac{1}{1+x}\right)^{(n)} = \dfrac{(-1)^n n!}{(1+x)^{n+1}}$.

如果函数 $u = u(x)$, $v = v(x)$ 都在点 x 处具有 n 阶导数, 那么显然 $u \pm v$ 也在点 x 处具有 n 阶导数, 且
$$(u \pm v)^{(n)} = u^{(n)} \pm v^{(n)}$$

对乘积 uv 逐次求导可得
$$(uv)' = u'v + uv'$$
$$(uv)'' = u''v + 2u'v' + uv''$$
$$(uv)''' = u'''v + 3u''v' + 3u'v'' + uv'''$$

不难发现等式右边导数各项的系数与二项展开式的系数一致, 导数阶数的排列与二项展开式中变量幂次的排列一致, 按此规律可以猜想
$$(uv)^{(n)} = u^{(n)}v + nu^{(n-1)}v' + \cdots + \frac{n(n-1)\cdots(n-k+1)}{k!}u^{(n-k)}v^{(k)} + \cdots + uv^{(n)}$$

$$= \sum_{k=0}^{n} C_n^k u^{(n-k)} v^{(k)}$$

用数学归纳法可以证明上面的猜想是成立的, 这一公式称为**莱布尼兹(Leibniz)公式**.

例 6 设 $y = x^2 \sin 3x$, 求 $y^{(n)}$.

解 应用 Leibniz 公式, 设 $u = \sin 3x$, $v = x^2$,

则有

$$y^{(n)} = (\sin 3x)^{(n)} \cdot x^2 + n(\sin 3x)^{(n-1)}(x^2)' + \frac{n(n-1)}{2!}(\sin 3x)^{(n-2)}(x^2)''$$

$$= 3^n \sin\left(3x + n \cdot \frac{\pi}{2}\right) \cdot x^2 + n3^{n-1} \sin\left[3x + (n-1) \cdot \frac{\pi}{2}\right] \cdot 2x$$

$$+ \frac{n(n-1)}{2!} 3^{n-2} \sin\left[3x + (n-2) \cdot \frac{\pi}{2}\right] \cdot 2.$$

例 7 设 $f(x) = \dfrac{2x+1}{x^2-x-2}$，求 $f^{(n)}(x)$.

解 首先对 $f(x)$ 进行恒等变形得

$$f(x) = \frac{2x+1}{x^2-x-2} = \frac{\frac{5}{3}}{x-2} + \frac{\frac{1}{3}}{x+1} = \frac{5}{3}(x-2)^{-1} + \frac{1}{3}(x+1)^{-1},$$

从而

$$f^{(n)}(x) = \frac{5}{3}(-1)(-2)\cdots(-n)(x-2)^{-n-1} + \frac{1}{3}(-1)(-2)\cdots(-n)(x+1)^{-n-1}.$$

习题 2.3

1. 求下列函数的二阶导数：

(1) $y = 2x^2 + \ln x$；　　　　　　(2) $y = e^{-t}\sin t$；

(3) $y = (1+x^2)\arctan x$；　　　　(4) $y = \dfrac{e^x}{x}$；

(5) $y = \dfrac{1}{1+x^3}$；　　　　　　(6) $y = \ln(x + \sqrt{1+x^2})$.

2. 设 $f(x) = (x+10)^6$，求 $f'''(2)$.

3. 设 $f(x)$ 有二阶导数，求 y''：

(1) $y = f(x^2)$；　　　　　　　　(2) $y = f(e^x + x)$；

(3) $y = \ln f(x)$；　　　　　　　(4) $y = e^{f(ax+b)}$.

4. 求下列函数的 n 阶导数：

(1) $y = x\ln x$；　　　　　　　　(2) $y = \sin^2 x$；

(3) $y = \dfrac{1}{x^2-3x+2}$；　　　　(4) $y = xe^x$.

5. 试从 $\dfrac{\mathrm{d}x}{\mathrm{d}y} = \dfrac{1}{y'}$ 导出：

(1) $\dfrac{\mathrm{d}^2 x}{\mathrm{d}y^2} = -\dfrac{y''}{(y')^3}$；　　　　(2) $\dfrac{\mathrm{d}^3 x}{\mathrm{d}y^3} = \dfrac{3(y'')^2 - y'y'''}{(y')^5}$.

2.4　隐函数及由参数方程所确定的函数的导数　相关变化率

2.4.1　隐函数的导数

一元函数表示两个变量 y 与 x 之间的对应关系，这种对应关系可以用不同的方式来表达. 前面我们所接触到的函数都是形如 $y=f(x)$ 这样的形式，称之为显函数. 如果 x,y 之间的依赖关系由方程 $F(x,y)=0$ 给出，当 x 取定了一个允许的值之后，y 就能取与之对应的适合方程的值，这样一种由方程 $F(x,y)=0$ 确定出的函数称之为隐函数. 如方程 $2x-3y+1=0$ 可以确定函数 $y=\dfrac{2x+1}{3}$；而 $x^2+y^2-1=0$ 就确定了双值函数 $y=\pm\sqrt{1-x^2}$（$|x|\leqslant 1$）；方程 $y^5+2y-x-3x^7=0$ 解不出 y，但当 x 取定后 y 只能取与 x 相应的使方程得到满足的那个值，按照函数的定义，它仍表示一个函数 $y=y(x)$. 以上例子说明有的隐函数可以"显式化"，有的则不能. 下面我们讨论由方程 $F(x,y)=0$ 确定的隐函数 $y=y(x)$ 如果可导，如何求出它的导数的问题. 我们通过例题来解决这个问题.

例 1　求由方程 $e^y+xy-e=0$ 所确定的隐函数的导数 $\dfrac{\mathrm{d}y}{\mathrm{d}x}$.

解　方程两边分别对 x 求导（注意 y 是 x 的函数，y 对 x 求导时要用复合函数的求导法则）得

$$\frac{\mathrm{d}}{\mathrm{d}x}(e^y+xy-e)=e^y\cdot\frac{\mathrm{d}y}{\mathrm{d}x}+y+x\frac{\mathrm{d}y}{\mathrm{d}x}=0,$$

从而

$$\frac{\mathrm{d}y}{\mathrm{d}x}=-\frac{y}{x+e^y}(x+e^y\neq 0).$$

例 2　设方程 $y^5+2y-x-3x^7=0$ 确定了隐函数 $y=y(x)$，求 $y'(0)$.

解　方程两边分别对 x 求导，得

$$5y^4\cdot y'+2y'-1-21x^6=0,$$

解之，有

$$y'=\frac{1+21x^6}{5y^4+2}.$$

因为 $x=0$ 时，$y=0$，所以 $y'(0)=\dfrac{1}{2}$.

例 3　在二次曲线 L：$x^2+2xy+y^2-4x-5y+3=0$ 上找一点，使该点处的切线平行于直线 $2x+3y=0$.

解　设所求的点为 (x,y)，则由导数的几何意义和题设中的条件知道，$y'=-\dfrac{2}{3}$.

在曲线 L 的方程中，将 y 视为 x 的函数，方程两边对 x 求导得

$$2x+2y+2xy'+2yy'-4-5y'=0.$$

当 $2(x+y)\neq 5$ 时

$$y'=\frac{4-2(x+y)}{2(x+y)-5}.$$

令 $y' = -\dfrac{2}{3}$，由 $\dfrac{4-2(x+y)}{2(x+y)-5} = -\dfrac{2}{3}$，得

$$x+y-1=0.$$

这就是说，如果 L 上的点 (x,y) 处的切线平行于直线 $2x+3y=0$，则切点的坐标必须满足 $x+y-1=0$. 将该方程与曲线 L 的方程联立，可以解出 $x=1$，$y=0$，从而 $(1,0)$ 为所求的点.

例 4 设方程 $y=\tan(x+y)$ 确定 $y=y(x)$，求 y'，y''.

解 在方程两边对 x 求导

$$y' = \sec^2(x+y)(1+y'),$$

即

$$y' = \frac{\sec^2(x+y)}{1-\sec^2(x+y)}.$$

将一阶导数 y' 表达式中的 y 继续看成 x 的函数，两边再对 x 求导可得二阶导数 y''，但在这一步之前应尽量对 y' 的表达式进行化简.

$$y' = -1 + \frac{1}{1-\sec^2(x+y)} = -1 - \frac{1}{\tan^2(x+y)} = -1 - \frac{1}{y^2},$$

两边对 x 求导得

$$y'' = 2y^{-3}y' = \frac{-2}{y^3}\left(1+\frac{1}{y^2}\right).$$

下面我们学习一种在"幂指函数"和"多因子乘积函数"求导中非常有用的方法——"**对数求导法**".

例 5 设 $y=(\sin x)^{\cos x}$，求 y'.

解 此例是幂指函数，我们可以采用 2.2 节例 11 的方法来做.

下面我们采用"对数求导法"进行求解，即在方程的两边先取对数再求导，从而变为隐函数求导的问题.

对 $y=(\sin x)^{\cos x}$ 两边取对数得

$$\ln y = \cos x \cdot \ln(\sin x),$$

两边对 x 求导得

$$\frac{1}{y}y' = -\sin x \ln\sin x + \cos x \frac{\cos x}{\sin x},$$

从而

$$y' = (\sin x)^{\cos x}\left(-\sin x \ln\sin x + \frac{\cos^2 x}{\sin x}\right).$$

下例是对数求导法用于多因子乘积函数的情形.

例 6 设 $y=\sqrt[3]{\dfrac{(x-1)^3(x-2)^2}{(x-3)(x-4)^5}}$，求 y'.

解 首先将函数的两端取绝对值得

$$|y| = \sqrt[3]{\frac{|x-1|^3|x-2|^2}{|x-3||x-4|^5}},$$

在等式两端取对数得

$$\ln|y| = \frac{3}{3}\ln|x-1| + \frac{2}{3}\ln|x-2| - \frac{1}{3}\ln|x-3| - \frac{5}{3}\ln|x-4|,$$

对这个等式两端的 x 求导得(注意用 2.2.3 节例 9 的结果)

$$\frac{1}{y}y' = \frac{1}{3}\left(\frac{3}{x-1} + \frac{2}{x-2} - \frac{1}{x-3} - \frac{5}{x-4}\right),$$

从而有

$$y' = \frac{1}{3} \cdot \sqrt[3]{\frac{(x-1)^3(x-2)^2}{(x-3)(x-4)^5}}\left(\frac{3}{x-1} + \frac{2}{x-2} - \frac{1}{x-3} - \frac{5}{x-4}\right).$$

2.4.2 由参数方程所确定的函数的导数

平面解析几何中讨论过用方程组 $\begin{cases} x = \varphi(t) \\ y = \psi(t) \end{cases}$,表示平面上的曲线,我们称它为曲线的**参数方程**. 现在讨论由参数方程所确定的函数的求导方法,若从中消去参数 t,则变量 y 就确定为变量 x 的函数 $y = f(x)$. 但是有些参数方程消去 t 是困难的,或消去 t 后得到的 x 与 y 的关系式是非常复杂的. 因此,我们希望有一种方法能直接由参数方程算出它所确定的函数的导数来. 下面利用复合函数的求导法则,将参数 t 看作中间变量,推导出 $\dfrac{\mathrm{d}y}{\mathrm{d}x}$ 的计算公式.

设 $\varphi(t)$,$\psi(t)$ 都可导,而且 $x = \varphi(t)$ 有反函数 $t = \varphi^{-1}(x)$,于是复合函数 $y = \psi[\varphi^{-1}(x)]$ 是由参数方程所确定的函数,当 $\varphi'(t) \neq 0$ 时,由于反函数 $\varphi^{-1}(x)$ 的导数存在,从而 $y = \psi[\varphi^{-1}(x)]$ 可导,且

$$\frac{\mathrm{d}y}{\mathrm{d}x} = \frac{\mathrm{d}y}{\mathrm{d}t} \cdot \frac{\mathrm{d}t}{\mathrm{d}x} = \frac{\dfrac{\mathrm{d}y}{\mathrm{d}t}}{\dfrac{\mathrm{d}x}{\mathrm{d}t}} = \frac{\psi'(t)}{\varphi'(t)}$$

这个公式称为**由参数方程所确定的函数的求导公式**.

例 7 设质点的运动方程为 $x = a\cos t$,$y = b\sin t$,在运动轨道上与 t 时刻对应的点处的切线跟 x 轴的交点为 $P(t)$,求 $P(t)$ 移动的速度.

解 运动轨道上与 t 时刻对应的点处的切线的斜率为

$$\frac{\mathrm{d}y}{\mathrm{d}x} = \frac{\dfrac{\mathrm{d}y}{\mathrm{d}t}}{\dfrac{\mathrm{d}x}{\mathrm{d}t}} = \frac{b\cos t}{-a\sin t},$$

所以切线方程为

$$Y - b\sin t = \frac{b\cos t}{-a\sin t} \cdot (X - a\cos t).$$

令 $Y = 0$,得 $X = a\left(\cos t + \dfrac{\sin^2 t}{\cos t}\right)$,

从而 $P(t)$ 在 x 轴上移动的速度为

$$X'(t) = a\left(-\sin t + \frac{2\sin t\cos^2 t + \sin^3 t}{\cos^2 t}\right) = a\,\frac{\sin t}{\cos^2 t}.$$

例 8　求证星形线 $x=a\cos^3 t$，$y=a\sin^3 t$ 的切线夹在两坐标轴之间的线段的长度为一定值.

证明　任取参数 $t_0\left(t_0\neq\dfrac{n\pi}{2}，n\text{ 为整数}\right)$，令 $x_0=a\cos^3 t_0$，$y_0=a\sin^3 t_0$. 过 (x_0,y_0) 点的星形线的切线斜率为

$$\left.\frac{\mathrm{d}y}{\mathrm{d}x}\right|_{x=x_0}=\left.\frac{\dfrac{\mathrm{d}y}{\mathrm{d}t}}{\dfrac{\mathrm{d}x}{\mathrm{d}t}}\right|_{t=t_0}=\left.\frac{3a\sin^2 t\cos t}{-3a\cos^2 t\sin t}\right|_{t=t_0}=-\tan t_0,$$

从而切线方程为

$$y-a\sin^3 t_0=-\tan t_0(x-a\cos^3 t_0).$$

该切线与两坐标轴的交点分别为

$$P_1(a\cos^3 t_0+a\sin^2 t_0\cos t_0,0)，P_2(0,a\sin^3 t_0+a\sin t_0\cos^2 t_0)，$$

从而线段 P_1P_2 的长为

$$\left[a^2(\cos^3 t_0+\sin^2 t_0\cos t_0)^2+a^2(\sin^3 t_0+\sin t_0\cos^2 t_0)^2\right]^{\frac{1}{2}}=\left[a^2(\cos^2 t_0+\sin^2 t_0)\right]^{\frac{1}{2}}=a.$$

顺便指出 $x^{\frac{2}{3}}+y^{\frac{2}{3}}=a^{\frac{2}{3}}$ 也是星形线方程，只要从参数方程中消去参数 t 便可验证.

例 9　求由摆线 $x=a(\theta-\sin\theta)$，$y=a(1-\cos\theta)(0\leqslant\theta\leqslant 2\pi)$ 所确定的函数 $y=y(x)$ 的二阶导数.

解　因为

$$\frac{\mathrm{d}y}{\mathrm{d}x}=\frac{\dfrac{\mathrm{d}y}{\mathrm{d}\theta}}{\dfrac{\mathrm{d}x}{\mathrm{d}\theta}}=\frac{a\sin\theta}{a(1-\cos\theta)}=\frac{\sin\theta}{1-\cos\theta},$$

所以

$$\frac{\mathrm{d}^2 y}{\mathrm{d}^2 x}=\frac{\mathrm{d}}{\mathrm{d}x}\left(\frac{\sin\theta}{1-\cos\theta}\right)=\frac{\mathrm{d}}{\mathrm{d}\theta}\left(\frac{\sin\theta}{1-\cos\theta}\right)\cdot\frac{\mathrm{d}\theta}{\mathrm{d}x}$$

$$=\frac{\cos\theta(1-\cos\theta)-\sin\theta\cdot\sin\theta}{(1-\cos\theta)^2}\cdot\frac{1}{a(1-\cos\theta)}$$

$$=\frac{-1}{a(1-\cos\theta)^2}.$$

一般地，对由参数方程 $\begin{cases}x=x(t)，\\ y=y(t)\end{cases}(t\in I)$ 所确定的函数 $y=y(x)$ 求二阶导数时，利用复合函数的求导法则，有

$$\frac{\mathrm{d}^2 y}{\mathrm{d}^2 x}=\frac{\mathrm{d}}{\mathrm{d}x}\left(\frac{\mathrm{d}y}{\mathrm{d}x}\right)=\frac{\mathrm{d}}{\mathrm{d}x}\left(\frac{y'(t)}{x'(t)}\right)=\frac{\mathrm{d}}{\mathrm{d}t}\left(\frac{y'(t)}{x'(t)}\right)\cdot\frac{\mathrm{d}t}{\mathrm{d}x}$$

$$=\frac{y''(t)x'(t)-x''(t)y'(t)}{[x'(t)]^2}\cdot\frac{1}{x'(t)}$$

$$=\frac{y''(t)x'(t)-x''(t)y'(t)}{[x'(t)]^3}.$$

当曲线由极坐标表示的方程 $r=r(\theta)$ 给出时，可以利用直角坐标与极坐标的关系式，将曲线化为参数方程

$$\begin{cases}x=r(\theta)\cos\theta，\\ y=r(\theta)\sin\theta，\end{cases}$$

然后利用上面参数方程的求导法则进行计算.

例 10　求曲线 $r=a\sin2\theta$ 在 $\theta=\dfrac{\pi}{4}$ 处的切线和法线方程.

解　化为参数方程

$$\begin{cases} x=a\sin2\theta\cos\theta, \\ y=a\sin2\theta\sin\theta, \end{cases}$$

$$\frac{\mathrm{d}y}{\mathrm{d}x}=\frac{\dfrac{\mathrm{d}y}{\mathrm{d}\theta}}{\dfrac{\mathrm{d}x}{\mathrm{d}\theta}}=\frac{2a\cos2\theta\sin\theta+a\sin2\theta\cos\theta}{2a\cos2\theta\cos\theta-a\sin2\theta\sin\theta},$$

故在 $\theta=\dfrac{\pi}{4}$ 处,

$$k=\frac{\mathrm{d}y}{\mathrm{d}x}\bigg|_{\theta=\frac{\pi}{4}}=-\cot\frac{\pi}{4}=-1.$$

又 $x\big|_{\theta=\frac{\pi}{4}}=\dfrac{\sqrt{2}}{2}a$, $y\big|_{\theta=\frac{\pi}{4}}=\dfrac{\sqrt{2}}{2}a$, 所以曲线在 $\theta=\dfrac{\pi}{4}$ 处的切线方程为

$$y-\frac{\sqrt{2}}{2}a=-\left(x-\frac{\sqrt{2}}{2}a\right),$$

即

$$x+y-\sqrt{2}\,a=0,$$

法线方程为

$$y-\frac{\sqrt{2}}{2}a=x-\frac{\sqrt{2}}{2}a,$$

即

$$x-y=0.$$

至此, 我们已将微分学中最基本的概念之一导数及其计算方法介绍完毕. 而导数的应用我们将在下章重点介绍, 这里仅介绍一下它在相关变化率问题中的简单应用.

2.4.3　相关变化率

设 $x=x(t)$ 和 $y=y(t)$ 都是可导函数, 而变量 x 与 y 之间存在某种关系, 从而变化率 $\dfrac{\mathrm{d}x}{\mathrm{d}t}$ 与 $\dfrac{\mathrm{d}y}{\mathrm{d}t}$ 也存在一定关系, 这两个相互依赖的变化率称为**相关变化率**. 相关变化率的问题就是研究这两个变化率之间的关系, 以便从其中一个变化率求出另一个变化率.

例 11　已知一个气球的半径以 10 cm/s 的速度伸长着, 求当半径为 10 cm 时, 气球的体积和表面积的增长速度.

解　设在时刻 t 时, 气球的半径为 $r=r(t)$, 则气球的体积和表面积分别为

$$V=\frac{4}{3}\pi r^3(t)\,,\ S=4\pi r^2(t)$$

易见, V, S, r 都是时间 t 的函数, 现在求当 $r=10$ cm 时, $V'(t)$, $S'(t)$ 的值.

因为 $r(t)$ 是未知的, 无法求出函数 $V(t)$, $S(t)$ 关于 t 的导数, 所以只能从上面的公式

出发考虑问题. V 对 t 的变化率为

$$\frac{\mathrm{d}V}{\mathrm{d}t} = 4\pi r^2 \frac{\mathrm{d}r}{\mathrm{d}t}.$$

由题设可知

$$\frac{\mathrm{d}r}{\mathrm{d}t} = 10 \text{ cm/s}$$

从而当 $r = 10$ cm 时，

$$\frac{\mathrm{d}V}{\mathrm{d}t} = 4000\pi \text{ cm}^3/\text{s}$$

同样，可以算出此时表面积的变化率为

$$\frac{\mathrm{d}S}{\mathrm{d}t} = 800\pi \text{ cm}^2/\text{s}$$

所以，当气球半径为 10 cm 时，它的体积和表面积的增长速度分别为 4000π cm^3/s 和 800π cm^2/s.

习题 2.4

1. 求由下列方程所确定的隐函数的导数 $\dfrac{\mathrm{d}y}{\mathrm{d}x}$：

(1) $x^3 + y^3 - 3axy = 0$；　　　　(2) $xy = \mathrm{e}^{x+y}$；　　　　(3) $y = 1 - x\mathrm{e}^y$.

2. 求曲线 $x^{\frac{2}{3}} + y^{\frac{2}{3}} = a^{\frac{2}{3}}$ 在点 $\left(\dfrac{\sqrt{2}}{4}a, \dfrac{\sqrt{2}}{4}a\right)$ 处的切线方程和法线方程.

3. 求证 $x^{\frac{1}{2}} + y^{\frac{1}{2}} = a^{\frac{1}{2}}$ 上任一点处的切线，在两坐标轴上的截距之和为常数 a.

4. 求由下列方程所确定的隐函数的二阶导数 y''：

(1) $b^2x^2 + a^2y^2 = a^2b^2$；　　　　(2) $y = 1 + x\mathrm{e}^y$.

5. 用对数求导法求下列函数的导数：

(1) $y = x^{\frac{1}{x}}$；　　　　(2) $y = (\sin x)^{\cos x}$；

(3) $y = \dfrac{\sqrt{x+2}(3-x)^4}{(x+1)^5}$；　　　　(4) $y = \sqrt[5]{\dfrac{x-5}{\sqrt[5]{x^2+2}}}$.

6. 求下列参数方程所确定的函数的导数 $\dfrac{\mathrm{d}y}{\mathrm{d}x}$：

(1) $\begin{cases} x = at^2, \\ y = bt^3; \end{cases}$　　　　(2) $\begin{cases} x = \theta(1-\sin\theta), \\ y = \theta\cos\theta. \end{cases}$

7. 求曲线 $\begin{cases} x = \sin t, \\ y = \cos 2t \end{cases}$ 在 $t = \dfrac{\pi}{4}$ 处的切线方程和法线方程.

8. 求下列参数方程所确定的函数的二阶导数：

(1) $\begin{cases} x = 3\mathrm{e}^{-t}, \\ y = 2\mathrm{e}^t; \end{cases}$　　　　(2) $\begin{cases} x = \sqrt{1+t}, \\ y = \sqrt{1-t}; \end{cases}$

(3) $\begin{cases} x = at\cos t, \\ y = at\sin t; \end{cases}$　　　　(4) $\begin{cases} x = f'(t), \\ y = tf'(t) - f(t), \end{cases}$ 设 $f'(t)$ 存在且不为零.

9. 求下列参数方程所确定的函数的三阶导数:

$(1)\begin{cases} x=1-t^2, \\ y=t-t^3; \end{cases}$　　　　　　　$(2)\begin{cases} x=\ln(1+t^2), \\ y=t-\arctan t. \end{cases}$

10. 水自高度为 18 cm, 底面半径为 6 cm 的圆锥形漏斗流入直径为 10 cm 的圆柱形桶中. 已知在漏斗中深度为 12 cm 处水平面下降的速度为 1 cm/min, 问:圆柱形桶中水面上升的速度为多少?

11. 石块落在平静的水面上, 产生圆形波纹. 若最外一圈波的半径增大速率恒为 1 m/s, 问:在 2s 末, 被扰动的水面面积增大率为多少?

2.5　函数的微分

在实际问题中, 常常需要计算当自变量在某一点处有微小变化时, 函数值对应的变化量, 即计算函数的改变量. 一般来说, 函数的改变量不易求出, 但在应用上只要求出具有一定精度的近似值就足够了. 为此引入微分的概念, 它是微分学中又一个重要的概念.

2.5.1　微分的概念

先看一个函数的微小改变量的实例.

设有一质点沿直线做变速运动, 运动规律是 $s=s(t)$, 则由时刻 t 到 $t+\Delta t$ 这段时间内, 它所经过的路程为

$$\Delta s = s(t+\Delta t) - s(t)$$

当运动规律 $s(t)$ 相当复杂时, 精确地计算出改变量 Δs 是相当困难的, 但若时间间隔 Δt 充分小, 则在这段时间内质点的瞬时速度来不及发生很大的改变. 因此可以认为它在做匀速运动, 速度是 $s'(t)$. 于是路程 $\Delta s \approx s'(t)\Delta t$, 即用关于 Δt 的一次函数来代替 Δs.

将这种计算方法推广到一般的情形. 设函数 $y=f(x)$ 在某个区间上有定义, 若对于 x 取得的改变量 Δx, 函数相应的改变量为

$$\Delta y = f(x+\Delta x) - f(x)$$

我们希望用一个计算简便的关于 Δx 的函数来近似代替 Δy, 并使其计算误差满足我们的要求. 很自然地, 在所有关于 Δx 的函数中, 一次函数的计算最为简便, 故用 Δx 的一次函数 $A\Delta x$ 近似代替 Δy, 其中 A 与 Δx 无关. 而产生的误差为 $\Delta y - A\Delta x$, 当 $\Delta x \to 0$ 时, 若

$$\Delta y - A\Delta x = o(\Delta x)$$

那么 Δx 的一次函数 $A\Delta x$ 就有特殊的意义, 从而引出:

定义 2.5.1　设函数 $y=f(x)$ 在 x 的某一个邻域内有定义, 若函数 $y=f(x)$ 在点 x 处的改变量 Δy 与自变量 x 的改变量 Δx 的关系可表示为

$$\Delta y = A\Delta x + o(\Delta x)$$

其中 A 与 Δx 无关, $o(\Delta x)$ 是比 Δx 高阶的无穷小量, 则称函数 $f(x)$ 在 x 处可微分, 并把 $A\Delta x$ 称为 $f(x)$ 在点 x 处的**微分**. 记为 dy, 即

$$dy = A\Delta x \text{ 或 } df(x) = A\Delta x$$

这时函数的改变量 Δy 是由 $A\Delta x$ 与 $o(\Delta x)$ 两部分组成, 通常称 $A\Delta x$ 为它的**线性主部**.

由微分的定义可知，在 $|\Delta x|$ 很小时，有近似等式
$$\Delta y \approx A\Delta x \ \text{或} \ \Delta y \approx \mathrm{d}y$$

其误差为 $o(\Delta x)$.

下面我们给出函数可微的条件.

定理 2. 5. 1　函数 $y=f(x)$ 在 x 处可微的充要条件是函数 $y=f(x)$ 在 x 处可导.

证明　必要性

若 $y=f(x)$ 在点 x 处有微分，即
$$\Delta y = A\Delta x + o(\Delta x),$$

从而
$$\frac{\Delta y}{\Delta x} = A + \frac{o(\Delta x)}{\Delta x},$$

两边取极限有
$$\lim_{\Delta x \to 0} \frac{\Delta y}{\Delta x} = f'(x) = \lim_{\Delta x \to 0}\left[A + \frac{o(\Delta x)}{\Delta x}\right] = A,$$

即函数 $y=f(x)$ 在点 x 处可导且 $A=f'(x)$.

充分性

若函数 $y=f(x)$ 在 x 处可导，则有
$$\lim_{\Delta x \to 0} \frac{\Delta y}{\Delta x} = f'(x),$$

由极限与无穷小量的关系，可得 $\dfrac{\Delta y}{\Delta x} = f'(x) + \alpha$，

其中 $\lim\limits_{\Delta x \to 0} \alpha = 0$. 于是又有
$$\Delta y = f'(x)\Delta x + \alpha\Delta x.$$

因 $\alpha\Delta x = o(\Delta x)$，且 $f'(x)$ 与 Δx 无关，由微分定义可知，函数 $y=f(x)$ 在点 x 处可微.

此定理说明：对于一元函数 $y=f(x)$ 来说，在点 x 处可微与可导是等价的，且
$$A = f'(x).$$

因此 $f(x)$ 在点 x 处的微分为
$$\mathrm{d}y = f'(x)\Delta x \ \text{或} \ \Delta y = f'(x)\Delta x + o(\Delta x).$$

这与上述实例的直观想法完全一致.

例 1　求函数 $y=x^3$ 当 $x=2$，$\Delta x = 0.02$ 时的微分.

解　函数在任一点 x 处的微分为
$$\mathrm{d}y = (x^3)'\Delta x = 3x^2\Delta x,$$

从而当 $x=2$，$\Delta x = 0.02$ 时函数的微分为
$$\mathrm{d}y\Big|_{\substack{x=2 \\ \Delta x=0.02}} = 3x^2\Delta x\Big|_{\substack{x=2 \\ \Delta x=0.02}} = 3\times 2^2 \times 0.02 = 0.24.$$

一般地，我们把自变量 x 的增量 Δx 称为**自变量的微分**，记作 $\mathrm{d}x$，即 $\Delta x = \mathrm{d}x$，则函数 $y=f(x)$ 的微分又可记作
$$\mathrm{d}y = f'(x)\mathrm{d}x$$

从而有
$$\frac{\mathrm{d}y}{\mathrm{d}x} = f'(x)$$

这一式子说明**导数等于函数微分与自变量微分之商**，所以导数也称为**微商**.

为了对微分有比较直观的了解，我们来说明**微分的几何意义**.

如图 2.7 所示，在曲线 C：$y=f(x)$ 上取一定点 $M(x_0, f(x_0))$，给 x_0 一个增量 Δx，则得到曲线上另一点 $N(x_0+\Delta x, f(x_0+\Delta x))$，过 M，N 分别作直线垂直于 x 轴，再作直线 MQ 平行于 x 轴. 于是 $QN=f(x+\Delta x)-f(x)=\Delta y$，设曲线在 M 点的切线交 QN 于 P.

令 $\angle PMQ=\alpha$，则由导数的几何意义可知：

$$PQ=MQ\tan\alpha=f'(x)\Delta x=\mathrm{d}y$$

即当 Δy 是曲线的纵坐标的改变量时，$\mathrm{d}y$ 就是切线的纵坐标的改变量，这时用微分 $\mathrm{d}y$ 近似代替 Δy 时所产生的误差为：

$$\Delta y-\mathrm{d}y=NQ-PQ=NP$$

由图 2.7 可以看出，当自变量 x 的改变量 Δx 越小时，切线 MT 就越靠近曲线 C，而误差 NP 就越小. 因此在点 M 的邻近区域，我们可以用切线段来近似代替曲线段. 在局部范围内用线性函数近似代替非线性函数，在几何上就是局部用切线段近似代替曲线段，这在数学上称为非线性函数的局部线性化，这是微分学的基本思想方法之一. 这种思想方法在自然科学和工程问题的研究中是经常采用的.

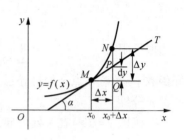

图 2.7

例 2　利用微分计算 $\sin 31°$ 的近似值.

解　令 $f(x)=\sin x$，则 $f'(x)=\cos x$.

由

$$\Delta y=\sin x-\sin x_0\approx\mathrm{d}y=f'(x_0)(x-x_0),$$

得

$$\sin x\approx\sin x_0+f'(x_0)(x-x_0).$$

因 $31°=\dfrac{\pi}{6}+\dfrac{\pi}{180}$，取 $x_0=\dfrac{\pi}{6}$，$\Delta x=\dfrac{\pi}{180}$，由于 $\dfrac{\pi}{180}$ 比较小，故

$$\sin 31°=\sin\left(\frac{\pi}{6}+\frac{\pi}{180}\right)\approx\sin\frac{\pi}{6}+\cos\frac{\pi}{6}\cdot\frac{\pi}{180}\approx0.5152.$$

例 3　计算 $\sqrt{2}$ 的近似值.

解　令 $f(x)=\sqrt{x}$，则 $f'(x)=\dfrac{1}{2\sqrt{x}}$.

由于

$$\Delta y\approx\mathrm{d}y,$$

有

$$\sqrt{x}\approx\sqrt{x_0}+\frac{1}{2\sqrt{x_0}}(x-x_0).$$

令 $x_0=1.96$，此时 $\Delta x=x-x_0=0.04$ 比较小，所以

$$\sqrt{2}\approx\sqrt{1.96}+\frac{1}{2\sqrt{1.96}}\times0.04\approx1.414.$$

例 4　煅烧生成的半径为 10 cm 的金属圆板，冷却后半径收缩了 0.05 cm，问：面积缩小了多少?

解　面积为 $S=\pi r^2$，从而 $S'=2\pi r$，

由 $\Delta S\approx\mathrm{d}S=2\pi r\mathrm{d}r$，以及 $r=10$，$\Delta r=-0.05$ 得

$$\Delta S\approx2\pi\times10\times(-0.05)=-\pi\ (\mathrm{cm})^2,$$

即面积缩小了 π cm^2.

利用微分虽然可以对函数的值或函数增量的值给出近似的结果，但一般来说它不能对误差作出定量的估计，且当问题需要更高的精确度时，它也无法达到，所以在应用上有较大的局限性.

2.5.2 微分的运算法则及基本公式

从函数的微分表达式 $dy=f'(x)dx$ 可以看出，要计算函数的微分，只要先求出函数的导数，再乘以自变量的微分即可. 从而我们由导数的运算法则与公式可相应地得到微分的运算法则与公式.

1. 基本初等函数的微分公式

$(1)\,d(C)=0$； $(2)\,d(x^\mu)=\mu x^{\mu-1}dx$；

$(3)\,d(\log_a x)=\dfrac{1}{x\ln a}dx$； $(4)\,d(a^x)=a^x\ln a dx(a>0,a\neq 1)$；

$(5)\,d(\sin x)=\cos x dx$； $(6)\,d(\cos x)=-\sin x dx$；

$(7)\,d(\tan x)=\sec^2 x dx$； $(8)\,d(\cot x)=-\csc^2 x dx$；

$(9)\,d(\arcsin x)=\dfrac{1}{\sqrt{1-x^2}}dx$； $(10)\,d(\arccos x)=-\dfrac{1}{\sqrt{1-x^2}}dx$；

$(11)\,d(\arctan x)=\dfrac{1}{1+x^2}dx$； $(12)\,d(\text{arccot}x)=-\dfrac{1}{1+x^2}dx$；

$(13)\,d(\sec x)=\sec x\tan x dx$； $(14)\,d(\csc x)=-\csc x\cot x dx$.

2. 微分的运算法则

设函数 $u=u(x)$，$v=v(x)$ 均可微，则有

$$d(Cu(x))=Cd(u(x))\ (C\text{ 为常数})$$
$$d(u\pm v)=du\pm dv$$
$$d(uv)=udv+vdu$$
$$d\left(\frac{u}{v}\right)=\frac{vdu-udv}{v^2},\ v\neq 0$$

现在我们以乘积的微分法则为例加以证明.

根据函数微分的表达式，有

$$d(uv)=(uv)'dx,$$

再根据乘积的求导法则，有

$$(uv)'=u'v+uv',$$

于是 $$d(uv)=(u'v+uv')dx=u'vdx+uv'dx.$$

由于 $$u'dx=du,\ v'dx=dv,$$

所以 $$d(uv)=udv+vdu.$$

其他法则都可以用类似的方法证明.

3. 复合函数的微分法则

设函数 $u=\varphi(x)$ 在点 x 处可导，函数 $y=f(u)$ 在与 x 相应的点 u 处可导，则复合函数

$y=f(\varphi(x))$ 在 x 处可导，且有 $\dfrac{\mathrm{d}y}{\mathrm{d}x}=f'(\varphi(x))\varphi'(x)$，也即

$$\mathrm{d}y=f'(\varphi(x))\varphi'(x)\mathrm{d}x,$$

又因

$$\mathrm{d}u=\varphi'(x)\mathrm{d}x,$$

故有

$$\mathrm{d}y=f'(u)\mathrm{d}u.$$

从形式上看，不论 u 是自变量还是中间变量 $u=\varphi(x)$，函数 $y=f(u)$ 的微分都是

$$\mathrm{d}y=f'(u)\mathrm{d}u$$

通常把这个性质称为**一阶微分形式的不变性**.

根据这个性质，把前面的各个微分公式中的自变量 x 换成中间变量时公式仍然成立，这给函数的微分运算带来了方便.

例 5　计算 $y=\mathrm{e}^{-ax}\sin bx$ 的微分.

解　$\mathrm{d}y=\sin bx\mathrm{d}(\mathrm{e}^{-ax})+\mathrm{e}^{-ax}\mathrm{d}(\sin bx)=\sin bx\cdot\mathrm{e}^{-ax}\mathrm{d}(-ax)+\mathrm{e}^{-ax}\cos bx\mathrm{d}(bx)$

$$=\mathrm{e}^{-ax}(b\cos bx-a\sin bx)\mathrm{d}x.$$

例 6　计算 $y=\tan(\mathrm{e}^{\sqrt{x}+x^2})$ 的微分.

解　$\mathrm{d}y=\sec^2(\mathrm{e}^{\sqrt{x}+x^2})\mathrm{d}(\mathrm{e}^{\sqrt{x}+x^2})=\sec^2(\mathrm{e}^{\sqrt{x}+x^2})\mathrm{e}^{\sqrt{x}+x^2}\mathrm{d}(\sqrt{x}+x^2)$

$$=\sec^2(\mathrm{e}^{\sqrt{x}+x^2})\mathrm{e}^{\sqrt{x}+x^2}\left(\frac{1}{2\sqrt{x}}+2x\right)\mathrm{d}x.$$

例 7　已知 $y=\mathrm{sh}x$，若问题需要以 $u=y^2$ 作为函数，以 $v=x^3$ 作为自变量，试求 $\dfrac{\mathrm{d}u}{\mathrm{d}v}$.

解　$\dfrac{\mathrm{d}u}{\mathrm{d}v}=\dfrac{2y\mathrm{d}y}{3x^2\mathrm{d}x}=\dfrac{2\mathrm{sh}x\mathrm{ch}x\mathrm{d}x}{3x^2\mathrm{d}x}=\dfrac{\mathrm{sh}2x}{3x^2}$.

习题 2.5

1. 已知 $y=x^2+x$，计算 $x=1$ 处当 Δx 分别等于 10，1，0.1，0.01 时的 Δy 及 $\mathrm{d}y$，并观察两者之差 $\Delta y-\mathrm{d}y$ 随着 Δx 减小的变化情况.

2. $y=f(x)$ 在点 x_0 处可微，试在图形上标出表达式 $f(x)-f(x_0)=f'(x_0)(x-x_0)+\alpha$ 中 α 对应的线段，并说明 $\alpha=o(x-x_0)$ 的几何意义.

3. 求下列函数的微分：

(1) $y=x\sin 2x$；

(2) $y=\mathrm{e}^{-x}\cos(3-x)$；

(3) $y=\ln^2(1-x)$；

(4) $y=\dfrac{x}{\sqrt{x^2+1}}$；

(5) $y=\arcsin\sqrt{1-x^2}$；

(6) $y=\tan^2(1+2x^2)$；

(7) $y=\arctan\dfrac{1-x^2}{1+x^2}$；

(8) $y=\log_a x\cdot\sin x-\dfrac{\cos x-1}{\cos x+1}$ $(a>0$ 且 $a\neq1)$.

4. 将适当的函数填入下列括号内，使等式成立：

(1) $\mathrm{d}(\quad)=3x\mathrm{d}x$；

(2) $\mathrm{d}(\quad)=\cos x\mathrm{d}x$；

(3) $\mathrm{d}(\quad)=\sin\omega x\mathrm{d}x$；

(4) $\mathrm{d}(\quad)=\mathrm{e}^{-2x}\mathrm{d}x$；

(5) $\mathrm{d}(\quad)=\dfrac{1}{\sqrt{x}}\mathrm{d}x$；

(6) $\mathrm{d}(\quad)=\sec^2 3x\mathrm{d}x$.

5. 利用微分近似计算：

(1) $\sqrt[5]{1.01}$；   (2) $\sin 29°$；   (3) $\arccos 0.4995$；   (4) $\ln 1.03$.

6. 利用微商求下列各式：

(1) $\dfrac{\mathrm{d}(x^3 - 2x^6 - x^9)}{\mathrm{d}x^3}$；   (2) $\dfrac{\mathrm{d}\left(\dfrac{\sin x}{x}\right)}{\mathrm{d}(x^2)}$.

7. 有一只半径为 1 cm 的球，为了提高球面的光洁度，要镀上一层厚度为 0.01 cm 的铜. 问：需要大约多少克的铜(铜的密度是 8.9 g/cm^3)？

 # 本章小结

一、基本要求

(1) 理解导数和微分的概念，了解导数的几何意义，会用导数定义讨论函数在一点的可导性.

(2) 了解可导与连续之间的关系，会用导数描述一些物理变量.

(3) 熟练掌握导数及微分的基本公式和运算法则，知道一阶微分的形式不变性.

(4) 熟练掌握复合函数、隐函数、反函数及用参数方程所表示函数的求导法则.

(5) 了解高阶导数的概念，会求简单函数的 n 阶导数.

(6) 了解相关变化率的概念，会用它解决一些简单的实际问题.

二、内容提要

1. 导数定义

$$y'\big|_{x=x_0} = \lim_{\Delta x \to 0}\frac{\Delta y}{\Delta x} = \lim_{\Delta x \to 0}\frac{f(x_0 + \Delta x) - f(x_0)}{\Delta x}$$

或

$$f'(x_0) = \lim_{h \to 0}\frac{f(x_0 + h) - f(x_0)}{h}$$

或

$$f'(x_0) = \lim_{x \to x_0}\frac{f(x) - f(x_0)}{x - x_0}$$

若记极限 $\displaystyle\lim_{\Delta x \to 0^-}\frac{f(x_0 + \Delta x) - f(x_0)}{\Delta x}$ 和 $\displaystyle\lim_{\Delta x \to 0^+}\frac{f(x_0 + \Delta x) - f(x_0)}{\Delta x}$ 为 $f'_-(x_0)$ 和 $f'_+(x_0)$，则有

$$f'(x_0)\text{存在} \Leftrightarrow f'_-(x_0) = f'_+(x_0)$$

2. 导数的几何意义

$y = f(x)$ 在 x_0 处可导时，$f'(x_0)$ 在几何上表示曲线 $y = f(x)$ 在点 $M_0(x_0, f(x_0))$ 处切线的斜率，曲线 $y = f(x)$ 在点 x_0 处切线方程为 $y - y_0 = f'(x_0)(x - x_0)$.

3. 可导与连续的关系

可导必连续，反之未必成立.

4. 微分

函数 $y = f(x)$ 在点 x 处有 $\Delta y = A\Delta x + o(\Delta x)$，其中 A 与 Δx 无关，$o(\Delta x)$ 是比 Δx 高阶的

无穷小量，则称函数 $f(x)$ 在 x 处可微分，并把 $A\Delta x = f'(x)\,\mathrm{d}x$ 称为 $f(x)$ 在点 x 处的微分．记为：$\mathrm{d}y = f'(x)\,\mathrm{d}x.$

对于一元函数来说：可导$\Leftrightarrow$可微．

5. 导数运算(微分运算)

$$\begin{cases} 四则运算法则 \\ 复合函数的导数—链式法则 \\ 反函数的导数 \\ 由参数方程表示函数的导数 \end{cases}$$

6. 高阶导数

二阶：$f''(x) = \lim\limits_{\Delta x \to 0} \dfrac{f'(x+\Delta x) - f'(x)}{\Delta x}$；$y'' = (y')'$ 或 $\dfrac{\mathrm{d}^2 y}{\mathrm{d}x^2} = \dfrac{\mathrm{d}}{\mathrm{d}x}\left(\dfrac{\mathrm{d}y}{\mathrm{d}x}\right).$

可类似定义三阶及三阶以上导数．

常见函数的 n 阶导数：

$(a^x)^{(n)} = a^x \ln^n a$；$\left[(a+bx)^\mu\right]^{(n)} = \mu(\mu-1)(\mu-2)\cdots(\mu-n+1)b^n (a+bx)^{\mu-n}$；

$\left[\sin(ax+b)\right]^{(n)} = a^n \sin\left(ax+b+n\cdot\dfrac{\pi}{2}\right)$；$\left[\ln(1+x)\right]^{(n)} = (-1)^{n-1}\dfrac{(n-1)!}{(1+x)^n}.$

莱布尼兹(Leibniz)公式：

$$(uv)^{(n)} = u^{(n)}v + nu^{(n-1)}v' + \cdots + \frac{n(n-1)\cdots(n-k+1)}{k!}u^{(n-k)}v^{(k)} + \cdots + uv^{(n)}$$

$$= \sum_{k=0}^{n} C_n^k u^{(n-k)} v^{(k)}.$$

7. 变化率与相关变化率

变化率在科学技术和实践中具有广泛的应用，作为导数的实际背景应该好好掌握；而两个相互依赖的变化率称为相关变化率．

总习题 2

1. 填空题．

(1) $f(x)$ 在点 x_0 处可导是 $f(x)$ 在点 x_0 处连续的_____条件，$f(x)$ 在点 x_0 处连续是 $f(x)$ 在点 x_0 处可导的_____条件．

(2) $f(x)$ 在点 x_0 处的左导数 $f'_-(x_0)$ 及右导数 $f'_+(x_0)$ 都存在且相等是 $f(x)$ 在点 x_0 处可导的_____条件．

(3) $f(x)$ 在点 x_0 处可导是 $f(x)$ 在点 x_0 处可微的_____条件．

2. 设 $f'(a)$ 存在，则下列极限各表示什么？

(1) $\lim\limits_{h\to 0} \dfrac{f(a)-f(a-h)}{h}$；　　　　(2) $\lim\limits_{h\to 0}\dfrac{f(a+h)-f(a-h)}{2h}.$

3. 求下列函数在分段点处的左、右导数，并指出在该点的可导性：

(1) $f(x) = \begin{cases} \sin x, & x \geq 0, \\ x^3, & x < 0; \end{cases}$　　　　(2) $f(x) = \begin{cases} x^2, & x \geq 0, \\ x\mathrm{e}^x, & x < 0. \end{cases}$

4. 分别讨论下列函数在 $x=0$ 处的连续性与可导性：

$(1) f(x) = \begin{cases} x^2 \sin \dfrac{1}{x}, & x \neq 0, \\ 0, & x = 0; \end{cases}$ $(2) y = \begin{cases} \dfrac{x}{1 + e^{\frac{1}{x}}}, & x \neq 0, \\ 0, & x = 0. \end{cases}$

5. 求下列函数的导数：

$(1) y = \sqrt{x \sqrt{x \sqrt{x}}}$; $(2) y = \arcsin \sqrt{\sin x}$;

$(3) y = \sin^2 \left(\dfrac{1 - \ln x}{x} \right)$; $(4) y = (\sin x)^{\cos x} + (\cos x)^{\sin x}$;

$(5) y = \ln \tan \dfrac{x}{2} - \cos x \cdot \ln \tan x$; $(6) y = \arctan \dfrac{\varphi(x)}{\psi(x)} (\varphi(x), \psi(x) \text{ 可导})$.

6. 求下列函数的二阶导数：

$(1) y = \cos^2 x \cdot \ln x$; $(2) y = \dfrac{x}{\sqrt{1 - x^2}}$.

7. 求下列函数的 n 阶导数：

$(1) y = (x^2 + 2x + 2) e^{-x}$; $(2) y = \dfrac{1 + x}{\sqrt{1 - x}}$.

8. 求由下列方程所确定的隐函数的一阶或二阶导数：

$(1) \sin x + x e^y = 0$, 求 $\dfrac{dy}{dx}$; $(2) e^{x+y} = xy$, 求 $\dfrac{d^2 y}{dx^2}$.

9. 求下列参数方程所确定的函数的一阶导数 $\dfrac{dy}{dx}$ 及二阶导数 $\dfrac{d^2 y}{dx^2}$ ：

$(1) \begin{cases} x = a\cos^3 t, \\ y = a\sin^3 t; \end{cases}$ $(2) \begin{cases} x = \ln\sqrt{1 + t^2}, \\ y = \arctan t. \end{cases}$

10. 求曲线 $\sin y + x e^y = 0$ 在点 $(0, 0)$ 处的切线方程和法线方程.

11. 给定曲线 C：$\begin{cases} x = \ln \tan \dfrac{t}{2} + \cos t, \\ y = \sin t \end{cases} (0 < t < \pi)$ ，设 C 上任意点 P 处的切线与 x 轴的交点为 T. 证明：线段 PT 的长度为常数.

12. 设曲线 $y = f(x)$ 与 $y = \sin x$ 在原点处相切，试求 $\lim\limits_{n \to \infty} n^{\frac{1}{2}} \sqrt{f\left(\dfrac{2}{n} \right)}$.

13. 设扇形的圆心角 $\alpha = 60°$ ，半径 $R = 100$ cm，如果 R 不变，α 减小 $30'$，问：扇形面积大约改变了多少？又如果 α 不变，R 增加 1 cm，问：扇形面积大约改变了多少？

14. 已知单摆的振动周期

$$T = 2\pi \sqrt{\dfrac{l}{g}},$$

其中 $g = 980$ cm/s^2，l 为摆长（单位为 cm）. 设原摆长为 20 cm，为使周期 T 增大 0.05 s，摆长约需加多少？

第3章 微分中值定理与导数的应用

上一章，我们引入了导数和微分的概念，并讨论了导数和微分的计算方法. 这一章我们将应用导数来研究函数及曲线的某些性质，并利用这些知识解决一些实际问题. 为此，首先介绍微分学中的几个中值定理，它们是利用导数研究函数的理论基础.

3.1 微分中值定理

这一节我们要介绍的罗尔(Rolle)定理、拉格朗日(Lagrange)定理和柯西(Cauchy)定理，统称为微分中值定理. 其中，拉格朗日定理尤为重要，它刻画了函数在整个区间的变化与导数的局部性之间的联系，是用导数研究函数性质的理论依据.

3.1.1 费马(Fermat)定理

定义 3.1.1 设函数 $f(x)$ 在区间 I 上有定义，点 $x_0 \in I$，若存在点 x_0 的邻域 $(x_0-\delta, x_0+\delta)$，使得对一切 $x \in (x_0-\delta, x_0+\delta)$ 有

$$f(x) \leqslant f(x_0) \ (\text{或} f(x) \geqslant f(x_0))$$

则称点 x_0 为函数 $f(x)$ 在区间 I 上的极大(极小)值点，并称 $f(x_0)$ 为函数 $f(x)$ 在区间 I 上的极大(极小)值. 极大值和极小值统称为**极值**. 极大值点和极小值点统称为**极值点**.

若函数在某一点取得了极值，那么它在这点有何特别的性质？由图 3.1 观察到，凡是取到极值的点，其切线必平行于 x 轴. 也就是说，若可微函数在 x_0 处取得极值，则必有 $f'(x_0)=0$. 下面将分析证明这个从几何直观上得出的结论.

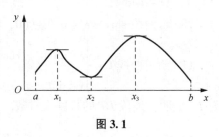

图 3.1

定理 3.1.1(Fermat) 设函数 $f(x)$ 在区间 I 上有定义，若 $f(x)$ 在点 $x_0 \in I$ 处取得极值且在该点可微，则 $f'(x_0)=0$.

证明 不妨设函数 $f(x)$ 在点 x_0 处取得极小值(极大值情况类似). 由极小值定义，存在 $\delta > 0$，使对任意的 $|h| < \delta$，有 $f(x_0+h) \geqslant f(x_0)$，
即
$$f(x_0+h) - f(x_0) \geqslant 0,$$

当 $h < 0$ 时，有 $\dfrac{f(x_0+h) - f(x_0)}{h} \leqslant 0$，由极限的局部保号性，得

$$f'_-(x_0) = \lim_{h \to 0^-} \frac{f(x_0+h) - f(x_0)}{h} \leqslant 0.$$

同理可得
$$f'_+(x_0) \geqslant 0.$$
由题设知 $f'(x_0)$ 存在，所以有 $f'_+(x_0) = f'_-(x_0) = f'(x_0) = 0$.

注意 （1）$f(x)$ 在点 x_0 处可微的条件是不能去掉的. 例如，函数 $y = |x|$ 在 $x = 0$ 处取得极小值，但在 $x = 0$ 处不可微，当然也不能有 $f'(0) = 0$.

（2）此定理只是 $y = f(x)$ 取得极值的必要条件，而非充分条件. 例如，对于函数 $y = x^3$，虽然 $f'(0) = 0$，但 $x = 0$ 不是极值点.

由费马定理可以得到下面的重要定理.

3.1.2 罗尔(Rolle)定理

定理 3.1.2(Rolle) 设函数 $f(x)$ 在闭区间 $[a,b]$ 上连续，在开区间 (a,b) 内可微，且 $f(a) = f(b)$，则至少可以找到一点 $\xi \in (a,b)$，使得 $f'(\xi) = 0$.

证明 由闭区间上连续函数的性质可知，$f(x)$ 在 $[a,b]$ 上必可取到最大值和最小值，分别记为 M 和 m.

（1）当 $M = m$ 时，$f(x)$ 在 $[a,b]$ 上恒为常数，从而 $f'(x) \equiv 0$. 这时在 (a,b) 内任取一点作为 ξ，有 $f'(\xi) = 0$.

（2）当 $M \neq m$ 时，由于 $f(a) = f(b)$，M 和 m 中至少有一个不等于 $f(a)$ 或 $f(b)$，即最大值和最小值中至少有一个在 $\xi \in (a,b)$ 内取得. 又 $f(x)$ 在 (a,b) 内可微，由费马定理可知，$f'(\xi) = 0$.

Rolle 定理的几何意义：在可微函数 $f(x)$ 的两个等值点之间至少可以找到一个点 ξ，使曲线在点 $(\xi, f(\xi))$ 处的切线平行于 x 轴，即平行于两个等值点的连线（见图 3.2）.

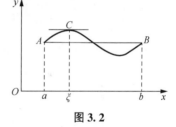

图 3.2

注意 此定理中，闭区间上连续性和开区间内可微性这两个条件都是不可缺少的.

例如，$f(x) = \begin{cases} 1, & x = 0, \\ x, & 0 < x \leqslant 1, \end{cases}$ 它在 $x = 0$ 处是不连续的，在 $(0,1)$ 上可微，且有 $f(0) = f(1) = 1$，易见 $\forall x \in (0,1)$ 有 $f'(x) = 1$，从而不存在 $\xi \in (0,1)$ 使 $f'(\xi) = 0$ 成立.

又如 $y = |x|$ 在 $[-1,1]$ 上连续，在 $(-1,1)$ 上除了 $x = 0$ 外处处可微，且 $f(-1) = f(1) = 1$，但却不存在 $\xi \in (0,1)$ 使 $f'(\xi) = 0$.

例 1 已知函数 $f(x) = x^3 + 6x^2 + 11x + 6$，试证明导函数 $f'(x)$ 有两个零点 x_1，x_2，且有 $-3 < x_1 < -2 < x_2 < -1$.

证明 由于 $f(x) = x^3 + 6x^2 + 11x + 6 = (x+1)(x+2)(x+3)$，从而
$$f(-1) = f(-2) = f(-3) = 0$$

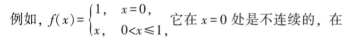

又知函数 $f(x)$ 在 $(-\infty, +\infty)$ 上连续、可微，在区间 $[-3,-2]$ 和 $[-2,-1]$ 上分别应用罗尔定理，则至少存在 $x_1 \in (-3,-2)$，$x_2 \in (-2,-1)$ 使 $f'(x_1) = f'(x_2) = 0$.

一般地，如果函数 $f(x)$ 在区间 (a,b) 内 $n-1$ 次可微，$a < x_1 < x_2 < \cdots < x_n < b$，$f(x_i) = 0 (1 \leqslant i \leqslant n)$，则反复应用罗尔定理可知，方程 $f'(x) = 0$ 在 (a,b) 内至少有 $n-1$ 个根，方程 $f''(x) = 0$ 在 (a,b) 内至少有 $n-2$ 个根，$\cdots$，$f^{(n-1)}(x) = 0$ 在 (a,b) 内至少有一个根.

例2 已知实数 $a_0, a_1, \cdots, a_n$ 满足等式 $a_0 + \dfrac{a_1}{2} + \dfrac{a_2}{3} + \cdots + \dfrac{a_n}{n+1} = 0$，试证：方程 $a_0 + a_1 x + a_2 x^2 + \cdots + a_n x^n = 0$ 在 $(0,1)$ 内至少有一实根.

证明 构造辅助函数 $f(x) = a_0 x + \dfrac{a_1}{2} x^2 + \cdots + \dfrac{a_n}{n+1} x^{n+1}$，易见函数 $f(x)$ 在 $[0,1]$ 内连续，在 $(0,1)$ 内可微，且 $f(0) = f(1) = 0$. 则由罗尔定理知，至少存在一点 $\xi \in (0,1)$ 使 $f'(\xi) = 0$.

即
$$a_0 + a_1 \xi + \cdots + a_n \xi^n = 0,$$

从而方程 $a_0 + a_1 x + \cdots + a_n x^n = 0$ 在 $(0,1)$ 内至少有一实根.

3.1.3 拉格朗日(Lagrange)定理

将罗尔定理的几何意义(见图 3.2)推广到更为一般的情形，是否仍然成立？也就是当 $f(a) \neq f(b)$ 时，是否仍然有某点 $\xi \in (a,b)$ 处的切线平行于 a,b 两点的连线？从图 3.3 可见上述的 ξ 是存在的，这便是下面的定理.

定理 3.1.3(Lagrange) 若函数 $f(x)$ 在闭区间 $[a,b]$ 上连续，在开区间 (a,b) 内可微，则至少存在一点 $\xi \in (a,b)$ 使

$$f'(\xi) = \frac{f(b) - f(a)}{b - a}$$

证明 构造辅助函数

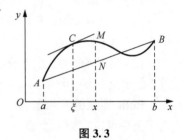

图 3.3

$$F(x) = f(x) - \frac{f(b) - f(a)}{b - a} x$$

则易见 $F(x)$ 在区间 $[a,b]$ 上连续，在开区间 (a,b) 内可微，且有

$$F(a) = \frac{bf(a) - af(b)}{b - a} = F(b)$$

从而可由罗尔定理得，存在一个 $\xi \in (a,b)$，

使
$$F'(\xi) = 0$$

即
$$F'(\xi) = \frac{f(b) - f(a)}{b - a}.$$

注意 (1)定理证明中用到的辅助函数 $F(x)$ 不是唯一的，若设成：

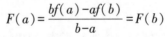

$$F(x) = f(x) - f(a) - \frac{f(b) - f(a)}{b - a} (x - a)$$

同样可以证明.

(2)拉格朗日(Lagrange)定理的几何意义是：可微函数在开区间内至少有一点处的切线平行于两个端点的连线.

(3)拉格朗日中值定理还有如下几种表示形式：

① $f(b) - f(a) = f'(\xi)(b - a)$，$\xi \in (a,b)$

② $f(b) - f(a) = f'[a + \theta(b - a)](b - a)\ (0 < \theta < 1)$

③ $f(x + \Delta x) - f(x) = f'(x + \theta \Delta x)\Delta x\ (0 < \theta < 1)$

从式③可以看出，拉格朗日中值定理将函数在有限区间上的增量和这一区间上某点处

的导数联系起来，从而为我们用导数研究函数提供了理论依据. 式③也称为**有限增量公式**.

应用拉格朗日定理可证明不等式.

例 3 证明当 $x>0$ 时，$\dfrac{x}{1+x}<\ln(1+x)<x$.

证明 设 $f(x)=\ln(1+x)$，显然 $f(x)$ 在区间 $[0,x]$ 上满足拉格朗日中值定理的条件，从而有

$$f(x)-f(0)=f'(\xi)(x-0)\ (0<\xi<x)$$

因 $f(0)=0$，$f'(x)=\dfrac{1}{1+x}$，因此上式即为

$$\ln(1+x)=\frac{x}{1+\xi}$$

由于 $0<\xi<x$，故有

$$\frac{x}{1+x}<\ln(1+x)<x$$

推论 1 若函数 $f(x)$ 在区间 I 上可微且在 I 上 $f'(x)\equiv 0$，则 $f(x)$ 在 I 上恒为常数.

证明 令 $x_0\in I$ 为一定点，x 为区间 I 任意点，则由拉格朗日定理可得

$$f(x)-f(x_0)=f'(\xi)(x-x_0)=0,$$

即

$$f(x)\equiv f(x_0)\ (x\in I).$$

推论 2 若函数 $f(x)$，$g(x)$ 都在 I 上可微，且 $f'(x)=g'(x)$，则必有 $f(x)=g(x)+C$（其中 C 为常数）.

证明 令 $F(x)=f(x)-g(x)$，则 $F'(x)=0$，$x\in I$，再由推论 1 即可得证.

例 4 证明恒等式：$\arcsin x+\arccos x=\dfrac{\pi}{2}(-1\leqslant x\leqslant 1)$.

证明 令 $f(x)=\arcsin x+\arccos x$，当 $-1<x<1$ 时，这个函数是可微的，并且

$$f'(x)=\frac{1}{\sqrt{1-x^2}}-\frac{1}{\sqrt{1-x^2}}=0,$$

由推论 1 知，$f(x)$ 在 $(-1,1)$ 上恒为一个常数，即

$$f(x)=\arcsin x+\arccos x=C.$$

为了确定常数 C，可令 $x=0$，得 $C=\dfrac{\pi}{2}$，则当 $-1<x<1$ 时

$$\arcsin x+\arccos x=\frac{\pi}{2}.$$

又 $f(1)=f(-1)=\dfrac{\pi}{2}$，从而 $\arcsin x+\arccos x=\dfrac{\pi}{2}(-1\leqslant x\leqslant 1)$.

3.1.4 柯西(Cauchy)定理

若曲线 $y=f(x)$ 以参数方程给出：$\begin{cases}x=\psi(t),\\ y=\varphi(t)\end{cases}(a\leqslant t\leqslant b)$，其中曲线弧的端点 A，B 分别对

应于参数 $t=a$，$t=b$，即 $A(\psi(a),\varphi(a))$，$B(\psi(b),\varphi(b))$，则曲线两端点连线的斜率为：

$$k=\frac{\varphi(b)-\varphi(a)}{\psi(b)-\psi(a)}$$

另外，由参数方程确定的函数的导数可知，曲线在点 $(\psi(t),\varphi(t))$ 处的导数为 $\frac{\varphi'(t)}{\psi'(t)}$，从而由拉格朗日中值定理的几何意义可得到下面的定理.

定理 3.1.4(Cauchy)　设函数 $f(x)$ 和 $g(x)$ 在闭区间 $[a,b]$ 上都是连续的，在开区间 (a,b) 内可微，且对任意 $x\in(a,b)$，$g'(x)\neq0$，则在 (a,b) 内至少存在一点 ξ 使

$$\frac{f(b)-f(a)}{g(b)-g(a)}=\frac{f'(\xi)}{g'(\xi)}(a<\xi<b).$$

证明　构造辅助函数

$$F(x)=f(x)-\frac{f(b)-f(a)}{g(b)-g(a)}g(x),$$

则易见 $F(x)$ 在 $[a,b]$ 上是连续的，在 (a,b) 内是可微的，且 $F(a)=F(b)$. 根据罗尔定理知，在 (a,b) 内至少存在一点 ξ 使

$$F'(\xi)=0$$

即

$$\frac{f(b)-f(a)}{g(b)-g(a)}g'(\xi)=f'(\xi).$$

由于 $g'(x)\neq0$，故有

$$\frac{f(b)-f(a)}{g(b)-g(a)}=\frac{f'(\xi)}{g'(\xi)}.$$

注意　当 $g(x)=x$ 时，柯西定理即为拉格朗日定理，故柯西中值定理是拉格朗日中值定理的推广.

例5　设 $b>a>0$，证明：存在 $\xi\in(a,b)$，使得 $b\ln a-a\ln b=(b-a)(\ln\xi-1)$.

证明　将欲证的结论变形为

$$\frac{\dfrac{\ln b}{b}-\dfrac{\ln a}{a}}{\dfrac{1}{b}-\dfrac{1}{a}}=\frac{\dfrac{1-\ln\xi}{\xi^2}}{-\dfrac{1}{\xi^2}},$$

构造辅助函数 $f(x)=\dfrac{\ln x}{x}$，$g(x)=\dfrac{1}{x}$，则显然 $f(x)$，$g(x)$ 在 $[a,b]$ 上满足柯西定理条件，故存在 $\xi\in(a,b)$ 使得

$$\frac{f(b)-f(a)}{g(b)-g(a)}=\frac{f'(\xi)}{g'(\xi)},$$

即

$$b\ln a-a\ln b=(b-a)(\ln\xi-1).$$

习题 3.1

1. 试用几何语言叙述费马、罗尔、拉格朗日三条定理.

2. 验证罗尔定理对函数 $f(x)=x^3+4x^2-7x-10$ 在区间 $[-1,2]$ 上的正确性.

3. 验证拉格朗日定理对函数 $f(x)=\ln x$ 在区间 $[1,e]$ 上的正确性.

4. 对函数 $f(x)=\sin x$ 及 $g(x)=x+\cos x$ 在区间 $\left[0,\dfrac{\pi}{2}\right]$ 上验证柯西定理的正确性.

5. 不用求出函数 $f(x)=(x-1)(x-2)(x-3)(x-4)$ 的导数, 说明 $f'(x)=0$ 有几个实根, 并指出它们所在区间.

6. 若方程 $a_0 x^n+a_1 x^{n-1}+\cdots+a_{n-1}x=0$ 有一正根 $x=x_0$, 证明方程 $a_0 n x^{n-1}+a_1(n-1)x^{n-2}+\cdots+a_{n-1}=0$ 必有一个小于 x_0 的正根.

7. 设函数 $f(x)$ 在区间 $[1,2]$ 上有二阶导数, 且 $f(2)=f(1)=0$, 又 $F(x)=(x-1)^2 f(x)$, 证明: 在区间 $(1,2)$ 上至少有一点 ξ, 使得 $F''(\xi)=0.$

8. 应用拉格朗日中值定理证明下列不等式:

(1) 当 $a>b>0,n>1$ 时, 有 $nb^{n-1}(a-b)<a^n-b^n<na^{n-1}(a-b)$;

(2) 当 $a>b>0$ 时, 有 $\dfrac{a-b}{a}<\ln\dfrac{a}{b}<\dfrac{a-b}{b}$;

(3) 当 $x\neq 0$ 时, $e^x>1+x.$

9. 证明恒等式:

(1) $\arctan x+\operatorname{arccot}x=\dfrac{\pi}{2}$; (2) $\arctan x=\arcsin\dfrac{x}{\sqrt{1+x^2}}$.

10. 证明方程 $x^5+x-1=0$ 只有一个正根.

11. 证明: 若函数 $f(x)$ 在 $(-\infty,+\infty)$ 内满足关系式 $f'(x)=f(x)$, 且 $f(0)=1$, 则 $f(x)=e^x.$

12. 设 $f(x)$ 在 $[a,b]$ 上可微, 且 $a,b>0$, 证明:

$$\frac{1}{a-b}\begin{vmatrix} a & b \\ f(a) & f(b) \end{vmatrix}=f(\xi)-\xi f'(\xi), \text{ 其中 } \xi\in(a,b).$$

3.2 洛必达法则

3.2.1 $\dfrac{0}{0}$ 型极限

当 $x\to x_0$ 时, 若函数 $f(x)$ 与 $g(x)$ 都是无穷小量, 则比式 $\dfrac{f(x)}{g(x)}$ 称为当 $x\to x_0$ 时的 $\dfrac{0}{0}$ 型未定式. 这时极限的除法法则已不再适用. 由于这种极限可能存在也可能不存在, 因此称为未定式. 前面在第 1 章中我们用等价无穷小替换的方法能够解决一些这样的问题, 但很多这种形式的极限用以前的方法解决起来比较困难. 下面我们借助柯西中值定理给出一种简单而有效的方法.

定理 3.2.1(L'Hospital 法则) 设函数 $f(x)$, $g(x)$ 满足条件 (1) $\lim\limits_{x\to a}f(x)=\lim\limits_{x\to a}g(x)=0$; (2) 在点 a 的某个去心邻域内, $f'(x)$ 及 $g'(x)$ 都存在且 $g'(x)\neq 0$; (3) $\lim\limits_{x\to a}\dfrac{f'(x)}{g'(x)}=k$ (有限或无穷), 则

$$\lim_{x\to a}\frac{f(x)}{g(x)}=\lim_{x\to a}\frac{f'(x)}{g'(x)}=k$$

证明 因为当 $x \to a$ 时，$\dfrac{f(x)}{g(x)}$ 的极限与 $f(a)$ 及 $g(a)$ 无关，所以可以假定 $f(a) = g(a) = 0$，于是由条件(1)、(2)知，$f(x)$ 及 $g(x)$ 在 a 的某个邻域 $U(a, \delta)$ 内是连续的. 设 x 是 $U(a, \delta)$ 内的任一点，则 $f(x)$，$g(x)$ 在以 x，a 为端点的闭区间上满足柯西定理的条件. 从而在 x 与 a 之间存在一点 ξ，使得

$$\frac{f(x)}{g(x)} = \frac{f(x) - f(a)}{g(x) - g(a)} = \frac{f'(\xi)}{g'(\xi)}$$

由于 ξ 在 x 与 a 之间，因此当 $x \to a$ 时，$\xi \to a$. 对上式两端取极限，再根据条件(3)，有

$$\lim_{x \to a} \frac{f(x)}{g(x)} = \lim_{\xi \to a} \frac{f'(\xi)}{g'(\xi)} = k.$$

注意 （1）在定理条件成立时，由 $\displaystyle\lim_{x \to a} \frac{f'(x)}{g'(x)} = k$ 可推出 $\displaystyle\lim_{x \to a} \frac{f(x)}{g(x)} = k$. 但若 $\displaystyle\lim_{x \to a} \frac{f'(x)}{g'(x)}$ 不存在，却不能推出 $\displaystyle\lim_{x \to a} \frac{f(x)}{g(x)}$ 不存在. 此时 L'Hospital 法则失效，只能另选其他的方法求极限.

如 $f(x) = x^2 \sin \dfrac{1}{x}$ 和 $g(x) = x$ 在 $x = 0$ 的某个去心邻域内都可导且 $g'(x) = 1 \neq 0$，易见

$$\lim_{x \to 0} \frac{f'(x)}{g'(x)} = \lim_{x \to 0} 2x \sin \frac{1}{x} - \cos \frac{1}{x}$$

不存在，但是

$$\lim_{x \to a} \frac{f(x)}{g(x)} = \lim_{x \to a} x \sin \frac{1}{x} = 0.$$

（2）当 $f(x)$，$g(x)$ 在 a 的某个去心邻域内有高阶导数，而且 $g(x)$ 的各阶导数都不为零时，可以多次应用上述洛必达法则，得 $\displaystyle\lim_{x \to a} \frac{f(x)}{g(x)} = \lim_{x \to a} \frac{f'(x)}{g'(x)} = \lim_{x \to a} \frac{f''(x)}{g''(x)} = \cdots$ 直到最后的极限不再是不定式为止.

（3）在多次应用洛必达法则时，所得的结果可能会越来越烦琐，这时每应用一次都要检查一下是否可将一些因子的极限先求出来，从而化简整个式子.

例 1 求极限 $\displaystyle\lim_{x \to 0} \frac{\mathrm{e}^{2x} - 1}{\ln(1+x)}$.

解 这是一个 $\dfrac{0}{0}$ 型的未定式，因而可用洛必达法则.

$$\lim_{x \to 0} \frac{\mathrm{e}^{2x} - 1}{\ln(1+x)} = \lim_{x \to 0} \frac{2\mathrm{e}^{2x}}{\dfrac{1}{1+x}} = 2.$$

例 2 求极限 $\displaystyle\lim_{x \to 1} \frac{x^3 - 3x + 2}{x^3 - x^2 - x + 1}$.

解 这是一个 $\dfrac{0}{0}$ 型的未定式，连续应用洛必达法则得

$$\lim_{x \to 1} \frac{x^3 - 3x + 2}{x^3 - x^2 - x + 1} = \lim_{x \to 1} \frac{3x^2 - 3}{3x^2 - 2x - 1} = \lim_{x \to 1} \frac{6x}{6x - 2} = \frac{3}{2}.$$

例 3 求极限 $\lim\limits_{x\to 0}\dfrac{\tan x-x}{x-\sin x}$.

解 $\lim\limits_{x\to 0}\dfrac{\tan x-x}{x-\sin x}=\lim\limits_{x\to 0}\dfrac{\sec^2 x-1}{1-\cos x}=\lim\limits_{x\to 0}\dfrac{1-\cos^2 x}{\cos^2 x(1-\cos x)}$

$$=\lim\limits_{x\to 0}\dfrac{1-\cos^2 x}{1-\cos x}=\lim\limits_{x\to 0}(1+\cos x)=2.$$

例 4 求极限 $\lim\limits_{x\to 0}\dfrac{\sin x}{x^2}$.

解 由洛必达法则有

$$\lim\limits_{x\to 0}\dfrac{\sin x}{x^2}=\lim\limits_{x\to 0}\dfrac{\cos x}{2x}=\infty .$$

对于 $x\to +\infty$ 时的 $\dfrac{0}{0}$ 型未定式，我们也有下面的定理.

定理 3.2.2 设函数 $f(x)$，$g(x)$ 满足（1）$\lim\limits_{x\to +\infty}f(x)=\lim\limits_{x\to +\infty}g(x)=0$；（2）在 $(R,+\infty)$ 内可导，并当 $x>R$ 时，$g'(x)\neq 0$；（3）$\lim\limits_{x\to +\infty}\dfrac{f'(x)}{g'(x)}=k$（有限或无穷），则

$$\lim\limits_{x\to +\infty}\dfrac{f(x)}{g(x)}=\lim\limits_{x\to +\infty}\dfrac{f'(x)}{g'(x)}=k$$

证明 作变换 $x=\dfrac{1}{y}$. 由于当 $x\to +\infty$ 时 $y\to 0$，所以

$$\lim\limits_{x\to +\infty}\dfrac{f(x)}{g(x)}=\lim\limits_{y\to 0}\dfrac{f\left(\dfrac{1}{y}\right)}{g\left(\dfrac{1}{y}\right)} .$$

对上式右端用洛必达法则，得

$$\lim\limits_{x\to +\infty}\dfrac{f(x)}{g(x)}=\lim\limits_{y\to 0}\dfrac{f\left(\dfrac{1}{y}\right)}{g\left(\dfrac{1}{y}\right)}=\lim\limits_{y\to 0}\dfrac{f'\left(\dfrac{1}{y}\right)\left(-\dfrac{1}{y^2}\right)}{g'\left(\dfrac{1}{y}\right)\left(-\dfrac{1}{y^2}\right)}=\lim\limits_{y\to 0}\dfrac{f'\left(\dfrac{1}{y}\right)}{g'\left(\dfrac{1}{y}\right)}=\lim\limits_{x\to +\infty}\dfrac{f'(x)}{g'(x)}=k.$$

对于 $x\to \infty$，$x\to -\infty$ 也可得到类似的结果.

例 5 求极限 $\lim\limits_{x\to +\infty}\dfrac{\dfrac{\pi}{2}-\arctan x}{\dfrac{1}{x}}$.

解 由洛必达法则得

$$\lim\limits_{x\to +\infty}\dfrac{\dfrac{\pi}{2}-\arctan x}{\dfrac{1}{x}}=\lim\limits_{x\to +\infty}\dfrac{-\dfrac{1}{1+x^2}}{-\dfrac{1}{x^2}}=\lim\limits_{x\to +\infty}\dfrac{x^2}{1+x^2}=1.$$

3.2.2 $\dfrac{\infty}{\infty}$ 型极限

若当 $x \to x_0$(或 $x \to \infty$)时，$f(x)$ 和 $g(x)$ 都趋于 ∞ ，则称 $\dfrac{f(x)}{g(x)}$ 是当 $x \to x_0$(或 $x \to \infty$)时的 $\dfrac{\infty}{\infty}$ 型未定式.

定理 3.2.3　设函数 $f(x)$ ，$g(x)$ 满足 (1) $\lim\limits_{x \to x_0} f(x) = \infty$ ，$\lim\limits_{x \to x_0} g(x) = \infty$ ；(2)在 x_0 的某个去心邻域内可导，并且有 $g'(x) \neq 0$ ；(3) $\lim\limits_{x \to x_0} \dfrac{f'(x)}{g'(x)} = k$(有限或无穷)，则

$$\lim_{x \to x_0} \frac{f(x)}{g(x)} = \lim_{x \to x_0} \frac{f'(x)}{g'(x)} = k$$

当 $x \to \infty$ 时，也有类似的结论.

例 6　求极限 $\lim\limits_{x \to +\infty} \dfrac{\ln x}{x^{\mu}} (\mu > 0)$.

解　这是 $\dfrac{\infty}{\infty}$ 型未定式，由洛必达法则有

$$\lim_{x \to +\infty} \frac{\ln x}{x^{\mu}} = \lim_{x \to +\infty} \frac{\dfrac{1}{x}}{\mu x^{\mu-1}} = \lim_{x \to +\infty} \frac{1}{\mu x^{\mu}} = 0.$$

例 7　求极限 $\lim\limits_{x \to +\infty} \dfrac{x^{\mu}}{e^x} (\mu > 0)$.

解　这是 $\dfrac{\infty}{\infty}$ 型未定式. 对于正常数 μ ，总存在自然数 n ，使 $n-1 < \mu \leqslant n$ ，而 $\mu-n \leqslant 0$. 连续应用洛必达法则 n 次，有

$$\lim_{x \to +\infty} \frac{x^{\mu}}{e^x} = \lim_{x \to +\infty} \frac{\mu(\mu-1)\cdots(\mu-n+1)x^{\mu-n}}{e^x} = 0.$$

对数函数 $\ln x$、幂函数 $x^{\mu}(\mu > 0)$、指数函数 e^x 均为 $x \to +\infty$ 时的无穷大，但从上面的两个例子可以看出，这三个函数趋向无穷大的 "速度" 是不一样的，指数函数趋向无穷大的 "速度" 比幂函数快得多，而幂函数趋向无穷大的 "速度" 又比对数函数快得多.

3.2.3 $0 \cdot \infty, \infty - \infty, 0^0, \infty^0, 1^{\infty}$ 型极限

除了 $\dfrac{0}{0}$ 型与 $\dfrac{\infty}{\infty}$ 型的未定式外，还有 $0 \cdot \infty, \infty - \infty, 0^0, \infty^0, 1^{\infty}$ 等类型的未定式. 通过适当的恒等变形，它们都可化为 $\dfrac{0}{0}$ 或 $\dfrac{\infty}{\infty}$ 型.

若 $f(x) \cdot g(x)$ 的极限为 $0 \cdot \infty$ 型，将它变形成 $\dfrac{f(x)}{\dfrac{1}{g(x)}}$ 或 $\dfrac{g(x)}{\dfrac{1}{f(x)}}$ ，则化成了 $\dfrac{0}{0}$ 或 $\dfrac{\infty}{\infty}$ 型.

若 $f(x)-g(x)$ 的极限为 $\infty-\infty$ 型，将它变形成 $\dfrac{1}{\dfrac{1}{f(x)}}-\dfrac{1}{\dfrac{1}{g(x)}}=\dfrac{\dfrac{1}{g(x)}-\dfrac{1}{f(x)}}{\dfrac{1}{f(x)}\cdot\dfrac{1}{g(x)}}$，则化成了

$\dfrac{0}{0}$ 型.

若 $y=f(x)^{g(x)}$ 的极限为 0^0，∞^0，1^∞ 型，将它改写成 $y=e^{g(x)\ln f(x)}$，则 $g(x)\ln f(x)$ 的极限即为 $0\cdot\infty$ 型，设其极限为 k，所求未定型的极限即为 e^k.

例 8 求极限 $\lim\limits_{x\to 0^+}x^\mu \ln x(\mu>0)$.

解 这是 $0\cdot\infty$ 型未定式，从而

$$\lim_{x\to 0^+}x^\mu\ln x=\lim_{x\to 0^+}\frac{\ln x}{\dfrac{1}{x^\mu}}=\lim_{x\to 0^+}\frac{\dfrac{1}{x}}{-\dfrac{\mu}{x^{\mu+1}}}=\lim_{x\to 0^+}\frac{-x^\mu}{\mu}=0.$$

例 9 求极限 $\lim\limits_{x\to\frac{\pi}{2}}(\sec x-\tan x)$.

解 这是 $\infty-\infty$ 型未定式，从而

$$\lim_{x\to\frac{\pi}{2}}(\sec x-\tan x)=\lim_{x\to\frac{\pi}{2}}\frac{1-\sin x}{\cos x}=\lim_{x\to\frac{\pi}{2}}\frac{-\cos x}{-\sin x}=0.$$

例 10 求极限 $\lim\limits_{x\to 0^+}x^x$.

解 这是 0^0 型未定式，从而

$$\lim_{x\to 0^+}x^x=\lim_{x\to 0^+}e^{x\ln x}=e^{\lim\limits_{x\to 0^+}\frac{\ln x}{\frac{1}{x}}}=e^{\lim\limits_{x\to 0^+}\frac{\frac{1}{x}}{-\frac{1}{x^2}}}=e^{\lim\limits_{x\to 0^+}(-x)}=e^0=1.$$

例 11 讨论函数 $f(x)=\begin{cases}\left[\dfrac{(1+x)^{\frac{1}{x}}}{e}\right]^{\frac{1}{x}}, & x>0,\\[3mm] e^{-\frac{1}{2}}, & x\leqslant 0\end{cases}$ 在 $x=0$ 处的连续性.

解 令 $u=\left[\dfrac{(1+x)^{\frac{1}{x}}}{e}\right]^{\frac{1}{x}}$，则 $\ln u=\dfrac{1}{x}\ln\dfrac{(1+x)^{\frac{1}{x}}}{e}$.

从而
$$\lim_{x\to 0^+}\ln u=\lim_{x\to 0^+}\frac{\dfrac{1}{x}\ln(1+x)-1}{x}=\lim_{x\to 0^+}\frac{\ln(1+x)-x}{x^2}=\lim_{x\to 0^+}\frac{\dfrac{1}{1+x}-1}{2x}$$

$$=\lim_{x\to 0^+}\frac{-x}{2x(1+x)}=-\frac{1}{2},$$

即
$$\lim_{x\to 0^+}f(x)=e^{-\frac{1}{2}},$$

所以函数 $f(x)$ 在 $x=0$ 处连续.

洛必达法则是求未定式的一种有效方法，但最好能与其他求极限的方法结合使用. 例如，能化简时应尽可能先化简，可以应用等价无穷小替换或重要极限时，应尽可能应用，这样可以使运算简捷.

例 12　求极限 $\lim\limits_{x\to 0}\dfrac{\tan x-x}{x^2\sin x}$.

解　若直接利用洛必达法则，那么分母的导数（尤其是高阶导数）较繁．如果先作一个等价无穷小替换，那么运算就方便得多．

$$\lim_{x\to 0}\frac{\tan x-x}{x^2\sin x}=\lim_{x\to 0}\frac{\tan x-x}{x^3}=\lim_{x\to 0}\frac{\sec^2 x-1}{3x^2}=\lim_{x\to 0}\frac{2\sec^2 x\tan x}{6x}=\frac{1}{3}\lim_{x\to 0}\frac{\tan x}{x}=\frac{1}{3}\,.$$

习题 3. 2

1. 求下列极限：

(1) $\lim\limits_{x\to 0}\dfrac{e^x-e^{-x}}{\sin x}$;

(2) $\lim\limits_{x\to 0}\dfrac{x\cot x-1}{x^2}$;

(3) $\lim\limits_{x\to \frac{\pi}{2}}\dfrac{\ln\sin x}{(\pi-2x)^2}$;

(4) $\lim\limits_{x\to a}\dfrac{x^m-a^m}{x^n-a^n}$;

(5) $\lim\limits_{x\to 0^+}\dfrac{\ln\tan 7x}{\ln\tan 2x}$;

(6) $\lim\limits_{x\to \frac{\pi}{2}}\dfrac{\tan x}{\tan 3x}$;

(7) $\lim\limits_{x\to +\infty}\dfrac{\ln\left(1+\dfrac{1}{x}\right)}{\operatorname{arccot}x}$;

(8) $\lim\limits_{x\to 0}x^2 e^{\frac{1}{x^2}}$;

(9) $\lim\limits_{x\to 0}x\cot 2x$;

(10) $\lim\limits_{x\to 1}\left(\dfrac{x}{x-1}-\dfrac{1}{\ln x}\right)$;

(11) $\lim\limits_{x\to 1}\left(\dfrac{2}{x^2-1}-\dfrac{1}{x-1}\right)$;

(12) $\lim\limits_{x\to 0^+}x^{\sin x}$;

(13) $\lim\limits_{x\to 0^+}\left(\ln\dfrac{1}{x}\right)^x$;

(14) $\lim\limits_{x\to 1}(2-x)^{\tan\frac{\pi x}{2}}$;

(15) $\lim\limits_{x\to 0}\left(\dfrac{\sin x}{x}\right)^{\frac{1}{x^2}}$;

(16) $\lim\limits_{x\to 0}(1+x^2 e^x)^{\frac{1}{1-\cos x}}$.

2. 下列极限是否存在？是否可以用洛必达法则？为什么？若有极限，求其极限值．

(1) $\lim\limits_{x\to 0}x\sin\dfrac{k}{x}$;

(2) $\lim\limits_{x\to 0}\dfrac{x^2\cos\dfrac{1}{x}}{\tan x}$;

(3) $\lim\limits_{x\to \infty}\dfrac{x+\sin x}{x}$.

3. 已知 $f''(x_0)$ 存在，证明 $\lim\limits_{h\to 0}\dfrac{f(x_0+h)+f(x_0-h)-2f(x_0)}{h^2}=f''(x_0)$.

3.3　泰勒公式

在分析函数的某些局部性质时，通常是在这个局部范围内用一些简单的函数去近似代替较复杂的函数．而多项式函数是最简单的一种函数，这是因为要计算它的值，只要进行加、减、乘的运算即可．因此我们常用多项式函数来近似表达函数．

其实在应用微分作近似计算时我们已讨论过利用 x_0 点处的切线，即用一次多项式

$$y=f(x_0)+f'(x_0)(x-x_0)$$

来近似函数 $f(x)$，并且我们也知道，这种近似所产生的误差是 $x-x_0$ 的高阶无穷小. 但这种近似存在两个不足：首先精确度不高，它所产生的误差只是 $x-x_0$ 的高阶无穷小；其次这种近似的误差不能定量估计. 现为了提高误差的精确度，我们选用一段抛物线来近似代替曲线 $y=f(x)$. 设 $y=f(x)$ 在 x_0 点有一阶与二阶导数，构造函数

$$y=f(x_0)+f'(x_0)(x-x_0)+\frac{1}{2}f''(x_0)(x-x_0)^2$$

则易见此函数满足：

(1) 它在 x_0 处的函数值等于 $f(x_0)$；

(2) 它在 x_0 处的一阶导数等于 $f'(x_0)$，即两者在 x_0 处有相同的变化速度；

(3) 它在 x_0 处的二阶导数等于 $f''(x_0)$，即两者的变化在 x_0 处有相同的加速度.

从而当以此二次多项式来代替函数 $y=f(x)$ 时，我们可以期望曲线 $y=f(x)$ 与二次多项式给出的抛物线在 $(x_0,f(x_0))$ 的邻域内贴合的程度要比曲线 $y=f(x)$ 与它在 $(x_0,f(x_0))$ 点的切线贴合得更紧. 可以看到当 $x\to x_0$ 时，它们的差是比 $(x-x_0)^2$ 更高阶的无穷小. 即

$$f(x)=f(x_0)+f'(x_0)(x-x_0)+\frac{1}{2}f''(x_0)(x-x_0)^2+o((x-x_0)^2)$$

从以上的讨论我们自然可以想到：当一个函数 $y=f(x)$ 有任意阶导数时，我们可以用逐渐增加多项式次数的方法来更加精确地逼近它. 这也正是产生泰勒公式及幂级数的几何背景.

3.3.1 泰勒(Taylor)多项式

设 $f(x)$ 在含有 x_0 的开区间内有直到 $n+1$ 阶的导数，根据上面的分析，我们希望找一个关于 $x-x_0$ 的 n 次多项式

$$P_n(x)=a_0+a_1(x-x_0)+a_2(x-x_0)^2+\cdots+a_n(x-x_0)^n$$

来近似表达函数 $f(x)$，要求它们之间的误差是 $(x-x_0)^n$ 的高阶无穷小，即有

$$f(x)-P_n(x)=o((x-x_0)^n),$$

其中 $a_0,a_1,\cdots,a_n$ 都是待定常数. 这种想法实现的关键是找到满足上式的 $n+1$ 个系数 a_0, $a_1,\cdots,a_n$.

由于要求 $P_n(x)$ 能在 x_0 附近很好地表示 $f(x)$，自然要求它在 x_0 处的值相等，即

$$P_n(x_0)=f(x_0),$$

其次，要求多项式 $P_n(x)$ 所表示的曲线与 $y=f(x)$ 表示的曲线在点 x_0 处有相同的切线，即

$$P_n'(x_0)=f'(x_0),$$

最后，为使 $P_n(x)$ 与 $f(x)$ 在 x_0 处拟合的程度更好，要求

$$P_n''(x_0)=f''(x_0),$$
$$P_n'''(x_0)=f'''(x_0),$$
$$\cdots$$
$$P_n^{(n)}(x_0)=f^{(n)}(x_0),$$

因为

$$P_n'(x)=a_1+2a_2(x-x_0)+\cdots+na_n(x-x_0)^{n-1},$$
$$P_n''(x)=2a_2+3\cdot2a_3(x-x_0)+\cdots+n(n-1)a_n(x-x_0)^{n-2},$$

$$\cdots$$
$$P_n^{(n)}(x)=n(n-1)\times\cdots\times2\cdot a_n,$$

代入上述条件, 可得

$$a_0=f(x_0),\ a_1=f'(x_0),\ 2a_2=f''(x_0),\ \cdots,\ n!\ a_n=f^{(n)}(x_0),$$

即

$$a_0=f(x_0),\ a_1=f'(x_0),\ a_2=\frac{f''(x_0)}{2},\ \cdots,\ a_n=\frac{f^{(n)}(x_0)}{n!}.$$

因此, 对于给定的函数 $f(x)$, 多项式 $P_n(x)$ 就唯一地确定了, 即

$$P_n(x)=f(x_0)+f'(x_0)(x-x_0)+\frac{f''(x_0)}{2!}(x-x_0)^2+\cdots+\frac{f^{(n)}(x_0)}{n!}(x-x_0)^n \tag{3.1}$$

称多项式(3.1)为 $f(x)$ 在点 x_0 处的 n 阶**泰勒多项式**.

3.3.2　泰勒(Taylor)定理

定理 3.3.1　　设函数 $f(x)$ 在某一区间 I 上有直到 $n+1$ 阶的导数, 而 $x_0\in I$, 则对 $\forall x\in I$, $f(x)$ 可按 $x-x_0$ 的方幂展开为

$$f(x)=f(x_0)+f'(x_0)(x-x_0)+\frac{1}{2!}f''(x_0)(x-x_0)^2+\cdots+\frac{1}{n!}f^{(n)}(x_0)(x-x_0)^n+\frac{f^{(n+1)}(\xi)}{(n+1)!}(x-x_0)^{n+1}$$

$$\tag{3.2}$$

其中 ξ 是 x_0 与 x 之间的一点.

证明　令 $R_n(x)=f(x)-P_n(x)$, 只需证明

$$R_n(x)=\frac{f^{(n+1)}(\xi)}{(n+1)!}(x-x_0)^{n+1}(\xi 介于 x_0 与 x 之间)$$

由假设可知, $R_n(x)$ 在 I 内具有直到 $n+1$ 阶导数, 且

$$R_n(x_0)=R_n'(x_0)=R_n''(x_0)=\cdots=R_n^{(n)}(x_0)=0$$

对两个函数 $R_n(x)$ 及 $(x-x_0)^{n+1}$ 在以 x 和 x_0 为端点的区间上应用柯西中值定理, 得

$$\frac{R_n(x)}{(x-x_0)^{n+1}}=\frac{R_n(x)-R_n(x_0)}{(x-x_0)^{n+1}-0}=\frac{R_n'(\xi_1)}{(n+1)(\xi_1-x_0)^n}(\xi_1 介于 x_0 与 x 之间)$$

再对两个函数 $R_n'(x)$ 和 $(n+1)(x-x_0)^n$ 在以 x_0,ξ_1 为端点的区间上应用柯西中值定理, 得

$$\frac{R_n'(\xi_1)}{(n+1)(\xi_1-x_0)^n}=\frac{R_n'(\xi_1)-R_n'(x_0)}{(n+1)(\xi_1-x_0)^n-0}=\frac{R_n''(\xi_2)}{n(n+1)(\xi_2-x_0)^{n-1}}(\xi_2 介于 x_0 与 \xi_1 之间)$$

照此方法继续做下去, 再经过 $n+1$ 次后, 得

$$\frac{R_n(x)}{(x-x_0)^{n+1}}=\frac{R_n^{(n+1)}(\xi)}{(n+1)!}(\xi 介于 x_0 与 \xi_n 之间, 因而也介于 x_0 与 x 之间)$$

又注意到 $R_n^{(n+1)}(x)=f^{(n+1)}(x)$, 则由上式得

$$R_n(x)=\frac{f^{(n+1)}(\xi)}{(n+1)!}(x-x_0)^{n+1}(\xi 介于 x_0 与 x 之间)$$

我们称公式(3.2)为函数 $f(x)$ 按 $(x-x_0)$ 的幂展开的带有拉格朗日型余项的 n 阶泰勒公式, 而称 $R_n(x)=\frac{f^{(n+1)}(\xi)}{(n+1)!}(x-x_0)^{n+1}$ 为**拉格朗日型余项**.

注意 （1）当 $n=0$ 时，泰勒公式就变为拉格朗日中值公式

$$f(x)=f(x_0)+f'(\xi)(x-x_0)\ (\xi\ 介于\ x_0\ 与\ x\ 之间)$$

因此，泰勒定理是拉格朗日中值定理的推广.

（2）记 $\theta=\dfrac{\xi-x_0}{x-x_0}$，则有 $\xi=x_0+\theta(x-x_0)\ (0<\theta<1)$

从而公式（3.2）中的余项为 $R_n(x)=\dfrac{f^{(n+1)}(x_0+\theta(x-x_0))}{(n+1)!}(x-x_0)^{n+1}$.

（3）如果对于某个固定的 n，当 $x\in I$ 时，$|f^{(n+1)}(x)|\leqslant M$，则有估计式

$$|R_n(x)|=\left|\frac{f^{(n+1)}(\xi)}{(n+1)!}(x-x_0)^{n+1}\right|\leqslant\frac{M}{(n+1)!}|x-x_0|^{n+1} \tag{3.3}$$

及 $\lim\limits_{x\to x_0}\dfrac{R_n(x)}{(x-x_0)^n}=0$，也即

$$R_n(x)=o[(x-x_0)^n] \tag{3.4}$$

（3.4）式说明当 $x\to x_0$ 时，$R_n(x)$ 是比 $(x-x_0)^n$ 高阶的无穷小，从而以 $P_n(x)$ 代替 $f(x)$ 时的精确度大大提高了. 而（3.3）式可以用来估计误差的大小. 至此，我们在本章开始时所说的两点不足均得以解决.

在不需要余项的精确表达式时，n 阶泰勒公式也可写成

$$f(x)=f(x_0)+f'(x_0)(x-x_0)+\frac{1}{2!}f''(x_0)(x-x_0)^2+\cdots+\frac{1}{n!}f^{(n)}(x_0)(x-x_0)^n+o((x-x_0)^n)$$
$$\tag{3.5}$$

$R_n(x)$ 的表达式（3.4）称为**皮亚诺（Peano）型余项**，公式（3.5）称为函数 $f(x)$ 按 $(x-x_0)$ 的幂展开的带有皮亚诺型余项的 n 阶泰勒公式.

在式（3.2）中取 $x_0=0$，再根据"注意（2），（3）"得

$$f(x)=f(0)+f'(0)x+\frac{f''(0)}{2!}x^2+\cdots+\frac{f^{(n)}(0)}{n!}x^n+\frac{f^{(n+1)}(\theta x)}{(n+1)!}x^{n+1} \tag{3.6}$$

或

$$f(x)=f(0)+f'(0)x+\frac{f''(0)}{2!}x^2+\cdots+\frac{f^{(n)}(0)}{n!}x^n+o(x^n) \tag{3.7}$$

称公式（3.6）与公式（3.7）分别为 $f(x)$ 的带**拉格朗日型余项**和带**皮亚诺（Peano）型余项**的**麦克劳林（Maclaurin）公式**. 而（3.3）式相应变为 $|R_n(x)|\leqslant\dfrac{M}{(n+1)!}|x|^{n+1}$.

3.3.3 常用初等函数的麦克劳林公式

应用公式（3.6），我们来导出几个常用初等函数的麦克劳林公式.

（1）$f(x)=\mathrm{e}^x$

因 $f^{(k)}(x)=\mathrm{e}^x$，所以 $f^{(k)}(0)=1$，从而有

$$\mathrm{e}^x=1+x+\frac{x^2}{2!}+\cdots+\frac{x^n}{n!}+\frac{x^{n+1}}{(n+1)!}\mathrm{e}^{\theta x}\ (0<\theta<1),\ x\in(-\infty,+\infty)$$

若舍去余项，则得近似公式

$$e^x \approx 1 + x + \frac{x^2}{2!} + \cdots + \frac{x^n}{n!}$$

其误差为

$$|R_n(x)| = \left| \frac{x^{n+1}}{(n+1)!} e^{\theta x} \right| < \frac{|x|^{n+1}}{(n+1)!} e^{|x|}$$

$(2) f(x) = \sin x$

因 $f^{(k)}(0) = \sin\left(x + \frac{k\pi}{2}\right)$，所以

$$f^{(k)}(0) = \sin\frac{k\pi}{2} = \begin{cases} 0, & k = 2m, \\ (-1)^m, & k = 2m+1 \end{cases} (m \in N)$$

从而有

$$\sin x = x - \frac{x^3}{3!} + \frac{x^5}{5!} - \cdots + (-1)^{m-1} \frac{x^{2m-1}}{(2m-1)!} + R_{2m}(x)$$

这里

$$R_{2m}(x) = \frac{x^{2m+1}}{(2m+1)!} \sin\left(\theta x + \frac{2m+1}{2}\pi\right) (0 < \theta < 1), \ x \in (-\infty, +\infty)$$

若舍去余项，则得近似公式

$$\sin x \approx x - \frac{x^3}{3!} + \frac{x^5}{5!} - \cdots + (-1)^{m-1} \frac{x^{2m-1}}{(2m-1)!}$$

其误差为

$$|R_{2m}(x)| = \left| \frac{x^{2m+1}}{(2m+1)!} \sin\left(\theta x + \frac{2m+1}{2}\pi\right) \right| \leqslant \frac{|x|^{2m+1}}{(2m+1)!}$$

$(3) f(x) = \cos x$

用完全相同的方法可得到

$$\cos x = 1 - \frac{x^2}{2!} + \frac{x^4}{4!} - \cdots + (-1)^{m-1} \frac{x^{2m-2}}{(2m-2)!} + R_{2m-1}(x)$$

这里

$$R_{2m-1}(x) = \frac{x^{2m}}{(2m)!} \cos(\theta x + m\pi) (0 < \theta < 1), \ x \in (-\infty, +\infty)$$

近似公式

$$\cos x \approx 1 - \frac{x^2}{2!} + \frac{x^4}{4!} - \cdots + (-1)^{m-1} \frac{x^{2m-2}}{(2m-2)!}$$

误差为

$$|R_{2m-1}(x)| = \left| \frac{x^{2m}}{(2m)!} \cos(\theta x + m\pi) \right| \leqslant \frac{|x|^{2m}}{(2m)!}$$

$(4) f(x) = (1+x)^\alpha$

因

$$f^{(k)}(x) = \alpha(\alpha-1)\cdots(\alpha-k+1)(1+x)^{\alpha-k}$$

故

$$f^{(k)}(0) = \alpha(\alpha-1)\cdots(\alpha-k+1), \ k = 1, 2, \cdots, n$$

从而有

$$(1+x)^{\alpha+1} = 1 + \alpha x + \frac{\alpha(\alpha-1)}{2!} x^2 + \cdots + \frac{\alpha(\alpha-1)\cdots(\alpha-n+1)}{n!} x^n + R_n(x)$$

这里

$$R_n(x) = \frac{\alpha(\alpha-1)\cdots(\alpha-n+1)(\alpha-n)}{(n+1)!} (1+\theta x)^{\alpha-n-1} x^{n+1} (0 < \theta < 1)$$

此式当 $x > -1$ 时总是有意义.

（5）$f(x) = \ln(1+x)$

采用相同的方法可得到，当 $x > -1$ 时，$\ln(1+x)$ 的麦克劳林展开式为

$$\ln(1+x) = x - \frac{x^2}{2} + \frac{x^3}{3} - \cdots + (-1)^{n-1}\frac{x^n}{n} + R_n(x)$$

这里

$$R_n(x) = \frac{(-1)^n}{n+1} \cdot \frac{x^{n+1}}{(1+\theta x)^{n+1}} \quad (0 < \theta < 1)$$

由以上带有拉格朗日型余项的麦克劳林公式，易得相应的带有皮亚诺型余项的麦克劳林公式，读者可自行写出.

上面导出五个常用初等函数的麦克劳林公式所采用的方法称为**直接法**. 由于函数的高阶导数比较难求，因此仅掌握直接方法是不够的. 根据泰勒公式的唯一性，我们可以利用上述五个基本公式，间接地求出许多初等函数的麦克劳林公式.

例 1 求函数 $f(x) = \cos^2 x$ 的麦克劳林展开式.

解 因为

$$\cos^2 x = \frac{1}{2}(1 + \cos 2x),$$

当 $x \to 0$ 时，$2x \to 0$，因此可以在 $\cos x$ 的麦克劳林展开式中，将 x 换成 $2x$，从而得到

$$\cos^2 x = \frac{1}{2} + \frac{1}{2}\left[1 - \frac{(2x)^2}{2!} + \frac{(2x)^4}{4!} - \cdots + (-1)^{m-1}\frac{(2x)^{2m-2}}{(2m-2)!} + o(x^{2m-1})\right],$$

即

$$\cos^2 x = 1 - \frac{2x^2}{2!} + \frac{2^3 x^4}{4!} - \cdots + (-1)^{m-1}\frac{2^{2m-3}x^{2m-2}}{(2m-2)!} + o(x^{2m-1}).$$

例 2 求函数 $f(x) = \ln x$ 按 $(x-1)$ 的幂展开的带有皮亚诺型余项的 n 阶泰勒公式.

解 因为 $\ln x = \ln[1 + (x-1)]$，所以可在 $\ln(1+x)$ 的麦克劳林展开式中，将 x 换成 $x-1$，从而得到

$$\ln x = (x-1) - \frac{(x-1)^2}{2} + \frac{(x-1)^3}{3} - \cdots + (-1)^{n-1}\frac{(x-1)^n}{n} + o((x-1)^n).$$

由前面的讨论我们知道，利用泰勒公式可以求函数的近似值.

例 3 利用四阶泰勒公式求 e 的近似值，并估计误差.

解 因为

$$e^x = 1 + x + \frac{x^2}{2!} + \frac{x^3}{3!} + \frac{x^4}{4!} + \frac{e^{\theta x}}{5!}x^5 \quad (0 < \theta < 1),$$

所以，令 $x = 1$ 得

$$e = 1 + 1 + \frac{1}{2!} + \frac{1}{3!} + \frac{1}{4!} + \frac{e^\theta}{5!},$$

从而

$$e \approx 1 + 1 + \frac{1}{2!} + \frac{1}{3!} + \frac{1}{4!},$$

所得误差为

$$\frac{e^\theta}{5!} < \frac{e}{5!} < \frac{3}{5!}.$$

利用泰勒公式可以对函数的阶进行估计，从而利用它可以很容易地求出极限.

例 4　求极限 $\lim\limits_{x\to 0}\dfrac{\frac{1}{x}-\frac{1}{\sin x}}{x}$.

解　$\lim\limits_{x\to 0}\dfrac{\frac{1}{x}-\frac{1}{\sin x}}{x}=\lim\limits_{x\to 0}\dfrac{\sin x-x}{x^2\sin x}=\lim\limits_{x\to 0}\dfrac{\sin x-x}{x^3}=\lim\limits_{x\to 0}\dfrac{x-\frac{1}{3!}x^3+o(x^4)-x}{x^3}=-\dfrac{1}{6}$.

例 5　求极限 $\lim\limits_{x\to\infty}\left\{x-x^2\ln\left(1+\dfrac{1}{x}\right)\right\}$.

解　当 $x\to\infty$ 时，$\dfrac{1}{x}\to 0$,

由　　　　　　　　　$\ln\left(1+\dfrac{1}{x}\right)=\dfrac{1}{x}-\dfrac{1}{2}\cdot\dfrac{1}{x^2}+o\left(\dfrac{1}{x^2}\right)$.

得　　　　$\lim\limits_{x\to\infty}\left\{x-x^2\ln\left(1+\dfrac{1}{x}\right)\right\}=\lim\limits_{x\to\infty}\left\{x-x+\dfrac{1}{2}+x^2\cdot o\left(\dfrac{1}{x^2}\right)\right\}=\dfrac{1}{2}$.

习题 3.3

1. 按 $(x-4)$ 的幂展开多项式 $f(x)=x^4-5x^3+x^2-3x+4$.
2. 求函数 $f(x)=\tan x$ 的带有皮亚诺型余项的三阶麦克劳林公式.
3. 求函数 $f(x)=xe^x$ 的带有皮亚诺型余项的 n 阶麦克劳林公式.
4. 求函数 $f(x)=\sqrt{x}$ 按 $(x-4)$ 的幂展开的带有拉格朗日型余项的三阶泰勒公式.
5. 求函数 $f(x)=\dfrac{1}{x}$ 按 $(x+1)$ 的幂展开的带有拉格朗日型余项的 n 阶泰勒公式.
6. 求函数 $f(x)=\ln x$ 按 $(x-2)$ 的幂展开的带有皮亚诺型余项的 n 阶泰勒公式.
7. 应用三阶泰勒公式求下列各数的近似值，并估计误差：

(1) $\sqrt[3]{30}$；　　　　　　　　　　(2) $\sin 18°$.

8. 利用泰勒公式，求下列极限：

(1) $\lim\limits_{x\to 0}\dfrac{\sqrt[4]{1+x^2}-\sqrt[4]{1-x^2}}{x^2}$；　　　　　(2) $\lim\limits_{x\to 0}\dfrac{\cos x-e^{-\frac{x^2}{2}}}{x^2[x+\ln(1-x)]}$.

3.4　函数的单调性和极值

前面介绍了导数、微分及微分学的基本定理，下面我们将应用微分学的这些理论来研究函数的各种性质，并解决一些实际问题. 首先利用导数对函数的单调性进行研究.

3.4.1　函数单调性的判定方法

如果函数 $y=f(x)$ 在 $[a,b]$ 上单调增加（减少），那么它的图形是一条沿 x 轴上升

（下降）的曲线（见图 3.4），曲线上各点处的切线斜率是非负的（非正的），即 $y'=f'(x)\geq 0(y'=f'(x)\leq 0)$. 反过来，是否也能用导数的符号来判定单调性呢？事实上我们有：

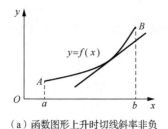 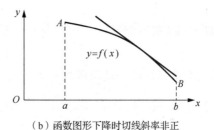

（a）函数图形上升时切线斜率非负　　　　（b）函数图形下降时切线斜率非正

图 3.4

定理 3.4.1　设函数在 $[a,b]$ 上连续，在 (a,b) 内可导.

（1）如果在 (a,b) 内 $f'(x)>0$，那么函数在 $[a,b]$ 上单调增加；

（2）如果在 (a,b) 内 $f'(x)<0$，那么函数在 $[a,b]$ 上单调减少.

证明　在曲线 $y=f(x)$ 上任取两点 $x_1,x_2(x_1<x_2)$，应用拉格朗日中值定理得

$$f(x_2)-f(x_1)=f'(\xi)(x_2-x_1)\quad(x_1<\xi<x_2)$$

若在 (a,b) 内 $f'(x)>0$，则 $f'(\xi)>0$，于是 $f(x_2)>f(x_1)$，这表明函数 $y=f(x)$ 在 $[a,b]$ 上单调增加. 同理可证单调减少的情况.

例 1　判断函数 $y=x-\sin x$ 在 $[0,2\pi]$ 上的单调性.

解　因为在 $(0,2\pi)$ 内，$y'=1-\cos x>0$，

所以由定理 3.4.1 可知，函数 $y=x-\sin x$ 在 $[0,2\pi]$ 上单调增加.

例 2　讨论函数 $y=e^{-x^2}$ 的单调性.

解　函数 $y=e^{-x^2}$ 的定义域为 $(-\infty,+\infty)$，

因为 $y'=-2xe^{-x^2}$，所以，当 $x\in(-\infty,0)$ 时，$y'>0$，即 $y=e^{-x^2}$ 在 $(-\infty,0]$ 上单调增加，当 $x\in(0,+\infty)$ 时，$y'<0$，即 $y=e^{-x^2}$ 在 $[0,+\infty)$ 上单调减少.

例 3　讨论函数 $y=\sqrt[3]{x^2}$ 的单调性.

解　函数 $y=\sqrt[3]{x^2}$ 的定义域为 $(-\infty,+\infty)$，当 $x\neq 0$ 时，$y'=\dfrac{2}{3\sqrt[3]{x}}$，在区间 $(-\infty,0)$ 内，y' <0，故函数在 $(-\infty,0]$ 上单调减少；在 $(0,+\infty)$ 内，$y'>0$，故函数在 $[0,+\infty)$ 上单调增加，函数图形如图 3.5 所示.

以上例子表明，要讨论可微函数的单调性，只要求出这个函数的导数，再判断它的符号就可以了. 因此，在求出导数后就要找出使导数取正负值的分界点. 易见，当导函数 $f'(x)$ 连续时，这些分界点必满足 $f'(x)=0$，即分界点是 $f'(x)$ 的零点. 用这些使导数为零的点来划分定义域，就可确定函数在各个分区间的单调性. 若函数在某些点不可导，则用来划分函数定义域的点还应包括这些导数不存

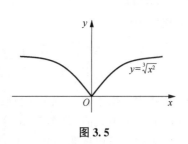

图 3.5

在的点. 因此可按下述步骤讨论函数的单调性：

(1) 确定连续函数 $y=f(x)$ 的定义域；

(2) 求出 $f'(x)$，用使方程 $f'(x)=0$ 成立的点及 $f'(x)$ 不存在的点，将定义域划分成若干个子区间；

(3) 判断 $f'(x)$ 在每个子区间内的符号，从而确定函数 $y=f(x)$ 在每个子区间上的单调性.

利用函数的单调性可以证明函数不等式.

例 4　证明当 $x>0$ 时，$1+\dfrac{1}{2}x>\sqrt{1+x}$.

证明　令 $f(x)=1+\dfrac{1}{2}x-\sqrt{1+x}$，则

$$f'(x)=\frac{1}{2}-\frac{1}{2\sqrt{1+x}}=\frac{1}{2}\left(\frac{\sqrt{1+x}-1}{\sqrt{1+x}}\right)=\frac{1}{2}\frac{x}{\sqrt{1+x}\,(\sqrt{1+x}+1)}.$$

由于 $f(x)$ 在 $[0,+\infty)$ 上连续，且在 $(0,+\infty)$ 内 $f'(x)>0$，因此 $f(x)$ 在 $[0,+\infty)$ 上单调增加. 从而当 $x>0$ 时，$f(x)>f(0)$，而 $f(0)=0$，故 $f(x)>f(0)=0$.

即
$$1+\frac{1}{2}x-\sqrt{1+x}>0,$$

也即
$$1+\frac{1}{2}x>\sqrt{1+x}.$$

3.4.2　函数的极值

定义 3.4.1　设函数 $y=f(x)$ 在 x_0 处可微且有 $f'(x_0)=0$，则称点 x_0 为函数 $y=f(x)$ 的驻点.

由 3.1 节中的费马定理 (定理 3.1.1) 及它的注意部分可知，函数的极值点或为驻点，或为导数不存在的点，怎样判定函数在驻点或不可导点究竟是否取得极值呢？如果取得极值的话，是取得极大值还是极小值？下面给出两个判定极值的充分条件.

定理 3.4.2 (第一充分条件)　设函数 $f(x)$ 在点 x_0 处连续，且在 x_0 的某个去心邻域 $\mathring{U}(x_0,\delta)$ 内可导.

(1) 若 $x\in(x_0-\delta,x_0)$ 时，$f'(x)>0$，而 $x\in(x_0,x_0+\delta)$ 时，$f'(x)<0$，则 $f(x)$ 在 $x=x_0$ 处取得极大值；

(2) 若 $x\in(x_0-\delta,x_0)$ 时，$f'(x)<0$，而 $x\in(x_0,x_0+\delta)$ 时，$f'(x)>0$，则 $f(x)$ 在 $x=x_0$ 处取得极小值；

(3) 若 $x\in\mathring{U}(x_0,\delta)$ 时，$f'(x)$ 的符号保持不变，则 $f(x)$ 在 $x=x_0$ 处没有极值.

证明　(1) 由定理 3.4.1 可知，函数 $f(x)$ 在 $(x_0-\delta,x_0)$ 内单调增加，而在 $(x_0,x_0+\delta)$ 内单调减少，由于 $f(x)$ 在 x_0 处连续，故当 $x\in\mathring{U}(x_0,\delta)$ 时，总有 $f(x)<f(x_0)$，所以 $f(x_0)$ 是 $f(x)$ 的一个极大值 (见图 3.6(a)).

类似地可以证明 (2)，(3) (见图 3.6(b)，(c)，(d)).

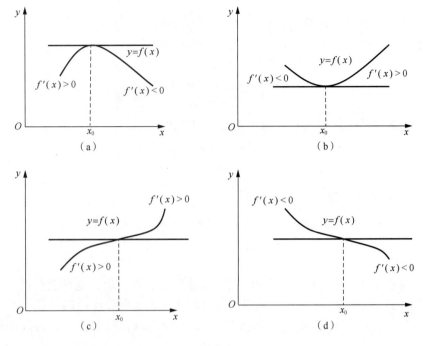

图 3.6

根据上述定理，如果函数 $f(x)$ 在所定义的区间上连续，除个别点外处处可导，那么就可以按以下步骤求出 $f(x)$ 在该区间内的极值点以及相应的极值：

（1）求导数 $f'(x)$；

（2）求出 $f'(x)=0$ 的点和 $f'(x)$ 不存在的点；

（3）考察 $f'(x)$ 的符号在每个驻点或不可导点的左右邻近情形，以确定该点是否为极值点，如果是极值点，进一步确定是极大值还是极小值；

（4）求出各极值点的函数值，就得到函数的全部极值.

例 5 求函数 $f(x)=\sqrt[3]{(x^2-a^2)^2}$ 的极值.

解 （1）$f(x)$ 在 $(-\infty,+\infty)$ 内连续，当 $x\neq\pm a$ 时，有 $f'(x)=\dfrac{4x}{3\sqrt[3]{(x-a)(x+a)}}$；

（2）令 $f'(x)=0$，得驻点 $x=0$，显然 $x=\pm a$ 为 $f(x)$ 的不可导点；

（3）列表如下：

x	$(-\infty,-a)$	$-a$	$(-a,0)$	0	$(0,a)$	a	$(a,+\infty)$
$f'(x)$	<0	不存在	>0	0	<0	不存在	>0
$f(x)$	递减	极小	递增	极大	递减	极小	递增

（4）极大值为 $f(0)=\sqrt[3]{a^4}$，极小值为 $f(\pm a)=0$.

若函数在驻点处的二阶导数存在且不为零，则我们有下面的定理.

定理 3.4.3（第二充分条件） 设函数 $f(x)$ 在点 x_0 处具有二阶导数且 $f'(x)=0$，$f''(x)\neq 0$，

那么

（1）当 $f''(x_0)<0$ 时，函数 $f(x)$ 在 x_0 处取得极大值；

（2）当 $f''(x_0)>0$ 时，函数 $f(x)$ 在 x_0 处取得极小值.

证明　（1）因 $f''(x_0)<0$，由导数的定义有

$$f''(x_0)=\lim_{x\to x_0}\frac{f'(x)-f'(x_0)}{x-x_0}<0$$

根据极限的局部保号性，在 x_0 的足够小的去心邻域内，有

$$\frac{f'(x)-f'(x_0)}{x-x_0}<0$$

但 $f'(x_0)=0$，则上式变为 $\dfrac{f'(x)}{x-x_0}<0$，从而

当 $x<x_0$ 时，$f'(x)>0$，当 $x>x_0$ 时，$f'(x)<0$，于是由定理 3.4.2 可知，$f(x)$ 在 x_0 处取得极大值.

类似地可证（2）.

注意　当 $f'(x_0)=f''(x_0)=0$ 时，$f(x)$ 在 x_0 处可能有极大值，也可能有极小值，也可能没有极值. 这时定理 3.4.3 失效，可以采用定理 3.4.2 来判断 $f(x)$ 的极值. 例如，$f_1(x)=-x^4$，$f_2(x)=x^4$，$f_3(x)=x^3$ 这三个函数在 $x=0$ 处分别取得极大值、取得极小值、没有极值.

例 6　求函数 $f(x)=x^2-x^3$ 的极值.

解　令 $f'(x)=0$，即 $f'(x)=2x-3x^2=0$，得驻点 $x=0$，$x=\dfrac{2}{3}$.

又 $f''(x)=2-6x$，

易见
$$f''(0)=2>0,\quad f''\left(\frac{2}{3}\right)=-2<0,$$

故由定理 3.4.3 可知，$f(x)$ 在 $x=0$ 处取得极小值，在 $x=\dfrac{2}{3}$ 处取得极大值.

例 7（隐函数的极值）　设 $a>0$，求由方程 $x^3+y-3axy=0$ 所确定的函数 $y=f(x)$ 在 $(0,+\infty)$ 内的极值点.

解　由隐函数的求导法则，在方程两边对 x 求导，并解出 y' 得：

$$\frac{\mathrm{d}y}{\mathrm{d}x}=y'=\frac{3ay-3x^2}{1-3ax}.\tag{3.8}$$

令 $\dfrac{\mathrm{d}y}{\mathrm{d}x}=0$，得 $y=\dfrac{1}{a}x^2$，将此式代入原隐函数方程，

得
$$\frac{1}{a}x^2=2x^3.\tag{3.9}$$

因 $x>0$，故由（3.9）式中解出 $x=\dfrac{1}{2a}$，即 $x=\dfrac{1}{2a}$ 是隐函数 $y=f(x)$ 的驻点.

再在（3.8）式两端对 x 求导，

得
$$\frac{\mathrm{d}^2y}{\mathrm{d}x^2}=\frac{(3ay'-6x)(1-3ax)-(3ay-3x^2)(-3a)}{(1-3ax)^2}.\tag{3.10}$$

因 $x = \dfrac{1}{2a}$ 时，$y = \dfrac{1}{4a^3}$ 及 $y' = 0$，将它们代入 (3.10) 式，得

$$\left.\dfrac{\mathrm{d}^2 y}{\mathrm{d}x^2}\right|_{x=\frac{1}{2a}} = \dfrac{6}{a} > 0,$$

所以 $x = \dfrac{1}{2a}$ 是方程 $x^3 + y - 3axy = 0$ 所确定的隐函数 $y = f(x)$ 的极小值点.

3.4.3 函数的最值

在生产实践与科学实验中，常常会遇到在一定条件下，如何使得产量最多、质量最好、效率最高、用料最省、成本最低等一类的问题，它们往往可以归结为求某一函数（通常称为目标函数）的最大值或最小值问题.

情形 1：设函数 $f(x)$ 在闭区间 $[a,b]$ 上连续，在开区间 (a,b) 内有有限个驻点，由闭区间上连续函数的性质可知，$f(x)$ 在 $[a,b]$ 上可以取到最大（小）值. 若最大（小）值点 $x_0 \in (a,b)$，考虑到最值一定是极值，则由费马定理及其注意部分可知，x_0 一定是函数 $f(x)$ 的驻点或不可导点. 又 $f(x)$ 的最大（小）值也可能在端点处取到，因此，将区间端点的函数值与 (a,b) 内的各驻点或不可导点处的函数值进行比较，最大（小）的便是 $f(x)$ 在 $[a,b]$ 上的最大（小）值.

例 8　求函数 $f(x) = x^{\frac{2}{3}} - (x^2 - 1)^{\frac{1}{3}}$ 在闭区间 $[-2,2]$ 上的最大值和最小值.

解　$f'(x) = \dfrac{2}{3} x^{-\frac{1}{3}} - \dfrac{2}{3} x (x^2 - 1)^{-\frac{2}{3}} = \dfrac{2}{3} \cdot \dfrac{(x^2-1)^{\frac{2}{3}} - x^{\frac{4}{3}}}{x^{\frac{1}{3}} \cdot (x^2-1)^{\frac{2}{3}}}.$

令 $f'(x) = 0$，得到驻点 $x_1 = -\dfrac{1}{\sqrt{2}}$，$x_2 = \dfrac{1}{\sqrt{2}}$. 同时易见，$(-2,2)$ 内的不可导点为 $x_3 = 0$，$x_4 = -1$，$x_5 = 1$.

由于 $f\left(-\dfrac{1}{\sqrt{2}}\right) = f\left(\dfrac{1}{\sqrt{2}}\right) = \sqrt[3]{4}$，$f(0) = f(-1) = f(1) = 1$，$f(-2) = f(2) = \sqrt[3]{4} - \sqrt[3]{3}$，比较各个函数值可得，函数 $f(x)$ 在 $x_1 = -\dfrac{1}{\sqrt{2}}$，$x_2 = \dfrac{1}{\sqrt{2}}$ 处取得它在 $[-2,2]$ 上的最大值 $\sqrt[3]{4}$，在 $x_6 = -2$，$x_7 = 2$ 处取得它在 $[-2,2]$ 上的最小值 $\sqrt[3]{4} - \sqrt[3]{3}$.

情形 2：函数 $f(x)$ 在一个区间（有限或无穷；开或闭）内可导且只有一个驻点 x_0，并且驻点 x_0 是函数 $f(x)$ 的极值点，那么当 $f(x_0)$ 是极大值时，$f(x_0)$ 就是 $f(x)$ 在该区间上的最大值，当 $f(x_0)$ 是极小值时，$f(x_0)$ 也就是 $f(x)$ 在该区间上的最小值. 在应用问题中往往会遇到这种情形.

例 9　从半径为 R 的圆形铁皮中，应剪去多大的扇形，才能使余下的铁皮所围成的锥形容器具有最大容量（见图 3.7）？

解　这是一个具体的应用题，设剪去扇形后，所余铁皮的圆心角的弧度数为 x，则由

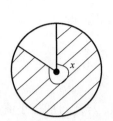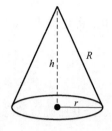

图 3.7

它围成的锥形容器的底面周长为 Rx，故圆锥底面半径为 $r=\dfrac{Rx}{2\pi}$，而

$$h=\sqrt{R^2-r^2}=\sqrt{R^2-\left(\dfrac{Rx}{2\pi}\right)^2}=\dfrac{R}{2\pi}\sqrt{4\pi^2-x^2},$$

因此圆锥的体积为

$$V=\dfrac{1}{3}\pi r^2 h=\dfrac{1}{3}\pi\left(\dfrac{Rx}{2\pi}\right)^2\cdot\dfrac{R}{2\pi}\sqrt{4\pi^2-x^2}=\dfrac{R^3}{24\pi^2}x^2\sqrt{4\pi^2-x^2}\ (0\leqslant x\leqslant 2\pi).$$

于是问题就化为：当 x 为何值时，目标函数 $V=\dfrac{R^3}{24\pi^2}x^2\sqrt{4\pi^2-x^2}$ 取得最大值？为了计算方便，我们只要考虑函数 $f(x)=x^4(4\pi^2-x^2)=4\pi^2 x^4-x^6$ 在 $[0,2\pi]$ 上的最大值即可，因为此时所求目标函数的最值点与它相同.

令 $f'(x)=0$，得到函数 $f(x)$ 在 $(0,2\pi)$ 内的驻点 $x_0=2\pi\sqrt{\dfrac{2}{3}}$，又 $f''(x_0)<0$，故 $f(x)$ 在 $(0,2\pi)$ 内有唯一的极大值点，这个极大值点就是函数的最大值点，从而剪去扇形的圆心角为 $2\pi-x_0=\dfrac{2}{3}(3-\sqrt{6})\pi$ 时，才能使余下的铁皮所围成的锥形容器具有最大的容量.

情形 3： 在应用型问题中，往往根据问题的性质就可以判断 $f(x)$ 有最大值或最小值，而且一定在定义区间内部取得，这时如果函数 $f(x)$ 在定义区间内部只有一个驻点 x_0，就可以判定 $f(x_0)$ 就是最大值或最小值.

例 10 在抛物线 $y^2=2px(p>0)$ 上求一点，使之与点 $M(p,\ p)$ 的距离最短.

解 设 (x,y) 为抛物线上任意一点，则点 (x,y) 与点 $M(p,p)$ 的距离为

$$d=\sqrt{(x-p)^2+(y-p)^2}.$$

为计算方便，类似于例 9，我们可设目标函数为 $f(x)=d^2=(x-p)^2+(y-p)^2$，其中 $y^2=2px$. 易见 $f'(x)=2(x-p)+2(y-p)y'$，因 $2yy'=2p$，故 $y'=\dfrac{p}{y}$，将 $y'=\dfrac{p}{y}$ 代入 $f'(x)$ 的表达式，得 $f'(x)=2(x-p)+2(y-p)\dfrac{p}{y}$.

令 $f'(x)=0$，求得 $xy=p^2$. 将 $y^2=2px$ 代入 $x=\dfrac{p^2}{y}$ 中，可得 $x=\dfrac{p}{\sqrt[3]{2}}$，从而 $y=\sqrt[3]{2}p$.

根据问题的实际背景，所求问题有最短距离且 $f(x)$ 存在唯一驻点，故当 $x=\dfrac{p}{\sqrt[3]{2}}$，$y=\sqrt[3]{2}p$ 时，$f(x)$ 最小，即距离 d 最短.

习题 3.4

1. 证明函数 $f(x)=\arctan x-x$ 在 $(-\infty,+\infty)$ 上单调递减.

2. 证明函数 $f(x)=x^3+x$ 在 $(-\infty,+\infty)$ 上单调递增.

3. 确定下列函数的单调区间：

(1) $y=2x^3-6x^2-18x-7$；

(2) $y=2x+\dfrac{8}{x}(x>0)$；

(3) $y=\dfrac{10}{4x^3-9x^2+6x}$；

(4) $y=\sqrt[3]{(2x-a)(a-x)^2}\,(a>0)$；

(5) $y=x^n\mathrm{e}^{-x}(n>0,\ x\geqslant0)$；

(6) $y=x+|\sin2x|$.

4. 证明下列不等式：

(1) 当 $x\neq0$ 时，$\mathrm{e}^x>1+x$；

(2) 当 $x>0$ 时，$x-\dfrac{x^2}{2}<\ln(1+x)<x$；

(3) 当 $x>4$ 时，$2^x>x^2$；

(4) 当 $0<x<\dfrac{\pi}{2}$时，$\tan x>x+\dfrac{1}{3}x^3$.

5. 求下列函数的极值：

(1) $y=2x^3-3x^2$；

(2) $y=x-\ln(1+x)$；

(3) $y=\sqrt[3]{(2x-x^2)^2}$；

(4) $y=2\mathrm{e}^x+\mathrm{e}^{-x}$；

(5) $y=3-2(x+1)^{\frac{1}{3}}$；

(6) $y=x+\tan x$.

6. 试问：α 为何值时，函数 $y=\alpha\sin x+\dfrac{1}{3}\sin3x$ 在 $x=\dfrac{\pi}{3}$处取得极值？它是极大值还是极小值？并求此值.

7. 下列方程有几个实根？并确定实根所在的范围：

(1) $x^3-6x^2+9x-10=0$；

(2) $\ln x=ax(a>0)$.

8. 求下列函数在所给区间上的最大值和最小值：

(1) $y=x^4-2x^2+5$，$[-2,2]$；

(2) $y=\sin2x-x$，$\left[-\dfrac{\pi}{2},\dfrac{\pi}{2}\right]$；

(3) $y=\dfrac{x-1}{x+1}$，$[0,4]$；

(4) $y=\arctan\dfrac{1-x}{1+x}$，$[0,1]$.

9. 问：函数 $y=x^2-\dfrac{54}{x}(x<0)$ 在何处取得最小值？

10. 问：函数 $y=\dfrac{x}{x^2+1}(x\geqslant0)$ 在何处取得最大值？

11. 过点 $M(1,4)$ 引一条直线，使其在两坐标轴上的截距均为正，且截距之和最小，求此直线方程.

12. 某工厂将制作一种无盖的圆柱体形的桶，容积为 $\dfrac{3}{2}\pi$ 立方米，用来做底的金属每平方米 30 元，做侧面的金属每平方米 20 元，为使成本最低，应如何制作这个圆桶？

13. 一房地产公司有 50 套公寓要出租. 当月租金定为 1000 元时, 公寓会全部租出去. 当月租金每增加 50 元时, 就会多一套公寓租不出去, 而租出去的公寓每月需花费 100 元的维修费. 试问: 房租定为多少可获得最大收入?

3.5　函数图形的描绘

本节要应用微分学的知识, 进一步研究函数的其他几种变化性态, 并对它们作出尽可能多的分析与判断, 然后给出描绘图形的方法.

3.5.1　曲线的凹凸性与拐点

在描绘函数图形时, 常常需要描绘函数的上升或下降区间. 但是, 函数是怎样上升和下降的呢? 也就是曲线是如何弯曲的呢? 例如, 图 3.8 中的两条上升曲线弧, 弧 ACB 是向上凸的曲线弧, 而弧 ADB 是向下凹的曲线弧, 它们的凹凸性不同. 下面我们来研究曲线的凹凸性及其判断法.

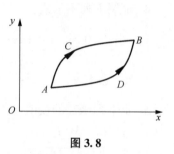

图 3.8

如图 3.9(a)所示, 若在曲线 L 上任取两点, 则连接这两点的弦总位于这两点间的弧段的上方, 我们就称曲线 L 呈凹形; 又如图 3.9(b)所示, 连接曲线上任意两点的弦总在这两点间的弧段的下方, 我们就称曲线 L 呈凸形. 下面给出曲线凹凸性的定义.

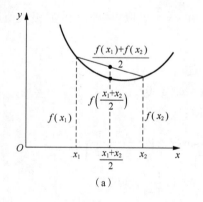

（a）

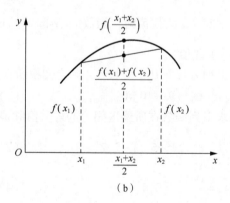

（b）

图 3.9

定义 3.5.1　设 $f(x)$ 在区间 I 上连续, 如果对于任意两点 x_1, $x_2 \in I$, 恒有

$$f\left(\frac{x_1+x_2}{2}\right) < \frac{f(x_1)+f(x_2)}{2}$$

则称函数 $f(x)$ 在区间 I 上的图形是凹的(或称为向下凹的); 如果恒有

$$f\left(\frac{x_1+x_2}{2}\right) > \frac{f(x_1)+f(_2)}{2}$$

则称函数 $f(x)$ 在区间 I 上的图形是凸的(或称为向上凸的).

若函数 $f(x)$ 在区间 I 内具有二阶导数，那么可以利用二阶导数的符号来判定曲线的凹凸性．下面的判定定理仅就 I 为闭区间的情形给出叙述．

定理 3.5.1 设 $f(x)$ 在 $[a,b]$ 上连续，在 (a,b) 内具有一阶和二阶导数，那么

（1）若在 (a,b) 内 $f''(x)>0$，则 $f(x)$ 在 $[a,b]$ 上的图形是凹的；

（2）若在 (a,b) 内 $f''(x)<0$，则 $f(x)$ 在 $[a,b]$ 上的图形是凸的．

证明 （1）设 x_1，x_2 是 $[a,b]$ 内任意两点，且 $x_1<x_2$，令 $x_0=\dfrac{x_1+x_2}{2}$．根据假设 $f(x)$ 在 x_0 处的泰勒公式为

$$f(x)=f(x_0)+f'(x_0)(x-x_0)+\frac{1}{2}f''(\xi)(x-x_0)^2（其中 \xi 介于 x 与 x_0 之间），$$

特别地，取 $x=x_1$ 与 $x=x_2$ 时，分别有

$$f(x_1)=f(x_0)+f'(x_0)(x_1-x_0)+\frac{1}{2}f''(\xi_1)(x_1-x_0)^2，\quad x_1<\xi_1<x_0，$$

$$f(x_2)=f(x_0)+f'(x_0)(x_2-x_0)+\frac{1}{2}f''(\xi_2)(x_2-x_0)^2，\quad x_0<\xi_2<x_2，$$

将上述两个等式两端相加，得到

$$f(x_1)+f(x_2)=2f(x_0)+f'(x_0)(x_1+x_2-2x_0)+\frac{1}{2}[f''(\xi_1)(x_1-x_0)^2+f''(\xi_2)(x_2-x_0)^2]$$

$$=2f(x_0)+\frac{1}{2}[f''(\xi_1)(x_1-x_0)^2+f''(\xi_2)(x_2-x_0)^2]．$$

因在 (a,b) 内 $f''(x)>0$，故 $f''(\xi_1)>0$，$f''(\xi_2)>0$，从而

$$f''(\xi_1)(x_1-x_0)^2+f''(\xi_2)(x_2-x_0)^2>0，$$

于是有

$$f(x_1)+f(x_2)>2f(x_0)，$$

即

$$f(x_0)=f\left(\frac{x_1+x_2}{2}\right)<\frac{f(x_1)+f(x_2)}{2}．$$

故函数 $f(x)$ 在 $[a,b]$ 上的图形是凹的．

类似地可以证明情形（2）．

例 1 判定曲线 $y=x^3$ 的凹凸性．

解 因为 $y'=3x^2$，$y''=6x$．当 $x<0$ 时，$y''<0$，所以曲线在 $(-\infty,0]$ 内为凸的；而当 $x>0$ 时，$y''>0$，所以曲线在 $[0,+\infty)$ 内为凹的．

例 2 判定曲线 $y=(x-2)^{\frac{5}{3}}+3$ 的凹凸性．

解 因为 $y'=\dfrac{5}{3}(x-2)^{\frac{2}{3}}$，$y''=\dfrac{10}{9}(x-2)^{-\frac{1}{3}}$．当 $x>2$ 时，$y''>0$，所以曲线在 $[2,+\infty)$ 内为凹的；而当 $x<2$ 时，$y''<0$，所以曲线在 $(-\infty,2]$ 内为凸的．易见 $x=2$ 为 y'' 不存在的点．

定义 3.5.2 设函数 $f(x)$ 在区间 I 上连续，x_0 是 I 内的点，如果曲线 $y=f(x)$ 在经过点 $(x_0,f(x_0))$ 时，凹凸性发生改变，那么就称点 $(x_0,f(x_0))$ 为曲线 $y=f(x)$ 的拐点．

如何求曲线 $y=f(x)$ 的拐点呢？由定理 3.5.1 知道，要找到拐点，只要找出 $f''(x)$ 的符号发生变化的分界点即可．如果 $f(x)$ 在区间 (a,b) 内具有二阶连续导数，那么这样的分界点处必有 $f''(x)=0$，如上面的例 1．此外，二阶导数不存在的点，也有可能是符号发生变化的分

界点，如例 2 所示．综上所述，我们给出判定区间 I 上的连续函数 $y=f(x)$ 的拐点的步骤：

（1）求 $f''(x)$．

（2）令 $f''(x)=0$，解出这个方程在区间 I 内的实根，并求出 I 内 $f''(x)$ 不存在的点．

（3）对于 $f''(x)=0$ 的点或 $f''(x)$ 不存在的点 x_0，检查它左右两侧 $f''(x)$ 的符号．当两侧的符号相反时，点 $(x_0,f(x_0))$ 是 $y=f(x)$ 的拐点；当两侧的符号相同时，点 $(x_0,f(x_0))$ 不是 $y=f(x)$ 拐点．

例 3 求曲线 $y=xe^{-x^2}$ 的凹凸区间及拐点．

解 因为 $y'=e^{-x^2}(1-2x^2)$，$y''=e^{-x^2}(4x^3-6x)$，令 $y''=0$，得 $x_1=0$，$x_2=-\dfrac{\sqrt{6}}{2}$，$x_3=\dfrac{\sqrt{6}}{2}$，列表如下：

x	$\left(-\infty,-\dfrac{\sqrt{6}}{2}\right)$	$-\dfrac{\sqrt{6}}{2}$	$\left(-\dfrac{\sqrt{6}}{2},0\right)$	0	$\left(0,\dfrac{\sqrt{6}}{2}\right)$	$\dfrac{\sqrt{6}}{2}$	$\left(\dfrac{\sqrt{6}}{2},+\infty\right)$
y''	<0	0	>0	0	<0	0	>0
y	凸		凹		凸		凹

所以曲线 $y=xe^{-x^2}$ 的凸区间为 $\left(-\infty,-\dfrac{\sqrt{6}}{2}\right)$ 及 $\left[0,\dfrac{\sqrt{6}}{2}\right]$，凹区间为 $\left[-\dfrac{\sqrt{6}}{2},0\right]$ 及 $\left[\dfrac{\sqrt{6}}{2},+\infty\right)$，拐点为 $\left(-\dfrac{\sqrt{6}}{2},-\sqrt{\dfrac{3}{2e^3}}\right)$，$(0,0)$ 及 $\left(\dfrac{\sqrt{6}}{2},\sqrt{\dfrac{3}{2e^3}}\right)$．

例 4 求曲线 $f(x)=\sqrt[3]{x}$ 的凹凸区间及拐点．

解 此函数在 $(-\infty,+\infty)$ 内连续，当 $x\neq 0$ 时，

$$f'(x)=\frac{1}{3\cdot\sqrt[3]{x^2}},\quad f''(x)=-\frac{2}{9x\cdot\sqrt[3]{x^2}},$$

易见 $f'(0)$，$f''(0)$ 都不存在．而在区间 $(-\infty,0)$ 内，$f''(x)>0$，这曲线在 $(-\infty,0]$ 上是凹的，在 $(0,+\infty)$ 内，$f''(x)<0$，这曲线在 $[0,+\infty)$ 上是凸的．根据定义 3.5.2，点 $(0,0)$ 是曲线 $y=f(x)$ 的拐点．

3.5.2 曲线的渐近线

有些函数的图形会远离原点无限地伸展出去，如双曲线、抛物线等．而这些曲线中有些在无限伸展时会与某条直线无限地接近，我们把这样的直线叫作曲线的渐近线．若知道曲线的渐近线，就可以清楚地知道曲线在伸向无穷远处的变化过程．故要正确地画出函数的图形，还必须找出它们的渐近线．

定义 3.5.3 若曲线 $y=f(x)$ 上的动点 M 沿着曲线无限地远离原点时，点 M 与某一直线 L 的距离趋于零，则称直线 L 为曲线 $y=f(x)$ 的渐近线．

渐近线可分为水平渐近线、垂直渐近线和斜渐近线 3 种．如何求出已知曲线的渐近线呢？

（1）**水平渐近线**：若 $\lim\limits_{x\to+\infty(-\infty)}f(x)=C$，则直线 $y=C$ 为曲线 $y=f(x)$ 的水平渐近线，即为平行于 x 轴的渐近线．

如：$f(x)=1+\dfrac{1}{x}$，因 $\lim\limits_{x\to\infty}f(x)=1$，故 $y=1$ 是函数 $f(x)=1+\dfrac{1}{x}$ 图形的水平渐近线（见图 3.10）.

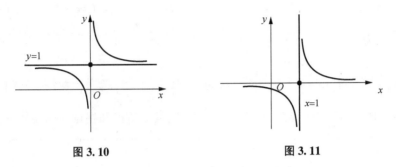

图 3.10   图 3.11

（2）**垂直渐近线**：若当 $x\to a$ 时（或 $x\to a^{-}$，或 $x\to a^{+}$），$f(x)\to+\infty$（或 $-\infty$），则称直线 $x=a$ 为曲线 $y=f(x)$ 的垂直渐近线，即为垂直于 x 轴的渐近线.

如曲线 $y=\dfrac{1}{x-1}$，因为当 $x\to 1^{-}$ 时，$y\to-\infty$，当 $x\to 1^{+}$ 时，$y\to+\infty$，故 $x=1$ 是曲线 $y=\dfrac{1}{x-1}$ 的垂直渐近线（见图 3.11）.

（3）**斜渐近线**：直线 $y=kx+b$ 称为曲线 $y=f(x)$ 的斜渐近线，如果有 $\lim\limits_{x\to+\infty(-\infty)}\dfrac{f(x)}{x}=k$，$\lim\limits_{x\to+\infty(-\infty)}[f(x)-kx]=b$.

如曲线 $y=\dfrac{x^{2}}{x+1}$，因为 $\lim\limits_{x\to\pm\infty}\dfrac{f(x)}{x}=\lim\limits_{x\to\pm\infty}\dfrac{x}{x+1}=1$，$\lim\limits_{x\to\pm\infty}[f(x)-kx]=\lim\limits_{x\to\pm\infty}\left(\dfrac{x^{2}}{1+x}-x\right)=-1$，所以 $y=x-1$ 是曲线 $y=\dfrac{x^{2}}{x+1}$ 的斜渐近线.

3.5.3   函数的作图

现在我们已经掌握了利用导数讨论函数的增减性、极值点，曲线的凹凸性、拐点，以及用极限讨论曲线的渐近线的方法. 在对函数的各种变化性态进行深入研究之后，就可以比较精确地描绘出函数的图形. 作图的大致步骤如下：

(1)确定函数的定义域，求出函数的间断点；

(2)确定函数是否有奇偶性或周期性；

(3)确定函数的上升或下降区间与极值点；

(4)确定函数的凹凸区间与拐点；

(5)确定曲线的渐近线；

(6)根据需要，有时还要找一些辅助点，如曲线与坐标轴的交点或曲线上的某些特殊点.

一般可以将步骤(3)与(4)的讨论列成表格，然后按曲线的性态逐段描绘出图形.

例 5　作出函数 $y=e^{-x^2}$ 的图形.

解　（1）所给函数 $y=e^{-x^2}$ 的定义域为 $(-\infty,+\infty)$，无间断点.

（2）$y=f(x)$ 是偶函数，因此可以只讨论 $[0,+\infty)$ 上该函数的图形.

（3）$f'(x)=-2xe^{-x^2}$，在 $[0,+\infty)$ 上得驻点为 $x=0$；$f''(x)=(4x^2-2)e^{-x^2}$，在 $[0,+\infty)$ 上得 $f''(x)$ 的零点为 $x=\dfrac{\sqrt{2}}{2}$.

（4）用点 $x=\dfrac{\sqrt{2}}{2}$ 将 $[0,+\infty)$ 分为两个区间 $\left[0,\dfrac{\sqrt{2}}{2}\right]$，$\left[\dfrac{\sqrt{2}}{2},+\infty\right)$，在每一区间（点）上确定 f' 和 f'' 的符号（值），相应曲线弧的升降和凹凸性以及极值点和拐点等列表如下：

x	0	$\left(0,\dfrac{\sqrt{2}}{2}\right)$	$\dfrac{\sqrt{2}}{2}$	$\left(\dfrac{\sqrt{2}}{2},+\infty\right)$
$f'(x)$	0	<0	<0	<0
$f''(x)$	<0	<0	0	>0
$y=f(x)$ 的图形	极大	减少、凸	拐点	减少、凹

（5）因 $\lim\limits_{x\to\infty}e^{-x^2}=0$，故 $y=0$ 是一条水平渐近线，无其他渐近线.

（6）$f(0)=1$，$f\left(\pm\dfrac{\sqrt{2}}{2}\right)=\dfrac{\sqrt{e}}{e}$，画出函数 $y=e^{-x^2}$ 在 $(0,+\infty)$ 上的图形，最后利用图形的对称性，便可得到函数在 $(-\infty,0]$ 上的图形（见图 3.12）.

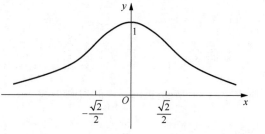

图 3.12

例 6　作出函数 $y=\dfrac{(x-3)^2}{4(x-1)}$ 的图形.

解　（1）所给函数的定义域为 $(-\infty,1)\cup(1,+\infty)$，$x=1$ 为间断点.

（2）所给函数无奇偶性及周期性.

（3）$f'(x)=\dfrac{(x-3)(x+1)}{4(x-1)^2}$，令 $f'(x)=0$，得驻点为 $x=3$，$x=-1$；$f''(x)=\dfrac{2}{(x-1)^3}$.

（4）用点 $x=-1$，1，3 将 $(-\infty,+\infty)$ 分成四个区间：$(-\infty,-1]$，$[-1,1)$，$(1,3]$，$[3,+\infty)$，在各个区间上确定 $f'(x)$ 与 $f''(x)$ 的符号，并列表如下：

x	$(-\infty,-1)$	-1	$(-1,1)$	1	$(1,3)$	3	$(3,+\infty)$
$f'(x)$	>0	0	<0	不存在	<0	0	>0
$f''(x)$	<0	<0	<0	不存在	>0	>0	>0
$y=f(x)$ 图形	增加、凸	极大	减少、凸		减少、凹	极小	增加、凹

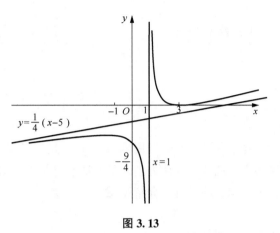

图 3.13

(5)因 $\lim\limits_{x\to 1}f(x)=\infty$，故 $x=1$ 为 $y=f(x)$ 的垂直渐近线. 又由于 $\lim\limits_{x\to\infty}\dfrac{f(x)}{x}=\lim\limits_{x\to\infty}\dfrac{(x-3)^2}{4x(x-1)}=\dfrac{1}{4}$，$\lim\limits_{x\to\infty}[f(x)-kx]=\lim\limits_{x\to\infty}\left[\dfrac{(x-3)^2}{4(x-1)}-\dfrac{1}{4}x\right]=-\dfrac{5}{4}$，所以 $y=\dfrac{1}{4}(x-5)$ 是 $y=f(x)$ 的斜渐近线.

(6)算出 $f(-1)=-2$，$f(3)=0$，函数 $y=f(x)$ 的图形与 y 轴的交点为 $\left(0,-\dfrac{9}{4}\right)$，结合列表画出函数 $y=\dfrac{(x-3)^2}{4(x-1)}$ 的图形(见图 3.13).

习题 3.5

1. 判断下列曲线的凹凸性：

(1)$y=4x-x^2$；   (2)$y=x+\dfrac{1}{x}(x>0)$.

2. 求下列函数图形的拐点及凹凸区间：

(1)$y=x^3-5x^2+3x+5$；   (2)$y=xe^{-x}$；

(3)$y=\ln(1+x^2)$；   (4)$y=x^4(12\ln x-7)$；

(5)$y=e^{\arctan x}$；   (6)$y=\dfrac{1}{1+x^2}$.

3. 求曲线 $\begin{cases}x=t^2,\\ y=3t+t^3\end{cases}$ 的拐点.

4. 利用函数的凹凸性证明下列不等式：

(1)$e^{\frac{x+y}{2}}<\dfrac{e^x+e^y}{2}(x\neq y)$；   (2)$\left(\dfrac{x+y}{2}\right)\ln\dfrac{x+y}{2}<\dfrac{x\ln x+y\ln y}{2}(0<x<y)$.

5. 问：a,b 为何值时，点$(1,3)$ 为曲线 $y=ax^3+bx^2$ 的拐点？

6. 试决定 $y=k(x^2-3)^2$ 中的 k 值，使曲线在拐点处的法线通过原点.

7. 求下列曲线的渐近线：

(1)$y=\dfrac{2}{x^2-3x+2}$；   (2)$y=xe^{\frac{2}{x}}+1$；

(3)$y=x\ln\left(e+\dfrac{1}{x}\right)$；   (4)$y=\dfrac{\sin x}{x}$.

8. 描绘下列函数的图形：

(1)$y=\dfrac{1}{5}(x^4-6x^2+8x+7)$；   (2)$y=1+\dfrac{36x}{(x+3)^2}$；

$$(3)\ y=x^2+\frac{1}{x};\qquad\qquad (4)\ y=\frac{1}{\sqrt{2\pi}}e^{-\frac{x^2}{2}}.$$

3.6　平面曲线的曲率

在上一节,我们利用函数 $y=f(x)$ 的二阶导数 $f''(x)$ 的符号判断了曲线的凹凸性,或者说确定了曲线的弯曲方向. 现在要考虑曲线的弯曲程度,也就是曲率的问题. 作为曲率的预备知识,我们首先介绍弧微分的概念.

3.6.1　弧微分

设函数 $y=f(x)$ 在区间 (a,b) 内具有连续导数. 在曲线上取定一点 A 作为度量弧长的起点. 对于曲线上任一点 M,设它的横坐标为 x,那么弧的长度显然是 x 的函数,记作 $s=s(x)$. 为方便,我们对于弧长赋予符号:当 M 在 A 的右边(即 M 的横坐标大于 A 的横坐标)时 s 为正;当 M 在 A 的左边时,s 为负. 于是,弧长 $s(x)$ 便是 x 的单调增加函数.

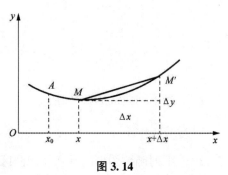

图 3.14

现在给横坐标 x 以增量 Δx,曲线上对应于 $x+\Delta x$ 的点为 M',那么 $s(x)$ 也得到增量 Δs(见图 3.14).

直观地看很明显,当 M' 与 M 充分地靠近时,弧长 $\Delta s=\overset{\frown}{MM'}$ 可以近似地用弦长 $\overline{MM'}$ 来代替,即:

$$\lim_{M'\to M}\frac{|\overset{\frown}{MM'}|}{|\overline{MM'}|}=1$$

于是

$$\left(\frac{\Delta s}{\Delta x}\right)^2=\left(\frac{\overset{\frown}{MM'}}{\Delta x}\right)^2=\left(\frac{\overset{\frown}{MM'}}{\overline{MM'}}\right)^2\cdot\left(\frac{\overline{MM'}}{\Delta x}\right)^2$$

$$=\left(\frac{\overset{\frown}{MM'}}{\overline{MM'}}\right)^2\cdot\left[\frac{(\Delta x)^2+(\Delta y)^2}{(\Delta x)^2}\right]$$

$$=\left(\frac{\overset{\frown}{MM'}}{\overline{MM'}}\right)^2\cdot\left[1+\left(\frac{\Delta y}{\Delta x}\right)^2\right]$$

令 $\Delta x\to 0$ 取极限得

$$\left(\frac{\mathrm{d}s}{\mathrm{d}x}\right)^2=1+\left(\frac{\mathrm{d}y}{\mathrm{d}x}\right)^2,$$

即

$$ds = \sqrt{1 + \left(\frac{dy}{dx}\right)^2} \cdot dx \tag{3.11}$$

公式(3.11)右端根号前取正，是因为 $s(x)$ 是 x 的单调递增函数，这就是**弧微分公式**.

公式(3.11)也可以改写为

$$ds = \sqrt{(dx)^2 + (dy)^2}, \quad ds^2 = dx^2 + dy^2 \tag{3.12}$$

形式上与直角三角形的勾股定理一样.

若曲线是由参数方程 $x = \varphi(t)$，$y = \psi(t)$ 给出的，则公式(3.11)变为

$$ds = \sqrt{[\varphi'(t)]^2 + [\psi'(t)]^2} \cdot dt$$

3.6.2 曲率及其计算公式

所谓曲率，就是对曲线弯曲程度的一种度量. 一般来说，曲线在每一点的曲率是不相同的，所以，弯曲程度是曲线的一种局部性质. 直观上很明显，切线转向愈快的弧段，曲线的弯曲程度愈大，因此曲线上切线转向的快慢变化能够反映出曲线的弯曲程度，这就使得我们用下面方式来定义曲率.

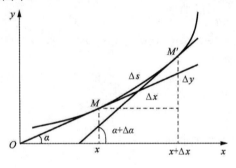

图 3.15

设 M，M' 是曲线上的两个点(见图 3.15)，假如曲线在点 M 和 M' 的切线与 x 轴的交角分别是 α 和 $\alpha + \Delta\alpha$，那么，当点 M 沿曲线变到点 M' 时，角度改变了 $\Delta\alpha$，而改变这个角度所经过的路程则是弧长 $\Delta s = \overset{\frown}{MM'}$.

定义比值 $\left|\dfrac{\Delta\alpha}{\Delta s}\right|$ 为(弧段 $\overset{\frown}{MM'}$ 上的)平均曲率，称极限值

$$k = \left|\frac{d\alpha}{ds}\right| = \lim_{\Delta s \to 0} \left|\frac{\Delta\alpha}{\Delta s}\right| \tag{3.13}$$

为曲线在点 M 处的曲率.

下面由(3.13)式导出便于实际计算的曲率公式.

设曲线的方程为 $y = f(x)$，且 $f(x)$ 具有二阶导数，因为 $\tan\alpha = y'$，故 $\alpha = \arctan y'$，

$$d\alpha = (\arctan y')' dx = \frac{y''}{1 + y'^2} dx,$$

由公式(3.11)知 $ds = \sqrt{1 + y'^2}\, dx$，

于是

$$k = \left| \frac{d\alpha}{ds} \right| = \frac{|y''|}{(1+y'^2)^{\frac{3}{2}}} \tag{3.14}$$

设曲线由参数方程 $\begin{cases} x = \varphi(t), \\ y = \psi(t) \end{cases}$ 给出，则可利用参数方程所确定的函数求导法，求出 $y'(x)$ 及 $y''(x)$，代入公式(3.14)便有

$$k = \frac{|\varphi'(t)\psi''(t) - \varphi''(t)\psi'(t)|}{[\varphi'^2(t) + \psi'^2(t)]^{\frac{3}{2}}} \tag{3.15}$$

例 1 计算等边双曲线 $xy = 1$ 在 $(1,1)$ 点处的曲率.

解 由 $y = \frac{1}{x}$，得 $y' = -\frac{1}{x^2}$，$y'' = \frac{2}{x^3}$，

因此 $y'|_{x=1} = -1$，$y''|_{x=1} = 2$.

把它代入公式(3.14)得

$$k = \frac{2}{[1+(-1)^2]^{\frac{3}{2}}} = \frac{\sqrt{2}}{2}.$$

例 2 计算椭圆 $\begin{cases} x = a\cos t, \\ y = b\sin t \end{cases}$ 的曲率.

解 因为 $\varphi' = -a\sin t$，$\psi' = b\cos t$，$\varphi'' = -a\cos t$，$\psi'' = -b\sin t$，把它代入到公式(3.15)中得

$$k = \frac{ab}{(a^2\sin^2 t + b^2\cos^2 t)^{\frac{3}{2}}}.$$

特别地，当 $a = b$ 时，可得到圆的曲率 $k = \frac{1}{a}$.

3.6.3 曲率圆和曲率半径

我们曾用切线的斜率作为函数的变化率，即导数的几何意义. 现在我们用圆的半径来作为曲率的几何尺度，即为了更形象地表示曲率，引入曲率圆的概念.

假定曲线 $y = f(x)$ 在点 A 的曲率 $k \neq 0$. 过点 A 引曲线的法线，在此法线上曲线凹的一侧取点 C，使 $AC = \frac{1}{k}$，然后以 C 为中心，以 AC 为半径作一个圆(见图 3.16)，则称此圆为曲线在点 A 的曲率圆，它的半径叫曲率半径，圆心叫曲率中心.

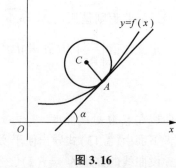

图 3.16

曲率圆和曲线在点 A 显然是相切的，并且有相同的凹凸性. 由于曲率圆的曲率等于半径的倒数，所以它在点 A 与曲线有相同的曲率. 因此，在通过点 A 的一切圆中，这个曲率圆在点 A 附近和曲线的形状最为接近，这就是在涉及有关曲线的凹凸和曲率问题中，常用曲率圆来代替曲线的理论依据.

习题 3.6

1. 求下列曲线在指定点处的曲率:

(1) $y = \ln x$ 在点 $(1, 0)$ 处; (2) $y = x^3$ 在点 (x, y) 处;

(3) $y = \ln(x + \sqrt{1 + x^2})$ 在点 $(0, 0)$ 处; (4) $x^3 + y^3 = 3axy$ 在点 $\left(\dfrac{3}{2}a, \dfrac{3}{2}a\right)$ 处 $(a \neq 0)$;

(5) $\begin{cases} x = 3t^2, \\ y = 3t - t^3 \end{cases}$ 在 $t = 1$ 处.

2. 对数曲线 $y = \ln x$ 在哪一点的曲率半径最小? 并求出该点的曲率半径.

3. 求曲线 $y = e^{-x^2}$ 在点 $M(0, 1)$ 处的曲率圆方程.

4. 要使函数

$$f(x) = \begin{cases} x^3, & x \leqslant 1, \\ ax^2 + bx + c, & x > 1 \end{cases} \quad (a > 0)$$

各处有连续曲率, a, b, c 应为何值?

5. 一飞机沿抛物线 $y = \dfrac{x^2}{10000}$ 路径 (y 轴铅直向上, 单位为 m) 作俯冲飞行. 在坐标原点 O 处飞机的速度为 $v = 200$ m/s. 飞行员体重 $G = 70$ kg. 求飞机俯冲到最低点即原点 O 处时座椅对飞行员的反力.

本章小结

一、基本要求

(1) 理解 Rolle 中值定理和 Lagrange 中值定理, 知道 Cauchy 中值定理和 Taylor 公式, 能用 Rolle 定理和 Lagrange 定理证明某些命题和简单不等式、等式.

(2) 能熟练使用 L'Hospital 法则计算未定型的极限.

(3) 理解函数极值的概念, 掌握求极值的方法, 会用导数解决一些最大值、最小值的应用问题.

(4) 会利用导数研究函数的性态, 掌握单调性、凹凸性及拐点的判断方法, 能够描绘简单的函数图形.

(5) 了解弧微分、曲率、曲率半径, 会计算曲线的曲率和曲率半径.

二、内容提要

1. 中值定理及泰勒公式

Rolle 定理 $\xrightarrow{\text{推广}}$ Lagrange 定理; 反之, Lagrange 定理 $\xrightarrow{f(a)=f(b)}$ Rolle 定理.

Lagrange 定理 $\xrightarrow{\text{推广}}$ Cauchy 定理; 反之, Cauchy 定理 $\xrightarrow{g(x)=x}$ Lagrange 定理.

Taylor 公式 $\xrightarrow{n=0}$ Lagrange 定理.

2. 利用 L′Hospital 法则计算极限

L′Hospital 法则是函数极限计算中一种重要而常用的方法, 它主要用来解决 $\dfrac{0}{0}$ 型和 $\dfrac{\infty}{\infty}$ 型这两种未定式. 而对于其他诸如 $0 \cdot \infty$, $\infty - \infty, 0^0$, ∞^0, 1^∞ 等类型的未定式, 通过适当的恒等变形, 它们都可化为 $\dfrac{0}{0}$ 或 $\dfrac{\infty}{\infty}$ 型.

在利用 L′Hospital 法则计算极限时应注意:

(1) 在定理条件成立时, 由 $\lim\limits_{x \to a} \dfrac{f'(x)}{g'(x)} = k$ 可推出 $\lim\limits_{x \to a} \dfrac{f(x)}{g(x)} = k$. 但若 $\lim\limits_{x \to a} \dfrac{f'(x)}{g'(x)}$ 不存在, 却不能推出 $\lim\limits_{x \to a} \dfrac{f(x)}{g(x)}$ 不存在. 此时 L′Hospital 法则失效, 只能另选其他的方法求极限.

(2) 当 $f(x)$, $g(x)$ 在 $\mathring{U}(a,\delta)$ 内有高阶导数时, 而 $g(x)$ 的各阶导数都不为零, 可以多次应用洛必达法则, 得 $\lim\limits_{x \to a} \dfrac{f(x)}{g(x)} = \lim\limits_{x \to a} \dfrac{f'(x)}{g'(x)} = \lim\limits_{x \to a} \dfrac{f''(x)}{g''(x)} = \cdots$, 直到最后的极限不再是不定式为止.

(3) 在应用洛必达法则时, 每应用一次都要检查一下是否可将一些因子的极限求出来, 同时在计算过程中也应随时注意利用等价无穷小替换, 从而使计算过程得以简化.

3. 函数性态的研究

函数单调性、极值、凹凸性及拐点的判断, 注意极值的必要条件和充分条件, 闭区间上连续函数最大值与最小值求法.

本章是高等数学学习中证明题出现较多的一章, 应注重掌握好以下几点:

(1) 关于中值定理的相关证明;

(2) 利用单调性、Lagrange 中值定理证明不等式;

(3) 函数零点或方程根的存在性及唯一性证明等.

4. 曲率与曲率半径

弧微分公式 $ds = \sqrt{(dx)^2 + (dy)^2}$;

曲率 $k = \left| \dfrac{d\alpha}{ds} \right| = \lim\limits_{\Delta s \to 0} \left| \dfrac{\Delta \alpha}{\Delta s} \right|$, 进一步有 $k = \dfrac{|y''|}{(1+y'^2)^{\frac{3}{2}}}$;

曲率圆半径 $R = \dfrac{1}{k}$ (k 为曲线曲率).

总习题 3

1. 设常数 $k>0$, 试求函数 $f(x) = \ln x - \dfrac{x}{e} + k$ 在 $(0, +\infty)$ 内零点的个数.

2. 证明多项式 $f(x) = x^2 - 3x + a$ 在 $[0,1]$ 上不可能有两个零点.

3. 设函数 $f(x)$ 在 $[0,a]$ 上连续, 在 $(0,a)$ 上可微, 且 $f(a) = 0$, 证明: 存在一点 $\xi \in$

$(0,a)$ 使得 $f(\xi)+\xi f'(\xi)=0$.

4. 设 $f(x)$ 是可微函数, 证明: $f(x)$ 的任意两个零点之间必有 $f(x)+f'(x)$ 的零点.

5. 若函数 $f(x)$ 和 $g(x)$ 在 $[a,b]$ 上连续, 在 (a,b) 内可导, 且 $f(a)=f(b)=0$, 则存在 $\xi \in (a,b)$ 使 $f'(\xi)+f(\xi)g'(\xi)=0$.

6. 设函数 $f(x)$ 在闭区间 $[a,b]$ 上连续可导, 在 (a,b) 内二阶可微, 又连接 $(a,f(a))$, $(b,f(b))$ 两点的直线与曲线 $y=f(x)$ 相交于点 $(c,f(c))$ $(a<c<b)$. 证明: 存在 $\xi \in (a,b)$ 使得 $f''(\xi)=0$.

7. 设 $0<a<b$, 函数 $f(x)$ 在 $[a,b]$ 上连续, 在 (a,b) 内可导, 试利用柯西中值定理证明: 存在一点 $\xi \in (a,b)$, 使 $f(b)-f(a)=\xi f'(\xi)\ln \dfrac{b}{a}$.

8. 设函数 $f(x)$ 在 $[a,b]$ 上连续, 在 (a,b) 内可导 $(a>0)$, 试证: 在区间 (a,b) 内存在 ξ, η 使得 $f'(\xi)=\dfrac{a+b}{2\eta}f'(\eta)$.

9. 求下列函数的极限:

(1) $\lim\limits_{x \to 1} \dfrac{x-x^x}{1-x+\ln x}$;

(2) $\lim\limits_{x \to +\infty} \left(\dfrac{2}{\pi}\arctan x\right)^x$;

(3) $\lim\limits_{x \to 0} \left(\dfrac{\tan x}{x}\right)^{\frac{1}{x^2}}$;

(4) $\lim\limits_{x \to 0^+} [\ln(x+1)]\ln x$;

(5) $\lim\limits_{x \to 0} \left[\dfrac{1}{\ln(x+1)}-\dfrac{1}{x}\right]$;

(6) $\lim\limits_{x \to \infty} [(a_1^{\frac{1}{x}}+a_2^{\frac{1}{x}}+\cdots+a_n^{\frac{1}{x}})/n]^{nx}$ (其中 $a_i>0$).

10. 证明下列不等式:

(1) 当 $x>0$ 时, 有 $\ln(1+x)>\dfrac{\arctan x}{1+x}$;

(2) 当 $0<x_1<x_2<\dfrac{\pi}{2}$ 时, 有 $\dfrac{\tan x_2}{\tan x_1}>\dfrac{x_2}{x_1}$;

(3) 当 $0<x<\dfrac{\pi}{2}$ 时, 有 $\sin x+\tan x>2x$.

11. 求下列函数的极值:

(1) $y=x^2 e^{-x}$;

(2) $y=\dfrac{e^x}{\sin x}$.

12. 求数列 $\{\sqrt[n]{n}\}$ 的最大项.

13. 求函数 $f(x)=\begin{cases}\dfrac{x^2}{2}, & x \geqslant 0, \\ -\dfrac{x^2}{2}, & x<0\end{cases}$ 的凹凸区间及拐点.

14. 设 $f(x)$ 在 (a,b) 内二阶可导, 且 $f''(x) \geqslant 0$, 证明对于 (a,b) 内任意两点 x_1, x_2, 及 $0 \leqslant t \leqslant 1$ 有 $f[(1-t)x_1+tx_2] \leqslant (1-t)f(x_1)+tf(x_2)$.

15. 设在 $[0,1]$ 上 $|f''(x)| \leqslant M$, 且 $f(x)$ 在 $(0,1)$ 内取得最大值, 证明 $|f'(0)|+|f'(1)| \leqslant M$.

16. 试确定常数 a 和 b, 使 $f(x)=x-(a+b\cos x)\sin x$ 当 $x \to 0$ 时是关于 x 的 5 阶无穷小.

第4章 不定积分

前面我们讨论了已知函数 $f(x)$ 求其导数 $f'(x)$ 或微分 $\mathrm{d}f(x)$ 的问题，即所谓的导数和微分运算. 但在理论和实际中，常常需要讨论相反的问题，即已知函数的导数 $f'(x)$，求函数 $f(x)$ 本身，它是微分运算的逆运算，也是积分学的基本问题之一.

4.1 不定积分的概念与性质

4.1.1 原函数的概念

定义 4.1.1 如果在区间 I 上，可导函数 $F(x)$ 的导函数为 $f(x)$，即对任意的 $x \in I$，都有

$$F'(x) = f(x), \quad \text{或 } \mathrm{d}F(x) = f(x)\mathrm{d}x$$

则称函数 $F(x)$ 为函数 $f(x)$ 在区间 I 上的一个**原函数**.

例如，因为 $(\sin x)' = \cos x$，故 $\sin x$ 是 $\cos x$ 的原函数；

因为 $x>0$ 时，$(\ln x)' = \dfrac{1}{x}$，所以 $\ln x$ 是 $\dfrac{1}{x}$ 在 $(0, +\infty)$ 内的原函数；

因为 $x<0$ 时，$[\ln(-x)]' = \dfrac{1}{x}$，所以 $\ln(-x)$ 是 $\dfrac{1}{x}$ 在 $(-\infty, 0)$ 内的原函数；

因为 $(\mathrm{e}^x)' = \mathrm{e}^x$，所以 e^x 是 e^x 的原函数.

1. 原函数存在定理

如果函数 $f(x)$ 在区间 I 上连续，那么在区间 I 上存在可导函数 $F(x)$，使得对任一 $x \in I$，都有 $F'(x) = f(x)$.

简单地说，**连续函数一定存在原函数**.

2. 原函数的性质

（1）如果 $f(x)$ 有一个原函数 $F(x)$，那么 $f(x)$ 就有无穷多个原函数，并且可以用 $F(x) + C$ 表示（C 为任意常数）. 因为若函数 $f(x)$ 在区间 I 上有原函数，即有一个函数 $F(x)$，使对 $\forall x \in I$，都有 $F'(x) = f(x)$，那么对任何常数 C，显然也有 $[F(x) + C]' = f(x)$，即对任意常数 C，$F(x) + C$ 也是 $f(x)$ 的原函数.

（2）如果 $f(x)$ 有一个原函数 $F(x)$，那么 $f(x)$ 的任意两个原函数只相差一个常数. 设 $G(x)$，$F(x)$ 都是 $f(x)$ 在 I 上的原函数，则对 $\forall x \in I$，都有

$$[G(x) - F(x)]' = G'(x) - F'(x) = f(x) - f(x) = 0$$

由拉格朗日中值定理的推论，$G(x) - F(x)$ 在区间 I 上恒为常数，即

$$G(x) - F(x) = C \ (C \text{ 为某个常数})$$

4.1.2 不定积分的概念

定义 4.1.2 在区间 I 上，函数 $f(x)$ 的带有任意常数项的原函数称为 $f(x)$ 在区间 I 上的**不定积分**，记作

$$\int f(x)\,\mathrm{d}x$$

其中记号 $\int$ 称为积分号，$f(x)$ 称为被积函数，$f(x)\,\mathrm{d}x$ 称为被积表达式，x 称为积分变量.

由定义及原函数的性质知，如果 $F(x)$ 是 $f(x)$ 在区间 I 上的一个原函数，那么 $F(x)+C$ 就是 $f(x)$ 的不定积分，即

$$\int f(x)\,\mathrm{d}x = F(x)+C$$

因而不定积分可以表示 $f(x)$ 的任意一个原函数.

例 1 求 $\int x^5\mathrm{d}x$.

解 $\because \left(\dfrac{x^6}{6}\right)' = x^5,\ \therefore \int x^5\mathrm{d}x = \dfrac{x^6}{6}+C.$

一般地，求 $\int x^\mu \mathrm{d}x\,(\mu \neq -1)$，因为 $\left(\dfrac{1}{\mu+1}x^{\mu+1}\right)' = x^\mu$，所以 $\int x^\mu \mathrm{d}x = \dfrac{1}{\mu+1}x^{\mu+1}+C.$

例 2 求 $\int \dfrac{1}{x}\mathrm{d}x$.

解 当 $x>0$ 时，$(\ln x)' = \dfrac{1}{x}$，所以在 $(0,+\infty)$ 内，$\int \dfrac{1}{x}\mathrm{d}x = \ln x + C$，

当 $x<0$ 时，$[\ln(-x)]' = \dfrac{1}{x}$，所以在 $(-\infty,0)$ 内，$\int \dfrac{1}{x}\mathrm{d}x = \ln(-x)+C$，

合起来有 $\int \dfrac{1}{x}\mathrm{d}x = \ln|x|+C\,(x\neq 0).$

例 3 曲线过点 $(1,2)$，且其上任一点处的切线的斜率等于该点横坐标的 2 倍，求此曲线的方程.

解 设所求曲线的方程为 $y=f(x)$，依题设有

$$\frac{\mathrm{d}y}{\mathrm{d}x} = f'(x) = 2x$$

即 $f(x)$ 是 $2x$ 的一个原函数.

因为 $\int 2x\mathrm{d}x = x^2+C$，故必有某个常数 C 使 $f(x) = x^2+C.$

由曲线过点 $(1,2)$ 知，$2 = 1^2+C$，$C=1$，于是所求曲线方程为 $y = x^2+1.$（见图 4.1）.

1. 不定积分的几何意义

$(1)f(x)$ 的一个原函数 $F(x)$ 的图形，一般叫作 $f(x)$ 的积分曲线，$f(x)$ 的全体原函数 $F(x)+C$ 的图形构成了一个积分曲线族；

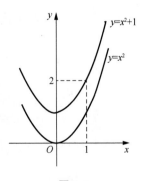

图 4.1

（2）在此积分曲线族中，任意一条曲线都可由另一条沿 y 轴方向平移而得到；

（3）积分曲线族中，在相同的 x 处，每一条曲线对应的切线相互平行，其斜率都为 $f(x)$.

2. 积分与微分之间的关系

从不定积分的定义，即可知下述关系：

$$\frac{\mathrm{d}}{\mathrm{d}x}\left[\int f(x)\,\mathrm{d}x\right]=f(x)\,,\ \int F'(x)\,\mathrm{d}x=F(x)+C$$

或

$$\mathrm{d}\left[\int f(x)\,\mathrm{d}x\right]=f(x)\,\mathrm{d}x\,,\ \int \mathrm{d}F(x)=F(x)+C$$

即当运算符号"$\int$"与"d"连在一起时，两种运算的作用或者抵消，或抵消后加一常数. 因而，求不定积分与求导互为逆运算.

3. 四个等价说法

$f(x)$ 是 $F(x)$ 的导函数 $\Leftrightarrow F(x)$ 是 $f(x)$ 的原函数

$$\Updownarrow \qquad\qquad\qquad \Updownarrow$$

$$F'(x)=f(x)\qquad\Leftrightarrow\int f(x)\,\mathrm{d}x=F(x)+C$$

例 4　（1）已知 $f(x)=\mathrm{e}^x\arctan x$，求 $\int f'(x)\,\mathrm{d}x$.

（2）已知 $\arctan x$ 是 $f(x)$ 的一个原函数，求 $f(x)$ 和 $\int f(x)\,\mathrm{d}x$，$\int f'(x)\,\mathrm{d}x$.

解　（1）$\int f'(x)\,\mathrm{d}x=f(x)+C=\mathrm{e}^x\arctan x+C$；

（2）因为 $\arctan x$ 是 $f(x)$ 的一个原函数，所以

$$f(x)=(\arctan x)'=\frac{1}{1+x^2},\ \int f(x)\,\mathrm{d}x=\arctan x+C,\ \int f'(x)\,\mathrm{d}x=f(x)+C=\frac{1}{1+x^2}+C.$$

4.1.3　基本积分公式

由于积分运算是微分运算的逆运算，因此很自然地，从基本求导（微分）公式可得到基本积分公式.

基本积分公式（一）

（1）$\displaystyle\int k\,\mathrm{d}x=kx+C$（$k$ 是常数）；　　　（2）$\displaystyle\int x^\mu\,\mathrm{d}x=\frac{x^{\mu+1}}{\mu+1}+C\,(\mu\neq-1)$；

（3）$\displaystyle\int\frac{\mathrm{d}x}{x}=\ln|x|+C\,(x\neq0)$；　　　（4）$\displaystyle\int\frac{\mathrm{d}x}{1+x^2}=\arctan x+C$；

（5）$\displaystyle\int\frac{\mathrm{d}x}{\sqrt{1-x^2}}=\arcsin x+C$；　　　（6）$\displaystyle\int\cos x\,\mathrm{d}x=\sin x+C$；

（7）$\displaystyle\int\sin x\,\mathrm{d}x=-\cos x+C$；　　　（8）$\displaystyle\int\frac{\mathrm{d}x}{\cos^2x}=\int\sec^2x\,\mathrm{d}x=\tan x+C$；

（9）$\displaystyle\int\frac{\mathrm{d}x}{\sin^2x}=\int\csc^2x\,\mathrm{d}x=-\cot x+C$；　　　（10）$\displaystyle\int\sec x\tan x\,\mathrm{d}x=\sec x+C$；

(11) $\int \csc x \cot x \, dx = -\csc x + C$;　　(12) $\int e^x \, dx = e^x + C$;

(13) $\int a^x \, dx = \dfrac{a^x}{\ln a} + C$;　　(14) $\int \text{sh}x \, dx = \text{ch}x + C$;

(15) $\int \text{ch}x \, dx = \text{sh}x + C$.

基本积分公式是求不定积分的依据，因为不论以后介绍什么样的积分方法和技巧，其目的都是把所求的不定积分转化到这些基本积分公式上来. 同时掌握基本积分公式也是学好高等数学后继内容的基础，因为后面的定积分、重积分、曲线积分与曲面积分、常微分方程等内容，都将归结到计算原函数(不定积分)的问题.

4.1.4　不定积分的性质

根据不定积分的定义，可以得到如下两个性质：

性质 1　设函数 $f(x)$ 及 $g(x)$ 的原函数存在，则

$$\int [f(x) + g(x)] \, dx = \int f(x) \, dx + \int g(x) \, dx.$$

证明　将上式右端求导，得

$$\left[\int f(x) \, dx + \int g(x) \, dx\right]' = \left[\int f(x) \, dx\right]' + \left[\int g(x) \, dx\right]' = f(x) + g(x).$$

这表示 $\int f(x) \, dx + \int g(x) \, dx$ 是 $f(x) + g(x)$ 的原函数，且 $\int f(x) \, dx + \int g(x) \, dx$ 的形式中含有两个任意常数，由于任意常数之和仍为任意常数，故实际上含一个任意常数，因而 $\int f(x) \, dx + \int g(x) \, dx$ 是 $f(x) + g(x)$ 的不定积分.

性质 1 对有限个函数都是成立的.

类似地可以证明不定积分的第二个性质.

性质 2　设函数 $f(x)$ 的原函数存在，k 为非零常数，则

$$\int k f(x) \, dx = k \int f(x) \, dx.$$

上面两个性质也可以合并起来，得出下面的不定积分的基本运算法则：

定理 4.1.1　设函数 $f(x)$ 及 $g(x)$ 的原函数存在，k，l 是不全为零的常数，则

$$\int [k f(x) + l g(x)] \, dx = k \int f(x) \, dx + l \int g(x) \, dx.$$

根据以上公式，我们可以用"分项积分"的方法来计算一些较为复杂的函数的积分，即把较复杂的函数分解为若干个容易求出原函数的项的和，对这些项分别求出不定积分再作相应的和即可.

例 5　计算下列不定积分：

(1) $\int \left[\left(\dfrac{2}{3}\right)^x + x^{\frac{2}{3}} + \cos x - \dfrac{1}{\cos^2 x} - \dfrac{1}{\sqrt{1-x^2}}\right] dx$;　　(2) $\int \dfrac{x + \sqrt{x} - \sqrt[3]{x}}{\sqrt[4]{x}} \, dx$.

解　(1) $\int \left[\left(\dfrac{2}{3}\right)^x + x^{\frac{2}{3}} + \cos x - \dfrac{1}{\cos^2 x} - \dfrac{1}{\sqrt{1-x^2}}\right] dx$

$$= \int \left(\frac{2}{3}\right)^x \mathrm{d}x + \int x^{\frac{2}{3}} \mathrm{d}x + \int \cos x \mathrm{d}x - \int \frac{1}{\cos^2 x} \mathrm{d}x - \int \frac{1}{\sqrt{1-x^2}} \mathrm{d}x$$

$$= \left(\frac{2}{3}\right)^x \frac{1}{\ln \frac{2}{3}} + \frac{3}{5} x^{\frac{5}{3}} + \sin x - \tan x + \arccos x + C;$$

(2) $\displaystyle\int \frac{x+\sqrt{x}-\sqrt[3]{x}}{\sqrt[4]{x}} \mathrm{d}x = \int \left(x^{\frac{3}{4}} + x^{\frac{1}{4}} - x^{\frac{1}{12}}\right) \mathrm{d}x = \frac{4}{7}x^{\frac{7}{4}} + \frac{4}{5}x^{\frac{5}{4}} - \frac{12}{13}x^{\frac{13}{12}} + C.$

在计算不定积分的时候，有时需要对被积函数进行一些适当的恒等变形，才能使用分项积分的方法.

例 6　计算下列不定积分：

(1) $\displaystyle\int \frac{1+x+x^2}{x(1+x^2)} \mathrm{d}x$；　　(2) $\displaystyle\int \frac{x^4}{1+x^2} \mathrm{d}x.$

解　(1) $\displaystyle\int \frac{1+x+x^2}{x(1+x^2)} \mathrm{d}x = \int \frac{(x^2+1)+x}{x(1+x^2)} \mathrm{d}x = \int \left(\frac{1}{1+x^2} + \frac{1}{x}\right) \mathrm{d}x = \arctan x + \ln|x| + C;$

(2) $\displaystyle\int \frac{x^4}{1+x^2} \mathrm{d}x = \int \frac{(x^4-1)+1}{1+x^2} \mathrm{d}x = \int \frac{(x^2+1)(x^2-1)+1}{1+x^2} \mathrm{d}x$

$$= \int \left[(x^2-1) + \frac{1}{1+x^2}\right] \mathrm{d}x = \frac{x^3}{3} - x + \arctan x + C.$$

例 7　计算下列不定积分：

(1) $\displaystyle\int \tan^2 x \mathrm{d}x$；　　(2) $\displaystyle\int \frac{1}{\sin^2 \frac{x}{2} \cos^2 \frac{x}{2}} \mathrm{d}x$；　　(3) $\displaystyle\int \frac{\cos 2x}{\sin^2 x \cos^2 x} \mathrm{d}x.$

解　(1) $\displaystyle\int \tan^2 x \mathrm{d}x = \int (\sec^2 x - 1) \mathrm{d}x = \tan x - x + C;$

(2) $\displaystyle\int \frac{1}{\sin^2 \frac{x}{2} \cos^2 \frac{x}{2}} \mathrm{d}x = \int \frac{4}{\sin^2 x} \mathrm{d}x = -4\cot x + C;$

(3) $\displaystyle\int \frac{\cos 2x}{\sin^2 x \cos^2 x} \mathrm{d}x = \int \frac{\cos^2 x - \sin^2 x}{\sin^2 x \cos^2 x} \mathrm{d}x = \int \frac{1}{\sin^2 x} \mathrm{d}x - \int \frac{1}{\cos^2 x} \mathrm{d}x = -\cot x - \tan x + C.$

说明　(1)导数的定义 $f'(x) = \displaystyle\lim_{\Delta x \to 0} \frac{f(x+\Delta x) - f(x)}{\Delta x}$ 是构造性的. 根据导数的定义人们可以推导出基本初等函数的导数公式，导数的四则运算法则以及复合函数求导的链式法则，从而可以圆满解决初等函数的求导问题. 但不定积分的定义本身并没有给出积分运算的方法. 不定积分的定义是"非构造性"的，这就决定了积分运算远比微分运算困难得多.

(2)检验 $F(x)+C$ 是否为 $f(x)$ 的不定积分的方法，就是直接对 $F(x)+C$ 求导，看是否有等式 $[F(x)+C]' = f(x)$ 成立.

(3)同一个函数的不定积分，可以通过不同的形式表示出来，它们之间可以经过恒等变形相互转化.

习题 4.1

1. 计算下列不定积分：

(1) $\int \left(\sqrt{x}+1\right)^2 \mathrm{d}x$；

(2) $\int \left(\dfrac{2}{x^2}+3\mathrm{e}^x\right)\mathrm{d}x$；

(3) $\int \left(2x^3-\sin x+5\sqrt{x}\right)\mathrm{d}x$；

(4) $\int \left(\dfrac{3}{1+x^2}-\dfrac{2}{\sqrt{1-x^2}}\right)\mathrm{d}x$；

(5) $\int \dfrac{\sqrt{x}-x+x^2\mathrm{e}^x}{x^2}\mathrm{d}x$；

(6) $\int \dfrac{2\cdot 3^x-5\cdot 2^x}{3^x}\mathrm{d}x$；

(7) $\int \dfrac{1+3x^2+3x^4}{1+x^2}\mathrm{d}x$；

(8) $\int \dfrac{1+x^4}{1+x^2}\mathrm{d}x$；

(9) $\int \dfrac{\cos 2x}{\sin x+\cos x}\mathrm{d}x$；

(10) $\int \dfrac{1}{\sin^2 x\cos^2 x}\mathrm{d}x$；

(11) $\int \sec x(\sec x-\tan x)\mathrm{d}x$；

(12) $\int \left(\sin \dfrac{x}{2}+\cos \dfrac{x}{2}\right)^2\mathrm{d}x$；

(13) $\int \dfrac{\cos 2x}{\sin^2 x}\mathrm{d}x$；

(14) $\int \dfrac{1+\cos^2 x}{1+\cos 2x}\mathrm{d}x$.

2. 一曲线通过点 $(\mathrm{e}^2,3)$，且在任一点处的切线的斜率等于该点横坐标的倒数，求该曲线的方程.

3. 一物体由静止开始运动，经 $t(\mathrm{s})$ 后的速度是 $3t^2(\mathrm{m/s})$，问：

(1) 在 3 s 后物体离开出发点的距离是多少？

(2) 物体运动 360 m 需要多少时间？

4.2 换元积分法

利用基本积分表与积分的线性性质，所能计算的不定积分是非常有限的. 因此，有必要进一步研究不定积分的求法. 本节将复合函数的微分法反过来用于求不定积分，利用中间变量的代换，得到复合函数的积分法，称为换元积分法，简称为换元法. 换元法通常分成两类，即第一类换元法与第二类换元法. 下面先介绍第一类换元积分法.

4.2.1 第一类换元法(凑微分法)

定理 4.2.1 设 $f(u)$ 具有原函数 $F(u)$，函数 $u=\varphi(x)$ 可导，则有换元公式

$$\int f[\varphi(x)]\cdot \varphi'(x)\mathrm{d}x=\left[\int f(u)\mathrm{d}u\right]_{u=\varphi(x)}=F[\varphi(x)]+C$$

证明 因为 $F'(u)=f(u)$，根据复合函数微分法得，

$$\mathrm{d}F[\varphi(x)]=F'[\varphi(x)]\mathrm{d}\varphi(x)=f[\varphi(x)]\cdot \varphi'(x)\mathrm{d}x,$$

所以 $\int f[\varphi(x)]\cdot \varphi'(x)\mathrm{d}x=\left[\int f(u)\mathrm{d}u\right]_{u=\varphi(x)}=F[\varphi(x)]+C.$

定理结论成立.

如何应用此定理来求不定积分？

设要求积分 $\int g(x)\mathrm{d}x$，如果被积函数可以化为 $g(x)=f[\varphi(x)]\varphi'(x)$ 的形式，那么

$$\int g(x)\mathrm{d}x=\int f[\varphi(x)]\varphi'(x)\mathrm{d}x\xrightarrow{\text{①凑微分}}\int f[\varphi(x)]\mathrm{d}\varphi(x)\xrightarrow{\text{②换元：}u=\varphi(x)}\int f(u)\mathrm{d}u\xrightarrow{\text{③积分}}$$

$$[F(u)+C]_{u=\varphi(x)}\xrightarrow{\text{④回代：}u=\varphi(x)}F[\varphi(x)]+C$$

这一积分方法的关键是通过将被积表达式 $g(x)\mathrm{d}x$ 进行微分变形，从 $g(x)\mathrm{d}x$ "凑出"：$\varphi'(x)\mathrm{d}x=\mathrm{d}\varphi(x)=\mathrm{d}u$，使被积表达式 $g(x)\mathrm{d}x$ 变成 $f(u)\mathrm{d}u$，而 $\int f(u)\mathrm{d}u$ 可以在基本积分表中找到，所以第一类换元积分法又称为"凑微分法"．凑微分法能大大扩展基本积分表的使用范围，是最基本也是应用最广的一种积分方法．

例 1 计算下列不定积分：

$(1)\displaystyle\int(3x+2)^{10}\mathrm{d}x;$　　　　$(2)\displaystyle\int(ax+b)^{\mu}\mathrm{d}x(\mu\neq-1,a\neq0).$

解 $(1)\displaystyle\int(3x+2)^{10}\mathrm{d}x=\frac{1}{3}\int(3x+2)^{10}\mathrm{d}(3x+2)\xrightarrow{u=3x+2}\frac{1}{3}\int u^{10}\mathrm{d}u\xrightarrow{\text{积分}}\frac{1}{33}u^{11}+C$

$\xrightarrow{\text{回代：}u=3x+2}\dfrac{1}{33}(3x+2)^{11}+C;$

$(2)\displaystyle\int(ax+b)^{\mu}\mathrm{d}x=\frac{1}{a}\int(ax+b)^{\mu}\mathrm{d}(ax+b)\xrightarrow{u=ax+b}\frac{1}{a}\int u^{\mu}\mathrm{d}u\xrightarrow{\text{积分}}\frac{1}{a(\mu+1)}u^{\mu+1}+C$

$\xrightarrow{\text{回代：}u=ax+b}\dfrac{1}{a(\mu+1)}(ax+b)^{\mu+1}+C.$

一般地，若 $\displaystyle\int f(x)\mathrm{d}x=F(x)+C$，则有 $\displaystyle\int f(ax+b)\mathrm{d}x=\frac{1}{a}\int f(ax+b)\mathrm{d}(ax+b)=\frac{1}{a}F(ax+b)+C.$

例 2 计算下列不定积分：

$(1)\displaystyle\int 2x\sin x^2\mathrm{d}x;$　　　　$(2)\displaystyle\int x\sqrt{1+2x^2}\,\mathrm{d}x;$　　　　$(3)\displaystyle\int\frac{x^2}{1+x^6}\mathrm{d}x.$

解 $(1)\displaystyle\int 2x\sin x^2\mathrm{d}x=\int\sin x^2\mathrm{d}(x^2)=-\cos x^2+C;$

$(2)\displaystyle\int x\sqrt{1+2x^2}\,\mathrm{d}x=\frac{1}{4}\int(1+2x^2)^{\frac{1}{2}}\mathrm{d}(1+2x^2)=\frac{1}{4}\cdot\frac{2}{3}(1+2x^2)^{\frac{3}{2}}+C=\frac{1}{6}(1+2x^2)^{\frac{3}{2}}+C;$

$(3)\displaystyle\int\frac{x^2}{1+x^6}\mathrm{d}x=\frac{1}{3}\int\frac{1}{1+(x^3)^2}\mathrm{d}(x^3)=\frac{1}{3}\arctan x^3+C.$

一般地，有 $\displaystyle\int x^{n-1}f(ax^n+b)\mathrm{d}x=\frac{1}{na}\int f(ax^n+b)\mathrm{d}(ax^n+b)=\cdots.$

例 3 计算下列不定积分：

$(1)\displaystyle\int\frac{\mathrm{e}^{3\sqrt{x}}}{\sqrt{x}}\mathrm{d}x;$　　　　$(2)\displaystyle\int\frac{\mathrm{d}x}{\sqrt{x}\sqrt{1-x}}.$

解 $(1)\displaystyle\int\frac{\mathrm{e}^{3\sqrt{x}}}{\sqrt{x}}\mathrm{d}x=2\int\mathrm{e}^{3\sqrt{x}}\mathrm{d}\sqrt{x}=\frac{2}{3}\int\mathrm{e}^{3\sqrt{x}}\mathrm{d}(3\sqrt{x})=\frac{2}{3}\mathrm{e}^{3\sqrt{x}}+C;$

$(2)\displaystyle\int\frac{\mathrm{d}x}{\sqrt{x}\sqrt{1-x}}=2\int\frac{\mathrm{d}\sqrt{x}}{\sqrt{1-(\sqrt{x})^2}}=2\arcsin\sqrt{x}+C.$

一般地，有 $\displaystyle\int \frac{f(\sqrt{x})}{\sqrt{x}}\mathrm{d}x = 2\int f(\sqrt{x})\,\mathrm{d}\sqrt{x} = \cdots.$

例 4 计算下列不定积分：

（1）$\displaystyle\int \frac{\mathrm{d}x}{x\ln x}$；   （2）$\displaystyle\int \frac{1}{x^2}\mathrm{e}^{\frac{1}{x}}\mathrm{d}x$；

（3）$\displaystyle\int \frac{10^{\arctan x}}{1+x^2}\mathrm{d}x$；   （4）$\displaystyle\int \frac{1}{(1+\tan x)\cos^2 x}\mathrm{d}x.$

解 （1）$\displaystyle\int \frac{\mathrm{d}x}{x\ln x} = \int \frac{\mathrm{d}\ln x}{\ln x} = \ln|\ln x| + C$；

（2）$\displaystyle\int \frac{1}{x^2}\mathrm{e}^{\frac{1}{x}}\mathrm{d}x = -\int \mathrm{e}^{\frac{1}{x}}\mathrm{d}\left(\frac{1}{x}\right) = -\mathrm{e}^{\frac{1}{x}} + C$；

（3）$\displaystyle\int \frac{10^{\arctan x}}{1+x^2}\mathrm{d}x = \int 10^{\arctan x}\mathrm{d}(\arctan x) = \frac{10^{\arctan x}}{\ln 10} + C$；

（4）$\displaystyle\int \frac{1}{(1+\tan x)\cos^2 x}\mathrm{d}x = \int \frac{1}{1+\tan x}\mathrm{d}(1+\tan x) = \ln|1+\tan x| + C.$

一般地，有

$$\int f(\sin x)\cos x\mathrm{d}x = \int f(\sin x)\mathrm{d}(\sin x),$$

$$\int f(\tan x)\sec^2 x\mathrm{d}x = \int f(\tan x)\mathrm{d}(\tan x),$$

$$\int f(\arcsin x)\frac{1}{\sqrt{1-x^2}}\mathrm{d}x = \int f(\arcsin x)\mathrm{d}(\arcsin x),$$

$$\int f(\arctan x)\frac{1}{1+x^2}\mathrm{d}x = \int f(\arctan x)\mathrm{d}(\arctan x),$$

$$\int f(\mathrm{e}^x)\mathrm{e}^x\mathrm{d}x = \int f(\mathrm{e}^x)\mathrm{d}(\mathrm{e}^x),$$

$$\int f(\ln x)\frac{1}{x}\mathrm{d}x = \int f(\ln x)\mathrm{d}(\ln x).$$

例 5 计算下列不定积分：

（1）$\displaystyle\int \frac{\mathrm{d}x}{a^2+x^2}$；   （2）$\displaystyle\int \frac{\mathrm{d}x}{\sqrt{a^2-x^2}}(a>0)$；   （3）$\displaystyle\int \frac{\mathrm{d}x}{x^2-a^2}$.

解 （1）$\displaystyle\int \frac{\mathrm{d}x}{a^2+x^2} = \frac{1}{a^2}\int \frac{1}{1+\left(\dfrac{x}{a}\right)^2}\mathrm{d}x = \frac{1}{a}\int \frac{1}{1+\left(\dfrac{x}{a}\right)^2}\mathrm{d}\left(\frac{x}{a}\right) = \frac{1}{a}\arctan\left(\frac{x}{a}\right) + C$；

（2）$\displaystyle\int \frac{\mathrm{d}x}{\sqrt{a^2-x^2}} = \int \frac{1}{a}\frac{\mathrm{d}x}{\sqrt{1-\left(\dfrac{x}{a}\right)^2}} = \int \frac{\mathrm{d}\left(\dfrac{x}{a}\right)}{\sqrt{1-\left(\dfrac{x}{a}\right)^2}} = \arcsin\left(\frac{x}{a}\right) + C$；

（3）$\displaystyle\int \frac{1}{x^2-a^2}\mathrm{d}x = \frac{1}{2a}\int \left(\frac{1}{x-a} - \frac{1}{x+a}\right)\mathrm{d}x = \frac{1}{2a}\left[\int \frac{\mathrm{d}(x-a)}{x-a} - \int \frac{\mathrm{d}(x+a)}{x+a}\right]$

$$= \frac{1}{2a} [\ln |x-a| - \ln |x+a|] + C = \frac{1}{2a} \ln \left| \frac{x-a}{x+a} \right| + C.$$

例 6　计算下列不定积分：

(1) $\int \tan x \mathrm{d}x$；　　(2) $\int \cot x \mathrm{d}x$.

解　(1) $\int \tan x \mathrm{d}x = \int \frac{\sin x}{\cos x} \mathrm{d}x = -\int \frac{1}{\cos x} \mathrm{d}(\cos x) = -\ln |\cos x| + C = \ln |\sec x| + C$；

(2) 类似地可得 $\int \cot x \mathrm{d}x = \ln |\sin x| + C$.

例 7　计算下列不定积分：

(1) $\int \csc x \mathrm{d}x$；　　(2) $\int \sec x \mathrm{d}x$.

解　(1) $\int \csc x \mathrm{d}x = \int \frac{\mathrm{d}x}{\sin x} = \int \frac{\mathrm{d}x}{2\sin \frac{x}{2} \cos \frac{x}{2}} = \int \frac{\mathrm{d}x}{2\tan \frac{x}{2} \cos^2 \frac{x}{2}}$

$$= \int \frac{\mathrm{d}\left(\tan \frac{x}{2}\right)}{\tan \frac{x}{2}} = \ln \left| \tan \frac{x}{2} \right| + C$$

$$= \ln \left| \frac{1-\cos x}{\sin x} \right| + C = \ln |\csc x - \cot x| + C,$$

或

$$\int \frac{\mathrm{d}x}{\sin x} = \int \frac{\sin x \mathrm{d}x}{\sin^2 x} = -\int \frac{\mathrm{d}\cos x}{1-\cos^2 x} = \frac{1}{2} \ln \left| \frac{1-\cos x}{1+\cos x} \right| + C$$

$$= \frac{1}{2} \ln \left| \frac{(1-\cos x)^2}{1-\cos^2 x} \right| + C = \ln \left| \frac{1-\cos x}{\sin x} \right| + C$$

$$= \ln |\csc x - \cot x| + C.$$

(2) 利用(1)的结果，有

$$\int \sec x \mathrm{d}x = \int \csc \left(x + \frac{\pi}{2} \right) \mathrm{d}\left(x + \frac{\pi}{2} \right) = \ln \left| \csc \left(x + \frac{\pi}{2} \right) - \cot \left(x + \frac{\pi}{2} \right) \right| + C = \ln |\sec x + \tan x| + C.$$

例 8　计算下列不定积分：

(1) $\int \sin^2 x \mathrm{d}x$；　　(2) $\int \sin^3 x \mathrm{d}x$；　　(3) $\int \sin^4 x \mathrm{d}x$.

解　(1) $\int \sin^2 x \mathrm{d}x = \frac{1}{2} \int (1-\cos 2x) \mathrm{d}x = \frac{1}{2} \int \mathrm{d}x - \frac{1}{4} \int \cos 2x \mathrm{d}(2x) = \frac{1}{2} x - \frac{1}{4} \sin 2x + C$；

(2) $\int \sin^3 x \mathrm{d}x = \int \sin^2 x \cdot \sin x \mathrm{d}x = -\int (1-\cos^2 x) \mathrm{d}(\cos x) = \frac{1}{3} \cos^3 x - \cos x + C$；

(3) $\int \sin^4 x \mathrm{d}x = \frac{1}{4} \int (1-\cos 2x)^2 \mathrm{d}x = \frac{1}{4} \int (1-2\cos 2x + \cos^2 2x) \mathrm{d}x$

$$= \frac{1}{4} \int \left(1 - 2\cos 2x + \frac{1+\cos 4x}{2} \right) \mathrm{d}x$$

$$= \frac{3x}{8} - \frac{\sin 2x}{4} + \frac{1}{32} \sin 4x + C.$$

一般地，对于形如 $\int \sin^n x \cos^m x \, dx$ 的式子积分的一般方法：

（1）若 n，m 中有一个是奇数，总可以做变换 $u = \cos x$ 或 $u = \sin x$，求得结果；

（2）若 n，m 均为偶数，总可利用三角恒等式：$\sin^2 x = \dfrac{1}{2}(1 - \cos 2x)$，$\cos^2 x = \dfrac{1}{2}(1 + \cos 2x)$ 进行降幂，再凑微分进行计算.

例 9 计算下列不定积分：

（1）$\int \sec^4 x \, dx$；　　　（2）$\int \tan^5 x \sec^3 x \, dx$.

解　（1）$\displaystyle \int \sec^4 x \, dx = \int \sec^2 x \cdot \sec^2 x \, dx = \int \sec^2 x \, d(\tan x)$

$$= \int (1 + \tan^2 x) \, d(\tan x) = \tan x + \frac{1}{3} \tan^3 x + C;$$

（2）$\displaystyle \int \tan^5 x \sec^3 x \, dx = \int \tan^4 x \sec^2 x \cdot \sec x \tan x \, dx = \int (\sec^2 x - 1)^2 \sec^2 x \, d(\sec x)$

$$= \int (\sec^6 x - 2 \sec^4 x + \sec^2 x) \, d(\sec x)$$

$$= \frac{1}{7} \sec^6 x - \frac{2}{5} \sec^5 x + \frac{1}{3} \sec^3 x + C.$$

例 10 计算下列不定积分：

（1）$\displaystyle \int \frac{1}{1 + e^x} \, dx$；　　　（2）$\displaystyle \int \frac{\arctan \sqrt{x}}{(1 + x)\sqrt{x}} \, dx$.

解　（1）$\displaystyle \int \frac{1}{1 + e^x} \, dx = \int \left(1 - \frac{e^x}{1 + e^x}\right) dx = x - \int \frac{e^x}{1 + e^x} \, dx = x - \ln(1 + e^x) + C,$

或　　　$\displaystyle \int \frac{dx}{1 + e^x} = \int \frac{e^{-x}}{1 + e^{-x}} \, dx = -\int \frac{d(1 + e^{-x})}{1 + e^{-x}} = -\ln(1 + e^{-x}) + C = x - \ln(1 + e^x) + C;$

（2）$\displaystyle \int \frac{\arctan \sqrt{x}}{(1 + x)\sqrt{x}} \, dx = \int \frac{\arctan \sqrt{x}}{[1 + (\sqrt{x})^2]\sqrt{x}} \, dx = 2 \int \frac{\arctan \sqrt{x}}{[1 + (\sqrt{x})^2]} \, d(\sqrt{x})$

$$= 2 \int \arctan \sqrt{x} \, d(\arctan \sqrt{x}) = (\arctan \sqrt{x})^2 + C.$$

4.2.2　第二类换元法

上面介绍的第一类换元法是通过选择适当的新变量 $u = \varphi(x)$，使积分 $\int f[\varphi(x)] \varphi'(x) \, dx$ 化为 $\int f(u) \, du$. 但在有的场合，我们会遇到相反的情形. 适当地选择变量代换 $x = \psi(t)$，将积分 $\int f(x) \, dx$ 化为积分 $\int f[\psi(t)] \psi'(t) \, dt$. 这是另一种形式的变量代换，换元公式可表达为

$$\int f(x) \, dx = \int f[\psi(t)] \psi'(t) \, dt.$$

我们有下面的定理，它给出的积分方法叫作**第二类换元法**.

定理 4.2.2　设 $x = \psi(t)$ 单调可导且 $\psi'(t) \neq 0$，又设 $f[\psi(t)] \psi'(t)$ 存在原函数，则有

换元公式：

$$\int f(x)\,\mathrm{d}x = \left[\int f[\psi(t)]\psi'(t)\,\mathrm{d}t\right]_{t=\psi^{-1}(x)}$$

其中 $t=\psi^{-1}(x)$ 表示 $x=\psi(t)$ 的反函数.

证明 设 $f[\psi(t)]\psi'(t)$ 的一个原函数为 $\Phi(t)$，记 $F(x)=\Phi[\psi^{-1}(x)]$，下面只要证明 $F(x)=\Phi[\psi^{-1}(x)]$ 是 $f(x)$ 的原函数. 利用复合函数及反函数的求导法则，得到：

$$F'(x)=\frac{\mathrm{d}}{\mathrm{d}x}\Phi[\psi^{-1}(x)]=\frac{\mathrm{d}\Phi}{\mathrm{d}t}\cdot\frac{\mathrm{d}t}{\mathrm{d}x}=f[\psi(t)]\psi'(t)\cdot\frac{1}{\psi'(t)}=f[\psi(t)]=f(x).$$

常用的第二类换元法有三角代换、倒代换、根式代换等，下面就通过例题来介绍.

1. 三角代换

（1）当被积函数含 $\sqrt{a^2-x^2}$ 时，令 $x=a\sin t$ $\left(|t|\leqslant\dfrac{\pi}{2}\right)$；

（2）当被积函数含 $\sqrt{a^2+x^2}$ 时，令 $x=a\tan t$ $\left(|t|<\dfrac{\pi}{2}\right)$；

（3）当被积函数含 $\sqrt{x^2-a^2}$ 时，令 $x=a\sec t$ $\left(0<t<\dfrac{\pi}{2},\dfrac{\pi}{2}<t<\pi\right)$.

经过上述代换可消去被积函数中的二次根式，将无理函数转化为三角函数的积分.

例 11 求 $\displaystyle\int\sqrt{a^2-x^2}\,\mathrm{d}x$ $(a>0)$.

解 $f(x)=\sqrt{a^2-x^2}$，$D_f=[-a,a]$. 令 $x=a\sin t$，$t\in\left[-\dfrac{\pi}{2},\dfrac{\pi}{2}\right]$，函数 $x=a\sin t$ 在 $\left(-\dfrac{\pi}{2},\dfrac{\pi}{2}\right)$ 内单调、可导，导数不为零，且反函数为 $t=\arcsin\dfrac{x}{a}$，所求积分化为

$$\int\sqrt{a^2-x^2}\,\mathrm{d}x=\int a\cos t\cdot a\cos t\,\mathrm{d}t=\frac{a^2}{2}\int(1+\cos 2t)\,\mathrm{d}t$$

$$=\frac{a^2}{2}\left(t+\frac{1}{2}\sin 2t\right)+C=\frac{a^2}{2}t+\frac{a^2}{2}\sin t\cos t+C$$

由于 $x=a\sin t$，$t\in\left(-\dfrac{\pi}{2},\dfrac{\pi}{2}\right)$，所以

$$\cos t=\sqrt{1-\sin^2 t}=\sqrt{1-\left(\frac{x}{a}\right)^2}=\frac{\sqrt{a^2-x^2}}{a}.$$

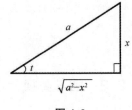

图 4.2

也可利用 $\sin t=\dfrac{x}{a}$ 作辅助三角形（见图 4.2）求出

$\cos t=\dfrac{\sqrt{a^2-x^2}}{a}$，于是所求积分为

$$\int\sqrt{a^2-x^2}\,\mathrm{d}x=\frac{a^2}{2}\arcsin\frac{x}{a}+\frac{x}{2}\sqrt{a^2-x^2}+C.$$

例 12 求 $\displaystyle\int\frac{\mathrm{d}x}{\sqrt{x^2+a^2}}$.

解 $f(x)=\dfrac{1}{\sqrt{x^2+a^2}}$，$D_f=(-\infty,+\infty)$. 令 $x=a\tan t$，$t\in\left(-\dfrac{\pi}{2},\dfrac{\pi}{2}\right)$，该函数在 $\left(-\dfrac{\pi}{2},\dfrac{\pi}{2}\right)$ 内

单调、可导，且导数不为零，反函数为 $t = \arctan \dfrac{x}{a}$，所求积分化为

$$\int \frac{\mathrm{d}x}{\sqrt{x^2+a^2}} = \int \frac{a\sec^2 t}{a\sec t}\mathrm{d}t = \int \sec t\,\mathrm{d}t = \ln|\sec t + \tan t| + C_1,$$

利用 $\tan t = \dfrac{x}{a}$ 作辅助三角形（见图 4.3）求出 $\sec t = \dfrac{\sqrt{x^2+a^2}}{a}$，且
$\sec t + \tan t > 0$，于是所求积分为

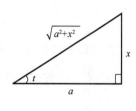

$$\int \frac{\mathrm{d}x}{\sqrt{x^2+a^2}} = \ln\left(\frac{x}{a} + \frac{\sqrt{x^2+a^2}}{a}\right) + C_1 = \ln(x + \sqrt{x^2+a^2}) + C,$$

其中 $C = C_1 - \ln a$.

图 4.3

例 13 求 $\displaystyle\int \frac{\mathrm{d}x}{\sqrt{x^2-a^2}}\ (a>0)$.

解 $f(x) = \dfrac{1}{\sqrt{x^2-a^2}}$，$D_f = (-\infty, -a) \cup (a, +\infty)$.

当 $x>a$ 时，令 $x = a\sec t$，$t \in \left(0, \dfrac{\pi}{2}\right)$，则有

$$\int \frac{\mathrm{d}x}{\sqrt{x^2-a^2}} = \int \frac{a\sec t\tan t}{a\tan t}\mathrm{d}t = \int \sec t\,\mathrm{d}t = \ln(\sec t + \tan t) + C_1,$$

利用 $\sec t = \dfrac{x}{a}$ 作辅助三角形（见图 4.4）求出 $\tan t = \dfrac{\sqrt{x^2-a^2}}{a}$，
于是所求积分为

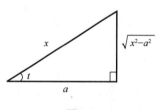

$$\int \frac{\mathrm{d}x}{\sqrt{x^2-a^2}} = \ln\left(\frac{x}{a} + \frac{\sqrt{x^2-a^2}}{a}\right) + C_1$$

$$= \ln(x + \sqrt{x^2-a^2}) + C,$$

图 4.4

其中 $C = C_1 - \ln a$.

当 $x<-a$ 时，令 $x = -u$，那么 $u>a$. 由上一段结果，有

$$\int \frac{\mathrm{d}x}{\sqrt{x^2-a^2}} = -\int \frac{\mathrm{d}u}{\sqrt{u^2-a^2}} = -\ln(u + \sqrt{u^2-a^2}) + C_1 = -\ln(-x + \sqrt{x^2-a^2}) + C_1$$

$$= \ln\frac{-x - \sqrt{x^2-a^2}}{a^2} + C_1 = \ln(-x - \sqrt{x^2-a^2}) + C$$

其中 $C = C_1 - 2\ln a$.

把在 $x>a$ 和 $x<-a$ 内的结果合起来，可写作

$$\int \frac{\mathrm{d}x}{\sqrt{x^2-a^2}} = \ln|x + \sqrt{x^2-a^2}| + C.$$

例 14 计算不定积分 $\displaystyle\int \frac{\mathrm{d}x}{2x + \sqrt{1-x^2}}$.

解 令 $x = \sin t$，$t \in \left(-\dfrac{\pi}{2}, \dfrac{\pi}{2}\right)$，则有 $\mathrm{d}x = \cos t\,\mathrm{d}t$，于是

$$\int \frac{\mathrm{d}x}{2x+\sqrt{1-x^2}} = \int \frac{\cos t \mathrm{d}t}{2\sin t+\cos t} = \frac{1}{5}\int \frac{2\sin t+\cos t+2(2\cos t-\sin t)}{2\sin t+\cos t}\mathrm{d}t$$

$$= \frac{1}{5}(t+2\ln|2\sin t+\cos t|)+C$$

$$= \frac{1}{5}(\arcsin x+2\ln|2x+\sqrt{1-x^2}|)+C.$$

若被积函数含有二次根式 $\sqrt{ax^2+bx+c}$，则可通过配方化为上述的三种形式之一.

例 15　计算不定积分 $\displaystyle\int \frac{\mathrm{d}x}{\sqrt{1+x-x^2}}$.

解　$\displaystyle\int \frac{\mathrm{d}x}{\sqrt{1+x-x^2}} = \int \frac{\mathrm{d}\left(x-\frac{1}{2}\right)}{\sqrt{\left(\frac{\sqrt{5}}{2}\right)^2-\left(x-\frac{1}{2}\right)^2}} = \arcsin\frac{2x-1}{\sqrt{5}}+C.$

2. 倒代换 $x=\dfrac{1}{t}$

例 16　计算不定积分 $\displaystyle\int \frac{\sqrt{a^2-x^2}}{x^4}\mathrm{d}x$.

解　利用倒代换 $x=\dfrac{1}{t}>0$，$\mathrm{d}x=\dfrac{-1}{t^2}\mathrm{d}t$，若 $x>0$，则 $t>0$，有

$$\int \frac{\sqrt{a^2-x^2}}{x^4}\mathrm{d}x = \int (-t\sqrt{a^2t^2-1})\mathrm{d}t = -\frac{1}{2a^2}\int (a^2t^2-1)^{\frac{1}{2}}\mathrm{d}(a^2t^2-1)$$

$$= -\frac{(a^2t^2-1)^{\frac{3}{2}}}{3a^2}+C = -\frac{(a^2-x^2)^{\frac{3}{2}}}{3a^2x^3}+C.$$

若 $x<0$，令 $x=-y$，可有同样的结果.

3. 根式代换

例 17　计算不定积分 $\displaystyle\int \frac{1}{\sqrt{1+\mathrm{e}^x}}\mathrm{d}x$.

解　令 $\sqrt{1+\mathrm{e}^x}=t$，则 $\mathrm{d}x=\dfrac{2t\mathrm{d}t}{t^2-1}$，

于是所求积分

$$\int \frac{1}{\sqrt{1+\mathrm{e}^x}}\mathrm{d}x = \int \frac{2}{t^2-1}\mathrm{d}t = \ln\left|\frac{t-1}{t+1}\right|+C = \ln\left|\frac{\sqrt{1+\mathrm{e}^x}-1}{\sqrt{1+\mathrm{e}^x}+1}\right|+C.$$

基本积分公式（二）

（16）$\displaystyle\int \tan x\mathrm{d}x = \ln|\sec x|+C$;　　　（17）$\displaystyle\int \cot x\mathrm{d}x = \ln|\sin x|+C$;

（18）$\displaystyle\int \sec x\mathrm{d}x = \ln|\sec x+\tan x|+C$;　　　（19）$\displaystyle\int \csc x\mathrm{d}x = \ln|\csc x-\cot x|+C$;

（20）$\displaystyle\int \frac{\mathrm{d}x}{a^2+x^2} = \frac{1}{a}\arctan\left(\frac{x}{a}\right)+C$;　　　（21）$\displaystyle\int \frac{\mathrm{d}x}{\sqrt{a^2-x^2}} = \arcsin\left(\frac{x}{a}\right)+C$;

（22）$\int \dfrac{\mathrm{d}x}{x^2-a^2}=\dfrac{1}{2a}\ln\left|\dfrac{x-a}{x+a}\right|+C$； （23）$\int \dfrac{\mathrm{d}x}{\sqrt{x^2+a^2}}=\ln\left(x+\sqrt{x^2+a^2}\right)+C$；

（24）$\int \dfrac{\mathrm{d}x}{\sqrt{x^2-a^2}}=\ln\left|x+\sqrt{x^2-a^2}\right|+C$.

习题 4.2

1. 计算下列不定积分：

（1）$\int \left(\sin 3x-\mathrm{e}^{-\frac{x}{2}}\right)\mathrm{d}x$； （2）$\int \dfrac{1}{\sqrt[3]{2-3x}}\mathrm{d}x$； （3）$\int \dfrac{x}{1+x^2}\mathrm{d}x$；

（4）$\int \dfrac{\sin\sqrt{x}}{\sqrt{x}}\mathrm{d}x$； （5）$\int \dfrac{1}{\sqrt{x}\,(1+x)}\mathrm{d}x$； （6）$\int \cos\dfrac{1}{x}\cdot\dfrac{1}{x^2}\mathrm{d}x$；

（7）$\int \dfrac{\mathrm{e}^{2x}}{1+\mathrm{e}^{2x}}\mathrm{d}x$； （8）$\int \dfrac{\mathrm{d}x}{x\ln x\ln(\ln x)}$； （9）$\int \dfrac{\sin x}{\cos^3 x}\mathrm{d}x$；

（10）$\int \dfrac{\cos x-\sin x}{1+\sin x+\cos x}\mathrm{d}x$； （11）$\int \dfrac{\arctan x}{1+x^2}\mathrm{d}x$； （12）$\int \dfrac{1+\ln x}{(x\ln x)^2}\mathrm{d}x$；

（13）$\int \dfrac{1+\cos x}{x+\sin x}\mathrm{d}x$； （14）$\int \cos^3 x\mathrm{d}x$； （15）$\int \sin 2x\sin 7x\mathrm{d}x$；

（16）$\int \tan^5 x\sec^3 x\mathrm{d}x$； （17）$\int \dfrac{1}{\mathrm{e}^x+\mathrm{e}^{-x}}\mathrm{d}x$； （18）$\int \dfrac{\ln\tan x\mathrm{d}x}{\cos x\sin x}$；

（19）$\int \dfrac{1}{(\arcsin x)^2\sqrt{1-x^2}}\mathrm{d}x$； （20）$\int \tan\sqrt{1+x^2}\cdot\dfrac{x}{\sqrt{1+x^2}}\mathrm{d}x$； （21）$\int \dfrac{\mathrm{d}x}{\sqrt{x+1}+\sqrt{x-1}}$；

（22）$\int \dfrac{\sin 2x\mathrm{d}x}{\sqrt{2-\sin^4 x}}$； （23）$\int \dfrac{6x-5}{2\sqrt{3x^2-5x+6}}\mathrm{d}x$； （24）$\int \dfrac{x-1}{x^2+2x+3}\mathrm{d}x$.

2. 计算下列不定积分：

（1）$\int \dfrac{\mathrm{d}x}{1+\sqrt{1-x^2}}$； （2）$\int \dfrac{\mathrm{d}x}{x+\sqrt{1-x^2}}$； （3）$\int \dfrac{\sqrt{x^2-9}\,\mathrm{d}x}{x}$；

（4）$\int \dfrac{\mathrm{d}x}{x\sqrt{x^2-1}}$； （5）$\int \dfrac{\mathrm{d}x}{x^2\sqrt{x^2+9}}$； （6）$\int \dfrac{1}{1+\sqrt{2x}}\mathrm{d}x$；

（7）$\int \dfrac{\mathrm{d}x}{\sqrt{1+x+x^2}}$； （8）$\int \dfrac{\sqrt{4-x^2}}{x^4}\mathrm{d}x$.

4.3　分部积分法

前面我们在复合函数求导法则的基础上，得到了换元积分法，现在我们利用两个函数乘积的求导法则，来推得另一个求积分的基本方法——**分部积分法**. 分部积分法也是求不定积分的重要方法.

定理 4. 3. 1 设函数 $u=u(x)$，$v=v(x)$ 具有连续导数，则 $\int uv'\mathrm{d}x=uv-\int u'v\mathrm{d}x$.

证明 因为 $u=u(x)$，$v=v(x)$ 具有连续导数，则由两个函数乘积的导数公式
$$(uv)'=u'v+uv',$$
移项，得
$$uv'=(uv)'-u'v,$$
对这个等式两边求不定积分，得到：
$$\int uv'\mathrm{d}x=uv-\int u'v\mathrm{d}x \tag{4.1}$$
或
$$\int u\mathrm{d}v=uv-\int v\mathrm{d}u \tag{4.2}$$

公式(4.1)和公式(4.2)都称为**分部积分公式**.

分部积分法一般用来讨论被积函数为两个函数乘积的积分. 在应用分部积分法时，恰当地选取 u 和 $\mathrm{d}v$ 是一个关键，选取 u 和 $\mathrm{d}v$ 时一般应考虑以下两点：

(1) v 要容易求出；

(2) $\int v\mathrm{d}u$ 要比 $\int u\mathrm{d}v$ 容易积出.

现在通过例子说明如何运用这个重要公式.

例 1 计算下列不定积分：

(1) $\int x\cos x\mathrm{d}x$；　　　(2) $\int x^2\mathrm{e}^x\mathrm{d}x$.

解　(1) $\int x\cos x\mathrm{d}x=\int x\mathrm{d}\sin x=x\sin x-\int \sin x\mathrm{d}x=x\sin x+\cos x+C$；

(2) $\int x^2\mathrm{e}^x\mathrm{d}x=\int x^2\mathrm{d}\mathrm{e}^x=x^2\mathrm{e}^x-2\int x\mathrm{e}^x\mathrm{d}x=x^2\mathrm{e}^x-2\int x\mathrm{d}\mathrm{e}^x$

$$=x^2\mathrm{e}^x-2\left(x\mathrm{e}^x-\int \mathrm{e}^x\mathrm{d}x\right)=\mathrm{e}^x(x^2-2x+2)+C.$$

从上面两例可知，若被积函数是幂函数和正(余)弦函数或幂函数和指数函数的乘积，就可以考虑用分部积分法，并设幂函数为 u，这样用一次分部积分法就可以使幂函数的幂次降低一次. 这里假设幂指数是正整数.

例 2 计算下列不定积分：

(1) $\int x\ln x\mathrm{d}x$；　　　(2) $\int x\arctan x\mathrm{d}x$；　　　(3) $\int \arcsin x\mathrm{d}x$.

解　(1) $\int x\ln x\mathrm{d}x=\int \ln x\mathrm{d}\dfrac{x^2}{2}=\dfrac{x^2}{2}\ln x-\int \dfrac{x^2}{2}\mathrm{d}(\ln x)=\dfrac{x^2}{2}\ln x-\dfrac{1}{2}\int x\mathrm{d}x=\dfrac{x^2}{2}\ln x-\dfrac{1}{4}x^2+C$；

(2) $\int x\arctan x\mathrm{d}x=\int \arctan x\mathrm{d}\left(\dfrac{x^2}{2}\right)=\dfrac{x^2}{2}\arctan x-\dfrac{1}{2}\int \dfrac{x^2}{1+x^2}\mathrm{d}x$

$$=\dfrac{x^2}{2}\arctan x-\dfrac{1}{2}\int \left(1-\dfrac{1}{1+x^2}\right)\mathrm{d}x$$

$$=\dfrac{x^2}{2}\arctan x-\dfrac{1}{2}(x-\arctan x)+C；$$

（3）$\displaystyle\int \arcsin x\mathrm{d}x = x\arcsin x - \int x\mathrm{d}(\arcsin x) = x\arcsin x - \int \dfrac{x}{\sqrt{1-x^2}}\mathrm{d}x$

$\qquad\qquad\quad = x\arcsin x + \dfrac{1}{2}\int (1-x^2)^{-\frac{1}{2}}\mathrm{d}(1-x^2)$

$\qquad\qquad\quad = x\arcsin x + \sqrt{1-x^2} + C.$

从上面三个例子可知，若被积函数是幂函数和对数函数或幂函数和反三角函数的乘积，就可以考虑用分部积分法，并设对数函数或反三角函数为 u.

例 3 计算下列不定积分：

（1）$\displaystyle\int \mathrm{e}^x\cos x\mathrm{d}x$；　　　（2）$\displaystyle\int \sin(\ln x)\mathrm{d}x$；　　　（3）$\displaystyle\int \sec^3 x\mathrm{d}x$.

解　（1）$\displaystyle\int \mathrm{e}^x\cos x\mathrm{d}x = \int \mathrm{e}^x\mathrm{d}(\sin x) = \mathrm{e}^x\cdot\sin x - \int \mathrm{e}^x\sin x\mathrm{d}x = \mathrm{e}^x\cdot\sin x - \int \mathrm{e}^x\mathrm{d}(-\cos x)$

$\qquad\qquad\qquad = \mathrm{e}^x\cdot\sin x - \left[\mathrm{e}^x\cdot(-\cos x) + \int \mathrm{e}^x\cos x\mathrm{d}x\right]$

$\qquad\qquad\qquad = \mathrm{e}^x\cdot\sin x + \mathrm{e}^x\cos x - \int \mathrm{e}^x\cos x\mathrm{d}x,$

移项，再两端同除以 2，便得

$$\int \mathrm{e}^x\cos x\mathrm{d}x = \dfrac{1}{2}\mathrm{e}^x(\sin x + \cos x) + C.$$

类似地可得：$\displaystyle\int \mathrm{e}^x\sin x\mathrm{d}x = \dfrac{\mathrm{e}^x}{2}(\sin x - \cos x) + C.$

（2）$\displaystyle\int \sin(\ln x)\mathrm{d}x = x\sin(\ln x) - \int x\mathrm{d}[\sin(\ln x)] = x\sin(\ln x) - \int \cos(\ln x)\mathrm{d}x$

$\qquad\qquad\qquad = x\sin(\ln x) - \left[x\cos(\ln x) - \int x\mathrm{d}\cos(\ln x)\right]$

$\qquad\qquad\qquad = x\sin(\ln x) - \left[x\cos(\ln x) + \int \sin(\ln x)\mathrm{d}x\right]$

$\qquad\qquad\qquad = x\sin(\ln x) - x\cos(\ln x) - \int \sin(\ln x)\mathrm{d}x,$

移项，再两端同除以 2，便得

$$\int \sin(\ln x)\mathrm{d}x = \dfrac{x}{2}[\sin(\ln x) - \cos(\ln x)] + C.$$

（3）$\displaystyle\int \sec^3 x\mathrm{d}x = \int \sec x\mathrm{d}\tan x = \sec x\tan x - \int \tan x\cdot\sec x\tan x\mathrm{d}x$

$\qquad\qquad\quad = \sec x\tan x - \int \sec x(\sec^2 x - 1)\mathrm{d}x$

$\qquad\qquad\quad = \sec x\tan x - \int \sec^3 x\mathrm{d}x + \int \sec x\mathrm{d}x$

$\qquad\qquad\quad = \sec x\tan x + \ln|\sec x + \tan x| - \int \sec^3 x\mathrm{d}x,$

移项，再两端同除以 2，便得

$$\int \sec^3 x\mathrm{d}x = \dfrac{1}{2}(\sec x\tan x + \ln|\sec x + \tan x|) + C.$$

类似地可得到

$$\int \csc^3 x \mathrm{d}x = \frac{1}{2}(-\csc x \cot x + \ln|\csc x - \cot x|) + C.$$

上面三个例子是用分部积分法求不定积分的又一常见类型，请同学们注意. 在积分的过程中常常要同时使用换元法与分部积分法，下面再举一例.

例 4　计算不定积分 $\int e^{\sqrt{x}}\mathrm{d}x$.

解　令 $\sqrt{x} = t$，则 $x = t^2$，$\mathrm{d}x = 2t\mathrm{d}t$.
于是

$$\int e^{\sqrt{x}}\mathrm{d}x = 2\int te^t\mathrm{d}t = 2\int t\mathrm{d}e^t = 2(te^t - \int e^t\mathrm{d}t) = 2e^t(t-1) + C = 2e^{\sqrt{x}}(\sqrt{x}-1) + C.$$

例 5　计算不定积分 $\int \dfrac{x\arcsin x}{\sqrt{1-x^2}}\mathrm{d}x$.

解　令 $x = \sin t$，$t \in \left(-\dfrac{\pi}{2}, \dfrac{\pi}{2}\right)$，则

$$\int \frac{x\arcsin x}{\sqrt{1-x^2}}\mathrm{d}x = \int \frac{\sin t \cdot t \cdot \cos t \mathrm{d}t}{\cos t} = -\int t\mathrm{d}\cos t = -t\cos t + \int \cos t\mathrm{d}t$$

$$= -t\cos t + \sin t + C = -\sqrt{1-x^2}\arcsin x + x + C.$$

或

$$\int \frac{x\arcsin x}{\sqrt{1-x^2}} = -\int \arcsin x \mathrm{d}(\sqrt{1-x^2})$$

$$= -\sqrt{1-x^2}\arcsin x + \int \sqrt{1-x^2} \cdot \frac{1}{\sqrt{1-x^2}}\mathrm{d}x$$

$$= -\sqrt{1-x^2}\arcsin x + x + C.$$

习题 4.3

1. 求下列不定积分：

(1) $\int x\sin x\mathrm{d}x$；

(2) $\int xe^{-2x}\mathrm{d}x$；

(3) $\int x^2\ln x\mathrm{d}x$；

(4) $\int \arccos x\mathrm{d}x$；

(5) $\int x^2\cos 3x\mathrm{d}x$；

(6) $\int x^2\arctan x\mathrm{d}x$；

(7) $\int e^{-x}\cos x\mathrm{d}x$；

(8) $\int \cos\ln x\mathrm{d}x$；

(9) $\int x\tan^2 x\mathrm{d}x$；

(10) $\int \dfrac{\ln^3 x}{x^2}\mathrm{d}x$；

(11) $\int \dfrac{x}{\sin^2 x}\mathrm{d}x$；

(12) $\int \dfrac{x+\sin x}{1+\cos x}\mathrm{d}x$；

(13) $\int (\arcsin x)^2\mathrm{d}x$；

(14) $\int e^x\sin^2 x\mathrm{d}x$；

(15) $\int e^{\sqrt{3x+9}}\mathrm{d}x$；

(16) $\int \sqrt{x^2+a^2}\mathrm{d}x$；

(17) $\int \dfrac{\ln\sin x}{\cos^2 x}\mathrm{d}x$；

(18) $\int x\ln\dfrac{1+x}{1-x}\mathrm{d}x$.

4.4　有理函数和可化为有理函数的积分

前面已经讨论了求不定积分的两种基本方法——换元积分法与分部积分法. 从中可以体会到, 不定积分的技巧性很强, 但对某些类型的初等函数的积分, 却有一定的规律可循. 本节将介绍的有理函数的积分及可化为有理函数的积分, 就属于这种情况.

4.4.1　有理函数的积分

1. 有理函数的分解

两个多项式的商称为有理函数, 也称有理分式. 设 $P_n(x)$ 和 $Q_m(x)$ 分别是 n 次和 m 次多项式, 则形如

$$\frac{P_n(x)}{Q_m(x)} = \frac{a_0 x^n + a_1 x^{n-1} + \cdots + a_{n-1}x + a_n}{b_0 x^m + b_1 x^{m-1} + \cdots + b_{m-1}x + b_m} \tag{4.3}$$

的函数称为 x 的**有理函数**, 常记为 $R(x)$. 当 $n \geqslant m$ 时, 称 (4.3) 式为有理假分式, 当 $n < m$ 时, 称 (4.3) 式为有理真分式. 根据多项式的除法, 总可将有理假分式化为一个多项式与一个有理真分式之和. 由于多项式的积分容易求出, 所以讨论有理函数的积分, 只要讨论真分式的积分.

以下假定 $\dfrac{P_n(x)}{Q_m(x)}$ 为有理真分式, 且 $P_n(x)$ 和 $Q_m(x)$ 无公因式 (称为既约真分式).

我们将形如 $\dfrac{A}{x-a}$, $\dfrac{A}{(x-a)^n}$ (n 为正整数, 且 $n \geqslant 2$), $\dfrac{Ax+B}{x^2+px+q}$ ($p^2-4q<0$), $\dfrac{Ax+B}{(x^2+px+q)^n}$ (n 为正整数, 且 $n \geqslant 2$, $p^2-4q<0$) 的四种分式称为最简分式, 其中 A, B, a, p, q 都是常数. 可以证明, 任何既约真分式都能分解成这四种最简分式之和.

设给定有理真分式 $\dfrac{P_n(x)}{Q_m(x)}$, 由于分母 $Q_m(x)$ 是 m 次多项式, 由代数基本定理, 在实数范围内能够分解成一次因式或二次质因子的乘积.

先将分母 $Q_m(x)$ 分解因子:

$$Q_m(x) = b_0 (x-a)^{\alpha} \cdots (x-b)^{\beta} (x^2+px+q)^{\lambda} \cdots (x^2+rx+s)^{\mu}$$

(其中 $p^2-4q<0, \cdots, r^2-4s<0$), 则有理真分式 $\dfrac{P_n(x)}{Q_m(x)}$ 可分解成如下最简分式之和:

$$\frac{P_n(x)}{Q_m(x)} = \frac{A_1}{x-a} + \frac{A_2}{(x-a)^2} + \cdots + \frac{A_{\alpha}}{(x-a)^{\alpha}} + \cdots + \frac{B_1}{x-b} + \frac{B_2}{(x-b)^2} + \cdots + \frac{B_{\beta}}{(x-b)^{\beta}}$$

$$+ \frac{M_1 x + N_1}{x^2+px+q} + \frac{M_2 x + N_2}{(x^2+px+q)^2} + \cdots + \frac{M_{\lambda} x + N_{\lambda}}{(x^2+px+q)^{\lambda}} + \cdots$$

$$+ \frac{R_1 x + S_1}{x^2+rx+s} + \frac{R_2 x + S_2}{(x^2+rx+s)^2} + \cdots + \frac{R_{\mu} x + S_{\mu}}{(x^2+rx+s)^{\mu}}$$

其中 $A_i, B_i, M_i, N_i, R_i, S_i$ 等都是常数.

最简分式的系数可由下列两种方法确定：

方法一：（比较系数法）两端去分母，比较恒等式两边同次幂的系数，得方程组，再解方程组可求出待定系数；

方法二：（赋值法）去分母后所得恒等式中代入 x 的特殊值，从而求出待定系数.

例 1　试将下列有理式化成最简分式：

$$(1)\frac{x-2}{(x+1)(x^2+2)}; \qquad (2)\frac{x^3+1}{x(x-1)^3}.$$

解　$(1)\dfrac{x-2}{(x+1)(x^2+2)}=\dfrac{A}{x+1}+\dfrac{Bx+C}{x^2+2}$,

通分，去分母得：

$$x-2=A(x^2+2)+(x+1)(Bx+C)=(A+B)x^2+(B+C)x+(2A+C),$$

比较恒等式两边同次幂的系数，得方程组，

$$\begin{cases}A+B=0,\\B+C=1,\\2A+C=-2,\end{cases}\quad\text{从而得}\begin{cases}A=-1,\\B=1,\\C=0,\end{cases}$$

于是有

$$\frac{x-2}{(x+1)(x^2+2)}=\frac{-1}{x+1}+\frac{x}{x^2+2}.$$

$(2)\dfrac{x^3+1}{x(x-1)^3}=\dfrac{A}{x}+\dfrac{B}{x-1}+\dfrac{C}{(x-1)^2}+\dfrac{D}{(x-1)^3}=\dfrac{A(x-1)^3+Bx(x-1)^2+Cx(x-1)+Dx}{x(x-1)^3}$,

通分，去分母得：$x^3+1=A(x-1)^3+Bx(x-1)^2+Cx(x-1)+Dx$.

令 $x=0$，代入上式，可得 $1=-A$，即 $A=-1$；令 $x=1$，代入，可得 $2=D$，即 $D=2$；令 $x=-1$，代入，可得 $0=8-4B+2C-2$；令 $x=2$，代入，可得 $9=-1+2B+2C+4$.

解得

$$A=-1,D=2,B=2,C=1.$$

于是

$$\frac{x^3+1}{x(x-1)^3}=\frac{-1}{x}+\frac{2}{x-1}+\frac{1}{(x-1)^2}+\frac{2}{(x-1)^3}.$$

有些真分式分解成最简分式，可采用将分子拆项方式化为最简分式之和，而不必像上面那样去求待定常数. 例如

$$\frac{x^3+3}{(x-1)^4}=\frac{[(x-1)+1]^3+3}{(x-1)^4}=\frac{1}{x-1}+\frac{3}{(x-1)^2}+\frac{3}{(x-1)^3}+\frac{4}{(x-1)^4}.$$

2. 有理函数的积分

既然有理分式可化为多项式与真分式之和，而真分式又可分解成若干个最简分式之和，所以有理函数的积分可归结为上述四种类型的最简分式的积分. 下面举几个例子.

例 2　计算不定积分 $\displaystyle\int\frac{1}{x(x-1)^2}\mathrm{d}x$.

解　$\dfrac{1}{x(x-1)^2}=\dfrac{A}{x}+\dfrac{B}{(x-1)^2}+\dfrac{C}{x-1}$,

去分母后, 得

$$1 = A(x-1)^2 + Bx + Cx(x-1).$$

令 $x=0$, 代入上式, 得 $A=1$; 令 $x=1$, 代入, 得 $B=1$; 令 $x=2$, 代入, 得 $C=-1$. 所以

$$\int \frac{1}{x(x-1)^2}\mathrm{d}x = \int \frac{1}{x}\mathrm{d}x + \int \frac{1}{(x-1)^2}\mathrm{d}x - \int \frac{1}{x-1}\mathrm{d}x = \ln|x| - \frac{1}{x-1} - \ln|x-1| + C.$$

例 3 计算不定积分 $\int \frac{1}{x^3+1}\mathrm{d}x$.

解 $\int \frac{1}{x^3+1}\mathrm{d}x = \int \frac{1}{(x+1)(x^2-x+1)}\mathrm{d}x = \int \frac{A}{x+1}\mathrm{d}x + \int \frac{Bx+C}{x^2-x+1}\mathrm{d}x$,

用待定系数法求系数 A, B, C:

$$1 = A(x^2-x+1) + (Bx+C)(x+1).$$

因为 $\begin{cases} A+B=0, \\ -A+B+C=0, \\ A+C=1, \end{cases} \Rightarrow A = \frac{1}{3}, \ B = -\frac{1}{3}, \ C = \frac{2}{3};$

所以 $\int \frac{1}{x^3+1}\mathrm{d}x = \int \frac{\frac{1}{3}}{x+1}\mathrm{d}x + \int \frac{-\frac{1}{3}x + \frac{2}{3}}{x^2-x+1}\mathrm{d}x = \frac{1}{3}\ln|x+1| - \frac{1}{6}\int \frac{(2x-1)-3}{x^2-x+1}\mathrm{d}x$

$$= \frac{1}{3}\ln|x+1| - \frac{1}{6}\ln|x^2-x+1| + \frac{1}{2}\int \frac{1}{\left(x-\frac{1}{2}\right)^2 + \left(\frac{\sqrt{3}}{2}\right)^2}\mathrm{d}\left(x-\frac{1}{2}\right)$$

$$= \frac{1}{6}\ln\left|\frac{(x+1)^2}{x^2-x+1}\right| + \frac{1}{2} \times \frac{2}{\sqrt{3}}\arctan\frac{x-\frac{1}{2}}{\frac{\sqrt{3}}{2}} + C$$

$$= \frac{1}{6}\ln\left|\frac{(x+1)^2}{x^2-x+1}\right| + \frac{1}{\sqrt{3}}\arctan\left(\frac{2x-1}{\sqrt{3}}\right) + C.$$

需要注意的是, 虽然给出了有理函数积分的一般方法, 但往往不一定是最好的方法, 很多问题可以通过先恒等变形, 再凑微分的方法解决.

例 4 计算不定积分 $\int \frac{\mathrm{d}x}{x(x^6-1)}$.

解 $\int \frac{\mathrm{d}x}{x(x^6-1)} = \int \frac{[x^6-(x^6-1)]\mathrm{d}x}{x(x^6-1)} = \int \frac{x^5\mathrm{d}x}{x^6-1} - \int \frac{\mathrm{d}x}{x} = \frac{1}{6}\ln|x^6-1| - \ln|x| + C.$

说明 因为有理函数可分解为多项式及部分分式之和, 各个部分分式都能求出用初等函数表示的原函数, 因此, 有理函数的原函数都是初等函数.

4.4.2 可化为有理函数的积分

1. 三角函数有理式的积分

三角函数有理式是由基本三角函数、常数经过有限次四则运算所得到的式子.

例如，函数 $\dfrac{1+\sin x}{\sin x(1+\cos x)}$，$\dfrac{1}{1+\tan x}$，$\dfrac{\sin 3x}{\cos 5x}$ 等均是三角函数有理式. 由于 $\tan x$，$\cot x$，$\sec x$，$\csc x$ 都可用 $\sin x$，$\cos x$ 表示，所以三角函数有理式总可记为 $R(\sin x,\ \cos x)$，三角函数有理式的积分可表示为 $\displaystyle\int R(\sin x,\ \cos x)\,\mathrm{d}x$ 的积分. 只要利用万能代换公式，即令 $u=\tan\dfrac{x}{2}$，便能将它化为有理函数的积分.

因为

$$\sin x=2\sin\frac{x}{2}\cos\frac{x}{2}=\frac{2\sin\dfrac{x}{2}\cos\dfrac{x}{2}}{\cos^{2}\dfrac{x}{2}+\sin^{2}\dfrac{x}{2}}=\frac{2\tan\dfrac{x}{2}}{1+\tan^{2}\dfrac{x}{2}}=\frac{2u}{1+u^{2}},$$

$$\cos x=\cos^{2}\frac{x}{2}-\sin^{2}\frac{x}{2}=\frac{\cos^{2}\dfrac{x}{2}-\sin^{2}\dfrac{x}{2}}{\cos^{2}\dfrac{x}{2}+\sin^{2}\dfrac{x}{2}}=\frac{1-\tan^{2}\dfrac{x}{2}}{1+\tan^{2}\dfrac{x}{2}}=\frac{1-u^{2}}{1+u^{2}},$$

且 $x=2\arctan u\Rightarrow\mathrm{d}x=\dfrac{2}{1+u^{2}}\mathrm{d}u,$

所以
$$\int R(\sin x,\ \cos x)\,\mathrm{d}x=\int R\left(\frac{2u}{1+u^{2}},\ \frac{1-u^{2}}{1+u^{2}}\right)\cdot\frac{2}{1+u^{2}}\mathrm{d}u,$$

而上式右侧是 u 的有理函数的积分问题.

例 5　计算不定积分 $\displaystyle\int\frac{1+\sin x}{\sin x(1+\cos x)}\mathrm{d}x.$

解　$\displaystyle\int\frac{1+\sin x}{\sin x(1+\cos x)}\mathrm{d}x=\int\frac{1+\dfrac{2u}{1+u^{2}}}{\dfrac{2u}{1+u^{2}}\left(1+\dfrac{1-u^{2}}{1+u^{2}}\right)}\cdot\frac{2}{1+u^{2}}\mathrm{d}u$

$$=\int\frac{1+u^{2}+2u}{2u}\mathrm{d}u$$

$$=\frac{1}{2}\int\left(u+2+\frac{1}{u}\right)\mathrm{d}u$$

$$=\frac{1}{2}\left(\frac{u^{2}}{2}+2u+\ln|u|\right)+C$$

$$=\frac{1}{4}\tan^{2}\frac{x}{2}+\tan\frac{x}{2}+\frac{1}{2}\ln\left|\tan\frac{x}{2}\right|+C.$$

"万能代换法" 虽然可以解决形如 $\displaystyle\int R(\sin x,\ \cos x)\,\mathrm{d}x$ 的积分，但不一定是最好的方法，对某些特殊情形，可能会有更简捷的方法. 如上题：

$$\int\frac{1+\sin x}{\sin x(1+\cos x)}\mathrm{d}x=\int\frac{\left(\sin\dfrac{x}{2}+\cos\dfrac{x}{2}\right)^{2}}{2\sin\dfrac{x}{2}\cos\dfrac{x}{2}\cdot 2\cos^{2}\dfrac{x}{2}}\mathrm{d}x$$

$$= \frac{1}{2} \int \frac{\left(1+\tan\dfrac{x}{2}\right)^2}{\tan\dfrac{x}{2}} \mathrm{d}\tan\frac{x}{2}$$

$$= \frac{1}{4}\tan^2\frac{x}{2}+\tan\frac{x}{2}+\frac{1}{2}\ln\left|\tan\frac{x}{2}\right|+C.$$

再如: $\displaystyle\int \frac{\mathrm{d}x}{a^2\sin^2 x+b^2\cos^2 x} = \int \frac{1}{a^2\dfrac{\sin^2 x}{\cos^2 x}+b^2} \cdot \frac{\mathrm{d}x}{\cos^2 x}$

$$= \int \frac{\mathrm{d}\tan x}{a^2\tan^2 x+b^2} = \frac{1}{ab}\arctan\left(\frac{a}{b}\tan x\right)+C.$$

2. 简单无理函数的积分

某些无理函数的不定积分, 通过适当的变量代换, 也可以化为有理函数的不定积分.

(1) 形如 $R(x, \sqrt[n]{ax+b})$ 的无理函数的积分

令 $\sqrt[n]{ax+b}=u$, 则 $x=\dfrac{u^n-b}{a}$, $\mathrm{d}x=\dfrac{n}{a}u^{n-1}\mathrm{d}u$,

$$\int R(x, \sqrt[n]{ax+b})\mathrm{d}x = \int R\left(\frac{u^n-b}{a}, u\right) \cdot \frac{n}{a}u^{n-1}\mathrm{d}u.$$

上式右侧也是 u 的有理函数的积分问题.

例 6 计算不定积分 $\displaystyle\int \frac{\mathrm{d}x}{1+\sqrt[3]{x+2}}$.

解 令 $\sqrt[3]{x+2}=u$, 则 $x=u^3-2$, $\mathrm{d}x=3u^2\mathrm{d}u$,

$$\int \frac{\mathrm{d}x}{1+\sqrt[3]{x+2}} = \int \frac{1}{1+u} \cdot 3u^2\mathrm{d}u$$

$$= 3\int \frac{u^2}{1+u}\mathrm{d}u = 3\int\left(u-1+\frac{1}{1+u}\right)\mathrm{d}u$$

$$= \frac{3}{2}u^2-3u+3\ln|1+u|+C$$

$$= \frac{3}{2}\sqrt[3]{(x+2)^2}-3\sqrt[3]{x+2}+3\ln|1+\sqrt[3]{x+2}|+C.$$

例 7 计算不定积分 $\displaystyle\int \frac{\mathrm{d}x}{(1+\sqrt[3]{x})\sqrt{x}}$.

解 令 $\sqrt[6]{x}=u$, 则 $x=u^6$, $\mathrm{d}x=6u^5\mathrm{d}u$,

$$\int \frac{\mathrm{d}x}{(1+\sqrt[3]{x})\sqrt{x}} = \int \frac{1}{(1+u^2)u^3} \cdot 6u^5\mathrm{d}u$$

$$= 6\int \frac{u^2}{1+u^2}\mathrm{d}u = 6\int\left(1-\frac{1}{1+u^2}\right)\mathrm{d}u$$

$$= 6u-6\arctan u+C$$

$$= 6(\sqrt[6]{x}-\arctan\sqrt[6]{x})+C.$$

（2）形如 $R\left(x,\sqrt[n]{\dfrac{ax+b}{cx+d}}\right)$ 的无理函数的积分

令 $\sqrt[n]{\dfrac{ax+b}{cx+d}}=u$，则 $x=\dfrac{-du^n+b}{cu^n-a}=-\dfrac{d}{c}+\dfrac{b-\dfrac{ad}{c}}{cu^n-a}$，$\mathrm{d}x=\dfrac{n(ad-bc)u^{n-1}}{(cu^n-a)^2}$，

$$\int R\left(x,\sqrt[n]{\frac{ax+b}{cx+d}}\right)\mathrm{d}x=\int R\left(\frac{-du^n+b}{cu^n-a},u\right)\cdot\frac{n(ad-bc)u^{n-1}}{(cu^n-a)^2}\mathrm{d}u.$$

例 8　计算不定积分 $\displaystyle\int\frac{1}{x}\sqrt{\frac{x+1}{x}}\mathrm{d}x$.

解

令 $\sqrt{\dfrac{x+1}{x}}=u$，则 $x=\dfrac{1}{u^2-1}$，$\mathrm{d}x=\dfrac{-2u}{(u^2-1)^2}\mathrm{d}u$，

$$\begin{aligned}
\int\frac{1}{x}\sqrt{\frac{x+1}{x}}\mathrm{d}x &=\int(u^2-1)u\,\frac{-2u}{(u^2-1)^2}\mathrm{d}u\\
&=-2\int\frac{u^2}{u^2-1}\mathrm{d}u\\
&=-2\int\left(1+\frac{1}{u^2-1}\right)\mathrm{d}u\\
&=-2\left(u+\frac{1}{2}\ln\left|\frac{u-1}{u+1}\right|\right)+C\\
&=-2\sqrt{\frac{x+1}{x}}+\ln\left|\frac{\sqrt{\dfrac{x+1}{x}}+1}{\sqrt{\dfrac{x+1}{x}}-1}\right|+C\\
&=-2\sqrt{\frac{x+1}{x}}+2\ln\left(\sqrt{\frac{x+1}{x}}+1\right)+\ln|x|+C.
\end{aligned}$$

习题 4.4

1. 计算下列有理函数的不定积分：

（1）$\displaystyle\int\frac{x^3}{x+3}\mathrm{d}x$；　　　　（2）$\displaystyle\int\frac{2x+3}{x^2+3x-10}\mathrm{d}x$；　　　　（3）$\displaystyle\int\frac{1}{(1+2x)(1+x^2)}\mathrm{d}x$；

（4）$\displaystyle\int\frac{1}{(1+x^2)(x^2+x)}\mathrm{d}x$；　　（5）$\displaystyle\int\frac{2x^2-5}{x^4-5x^2+6}\mathrm{d}x$；　　（6）$\displaystyle\int\frac{-x^2-2}{(x^2+x+1)^2}\mathrm{d}x$；

（7）$\displaystyle\int\frac{x^2+1}{x^4+1}\mathrm{d}x$；　　　　（8）$\displaystyle\int\frac{1}{x^4+1}\mathrm{d}x$.

2. 计算下列三角有理函数的不定积分：

（1）$\displaystyle\int\frac{1}{3+\sin^2 x}\mathrm{d}x$；　　　　（2）$\displaystyle\int\frac{1}{3+\cos x}\mathrm{d}x$；　　　　（3）$\displaystyle\int\frac{1}{1+\sin x+\cos x}\mathrm{d}x$；

$(4)\displaystyle\int\frac{1}{2\sin x-\cos x+5}\mathrm{d}x$; $(5)\displaystyle\int\frac{\sin x}{5+4\cos x}\mathrm{d}x$; $(6)\displaystyle\int\frac{1}{\sin^4 x+\cos^4 x}\mathrm{d}x$.

3. 计算下列简单无理函数的不定积分:

$(1)\displaystyle\int\frac{1}{1+\sqrt[3]{x+1}}\mathrm{d}x$; $(2)\displaystyle\int\frac{(\sqrt{x})^3-1}{\sqrt{x}+1}\mathrm{d}x$; $(3)\displaystyle\int\frac{1}{\sqrt{x}+\sqrt[4]{x}}\mathrm{d}x$;

$(4)\displaystyle\int\frac{\sqrt{x+1}-1}{\sqrt{x+1}+1}\mathrm{d}x$; $(5)\displaystyle\int\sqrt{\frac{1-x}{1+x}}\mathrm{d}x$; $(6)\displaystyle\int\frac{1}{\sqrt[3]{(x+1)^2(x-1)^4}}\mathrm{d}x$.

 ## 本章小结

一、基本要求

(1)正确理解原函数与不定积分的概念.

(2)熟记基本积分公式.

(3)熟练掌握换元积分(凑微分法、第二类换元法)和分部积分法.

(4)会求有理函数、三角有理函数、简单无理函数的积分.

二、内容提要

1. 原函数与不定积分的概念

(1)原函数

如果在区间 I 上,可导函数 $F(x)$ 的导函数为 $f(x)$,即对任一 $x\in I$,都有

$$F'(x)=f(x)\text{,或 }\mathrm{d}F(x)=f(x)\mathrm{d}x$$

则称函数 $F(x)$ 为函数 $f(x)$ 在区间 I 上的一个原函数.

(2)不定积分

在区间 I 上,函数 $f(x)$ 的带有任意常数项的原函数称为 $f(x)$ 在区间 I 上的不定积分,记作 $\displaystyle\int f(x)\mathrm{d}x$.

如果 $F(x)$ 是 $f(x)$ 在区间 I 上的一个原函数,那么 $F(x)+C$ 就是 $f(x)$ 的不定积分,即

$$\int f(x)\mathrm{d}x=F(x)+C$$

(3)不定积分的几何意义

函数 $f(x)$ 的不定积分是一族积分曲线,这些曲线的共同特征是,在相同横坐标处的切线互相平行(它们的斜率都等于 $f(x)$).

(4)原函数的存在性

区间 I 上的连续函数一定存在原函数.

2. 不定积分的性质

$(1)\dfrac{\mathrm{d}}{\mathrm{d}x}\left[\displaystyle\int f(x)\mathrm{d}x\right]=f(x)$, $\mathrm{d}\left[\displaystyle\int f(x)\mathrm{d}x\right]=f(x)\mathrm{d}x$, $\displaystyle\int F'(x)\mathrm{d}x=F(x)+C$, $\displaystyle\int\mathrm{d}F(x)=F(x)+C$.

（2）设函数 $f(x)$ 及 $g(x)$ 的原函数存在，k，l 是不全为零的常数，则

$$\int \left[kf(x)+lg(x) \right] \mathrm{d}x = k\int f(x)\,\mathrm{d}x + l\int g(x)\,\mathrm{d}x.$$

3. 基本积分法

（1）凑微分法

设有积分 $\int g(x)\,\mathrm{d}x$，如果被积函数可以"凑"为 $\int g(x)\,\mathrm{d}x = \int f[\varphi(x)]\varphi'(x)\,\mathrm{d}x$ 的形式，

这里的积分 $\int f(t)\,\mathrm{d}t$ 可以在基本积分表中找到或很容易求出，则我们可以用以下方法计算：

$$\int g(x)\,\mathrm{d}x = \int f[\varphi(x)]\varphi'(x)\,\mathrm{d}x \xrightarrow{\text{①凑微分}} \int f[\varphi(x)]\,\mathrm{d}\varphi(x) \xrightarrow{\text{②换元：}u=\varphi(x)} \int f(u)\,\mathrm{d}u$$

$$\xrightarrow{\text{③积分}} \left[F(u)+C \right]_{u=\varphi(x)} \xrightarrow{\text{④回代：}u=\varphi(x)} F[\varphi(x)]+C$$

这就是凑微分法，也称第一类换元法.

（2）第二类换元法

设 $x=\varphi(t)$ 单调可微，且 $\varphi'(t)\neq 0$，若 $\int f[\varphi(t)]\varphi'(t)\,\mathrm{d}t = F(t)+C$，则有

$$\int f(x)\,\mathrm{d}x = F[\varphi^{-1}(x)]+C$$

与凑微分不同之处在于它不是将被积表达式拆开，而是将积分变量 x 用一个存在反函数的可微函数 $\varphi(t)$ 替换掉，使得 $\int f[\varphi(t)]\varphi'(t)\,\mathrm{d}t$ 可以在基本积分表中找到或容易积分. 这就是第二类换元法.

（3）分部积分法

设 $u=u(x)$，$v=v(x)$ 具有连续导数，则

$$\int u(x)v'(x)\,\mathrm{d}x = u(x)v(x) - \int u'(x)v(x)\,\mathrm{d}x$$

分部积分法一般用来讨论被积函数为两个或两个以上不同函数乘积的积分，一般情况下 $u(x)$ 以及 $v'(x)\mathrm{d}x$ 的选择方法是：

①v 要容易求出；   ②$\int v\mathrm{d}u$ 要比 $\int u\mathrm{d}v$ 容易积出.

4. 某些特殊初等函数的积分

（1）有理函数的积分——化为最简分式的和；

（2）三角有理函数的积分——通过变量代换化为有理函数；

（3）简单无理函数的积分——通过变量代换化为有理函数；

当然上述 3 种函数的积分在很多情况下可以通过恒等变形及凑微分法加以解决.

总习题 4

1. 已知函数 $\dfrac{\sin x}{x}$ 是函数 $f(x)$ 的一个原函数，求 $\int x^3 f'(x)\,\mathrm{d}x$.

2. 设 $f'(\ln x)=1+x$，求 $f(x)$.

3. 设 $\int xf(x)\,\mathrm{d}x = -\arcsin x + C$，求 $\int \dfrac{1}{f(x)}\mathrm{d}x.$

4. 计算下列不定积分：

(1) $\displaystyle\int \frac{x}{(1-x)^3}\mathrm{d}x$；

(2) $\displaystyle\int \frac{\sin x\cos x}{1+\sin^4 x}\mathrm{d}x$；

(3) $\displaystyle\int \tan^4 x\,\mathrm{d}x$；

(4) $\displaystyle\int \frac{1}{\sqrt{x}(1+x)}\mathrm{d}x$；

(5) $\displaystyle\int \sqrt{1-x^2}\arcsin x\,\mathrm{d}x$；

(6) $\displaystyle\int \frac{\mathrm{d}x}{x^4\sqrt{1+x^2}}$；

(7) $\displaystyle\int \frac{x}{1+\cos x}\mathrm{d}x$；

(8) $\displaystyle\int \mathrm{e}^{-2x}\sin\frac{x}{2}\mathrm{d}x$；

(9) $\displaystyle\int \frac{\ln x-1}{\ln^2 x}\mathrm{d}x$；

(10) $\displaystyle\int \frac{x\mathrm{e}^x}{(\mathrm{e}^x+1)^2}\mathrm{d}x$；

(11) $\displaystyle\int \frac{1}{x(x^6+1)}\mathrm{d}x$；

(12) $\displaystyle\int \mathrm{e}^{\sin x}\frac{x\cos^3 x-\sin x}{\cos^2 x}\mathrm{d}x$；

(13) $\displaystyle\int \arctan\sqrt{x}\,\mathrm{d}x$；

(14) $\displaystyle\int \frac{\sqrt[3]{x}}{x(\sqrt{x}+\sqrt[3]{x})}\mathrm{d}x$；

(15) $\displaystyle\int \frac{\cot x}{1+\sin x}\mathrm{d}x$；

(16) $\displaystyle\int \frac{\ln x}{(1+x^2)^{\frac{3}{2}}}\mathrm{d}x$；

(17) $\displaystyle\int \frac{\mathrm{e}^{3x}+\mathrm{e}^x}{\mathrm{e}^{4x}-\mathrm{e}^{2x}+1}\mathrm{d}x$；

(18) $\displaystyle\int \frac{\mathrm{d}x}{(1+\mathrm{e}^x)^2}$；

(19) $\displaystyle\int \frac{\mathrm{d}x}{x^2\sqrt{x^2-1}}$；

(20) $\displaystyle\int \frac{x^3\arccos x}{\sqrt{1-x^2}}\mathrm{d}x.$

第 5 章　定积分及其应用

上一章我们从微分运算的逆运算引出了不定积分的概念，并系统地介绍了各种积分法，这是积分学的一类基本问题. 本章我们将要介绍积分学的另一类基本问题——定积分. 定积分起源于计算平面上封闭曲线所围成的图形面积，这类问题最后归结为求具有特定结构的和式极限. 后来，人们在实践中逐步认识到，这种特定结构的和式极限问题也是解决其他诸多实际问题的有力工具，如求变速直线运动的路程、求变力所做的功、计算空间某些立体的体积等. 这种特定结构的和式极限即定积分，无论在理论上还是在实际应用中，都是具有普遍意义的. 本章先从实际问题引出定积分的概念，然后讨论定积分的性质和计算方法，最后介绍定积分在几何学、物理学中的一些应用.

5.1　定积分的概念与性质

5.1.1　两个实际问题

1. 曲边梯形的面积

设 $f(x)$ 在 $[a,b]$ 上连续，$f(x) \geqslant 0$，求由曲线 $y=f(x)$ 及直线 $y=0$，$x=a$，$x=b$ 所围成的平面图形的面积. 这样的平面图形称为**曲边梯形**.

如果 $y=f(x)$ 在 $[a,b]$ 上为常数，则曲边梯形实际上是一个矩形，面积容易求出. 而在这个问题中曲边梯形底边上的高是变化的，它的取值是函数 $f(x)$，因而该曲边梯形的面积不能直接用"底×高"来计算了. 但是，由于 $f(x)$ 在 $[a,b]$ 上连续变化，当区间很小时，$f(x)$ 变化很小，可近似看成常量. 于是可采用"**化整为零**"求和的办法，具体做法是：细分 $[a,b]$ 为若干小区间，在每个小区间上任意选定一点 ξ，用 $f(\xi)$ 去替代该区间上的变化的高 $f(x)$，求得小矩形的面积，再用小矩形面积近似地代替小曲边梯形的面积，然后求和，得到整个曲边梯形的面积的近似值.

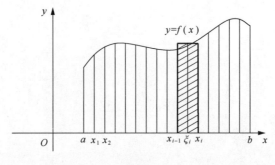

图 5.1

具体做法如下(见图5.1):

第一步**分割** 细分区间$[a,b]$, 在$[a,b]$内任意插入$n-1$个分点:

$$a=x_0<x_1<x_2<\cdots<x_{i-1}<x_i<\cdots<x_{n-1}<x_n=b,$$

分$[a,b]$为n个小区间, 记每个小区间为$[x_{i-1},x_i]$, 区间长度记为$\Delta x_i=x_i-x_{i-1}(i=1,2,\cdots,n)$.

第二步**近似** 以直线代替曲线段, 过分点x_i作y轴的平行线, 分曲边梯形成n个小曲边梯形, 在每个小区间上任取一点ξ_i, 用以$f(\xi_i)$为高, Δx_i为底的矩形面积, 近似地代替第i个小曲边梯形的面积ΔA_i, 此时$\Delta A_i\approx f(\xi_i)\Delta x_i$.

第三步**求和** 将上述各小曲边梯形面积求和, 则整个曲边梯形面积A的近似值为

$$A\approx f(\xi_1)\Delta x_1+f(\xi_2)\Delta x_2+\cdots+f(\xi_n)\Delta x_n=\sum_{i=1}^n f(\xi_i)\Delta x_i.$$

第四步**取极限** 令$\lambda=\max\{\Delta x_1,\Delta x_2,\cdots,\Delta x_n\}$, 当$\lambda\to0$时, 每个小区间的长度都趋于0, 此时极限$\lim\limits_{\lambda\to0}\sum\limits_{i=1}^n f(\xi_i)\Delta x_i$存在, 则该极限就是所求曲边梯形的面积.

2. 变力做功

设一物体在变力$F(x)$的作用下沿力的方向从点$x=A$移到点$x=B$处, 力的方向与物体运动的方向一致, 求变力$F(x)$做的功.

在中学物理中我们知道, 物体在常力作用下, 沿着力的方向做直线运动时, 常力所做功的大小$W=$力×位移. 现在讨论的问题中, 力$F(x)$是x的函数, 不是常数, 故功不能直接应用上面公式求得. 一般情况下, 若$F(x)$连续, 在距离相当短时, 力的变化是很小的, 可以近似看成常力. 与上例类似, 我们可以求出变力做的功.

具体做法如下(见图5.2):

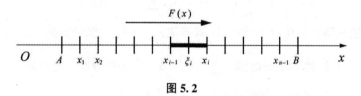

图5.2

第一步**分割** 细分距离区间$[A,B]$, 在$[A,B]$中任意插入$n-1$个分点:

$$A=x_0<x_1<x_2<\cdots<x_{n-1}<x_n=B,$$

记每个小区间为$[x_{i-1},x_i]$, 区间长度为$\Delta x_i=x_i-x_{i-1}(i=1,2,\cdots,n)$.

第二步**近似** 以常代变, 在每一小区间上任取一点ξ_i, 以ξ_i处的力$F(\xi_i)$代替$[x_{i-1},x_i]$上各点处的力$F(x)$, 得到该小段距离Δx_i上功的近似值为

$$\Delta W_i\approx F(\xi_i)\Delta x_i$$

第三步**求和** 将上述各小段上的功求和, 则变力将物体从点A移到点B所做的功的近似值为

$$W\approx\sum_{i=1}^n F(\xi_i)\Delta x_i$$

第四步**取极限** 记$\lambda=\max\{\Delta x_i\}$, 当$\lambda\to0$时取极限, 如果$\lim\limits_{\lambda\to0}\sum\limits_{i=1}^n F(\xi_i)\Delta x_i$存在, 则此极限就称为变力$F(x)$在$[A,B]$上做的功.

5.1.2 定积分的概念

以上两个问题的实际意义虽然不同，但所求的量都用了分割、近似、求和、取极限四个步骤，归结为具有相同结构形式的和式极限. 它们反映了所求量的一些共同特点：

(1)所求量取决于某个自变量 x 的一个变化区间 $[a,b]$ 及定义在这个区间上的某个函数 $f(x)$；

(2)所求量对于区间 $[a,b]$ 具有可加性，即将区间 $[a,b]$ 分成若干个子区间，总量等于各个子区间上所对应部分量之和；

(3)部分量可用 $f(\xi_i)\Delta x_i$ 近似表示.

抛开这些问题的实际意义，抓住它们的共同本质与特性加以概括，我们就可以抽象出下述定积分的定义.

定义 5.1.1 设函数 $f(x)$ 在有界闭区间 $[a,b]$ 上有界，在区间 $[a,b]$ 内任意插入 $n-1$ 个分点，分 $[a,b]$ 成 n 个小区间. 记这些小区间为 $[x_{i-1},x_i]$ $(i=1,2,\cdots,n)$，各个小区间的长度为 $\Delta x_i = x_i - x_{i-1}(i=1,2,\cdots,n)$，任取 $\xi_i \in [x_{i-1},x_i]$，作乘积 $f(\xi_i)\Delta x_i(i=1,2,\cdots,n)$，并作和式 $\sum_{i=1}^{n} f(\xi_i)\Delta x_i$. 记 $\lambda = \max_{1 \leqslant i \leqslant n}\{\Delta x_i\}$，若不论区间 $[a,b]$ 怎样的分法，也不论 ξ_i 在 $[x_{i-1},x_i]$ 上怎样的取法，只要 $\lambda \to 0$ 时，$\sum_{i=1}^{n} f(\xi_i)\Delta x_i$ 的极限总存在并设其值为 I，则称数 I 是函数 $f(x)$ 在 $[a,b]$ 上的**定积分**，记为

$$I = \int_a^b f(x)\mathrm{d}x = \lim_{\lambda \to 0} \sum_{i=1}^{n} f(\xi_i)\Delta x_i \tag{5.1}$$

其中 $f(x)$ 称为**被积函数**，$f(x)\mathrm{d}x$ 称为**被积表达式**，x 称为**积分变量**，a 称为**积分下限**，b 称为**积分上限**，$[a,b]$ 称为**积分区间**，$\sum_{i=1}^{n} f(\xi_i)\Delta x_i$ 称为**积分和**. 定积分的定义是由德国数学家黎曼(Riemann)给出的，因而上述和式又称为黎曼和.

根据定积分的定义，前面两个例子可以用定积分表示如下.

曲边梯形的面积 A 是表示曲边的函数 $y=f(x)(f(x) \geqslant 0)$ 在底边对应的区间 $[a,b]$ 上的定积分，即 $A = \int_a^b f(x)\mathrm{d}x$.

变力做的功 W 是表示变力的函数 $F(x)$ 在距离区间 $[A,B]$ 上的定积分，即 $W = \int_A^B F(x)\mathrm{d}x$.

关于定积分的定义，我们作如下几点说明：

(1)所谓极限 $\lim_{\lambda \to 0} \sum_{i=1}^{n} f(\xi_i)\Delta x_i$ 存在，是指不论区间 $[a,b]$ 怎样划分，也不论 ξ_i 在 $[x_{i-1},x_i]$ 上怎样选取，只要 $\lambda \to 0$，极限 $\lim_{\lambda \to 0} \sum_{i=1}^{n} f(\xi_i)\Delta x_i$ 都存在而且相等；

(2)当 a,b 固定时，$\int_a^b f(x)\mathrm{d}x$ 是确定的常数，这个数值仅取决于被积函数 $f(x)$ 以及积

分区间 $[a,b]$，它与用什么符号表示积分变量无关，即

$$\int_a^b f(x)\,\mathrm{d}x = \int_a^b f(t)\,\mathrm{d}t = \int_a^b f(u)\,\mathrm{d}u;$$

(3)当极限 $\lim\limits_{\lambda \to 0}\sum\limits_{i=1}^{n} f(\xi_i)\Delta x_i$ 存在时，即定积分 $\int_a^b f(x)\,\mathrm{d}x$ 存在时，称函数 $f(x)$ 在 $[a,b]$ 上**可积**.

函数 $f(x)$ 在 $[a,b]$ 上满足什么条件时，函数 $f(x)$ 在 $[a,b]$ 上可积呢？我们有如下定理：

定理 5.1.1(可积的必要条件) 设 $f(x)$ 在 $[a,b]$ 上可积，则 $f(x)$ 在 $[a,b]$ 上有界.

定理 5.1.2(可积的充分条件) 设 $f(x)$ 在 $[a,b]$ 上满足下列条件之一，则 $f(x)$ 在 $[a,b]$ 上可积.

(1)单调有界；

(2)连续；

(3)有界且只有有限个第一类间断点.

为加强对定积分概念的理解，下面我们举一个利用定义计算定积分的例子.

例 1 用定义计算 $\int_0^1 x^2\,\mathrm{d}x$.

解 记 $A = \int_0^1 x^2\,\mathrm{d}x$.

因为被积函数 $f(x)=x^2$ 在区间 $[0,1]$ 上连续，由定理 5.1.2 (2)知，这个定积分存在，所以积分值 A 与区间 $[0,1]$ 的分法及 ξ_i 的取法无关. 为了便于计算，不妨将区间 $[0,1]$ 分成 n 等份，故分点为 $x_i = \dfrac{i}{n}$，$i=1,2,\cdots,n-1$，于是每个小区间的长度 $\Delta x_i = x_i - x_{i-1} = \dfrac{1}{n}$，$i=1,2,\cdots,n$，并取 $\xi_i = x_i$，$i=1,2,\cdots,n$，则积分和为

$$\sum_{i=1}^{n} f(\xi_i)\Delta x_i = \sum_{i=1}^{n}\left(\frac{i}{n}\right)^2 \cdot \frac{1}{n} = \frac{1}{n^3}\sum_{i=1}^{n} i^2 = \frac{1}{n^3}\cdot\frac{n(n+1)(2n+1)}{6} = \frac{1}{6}\left(1+\frac{1}{n}\right)\left(2+\frac{1}{n}\right).$$

其中 $\lambda = \dfrac{1}{n}$，故 $\lambda \to 0$，相当于 $n \to \infty$. 则有

$$A = \int_0^1 x^2\,\mathrm{d}x = \lim_{\lambda \to 0}\sum_{i=1}^{n} f(\xi_i)\Delta x_i = \lim_{n \to \infty}\frac{1}{6}\left(1+\frac{1}{n}\right)\left(2+\frac{1}{n}\right) = \frac{1}{3}.$$

例 2 利用定积分表示极限

$$\lim_{n \to \infty}\left(\frac{1}{\sqrt{4n^2-1}}+\frac{1}{\sqrt{4n^2-2^2}}+\cdots+\frac{1}{\sqrt{4n^2-n^2}}\right).$$

解 先将被求的和式进行恒等变形，

$$\frac{1}{\sqrt{4n^2-1}}+\frac{1}{\sqrt{4n^2-2^2}}+\cdots+\frac{1}{\sqrt{4n^2-n^2}} = \frac{1}{n\sqrt{4-\left(\frac{1}{n}\right)^2}}+\frac{1}{n\sqrt{4-\left(\frac{2}{n}\right)^2}}+\cdots+\frac{1}{n\sqrt{4-\left(\frac{n}{n}\right)^2}}$$

$$= \sum_{i=1}^{n}\frac{1}{\sqrt{4-\left(\frac{i}{n}\right)^2}}\cdot\frac{1}{n}.$$

下面我们设法找出被积函数，使上式恰是这个函数的积分和就可以了. 为此，考虑函

数 $f(x) = \dfrac{1}{\sqrt{4-x^2}}$，它在区间 $[0,1]$ 上连续，因而是可积的. 于是对区间 $[0,1]$ 的任意分法及

ξ_i 的任意取法，所得的积分和的极限都是定积分 $\displaystyle\int_0^1 \dfrac{1}{\sqrt{4-x^2}}\mathrm{d}x$. 现将区间 $[0,1]$ n 等分，分

点为

$$x_i = \frac{i}{n} \quad i = 1,2,\cdots,n-1,$$

每个小区间的长度都相等，

$$\Delta x_i = \frac{i}{n} - \frac{i-1}{n} = \frac{1}{n}, \quad i = 1,2,\cdots,n,$$

并取 $\xi_i = \dfrac{i}{n}$，$i = 1,2,\cdots,n$，则积分和为

$$\begin{aligned}
\sum_{i=1}^n f(\xi_i)\Delta x_i &= \sum_{i=1}^n \frac{1}{\sqrt{4-\xi_i^2}} \cdot \frac{1}{n} \\
&= \sum_{i=1}^n \frac{1}{\sqrt{4-\left(\dfrac{i}{n}\right)^2}} \cdot \frac{1}{n} \\
&= \frac{1}{\sqrt{4n^2-1}} + \frac{1}{\sqrt{4n^2-2^2}} + \cdots + \frac{1}{\sqrt{4n^2-n^2}}.
\end{aligned}$$

令 $\lambda = \dfrac{1}{n} \to 0$，即 $n \to \infty$，得到

$$\lim_{n\to\infty}\left(\frac{1}{\sqrt{4n^2-1}} + \frac{1}{\sqrt{4n^2-2^2}} + \cdots + \frac{1}{\sqrt{4n^2-n^2}}\right) = \int_0^1 \frac{1}{\sqrt{4-x^2}}\mathrm{d}x.$$

注意　通过 5.2 节的学习，可直接计算出上述积分结果为 $\dfrac{\pi}{6}$.

5.1.3　定积分的几何意义

由前面的例子及定积分的定义知，若在区间 $[a,b]$ 上 $f(x) \geqslant 0$，定积分的数值就是正的，且总等于由曲线 $y = f(x)$，x 轴及直线 $x = a$，$x = b$ 所围成的曲边梯形的面积. 若在区间 $[a,b]$ 上，$f(x) \leqslant 0$，这时曲边梯形在 x 轴的下方，定积分 $\displaystyle\int_a^b f(x)\mathrm{d}x < 0$，其绝对值等于曲边梯形的面积，或者说 $\displaystyle\int_a^b f(x)\mathrm{d}x$ 表示该曲边梯形面积的负值. 若在区间 $[a,b]$ 上，$f(x)$ 既取得正值又取得负值，我们对面积赋以正负号，规定在 x 轴上方的图形面积带正号，在 x 轴下方的图形面积带负号，则定积分 $\displaystyle\int_a^b f(x)\mathrm{d}x$ 的几何意义是介于曲线 $y = f(x)$，x 轴及直线 $x = a$，$x = b$ 之间各个部分面积的代数和，或者说 $\displaystyle\int_a^b f(x)\mathrm{d}x$ 表示 x 轴上方的图形面积减去 x 轴下方的图形面积所得的差(见图 5.3).

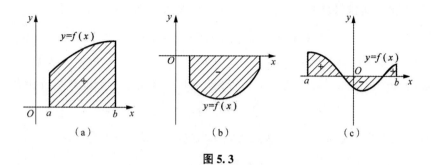

图 **5.3**

5.1.4　定积分的性质

首先，由定积分的定义容易得到下面结论：

（1）当 $f(x)=0$ 时，$\int_a^b 0\mathrm{d}x=0$；

（2）当 $f(x)=1$ 时，$\int_a^b f(x)\mathrm{d}x=\int_a^b \mathrm{d}x=b-a.$

其次，虽然在定积分的定义中，规定了积分下限小于积分上限，实际应用及理论分析中会遇到下限大于上限或下限等于上限的情况，为此，我们作如下两点补充规定：

（3）$\int_b^a f(x)\mathrm{d}x=-\int_a^b f(x)\mathrm{d}x$；

（4）$\int_a^a f(x)\mathrm{d}x=0.$

下面讨论定积分的几个常用的重要性质. 在下面的讨论中，假设所涉及的定积分都是存在的.

性质 1（和差性质）　$\int_a^b [f(x)\pm g(x)]\mathrm{d}x=\int_a^b f(x)\mathrm{d}x\pm\int_a^b g(x)\mathrm{d}x.$

证明　对 $[a,b]$ 的任意分法，可得和式

$$\sum_{i=1}^n [f(\xi_i)\pm g(\xi_i)]\Delta x_i=\sum_{i=1}^n f(\xi_i)\Delta x_i\pm\sum_{i=1}^n g(\xi_i)\Delta x_i.$$

因为 $f(x)$，$g(x)$ 可积，所以有

$$\int_a^b [f(x)\pm g(x)]\mathrm{d}x=\lim_{\lambda\to 0}\left\{\sum_{i=1}^n f(\xi_i)\Delta x_i\pm\sum_{i=1}^n g(\xi_i)\Delta x_i\right\}$$

$$=\lim_{\lambda\to 0}\sum_{i=1}^n f(\xi_i)\Delta x_i\pm\lim_{\lambda\to 0}\sum_{i=1}^n g(\xi_i)\Delta x_i$$

$$=\int_a^b f(x)\mathrm{d}x\pm\int_a^b g(x)\mathrm{d}x.$$

这个性质可以推广到有限个函数代数和的情形. 类似地，可以证明：

性质 2（数乘性质）　$\int_a^b kf(x)\mathrm{d}x=k\int_a^b f(x)\mathrm{d}x.$

性质 3(对区间可加性质)　无论 a,b,c 的大小如何，总有

$$\int_a^b f(x)\,\mathrm{d}x = \int_a^c f(x)\,\mathrm{d}x + \int_c^b f(x)\,\mathrm{d}x.$$

证明　首先证明当 $a<c<b$ 时结论成立，因为 $f(x)$ 在 $[a,b]$ 上可积，故无论对 $[a,b]$ 怎样分法，积分和的极限总是存在的，不妨将 c 点看成一个分点，则此时积分和为

$$\sum_{[a,b]} f(\xi_i)\Delta x_i = \sum_{[a,c]} f(\xi_i)\Delta x_i + \sum_{[c,b]} f(\xi_i)\Delta x_i.$$

利用极限的性质，令 $\lambda \to 0$，上式两边同时取极限，有

$$\int_a^b f(x)\,\mathrm{d}x = \int_a^c f(x)\,\mathrm{d}x + \int_c^b f(x)\,\mathrm{d}x.$$

当 $a<b<c$ 时，由于 $\int_a^c f(x)\,\mathrm{d}x = \int_a^b f(x)\,\mathrm{d}x + \int_b^c f(x)\,\mathrm{d}x$，于是有

$$\int_a^b f(x)\,\mathrm{d}x = \int_a^c f(x)\,\mathrm{d}x - \int_b^c f(x)\,\mathrm{d}x = \int_a^c f(x)\,\mathrm{d}x + \int_c^b f(x)\,\mathrm{d}x.$$

类似可以证明当 $c<a<b$ 时等式也成立.

性质 4(保号性质)　若在区间 $[a,b]$ 上 $f(x) \geqslant 0$，则

$$\int_a^b f(x)\,\mathrm{d}x \geqslant 0\ (a<b).$$

证明　因为 $f(x) \geqslant 0$，所以 $f(\xi_i) \geqslant 0\ (i=1,2,3,\cdots,n)$，又 $\Delta x_i \geqslant 0\ (i=1,2,3,\cdots,n)$，所以 $\sum_{i=1}^n f(\xi_i)\Delta x_i \geqslant 0$，由极限的保号性质，可得 $\int_a^b f(x)\,\mathrm{d}x \geqslant 0$.

推论　设 $f(x)$，$g(x)$ 在区间 $[a,b]$ 上可积，且 $f(x) \geqslant g(x)$，则

$$\int_a^b f(x)\,\mathrm{d}x \geqslant \int_a^b g(x)\,\mathrm{d}x\ (a<b).$$

证明　由于 $f(x)-g(x) \geqslant 0$，由性质 4 知

$$\int_a^b [f(x) - g(x)]\,\mathrm{d}x \geqslant 0,$$

再利用性质 1 移项即得要证的不等式.

性质 5(绝对值性质)　$\left| \int_a^b f(x)\,\mathrm{d}x \right| \leqslant \int_a^b |f(x)|\,\mathrm{d}x\ (a<b).$

证明　因为 $-|f(x)| \leqslant f(x) \leqslant |f(x)|$，由性质 4 的推论可得

$$-\int_a^b |f(x)|\,\mathrm{d}x \leqslant \int_a^b f(x)\,\mathrm{d}x \leqslant \int_a^b |f(x)|\,\mathrm{d}x,$$

即

$$\left| \int_a^b f(x)\,\mathrm{d}x \right| \leqslant \int_a^b |f(x)|\,\mathrm{d}x.$$

性质 6(积分估值定理)　设 M 与 m 分别是 $f(x)$ 在 $[a,b]$ 上的最大值和最小值，则

$$m(b-a) \leqslant \int_a^b f(x)\,\mathrm{d}x \leqslant M(b-a).$$

证明　由已知，在区间 $[a,b]$ 上，$m \leqslant f(x) \leqslant M$，由性质 4 的推论可得

$$\int_a^b m\,\mathrm{d}x \leqslant \int_a^b f(x)\,\mathrm{d}x \leqslant \int_a^b M\,\mathrm{d}x,$$

再由性质 2，可得

$$m(b-a) \leqslant \int_a^b f(x)\,\mathrm{d}x \leqslant M(b-a).$$

性质 7(积分中值定理) 若 $f(x)$ 在闭区间 $[a,b]$ 上连续，则至少存在一点 $\xi \in [a,b]$，使得

$$\int_a^b f(x)\,\mathrm{d}x = f(\xi)(b-a).$$

证明 将性质 6 中的不等式同除以 $b-a$，得

$$m \leqslant \frac{1}{b-a}\int_a^b f(x)\,\mathrm{d}x \leqslant M.$$

这表明确定的数值 $\dfrac{1}{b-a}\displaystyle\int_a^b f(x)\,\mathrm{d}x$ 介于函数 $f(x)$ 的最小值 m 及最大值 M 之间. 根据闭区间上连续函数的介值定理，在 $[a,b]$ 上至少存在一点 ξ，使得函数 $f(x)$ 在点 ξ 处的值与这个确定的数值相等，即有

$$\frac{1}{b-a}\int_a^b f(x)\,\mathrm{d}x = f(\xi) \quad (a \leqslant \xi \leqslant b).$$

两端同乘以 $b-a$，即得所要证的等式.

显然，积分中值公式

$$\int_a^b f(x)\,\mathrm{d}x = f(\xi)(b-a) \quad (a \leqslant \xi \leqslant b)$$

不论对 $a<b$ 或 $a>b$ 都是成立的.

积分中值定理的几何意义是：在区间 $[a,b]$ 上至少存在一点 ξ，使得以区间 $[a,b]$ 为底边、以曲线 $y=f(x)$ 为曲边的曲边梯形的面积等于同一底边而高为 $f(\xi)$ 的一个矩形的面积(见图 5.4).

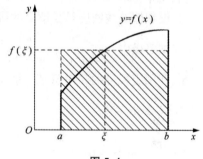

图 5.4

按积分中值公式所得 $\dfrac{1}{b-a}\displaystyle\int_a^b f(x)\,\mathrm{d}x$ 称为函数 $f(x)$ 在 $[a,b]$ 上的**平均值**，这是有限个数的平均值概念的推广.

下面举几个应用上述性质的例子.

例 3 设函数 $f(x)$，$g(x)$ 均在区间 $[a,b]$ 上可积，证明：

$$\left(\int_a^b f(x)g(x)\,\mathrm{d}x\right)^2 \leqslant \left(\int_a^b f^2(x)\,\mathrm{d}x\right)\left(\int_a^b g^2(x)\,\mathrm{d}x\right).$$

证明 对任意实数 λ，有 $[\lambda f(x)+g(x)]^2 \geqslant 0$，由性质 4 得

$$\int_a^b [\lambda f(x) + g(x)]^2\,\mathrm{d}x \geqslant 0.$$

将平方展开并利用性质 1 和性质 2，有

$$\lambda^2 \int_a^b f^2(x)\,\mathrm{d}x + 2\lambda \int_a^b f(x)g(x)\,\mathrm{d}x + \int_a^b g^2(x)\,\mathrm{d}x \geqslant 0.$$

将上面的不等式看作关于 λ 的一元二次不等式，由 λ 的任意性知，判别式 $\Delta \leqslant 0$，即

$$\left(\int_a^b f(x)g(x)\,\mathrm{d}x\right)^2 \leqslant \left(\int_a^b f^2(x)\,\mathrm{d}x\right)\left(\int_a^b g^2(x)\,\mathrm{d}x\right).$$

此不等式称为 Cauchy 不等式.

例 4　证明 $\dfrac{2}{\sqrt[4]{e}} \leqslant \displaystyle\int_0^2 e^{x^2-x}dx \leqslant 2e^2$.

证明　只需求得 $f(x) = e^{x^2-x}$ 在区间 $[0,2]$ 上的最大值和最小值就可以了. 因为

$$f'(x) = e^{x^2-x}(2x-1),$$

令 $f'(x) = 0$, 解得 $x = \dfrac{1}{2}$, 而 $f(0) = 1$, $f\left(\dfrac{1}{2}\right) = \dfrac{1}{\sqrt[4]{e}}$, $f(2) = e^2$, 所以 $f(x)$ 在区间 $[0, 2]$ 上的

最小值为 $f\left(\dfrac{1}{2}\right) = \dfrac{1}{\sqrt[4]{e}}$, 最大值为 $f(2) = e^2$, 由性质 6 可知不等式成立.

习题 5.1

1. 回答下列问题:

(1) 定积分的值与哪些因素有关?

(2) 定积分的几何意义是什么?

(3) 在定积分定义中 $\lambda \to 0$ 是否可以改为 $n \to \infty$?

2. 设运动物体的速度是时间 t 的函数 $v(t)$, 试用定积分表示物体从 t_0 开始, 到 t_1 为止走过的路程 s.

3. 设细棒的线密度是长度 x 的函数 $\rho(x)$, 试用定积分表示长为 l 的细棒的质量.

4. 试将极限 $\displaystyle\lim_{n \to \infty}\left(\dfrac{n}{n^2+1^2} + \dfrac{n}{n^2+2^2} + \cdots + \dfrac{n}{n^2+n^2}\right)$ 化为定积分.

5. 利用定积分的几何意义, 证明下列等式:

(1) $\displaystyle\int_0^1 2xdx = 1$;　　　　　　　(2) $\displaystyle\int_0^1 \sqrt{1-x^2}\,dx = \dfrac{\pi}{4}$;

(3) $\displaystyle\int_{-\pi}^{\pi} \sin x dx = 0$;　　　　　　(4) $\displaystyle\int_{-\frac{\pi}{2}}^{\frac{\pi}{2}} \cos x dx = 2\displaystyle\int_0^{\frac{\pi}{2}} \cos x dx$.

6. 确定下列定积分值的正负:

(1) $\displaystyle\int_{\frac{1}{\sqrt{3}}}^{\sqrt{3}} \arctan x dx$;　　　　　(2) $\displaystyle\int_1^{\frac{1}{2}} e^{x^2}\ln^3 x dx$.

7. 比较下列积分的大小:

(1) $\displaystyle\int_0^{\frac{1}{2}} \dfrac{x}{1+x}dx$ 与 $\displaystyle\int_0^{\frac{1}{2}}(1+x)\,dx$;　　(2) $\displaystyle\int_1^2\left(1+\dfrac{1}{2}x\right)dx$ 与 $\displaystyle\int_1^2 \sqrt{1+x}\,dx$.

8. 证明:

(1) $3e^{-4} \leqslant \displaystyle\int_{-1}^2 e^{-x^2}dx \leqslant 3$;　　　(2) $\dfrac{1}{2} \leqslant \displaystyle\int_{\frac{\pi}{4}}^{\frac{\pi}{2}} \dfrac{\sin x}{x}dx \leqslant \dfrac{\sqrt{2}}{2}$.

9. 设函数 $f(x)$ 在区间 $[0,1]$ 上连续, 在开区间 $(0,1)$ 上可微, 且满足

$$f(1) = k\displaystyle\int_0^{\frac{1}{k}} xe^{1-x}f(x)\,dx\ (k>1),$$

求证: 至少存在一点 $\eta \in (0,1)$, 使得 $f'(\eta) = \left(1 - \dfrac{1}{\eta}\right)f(\eta)$.

5.2　微积分基本定理

从定积分的定义可知，定积分应在许多问题中有重要应用，因此如何计算一个函数的定积分是一个十分关键的问题. 从 5.1.2 节中的例 1 我们看到，如果每个函数都要从定积分的定义出发，当函数稍微复杂一点时，求定积分的值就会面临巨大的困难. 如何发现定积分简便的计算方法呢？我们从下面这个实际问题中寻找解决问题的线索.

5.2.1　变速直线运动中位置函数与速度函数之间的联系

假定已知一个质点做直线运动，设时刻 t 时物体所在的位置为 $s(t)$，其速度函数为 $v(t)$，为了讨论方便起见，假设 $v(t)$ 连续且 $v(t) \geq 0$. 由 5.1 节可知，物体在时间间隔 $[T_1, T_2]$ 内经过的路程可以用速度函数 $v(t)$ 在 $[T_1, T_2]$ 上的定积分 $\int_{T_1}^{T_2} v(t) \mathrm{d}t$ 来表达. 从另一方面来看，这段路程刚好是位置函数 $s(t)$ 在 $[T_1, T_2]$ 上的增量 $s(T_2) - s(T_1)$. 换句话说，我们有如下关系：

$$\int_{T_1}^{T_2} v(t) \mathrm{d}t = s(T_2) - s(T_1).$$

在微分学理论中，我们已经知道 $s'(t) = v(t)$，即位置函数 $s(t)$ 是速度函数 $v(t)$ 的原函数. 从这里我们可以初步看出微分和积分的关系.

那么，如果一个函数在区间 $[a, b]$ 上可积，且存在原函数 $F(x)$，是否总是成立 $\int_a^b f(x) \mathrm{d}x = F(b) - F(a)$ 呢？这个问题已由牛顿和莱布尼兹解决.

下面我们将通过定义一类新的函数——积分上限函数，来得到利用原函数计算定积分的**牛顿—莱布尼兹 (Newton-Leibniz) 公式.** 由于它是微积分理论中最重要的结果，人们也称它为**微积分基本定理**.

5.2.2　积分上限函数及其导数

设函数 $f(x)$ 在 $[a, b]$ 上连续，对 $[a, b]$ 上任意一点 x，考虑以 a 为下限，x 为上限的定积分

$$\int_a^x f(x) \mathrm{d}x.$$

首先，由于 $f(x)$ 在 $[a, x]$ 上连续，因此这个定积分存在. 这里，积分上限 x 与积分变量 x 意义不同，积分上限 x 表示区间 $[a, x]$ 的右端点，而积分变量 x 是取 $[a, x]$ 区间中的任何值. 因为定积分与积分变量所使用的字母无关，为了不混淆积分变量和积分上限，我们将 $\int_a^x f(x) \mathrm{d}x$ 改为 $\int_a^x f(t) \mathrm{d}t$.

定义 5.2.1(积分上限函数)　设函数 $f(x)$ 在 $[a, b]$ 上连续，对区间 $[a, b]$ 内每一个 x，都对应着唯一的一个定积分 $\int_a^x f(t) \mathrm{d}t$，根据函数定义，它是在 $[a, b]$ 上有定义的函数，记

这个函数为

$$\varPhi(x) = \int_a^x f(t)\,\mathrm{d}t, \ x \in [a,b]$$

因函数的自变量处于积分上限的位置，故称为**积分上限函数**.

注意　$\int_a^x f(t)\,\mathrm{d}t$ 具有双重意义，即对于每一个确定的 x，它表示求定积分这个运算；而从函数的角度来看，又表示函数 $\varPhi$ 在 x 处的函数值.

积分上限函数具有一些重要的性质，请看下面的定理：

定理 5.2.1　如果函数 $f(x)$ 在 $[a,b]$ 上连续，则积分上限函数 $\varPhi(x) = \int_a^x f(t)\,\mathrm{d}t$ 在 $[a,b]$ 上可导，并且有

$$\varPhi'(x) = \frac{\mathrm{d}}{\mathrm{d}x}\int_a^x f(t)\,\mathrm{d}t = f(x) \ \text{或} \ \mathrm{d}\varPhi(x) = f(x)\,\mathrm{d}x.$$

证明　因为 $\varPhi(x) = \int_a^x f(t)\,\mathrm{d}t$，所以

$$\varPhi(x + \Delta x) = \int_a^{x+\Delta x} f(t)\,\mathrm{d}t \ (x+\Delta x \in [a,b]).$$

由此得函数的增量

$$\Delta\varPhi = \varPhi(x+\Delta x) - \varPhi(x) = \int_a^{x+\Delta x} f(t)\,\mathrm{d}t - \int_a^x f(t)\,\mathrm{d}t = \int_x^{x+\Delta x} f(t)\,\mathrm{d}t.$$

因为 $f(x)$ 在 $[a,b]$ 上连续，由积分中值定理，得

$$\Delta\varPhi = \int_x^{x+\Delta x} f(t)\,\mathrm{d}t = f(\xi)\Delta x,$$

这里 ξ 在 x 与 $x+\Delta x$ 之间.

当 $\Delta x \to 0$ 时，$\xi \to x$，由连续性知 $f(\xi) \to f(x)$，所以有

$$\varPhi'(x) = \lim_{\Delta x \to 0} \frac{\varPhi(x+\Delta x) - \varPhi(x)}{\Delta x} = \lim_{\Delta x \to 0} f(\xi) = f(x).$$

注意　这个定理具有非常重要的意义：

(1)定理 5.2.1 证明了连续函数的原函数的存在性，说明了一切连续函数都有原函数，所以定理 5.2.1 也叫作**原函数存在定理**；

(2)定理 5.2.1 给出了积分上限函数的求导公式.

例 1　设 $f(x) = \int_{-1}^x \mathrm{e}^{-t^2}\,\mathrm{d}t$，求 $f'(x)$.

解　由定理 5.2.1，即得

$$f'(x) = \left(\int_{-1}^x \mathrm{e}^{-t^2}\,\mathrm{d}t \right)' = \mathrm{e}^{-x^2}.$$

例 2　设 $f(x) = \int_x^b (1 + \sin t)\,\mathrm{d}t$，求 $f'(x)$.

解　由于 x 为积分下限，先将上、下限交换位置，然后再求导.

$$f'(x) = \left[-\int_b^x (1 + \sin t)\,\mathrm{d}t \right]' = -(1 + \sin x).$$

例3 已知 $F(x) = \int_3^{\arctan x} t\tan t\mathrm{d}t$，求 $F'(1)$.

解 本题积分上限的函数是 x 的复合函数，利用复合函数求导法则，设 $u = \arctan x$，则 $F(x) = \int_3^u t\tan t\mathrm{d}t$，由链式法则，得

$$F'(x) = \left(\int_3^u t\tan t\mathrm{d}t\right)' \cdot (\arctan x)' = u\tan u \cdot \frac{1}{1+x^2} = \arctan x \cdot \frac{x}{1+x^2},$$

所以

$$F'(1) = \frac{1}{2} \cdot \frac{\pi}{4} = \frac{\pi}{8}.$$

一般地，我们有 $\left[\int_a^{\varphi(x)} f(t)\mathrm{d}t\right]' = f[\varphi(x)]\varphi'(x)$，其中 f 是连续函数，而 φ 是可导函数.

例4 求极限 $\lim\limits_{x\to 0} \dfrac{\displaystyle\int_{\sin^2 x}^0 \mathrm{e}^{-t^2}\mathrm{d}t}{\tan x^2}$.

解 当 $x\to 0$ 时，$\sin^2 x \to 0$，所以 $\int_{\sin^2 x}^0 \mathrm{e}^{-t^2}\mathrm{d}t \to 0$，又 $\tan x^2 \to 0$，这是一个 $\dfrac{0}{0}$ 型的未定式，利用洛必达法则，得

$$\lim_{x\to 0} \frac{\displaystyle\int_{\sin^2 x}^0 \mathrm{e}^{-t^2}\mathrm{d}t}{\tan x^2} = \lim_{x\to 0} \frac{-\displaystyle\int_0^{\sin^2 x} \mathrm{e}^{-t^2}\mathrm{d}t}{x^2} = \lim_{x\to 0} \frac{-\mathrm{e}^{-\sin^4 x} \cdot \sin 2x}{2x} = -1.$$

例5 设函数 $f(x)$ 在 $[a,b]$ 上连续，且在 (a,b) 内单调递增，试证：函数 $F(x) = \dfrac{1}{x-a}\int_a^x f(t)\mathrm{d}t$ 在 (a,b) 内也单调递增.

证明 $$F'(x) = \frac{1}{(x-a)^2}\left[f(x)(x-a) - \int_a^x f(t)\mathrm{d}t\right]$$
$$= \frac{1}{x-a}\left[f(x) - \frac{1}{x-a}\int_a^x f(t)\mathrm{d}t\right], \quad x\in(a,b).$$

再对式中的 $\int_a^x f(t)\mathrm{d}t$ 使用积分中值定理得

$$F'(x) = \frac{1}{x-a}[f(x) - f(\xi)], \quad \xi\in[a,x].$$

因为 f 是单调递增函数，所以 $f(x) > f(\xi)$，故 $F'(x) > 0$，于是 $F(x)$ 在 (a,b) 内单调递增.

例6 试证方程 $\int_0^x \sqrt{1+t^4}\mathrm{d}t + \int_{\cos x}^0 \mathrm{e}^{-t^2}\mathrm{d}t = 0$ 有且仅有一个实根.

证明 令 $f(x) = \int_0^x \sqrt{1+t^4}\mathrm{d}t + \int_{\cos x}^0 \mathrm{e}^{-t^2}\mathrm{d}t$，则 $f(x)$ 连续可导，且有

$$f'(x) = \sqrt{1+x^4} + \mathrm{e}^{-\cos^2 x}\cdot\sin x.$$

由于 $\sqrt{1+x^4} \geqslant 1$，且等号仅在 $x=0$ 处成立，而 $0 < \mathrm{e}^{-\cos^2 x} \leqslant 1$，$-1 \leqslant \sin x \leqslant 1$，所以

$$-1 < \mathrm{e}^{-\cos^2 x}\sin x \leqslant 1.$$

又 $x=0$ 时，$\sqrt{1+x^4} + \mathrm{e}^{-\cos^2 x}\sin x > 0$，于是 $f'(x) > 0$，即函数 $f(x)$ 在 $(-\infty, +\infty)$ 上单调递增，而

$$f(0) = \int_1^0 \mathrm{e}^{-t^2}\mathrm{d}t = -\int_0^1 \mathrm{e}^{-t^2}\mathrm{d}t < 0, \quad f\left(\frac{\pi}{2}\right) = \int_0^{\frac{\pi}{2}} \sqrt{1+t^4}\mathrm{d}t > 0,$$

由连续函数的零点定理知 $f(x)$ 在 $\left(0, \dfrac{\pi}{2}\right)$ 内至少有一零点，又因 $f(x)$ 单调递增，故零点唯一，亦即原方程有唯一实根.

5.2.3 微积分基本定理(牛顿—莱布尼兹公式)

定理 5.2.2 设函数 $f(x)$ 在闭区间 $[a,b]$ 上连续，$F(x)$ 是 $f(x)$ 在 $[a,b]$ 上的一个原函数，则有

$$\int_a^b f(x)\,\mathrm{d}x = F(x)\,\Big|_a^b = F(b) - F(a)$$

利用原函数的性质，我们可以给出这个定理的证明.

证明 由于 $F(x)$ 和 $G(x) = \displaystyle\int_a^x f(t)\,\mathrm{d}t$ 都是 $f(x)$ 在 $[a,b]$ 上的原函数，故有常数 C，使得 $G(x) = F(x) + C$，$x \in [a,b]$，又因为 $G(a) = 0$，$G(b) = \displaystyle\int_a^b f(t)\,\mathrm{d}t = G(b) - G(a)$，所以有

$$\int_a^b f(x)\,\mathrm{d}x = G(b) - G(a) = F(b) + C - [F(a) + C] = F(b) - F(a).$$

得证.

这个定理说明，要求定积分的值，只需求得 $f(x)$ 的一个原函数，然后将上、下限代入原函数，求值并作差即可. 此定理为定积分提供了一个简便计算方法，由于它揭示了积分与导数之间的内在联系，因此定理称为**微积分基本定理**，也称为牛顿—莱布尼兹公式，它**将定积分的计算归结为求原函数问题.**

例 7 计算下列定积分：

$(1) \displaystyle\int_0^1 \frac{1}{1+x^2}\,\mathrm{d}x;$ $\qquad (2) \displaystyle\int_0^1 \frac{\mathrm{d}x}{\sqrt{4-x^2}};$ $\qquad (3) \displaystyle\int_0^{2\pi} |\sin x|\,\mathrm{d}x.$

解 (1) 因为 $(\arctan x)' = \dfrac{1}{1+x^2}$，所以

$$\int_0^1 \frac{1}{1+x^2}\,\mathrm{d}x = (\arctan x)\,\Big|_0^1 = \frac{\pi}{4};$$

$(2) \displaystyle\int_0^1 \frac{\mathrm{d}x}{\sqrt{4-x^2}} = \left(\arcsin\frac{x}{2}\right)\Big|_0^1 = \arcsin\frac{1}{2} - 0 = \frac{\pi}{6};$

$(3) \displaystyle\int_0^{2\pi} |\sin x|\,\mathrm{d}x = \int_0^\pi \sin x\,\mathrm{d}x - \int_\pi^{2\pi} \sin x\,\mathrm{d}x = (-\cos x)\,\Big|_0^\pi - (-\cos x)\,\Big|_\pi^{2\pi} = 4.$

习题 5.2

1. 计算下列定积分：

$(1) \displaystyle\int_0^a (3x^2 + x + 1)\,\mathrm{d}x;$ $\qquad\qquad\qquad (2) \displaystyle\int_0^{\frac{1}{2}} \frac{1}{\sqrt{1-x^2}}\,\mathrm{d}x;$

$(3) \int_0^{\frac{\pi}{4}} \sec^2 x \mathrm{d}x;$ $(4) \int_0^2 a^x \mathrm{d}x; \quad (a > 0, a \neq 1);$

$(5) \int_0^1 \frac{1}{1 + x^2} \mathrm{d}x;$ $(6) \int_0^1 \frac{1}{\sqrt{1 + x^2}} \mathrm{d}x.$

2. 求下列函数 $f(x)$ 的导数 $f'(x)$，其中 φ 为连续函数.

$(1) f(x) = \int_0^{x^2} \frac{\sin t^2}{t} \mathrm{d}t - \int_0^{\frac{x}{2}} \frac{\mathrm{e}^t}{\sqrt{1 - t^2}} \mathrm{d}t;$ $(2) f(x) = \left(x^2 + \int_0^{\sin^2 x} \sin\sqrt{t}\, \mathrm{d}t \right)^2;$

$(3) f(x) = \int_{\frac{1}{x}}^{\ln x} \varphi(t) \mathrm{d}t;$ $(4) f(x) = \int_0^x (x - t) \varphi(t) \mathrm{d}t.$

3. 求下列极限：

$(1) \lim_{x \to 0} \dfrac{\int_0^x \mathrm{e}^{t^2} \mathrm{d}t - x}{\sin^3 x};$

(2) 设 $f(x)$ 连续，$f(0) = 1$，求 $\lim_{x \to 0} \dfrac{\int_0^{\sin x} x f(t) \mathrm{d}t}{\sqrt{1 + x^2} - 1}$.

4. 已知方程 $\int_0^x \mathrm{e}^{-t^2} \mathrm{d}t - \int_a^{y^2} \cos t^2 \mathrm{d}t = 0$ 确定了隐函数 $y(x)$，求微分 $\mathrm{d}y$.

5. 设 $f(x) = 2a + \int_a^x (t^2 - a^2) \mathrm{d}t; \quad (a > 0)$，求函数 $f(x)$ 的极值.

6. 设 $F(x) = \dfrac{x^2}{x - a} \int_a^x f(t) \mathrm{d}t$，其中 $f(x)$ 连续，求 $\lim_{x \to a} F(x)$.

7. 设 $F(x) = \int_0^x \dfrac{\mathrm{d}u}{1 + u^2} + \int_0^{\frac{1}{x}} \dfrac{\mathrm{d}u}{1 + u^2}; \quad (x > 0)$，证明 $F(x) \equiv \dfrac{\pi}{2}$.

8. 设 $f(x) = \begin{cases} \dfrac{\int_0^x (\mathrm{e}^{t^2} - 1) \mathrm{d}t}{x^2}, & x \neq 0, \\ a, & x = 0, \end{cases}$

(1) 当 a 为何值时，$f(x)$ 在点 $x = 0$ 处连续？

(2) 当 $f(x)$ 在点 $x = 0$ 处连续时，求 $f'(0)$.

9. 设 $f(x) = \begin{cases} 2x, & 0 \leqslant x \leqslant 1, \\ \dfrac{1}{2}, & 1 < x \leqslant 2, \end{cases}$ 求 $F(x) = \int_0^x f(t) \mathrm{d}t, \quad x \in [0, 2]$ 的表达式.

10. 设正函数 $f(x)$ 在 $[a, b]$ 上连续，$F(x) = \int_a^x f(t) \mathrm{d}t + \int_b^x \dfrac{\mathrm{d}t}{f(t)}$，试证：

$(1) F'(x) \geqslant 2;$

(2) 方程 $F(x) = 0$ 在 (a, b) 内仅有一个实根.

11. 设函数 $f(x)$ 在 $[0, 1]$ 上连续且单调递减，证明：对于任意的 $a \in (0, 1)$，都有

$$\int_0^a f(x) \mathrm{d}x \geqslant a \int_0^1 f(x) \mathrm{d}x.$$

5.3 定积分的换元法与分部积分法

由上一节的牛顿—莱布尼兹公式知，计算定积分 $\int_a^b f(x)\mathrm{d}x$，只要能找到被积函数的一个原函数 $F(x)$，然后再按 $F(x)\Big|_a^b = F(b)-F(a)$ 进行计算即可解决. 一般来说，把这两个步骤分开是比较麻烦的，有时甚至会无法计算. 为了简化计算及进一步解决定积分的计算问题，下面介绍定积分的换元积分法和分部积分法.

5.3.1 定积分的换元积分法

定理5.3.1(定积分的换元法则) 设函数 $f(x)$ 在区间 $[a,b]$ 上连续，而函数 $x=\varphi(t)$ 满足下列条件：

(1) $\varphi(t)$ 在区间 $[\alpha,\beta]$ 上有连续的导数；

(2) $\varphi(\alpha)=a$，$\varphi(\beta)=b$ 且 $a\leqslant\varphi(t)\leqslant b(\alpha\leqslant t\leqslant\beta)$.

则有定积分的换元积分公式

$$\int_a^b f(x)\mathrm{d}x = \int_\alpha^\beta f[\varphi(t)]\varphi'(t)\mathrm{d}t.$$

证明 因为 $f(x)$ 在区间 $[a,b]$ 上连续，故定积分 $\int_a^b f(x)\mathrm{d}x$ 存在，设 $F(x)$ 是 $f(x)$ 在 $[a,b]$ 上的一个原函数，由牛顿—莱布尼兹公式得到

$$\int_a^b f(x)\mathrm{d}x = F(b)-F(a).$$

另外，根据假设条件知，函数 $\varphi'(t)$ 在区间 $[\alpha,\beta]$ 上连续，因此函数 $f[\varphi(t)]\varphi'(t)$ 在 $[\alpha,\beta]$ 上也连续，故在 $[\alpha,\beta]$ 上也有原函数. 由于

$$\frac{\mathrm{d}}{\mathrm{d}t}F[\varphi(t)]=F'(x)\varphi'(t)=f(x)\varphi'(t)=f[\varphi(t)]\varphi'(t),$$

因此，$F[\varphi(t)]$ 是 $f[\varphi(t)]\varphi'(t)$ 的一个原函数，由牛顿—莱布尼兹公式，有

$$\int_\alpha^\beta f[\varphi(t)]\varphi'(t)\mathrm{d}t = F[\varphi(t)]\Big|_\alpha^\beta = F[\varphi(\beta)]-F[\varphi(\alpha)] = F(b)-F(a).$$

从而推出

$$\int_a^b f(x)\mathrm{d}x = \int_\alpha^\beta f[\varphi(t)]\varphi'(t)\mathrm{d}t.$$

注意 若在定理 5.3.1 中，假定函数 $\varphi(t)$ 在区间 $[\alpha,\beta]$ 上有连续的导数，且 $\varphi(\alpha)=b$，$\varphi(\beta)=a, a\leqslant\varphi(t)\leqslant b(\alpha\leqslant t\leqslant\beta)$，则有

$$\int_a^b f(x)\mathrm{d}x = \int_\beta^\alpha f[\varphi(t)]\varphi'(t)\mathrm{d}t.$$

不难看出，定积分的换元积分法实质上是把不定积分的换元法推广到定积分中，它与不定积分换元法的不同之处，就是在对 t 求出原函数后，不必再回到原来的变量 x，只要积分上、下限随变量改变，再对新的变量应用牛顿—莱布尼兹公式就可以了.

例1 计算定积分 $\int_0^a \sqrt{a^2 - x^2}\,\mathrm{d}x$ $(a>0)$.

解 令 $x=a\sin t$，则 $\mathrm{d}x=a\cos t\mathrm{d}t$，且当 $x=0$ 时，$t=0$，当 $x=a$ 时，$t=\dfrac{\pi}{2}$，而

$$\sqrt{a^2-x^2}=\sqrt{a^2-a^2\sin^2 t}=|a\cos t|=a\cos t,$$

于是，由换元积分公式有

$$\int_0^a \sqrt{a^2-x^2}\,\mathrm{d}x=\int_0^{\frac{\pi}{2}}a^2\cos^2 t\mathrm{d}t=\frac{a^2}{2}\int_0^{\frac{\pi}{2}}(1+\cos 2t)\,\mathrm{d}t=\frac{a^2}{2}\left(t+\frac{1}{2}\sin 2t\right)\bigg|_0^{\frac{\pi}{2}}=\frac{1}{4}\pi a^2.$$

例2 计算定积分 $\int_0^a \dfrac{1}{(a^2+x^2)^{\frac{3}{2}}}\mathrm{d}x$ $(a>0)$.

解 令 $x=a\tan t$，则 $\mathrm{d}x=a\sec^2 t\mathrm{d}t$，当 $x=0$ 时，$t=0$，当 $x=a$ 时，$t=\dfrac{\pi}{4}$，而

$$(a^2+x^2)^{\frac{3}{2}}=(a^2+a^2\tan^2 t)^{\frac{3}{2}}=|a\sec t|^3=a^3\sec^3 t.$$

由换元积分公式，有

$$\int_0^a \frac{1}{(a^2+x^2)^{\frac{3}{2}}}\mathrm{d}x=\int_0^{\frac{\pi}{4}}\frac{1}{a^2}\cos t\mathrm{d}t=\frac{\sqrt{2}}{2}\cdot\frac{1}{a^2}.$$

换元公式也可以反过来使用. 为使用方便起见，把换元公式中左右两边对调位置，同时把 t 改记为 x，而 x 改记为 t，得

$$\int_a^b f[\varphi(x)]\varphi'(x)\,\mathrm{d}x=\int_\alpha^\beta f(t)\,\mathrm{d}t.$$

这样，我们可用 $t=\varphi(x)$ 来引入新变量，而 $\alpha=\varphi(a)$，$\beta=\varphi(b)$.

例3 计算定积分 $\int_0^{\frac{\pi}{2}}\cos^3 x\sin x\mathrm{d}x$.

解 令 $t=\cos x$，则 $\mathrm{d}t=-\sin x\mathrm{d}x$，当 $x=0$ 时，$t=1$，当 $x=\dfrac{\pi}{2}$时，$t=0$，由换元积分公式

得到

$$\int_0^{\frac{\pi}{2}}\cos^3 x\sin x\mathrm{d}x=-\int_1^0 t^3\mathrm{d}t=\int_0^1 t^3\mathrm{d}t=\left(\frac{1}{4}t^4\right)\bigg|_0^1=\frac{1}{4}.$$

在上例中，被积函数的原函数可用凑微分法积出，在计算定积分时，如果不明显地写出新变量 t，那么定积分的上、下限就不要变更. 具体计算过程如下：

$$\int_0^{\frac{\pi}{2}}\cos^3 x\sin x\mathrm{d}x=-\int_0^{\frac{\pi}{2}}\cos^3 x\mathrm{d}(\cos x)=-\left(\frac{1}{4}\cos^4 x\right)\bigg|_0^{\frac{\pi}{2}}=\frac{1}{4}.$$

例4 设函数 $f(x)$ 在区间 $[-l,l]$ 上连续，则

(1) 当 $f(x)$ 是奇函数时，有 $\int_{-l}^l f(x)\,\mathrm{d}x=0$；

(2) 当 $f(x)$ 是偶函数时，有 $\int_{-l}^l f(x)\,\mathrm{d}x=2\int_0^l f(x)\,\mathrm{d}x$.

证明 因为

$$\int_{-l}^l f(x)\,\mathrm{d}x=\int_{-l}^0 f(x)\,\mathrm{d}x+\int_0^l f(x)\,\mathrm{d}x,$$

对于积分 $\int_{-l}^{0} f(x)\,\mathrm{d}x$ 作代换 $x = -t$，则有

$$\int_{-l}^{0} f(x)\,\mathrm{d}x = -\int_{l}^{0} f(-t)\,\mathrm{d}t = \int_{0}^{l} f(-t)\,\mathrm{d}t = \int_{0}^{l} f(-x)\,\mathrm{d}x,$$

所以

$$\int_{-l}^{l} f(x)\,\mathrm{d}x = \int_{0}^{l} [f(-x) + f(x)]\,\mathrm{d}x.$$

(1) 若 $f(x)$ 是奇函数，即 $f(-x) = -f(x)$，而 $f(-x)+f(x)=0$，故有

$$\int_{-l}^{l} f(x)\,\mathrm{d}x = 0.$$

(2) 若 $f(x)$ 是偶函数，即 $f(-x)=f(x)$，而 $f(-x)+f(x)=2f(x)$，故有

$$\int_{-l}^{l} f(x)\,\mathrm{d}x = 2\int_{0}^{l} f(x)\,\mathrm{d}x.$$

例5 计算下列定积分：

(1) $\int_{-\frac{1}{2}}^{\frac{1}{2}} \ln\frac{1+x}{1-x}\mathrm{d}x$； (2) $\int_{-\frac{\pi}{4}}^{\frac{\pi}{4}} \frac{\mathrm{d}x}{1+\sin x}$.

解 (1) 因为

$$\ln\frac{1+(-x)}{1-(-x)} = \ln\frac{1-x}{1+x} = -\ln\frac{1+x}{1-x}; \quad \left(-\frac{1}{2} \leqslant x \leqslant \frac{1}{2}\right),$$

所以

$$\int_{-\frac{1}{2}}^{\frac{1}{2}} \ln\frac{1+x}{1-x}\mathrm{d}x = 0;$$

(2) $\int_{-\frac{\pi}{4}}^{\frac{\pi}{4}} \frac{\mathrm{d}x}{1+\sin x} = \int_{0}^{\frac{\pi}{4}} \left[\frac{1}{1+\sin x} + \frac{1}{1+\sin(-x)}\right]\mathrm{d}x = \int_{0}^{\frac{\pi}{4}} \frac{2}{\cos^2 x}\mathrm{d}x = 2\tan x \Big|_{0}^{\frac{\pi}{4}} = 2.$

例6 设 $f(x)$ 在 $[0,1]$ 上连续.

(1) 证明 $\int_{0}^{\frac{\pi}{2}} f(\sin x)\,\mathrm{d}x = \int_{0}^{\frac{\pi}{2}} f(\cos x)\,\mathrm{d}x$；

(2) 证明 $\int_{0}^{\pi} f(\sin x)\,\mathrm{d}x = 2\int_{0}^{\frac{\pi}{2}} f(\sin x)\,\mathrm{d}x$；

(3) 证明 $\int_{0}^{\pi} xf(\sin x)\,\mathrm{d}x = \frac{\pi}{2}\int_{0}^{\pi} f(\sin x)\,\mathrm{d}x$，并由此计算 $\int_{0}^{\pi} \frac{x\sin x}{1+\cos^2 x}\mathrm{d}x$.

证明 (1) 令 $x = \frac{\pi}{2}-t$，于是，当 $x=0$ 时，$t=\frac{\pi}{2}$，当 $x=\frac{\pi}{2}$时，$t=0$，而 $\sin x = \sin\left(\frac{\pi}{2}-t\right)=\cos t$，$\mathrm{d}x = -\mathrm{d}t$，故有

$$\int_{0}^{\frac{\pi}{2}} f(\sin x)\,\mathrm{d}x = -\int_{\frac{\pi}{2}}^{0} f(\cos t)\,\mathrm{d}t = \int_{0}^{\frac{\pi}{2}} f(\cos t)\,\mathrm{d}t = \int_{0}^{\frac{\pi}{2}} f(\cos x)\,\mathrm{d}x.$$

(2) $\int_{0}^{\pi} f(\sin x)\,\mathrm{d}x = \int_{0}^{\frac{\pi}{2}} f(\sin x)\,\mathrm{d}x + \int_{\frac{\pi}{2}}^{\pi} f(\sin x)\,\mathrm{d}x$，对于积分 $\int_{\frac{\pi}{2}}^{\pi} f(\sin x)\,\mathrm{d}x$，作代换

$x = \pi - t$，则有

$$\int_{\frac{\pi}{2}}^{\pi} f(\sin x)\, dx = -\int_{\frac{\pi}{2}}^{0} f[\sin(\pi - t)]\, dt = \int_{0}^{\frac{\pi}{2}} f(\sin t)\, dt = \int_{0}^{\frac{\pi}{2}} f(\sin x)\, dx,$$

所以有

$$\int_{0}^{\pi} f(\sin x)\, dx = 2\int_{0}^{\frac{\pi}{2}} f(\sin x)\, dx.$$

（3）设 $x = \pi - t$，则 $dx = -dt$，且当 $x = 0$ 时，$t = \pi$，当 $x = \pi$ 时，$t = 0$.

$$\int_{0}^{\pi} x f(\sin x)\, dx = -\int_{\pi}^{0} (\pi - t) f[\sin(\pi - t)]\, dt$$

$$= \int_{0}^{\pi} (\pi - t) f(\sin t)\, dt$$

$$= \pi \int_{0}^{\pi} f(\sin t)\, dt - \int_{0}^{\pi} t f(\sin t)\, dt$$

$$= \pi \int_{0}^{\pi} f(\sin x)\, dx - \int_{0}^{\pi} x f(\sin x)\, dx,$$

所以

$$\int_{0}^{\pi} x f(\sin x)\, dx = \frac{\pi}{2} \int_{0}^{\pi} f(\sin x)\, dx.$$

利用上面的结论，即得

$$\int_{0}^{\pi} \frac{x \sin x}{1 + \cos^2 x}\, dx = \frac{\pi}{2} \int_{0}^{\pi} \frac{\sin x}{1 + \cos^2 x}\, dx = -\frac{\pi}{2} \int_{0}^{\pi} \frac{d(\cos x)}{1 + \cos^2 x} = -\frac{\pi}{2} \left[\arctan(\cos x)\right]\Big|_{0}^{\pi} = \frac{\pi^2}{4}.$$

例7 设函数 $f(x)$ 是以 $T(T>0)$ 为周期的连续函数.

（1）证明对任意实数 a，恒有 $\int_{a}^{a+T} f(x)\, dx = \int_{0}^{T} f(x)\, dx$；

（2）证明 $\int_{a}^{a+nT} f(x)\, dx = n\int_{0}^{T} f(x)\, dx \ (n \in N)$，并由此计算 $\int_{0}^{n\pi} \sqrt{1 + \sin 2x}\, dx$.

证明 （1）因为 $\int_{a}^{a+T} f(x)\, dx = \int_{a}^{0} f(x)\, dx + \int_{0}^{T} f(x)\, dx + \int_{T}^{a+T} f(x)\, dx$，

对等式右边第三项作换元 $x = u + T$，

$$\int_{T}^{a+T} f(x)\, dx = \int_{0}^{a} f(u + T)\, du = \int_{0}^{a} f(u)\, du = -\int_{a}^{0} f(x)\, dx,$$

将其代入前一式，就有结论成立.

（2）$\int_{a}^{a+nT} f(x)\, dx = \sum_{k=0}^{n-1} \int_{a+kT}^{a+kT+T} f(x)\, dx$，

由（1）知 $\int_{a+kT}^{a+kT+T} f(x)\, dx = \int_{0}^{T} f(x)\, dx$，因此

$$\int_{a}^{a+nT} f(x)\, dx = n\int_{0}^{T} f(x)\, dx.$$

由于 $\sqrt{1 + \sin 2x}$ 是以 π 为周期的周期函数，利用上述结论，有

$$\int_{0}^{n\pi} \sqrt{1 + \sin 2x}\, dx = n\int_{0}^{\pi} \sqrt{1 + \sin 2x}\, dx = n\int_{0}^{\pi} |\sin x + \cos x|\, dx$$

$$= \sqrt{2}\, n\int_{0}^{\pi} \left|\sin\left(x + \frac{\pi}{4}\right)\right|\, dx = \sqrt{2}\, n\int_{\frac{\pi}{4}}^{\frac{5\pi}{4}} |\sin t|\, dt$$

$$= \sqrt{2}\, n \int_0^\pi |\sin t|\,\mathrm{d}t = \sqrt{2}\, n \int_0^\pi \sin t\,\mathrm{d}t$$

$$= 2\sqrt{2}\, n.$$

最后，我们必须指出，在应用换元公式计算定积分时，若所作代换 $\omega(x) = t$ 的反函数 $x = \varphi(t)$ 是多值函数，就要注意恰当地选择多值函数的单值分支，否则就会发生错误.

例如，要计算定积分 $\int_{-1}^1 x^2\mathrm{d}x$，直接由定积分的基本公式算得它的正确值为 $\dfrac{2}{3}$，但若作代换 $t = x^2$，则当 $x = \pm 1$ 时，都有 $t = 1$，所以有

$$\int_{-1}^1 x^2\mathrm{d}x = \int_1^1 t\mathrm{d}t = 0.$$

这显然是错误的，错误的原因在于没有注意当 x 在区间 $[-1,1]$ 上变化时，函数 $t = x^2$ 的反函数 $x = \pm\sqrt{t}$ 是多值函数，因此不能直接使用换元积分公式. 这时可作如下处理：

由 $x^2 = t$，可取单值分支：

当 $x \in [0,1]$ 时，令 $x = \sqrt{t}$，有 $t \in [0,1]$，$x^2\mathrm{d}x = \dfrac{1}{2}\sqrt{t}\,\mathrm{d}t$；

当 $x \in [-1,0]$ 时，令 $x = -\sqrt{t}$，有 $t \in [1,0]$，$x^2\mathrm{d}x = -\dfrac{1}{2}\sqrt{t}\,\mathrm{d}t$.

于是，有

$$\int_{-1}^1 x^2\mathrm{d}x = \int_{-1}^0 x^2\mathrm{d}x + \int_0^1 x^2\mathrm{d}x = -\frac{1}{2}\int_1^0 \sqrt{t}\,\mathrm{d}t + \frac{1}{2}\int_0^1 \sqrt{t}\,\mathrm{d}t$$

$$= \int_0^1 \sqrt{t}\,\mathrm{d}t = \frac{2}{3}t^{\frac{3}{2}}\bigg|_0^1 = \frac{2}{3}.$$

5.3.2　定积分的分部积分法

由计算不定积分的分部积分公式与牛顿—莱布尼兹公式，可得计算定积分的分部积分公式.

定理 5.3.2　设函数 $u(x)$ 与 $v(x)$ 在区间 $[a,b]$ 上具有连续的一阶导数 $u'(x)$ 与 $v'(x)$，则有**分部积分公式**

$$\int_a^b u(x)v'(x)\mathrm{d}x = u(x)v(x)\big|_a^b - \int_a^b v(x)u'(x)\mathrm{d}x$$

或者

$$\int_a^b u(x)\mathrm{d}v(x) = u(x)v(x)\big|_a^b - \int_a^b v(x)\mathrm{d}u(x)$$

证明　因为 $[u(x)v(x)]' = u'(x)v(x) + u(x)v'(x)$，根据假设条件可知，上式右端是 $[a,b]$ 上的连续函数，所以左端的 $[u(x)v(x)]'$ 也是连续函数. 由牛顿—莱布尼兹公式，左端积分：

$$\int_a^b [u(x)v(x)]'\mathrm{d}x = [u(x)v(x)]\big|_a^b,$$

同样上述等式右端积分：

$$\int_a^b [u'(x)v(x) + u(x)v'(x)]\mathrm{d}x = \int_a^b u'(x)v(x)\mathrm{d}x + \int_a^b u(x)v'(x)\mathrm{d}x,$$

即

$$[u(x)v(x)]\,|_a^b = \int_a^b u'(x)v(x)\,\mathrm{d}x + \int_a^b u(x)v'(x)\,\mathrm{d}x,$$

移项后，得到所要证明的公式

$$\int_a^b u(x)v'(x)\,\mathrm{d}x = u(x)v(x)\,|_a^b - \int_a^b v(x)u'(x)\,\mathrm{d}x.$$

注意　这个公式的每一项都带有积分限，不过，当具体使用分部积分公式时，原函数中已求出的部分可立即用积分上、下限代入，以便使计算简化.

例 8　计算定积分 $\displaystyle\int_0^{\sqrt{3}} x\arctan x\,\mathrm{d}x$.

解　设 $u = \arctan x$，$\mathrm{d}v = \mathrm{d}\left(\dfrac{x^2}{2}\right)$，代入公式，得到

$$\int_0^{\sqrt{3}} x\arctan x\,\mathrm{d}x = \int_0^{\sqrt{3}} \arctan x\,\mathrm{d}\left(\frac{x^2}{2}\right) = \frac{x^2}{2}\arctan x\,\Big|_0^{\sqrt{3}} - \frac{1}{2}\int_0^{\sqrt{3}} \frac{x^2}{1+x^2}\,\mathrm{d}x$$

$$= \frac{\pi}{2} - \frac{1}{2}\big[\,x - \arctan x\,\big]\,\Big|_0^{\sqrt{3}} = \frac{2}{3}\pi - \frac{\sqrt{3}}{2}.$$

例 9　计算定积分 $\displaystyle\int_{\frac{1}{e}}^{e} |\ln x|\,\mathrm{d}x$.

解　首先由于 $|\ln x| = \begin{cases} -\ln x, & 0 < x < 1, \\ \ln x, & x \geqslant 1, \end{cases}$

$$\int_{\frac{1}{e}}^{e} |\ln x|\,\mathrm{d}x = \int_{\frac{1}{e}}^{1} (-\ln x)\,\mathrm{d}x + \int_1^e \ln x\,\mathrm{d}x,$$

而 $(x\ln x - x)' = \ln x$，所以

$$\int_{\frac{1}{e}}^{e} |\ln x|\,\mathrm{d}x = -(x\ln x - x)\,\Big|_{\frac{1}{e}}^{1} + (x\ln x - x)\,\Big|_1^e = 1 - \frac{1}{e} - \frac{1}{e} + 1 = 2 - \frac{2}{e}.$$

例 10　设 $f(x) = \displaystyle\int_0^x \frac{\sin t}{\pi - t}\,\mathrm{d}t$，计算 $\displaystyle\int_0^\pi f(x)\,\mathrm{d}x$.

解　设 $u(x) = f(x)$，$\mathrm{d}v(x) = \mathrm{d}x$，则有

$$\int_0^\pi f(x)\,\mathrm{d}x = xf(x)\,\Big|_0^\pi - \int_0^\pi xf'(x)\,\mathrm{d}x = \pi\int_0^\pi \frac{\sin x}{\pi - x}\,\mathrm{d}x - \int_0^\pi \frac{x\sin x}{\pi - x}\,\mathrm{d}x$$

$$= \int_0^\pi \frac{(\pi - x)\sin x}{\pi - x}\,\mathrm{d}x$$

$$= \int_0^\pi \sin x\,\mathrm{d}x = 2.$$

例 11　证明定积分公式

$$\int_0^{\frac{\pi}{2}} \sin^n x\,\mathrm{d}x = \int_0^{\frac{\pi}{2}} \cos^n x\,\mathrm{d}x = \begin{cases} \dfrac{n-1}{n}\cdot\dfrac{n-3}{n-2}\cdot\cdots\cdot\dfrac{3}{4}\cdot\dfrac{1}{2}\cdot\dfrac{\pi}{2}, & n\ \text{为正偶数}, \\[3mm] \dfrac{n-1}{n}\cdot\dfrac{n-3}{n-2}\cdot\cdots\cdot\dfrac{4}{5}\cdot\dfrac{2}{3}, & n\ \text{为大于 1 的正奇数}. \end{cases}$$

证明　根据本节例 6 可知：

$$\int_0^{\frac{\pi}{2}} \sin^n x\,\mathrm{d}x = \int_0^{\frac{\pi}{2}} \cos^n x\,\mathrm{d}x.$$

由分部积分法得到

$$I_n = \int_0^{\frac{\pi}{2}} \sin^{n-1}x \mathrm{d}(-\cos x)$$

$$= -\sin^{n-1}x\cos x \Big|_0^{\frac{\pi}{2}} + (n-1)\int_0^{\frac{\pi}{2}} \sin^{n-2}x\cos^2 x \mathrm{d}x$$

$$= (n-1)\int_0^{\frac{\pi}{2}} \sin^{n-2}x(1-\sin^2 x)\mathrm{d}x$$

$$= (n-1)\int_0^{\frac{\pi}{2}} \sin^{n-2}x\mathrm{d}x - (n-1)\int_0^{\frac{\pi}{2}} \sin^n x\mathrm{d}x,$$

即有

$$I_n = (n-1)I_{n-2} - (n-1)I_n,$$

于是得到计算 I_n 的递推关系式：

$$I_n = \frac{n-1}{n}I_{n-2}.$$

易见，每用一次递推公式被积函数中 $\sin x$ 的幂次降低 2 次.

(1) 当 n 为偶数，即 $n = 2m$ 时，应用递推关系式得到

$$I_{2m} = \int_0^{\frac{\pi}{2}} \sin^{2m}x\mathrm{d}x = \frac{2m-1}{2m} \cdot \frac{2m-3}{2m-2} \cdot \cdots \cdot \frac{3}{4} \cdot \frac{1}{2} \cdot I_0.$$

(2) 当 n 为奇数，即 $n = 2m+1$ 时，应用递推关系式得到

$$I_{2m+1} = \int_0^{\frac{\pi}{2}} \sin^{2m+1}x\mathrm{d}x = \frac{2m}{2m+1} \cdot \frac{2m-2}{2m-1} \cdot \cdots \cdot \frac{4}{5} \cdot \frac{2}{3} \cdot I_1.$$

因为 $I_0 = \int_0^{\frac{\pi}{2}} 1\mathrm{d}x = \frac{\pi}{2}$, $I_1 = \int_0^{\frac{\pi}{2}} \sin x\mathrm{d}x = -\cos x \Big|_0^{\frac{\pi}{2}} = 1$,

因此，

$$I_{2m} = \int_0^{\frac{\pi}{2}} \sin^{2m}x\mathrm{d}x = \frac{2m-1}{2m} \cdot \frac{2m-3}{2m-2} \cdot \cdots \cdot \frac{3}{4} \cdot \frac{1}{2} \cdot \frac{\pi}{2},$$

$$I_{2m+1} = \int_0^{\frac{\pi}{2}} \sin^{2m+1}x\mathrm{d}x = \frac{2m}{2m+1} \cdot \frac{2m-2}{2m-1} \cdot \cdots \cdot \frac{4}{5} \cdot \frac{2}{3} (m = 1,2,\cdots).$$

这个公式在计算其他定积分时可以直接引用.

习题 5.3

1. 计算下列积分：

$(1) \int_0^{\ln 2} x\mathrm{e}^{-x}\mathrm{d}x$;　　　　$(2) \int_0^{\pi} x\sin x\mathrm{d}x$;　　　　　　　　$(3) \int_0^{\frac{\pi}{2}} \mathrm{e}^{2x}\sin x\mathrm{d}x$;

$(4) \int_0^1 \dfrac{\sqrt{\mathrm{e}^x}}{\sqrt{\mathrm{e}^x + \mathrm{e}^{-x}}}\mathrm{d}x$;　$(5) \int_a^x \ln(t + \sqrt{t^2 + a^2})\mathrm{d}t\ (a>0)$;　$(6) \int_0^a \dfrac{x^2}{\sqrt{x^2 + a^2}}\mathrm{d}x\ (a>0)$;

$(7) \int_1^{\mathrm{e}} \ln^3 x\mathrm{d}x$;　　　　$(8) \int_0^{\frac{\pi}{2}} \dfrac{1}{3 + 2\cos t}\mathrm{d}t$.

2. 利用 $I_n = \int_0^{\frac{\pi}{2}} \sin^n x \mathrm{d}x = \int_0^{\frac{\pi}{2}} \cos^n x \mathrm{d}x$ 的递推公式计算下列定积分:

(1) $\int_0^{\frac{\pi}{2}} \sin^5 x \mathrm{d}x$;　　　　(2) $\int_0^{\pi} \cos^8 x \mathrm{d}x$;　　　　(3) $\int_0^{\frac{3\pi}{2}} \sin^{11} x \mathrm{d}x$;

(4) $\int_0^{\frac{\pi}{4}} \cos^7 2x \mathrm{d}x$;　　　　(5) $\int_0^{\pi} \sin^6 \frac{x}{2} \mathrm{d}x$;　　　　(6) $\int_0^1 \sqrt{(1-x^2)^3} \mathrm{d}x$;

(7) $\int_0^1 (1-x^2)^n \mathrm{d}x$;　　(8) $\int_0^a x^2 \sqrt{a^2-x^2} \mathrm{d}x (a>0)$.

3. 证明 $\int_x^1 \dfrac{\mathrm{d}t}{1+t^2} = \int_1^{\frac{1}{x}} \dfrac{1}{1+t^2} \mathrm{d}t \ (x>0)$.

4. 证明 $\int_0^a x^3 f(x^2) \mathrm{d}x = \dfrac{1}{2} \int_0^{a^2} x f(x) \mathrm{d}x \ (a>0)$.

5. 利用函数的奇偶性计算下列定积分:

(1) $\int_{-5}^5 \dfrac{x^3 \sin^2 x}{(x^4 + 2x^2 + 1)} \mathrm{d}x$;　　　　　(2) $\int_{-\frac{1}{2}}^{\frac{1}{2}} \dfrac{x \arcsin x}{\sqrt{1-x^2}} \mathrm{d}x$;

(3) $\int_{-\pi}^{\pi} x^4 \sin x \mathrm{d}x$;　　　　　　(4) $\int_{-\frac{\pi}{2}}^{\frac{\pi}{2}} 4\cos^4 \theta \mathrm{d}\theta$.

6. 设 $I_n = \int_0^{\frac{\pi}{4}} \tan^n x \mathrm{d}x$, 证明:

(1) $I_n + I_{n-2} = \dfrac{1}{n-1}$;　　　　　　(2) $\dfrac{1}{2n+2} < I_n < \dfrac{1}{2n-2}$.

7. 计算下列定积分:

(1) $\int_0^{\frac{\pi}{2}} \dfrac{|ab|}{a^2 \sin^2 x + b^2 \cos^2 x} \mathrm{d}x \ (ab \neq 0)$;　　(2) $\int_{\frac{\pi}{4}}^{\frac{\pi}{3}} \dfrac{x}{\sin^2 x} \mathrm{d}x$;

(3) $\int_0^a \dfrac{1}{x + \sqrt{a^2-x^2}} \mathrm{d}x \ (a>0)$;　　(4) $\int_0^{\pi} (x \sin x)^2 \mathrm{d}x$;

(5) $\int_{-\frac{1}{2}}^{\frac{1}{2}} \cos x \ln \dfrac{1+x}{1-x} \mathrm{d}x$;　　　　(6) $\int_0^{\frac{\pi}{2}} \dfrac{1}{1+(\tan x)^{100}} \mathrm{d}x$.

5.4 反常积分

前面我们讨论的定积分, 局限于被积函数必须是定义在有限区间上的有界函数, 在本节中我们将定积分的概念作两个方面的推广: 一是将有限区间推广到无穷区间, 二是将有界函数推广到无界函数. 一般地, 涉及无穷区间或无界函数的积分称为反常积分.

5.4.1 无穷区间上的反常积分

定义 5.4.1 设函数 $f(x)$ 在 $[a, +\infty)$ 上连续, 取 $t>a$, 如果极限

$$\lim_{t \to +\infty} \int_a^t f(x)\,\mathrm{d}x$$

存在，则称此极限为函数 $f(x)$ 在无穷区间 $[a, +\infty)$ 上的反常积分，记作 $\int_a^{+\infty} f(x)\,\mathrm{d}x$，即

$$\int_a^{+\infty} f(x)\,\mathrm{d}x = \lim_{t \to +\infty} \int_a^t f(x)\,\mathrm{d}x$$

这时也称反常积分 $\int_a^{+\infty} f(x)\,\mathrm{d}x$ 收敛，否则称反常积分 $\int_a^{+\infty} f(x)\,\mathrm{d}x$ 发散.

类似地，设函数 $f(x)$ 在 $(-\infty, b]$ 上连续，取 $t < b$，如果极限

$$\lim_{t \to -\infty} \int_t^b f(x)\,\mathrm{d}x$$

存在，则称此极限为函数 $f(x)$ 在无穷区间 $(-\infty, b]$ 上的反常积分，记作 $\int_{-\infty}^b f(x)\,\mathrm{d}x$，即

$$\int_{-\infty}^b f(x)\,\mathrm{d}x = \lim_{t \to -\infty} \int_t^b f(x)\,\mathrm{d}x$$

这时也称反常积分 $\int_{-\infty}^b f(x)\,\mathrm{d}x$ 收敛，否则称反常积分 $\int_{-\infty}^b f(x)\,\mathrm{d}x$ 发散.

设函数 $f(x)$ 在 $(-\infty, +\infty)$ 上连续，如果反常积分

$$\int_{-\infty}^0 f(x)\,\mathrm{d}x \text{ 和} \int_0^{+\infty} f(x)\,\mathrm{d}x$$

都收敛，则称上述两个反常积分之和为函数 $f(x)$ 在无穷区间 $(-\infty, +\infty)$ 上的反常积分，记作 $\int_{-\infty}^{+\infty} f(x)\,\mathrm{d}x$，即

$$\int_{-\infty}^{+\infty} f(x)\,\mathrm{d}x = \int_{-\infty}^0 f(x)\,\mathrm{d}x + \int_0^{+\infty} f(x)\,\mathrm{d}x$$

这时也称反常积分 $\int_{-\infty}^{+\infty} f(x)\,\mathrm{d}x$ 收敛，否则称反常积分 $\int_{-\infty}^{+\infty} f(x)\,\mathrm{d}x$ 发散.

由上述定义和牛顿-莱布尼兹公式，若函数 $F(x)$ 是 $f(x)$ 在积分区间上的一个原函数，且记 $F(+\infty) = \lim_{x \to +\infty} F(x)$，$F(-\infty) = \lim_{x \to -\infty} F(x)$，则可得如下结果：

$$\int_a^{+\infty} f(x)\,\mathrm{d}x = \lim_{x \to +\infty} F(x) - F(a) = F(+\infty) - F(a) = F(x)\,\big|_a^{+\infty},$$

$$\int_{-\infty}^b f(x)\,\mathrm{d}x = F(b) - \lim_{x \to -\infty} F(x) = F(b) - F(-\infty) = F(x)\,\big|_{-\infty}^b,$$

$$\int_{-\infty}^{+\infty} f(x)\,\mathrm{d}x = F(+\infty) - F(-\infty) = F(x)\,\big|_{-\infty}^{+\infty}.$$

这时反常积分收敛或发散就取决于 $F(+\infty) = \lim_{x \to +\infty} F(x)$ 和 $F(-\infty) = \lim_{x \to -\infty} F(x)$ 是否存在.

例 1 讨论反常积分 $\int_a^{+\infty} \dfrac{\mathrm{d}x}{x^p}$ (a, p 均为常数且 $a > 0$) 的敛散性.

解 当 $p = 1$ 时，$\int_a^{+\infty} \dfrac{1}{x}\mathrm{d}x = \ln x \,\Big|_a^{+\infty} = +\infty$，

当 $p \neq 1$ 时，

$$\int_a^{+\infty} \frac{1}{x^p}\mathrm{d}x = \frac{1}{1-p} \frac{1}{x^{p-1}}\,\Big|_a^{+\infty} = \begin{cases} \dfrac{a^{1-p}}{p-1}, & p > 1, \\ +\infty, & p < 1. \end{cases}$$

因此，函数 $f(x) = \dfrac{1}{x^p}$ 在区间 $[a, +\infty)$ $(a>0)$ 上的反常积分，当 $p>1$ 时收敛，当 $p \leqslant 1$ 时发散. 请大家记住这个结论，因为这个函数是最基本的，我们经常以它为一种尺度来判断其他函数的反常积分的敛散性.

例 2 计算反常积分 $\displaystyle\int_{-\infty}^{+\infty} \dfrac{1}{1+x^2}\mathrm{d}x$.

解 $\displaystyle\int_{-\infty}^{+\infty} \dfrac{1}{1+x^2}\mathrm{d}x = \arctan x \Big|_{-\infty}^{+\infty} = \dfrac{\pi}{2} - \left(\dfrac{\pi}{2}\right) = \pi$.

从无穷区间上的反常积分的定义出发，我们可以很容易地证明无穷区间上的反常积分也可以应用换元积分法和分部积分法.

例 3 计算反常积分 $\displaystyle\int_{1}^{+\infty} \dfrac{\ln x}{x^2}\mathrm{d}x$.

解 用分部积分法，

$$\int_{1}^{+\infty} \frac{\ln x}{x^2}\mathrm{d}x = -\frac{\ln x}{x}\Big|_{1}^{+\infty} - \int_{1}^{+\infty}\left(-\frac{1}{x}\right)\frac{1}{x}\mathrm{d}x = -\frac{1}{x}\Big|_{1}^{+\infty} = 1.$$

例 4 计算反常积分 $\displaystyle\int_{2a}^{+\infty} \dfrac{1}{(x^2-a^2)^{\frac{3}{2}}}\mathrm{d}x$ $(a>0)$.

解 作变量代换 $x = a\sec t\left(0 \leqslant t \leqslant \dfrac{\pi}{2}\right)$，当 $x = 2a$ 时，$t = \dfrac{\pi}{3}$，当 $x = +\infty$ 时，$t = \dfrac{\pi}{2}$，因此

$$\int_{2a}^{+\infty} \frac{1}{(x^2-a^2)^{\frac{3}{2}}}\mathrm{d}x = \int_{\frac{\pi}{3}}^{\frac{\pi}{2}} \frac{1}{a^3\tan^3 t}a\sec t\tan t\,\mathrm{d}t = \frac{1}{a^2}\int_{\frac{\pi}{3}}^{\frac{\pi}{2}}\frac{\cos t}{\sin^2 t}\mathrm{d}t$$

$$= -\frac{1}{a^2}\frac{1}{\sin t}\Big|_{\frac{\pi}{3}}^{\frac{\pi}{2}} = \frac{2-\sqrt{3}}{\sqrt{3}\,a^2}.$$

无穷区间上的反常积分的几何意义是清楚的，例如，当 $f(x) \geqslant 0$；$(x \in [a, +\infty))$ 时，它是由曲线 $y = f(x)$，直线 $x = a$，$x = A(A>a)$ 与 x 轴所围的有限曲边梯形的面积当 $A \to +\infty$ 时的极限，当这个极限存在时，说明曲线下的无界区域具有有限面积，当极限不存在时，说明无界区域的面积是无穷大.

5.4.2 无界函数的反常积分

现在我们把定积分推广到被积函数为无界函数的情形.

如果函数 $f(x)$ 在点 a 的任一邻域内都无界，那么点 a 称为函数 $f(x)$ 的瑕点（也称为无界间断点）. 无界函数的反常积分又称为瑕积分.

定义 5.4.2 设函数 $f(x)$ 在 $(a, b]$ 上连续，点 a 为 $f(x)$ 的瑕点. 取 $t > a$，如果极限

$$\lim_{t \to a^+}\int_{t}^{b} f(x)\mathrm{d}x$$

存在，则称此极限为函数 $f(x)$ 在 $(a, b]$ 上的反常积分，仍然记作 $\displaystyle\int_{a}^{b} f(x)\mathrm{d}x$，即

$$\int_{a}^{b} f(x)\mathrm{d}x = \lim_{t \to a^+}\int_{t}^{b} f(x)\mathrm{d}x$$

这时也称反常积分 $\int_a^b f(x)\mathrm{d}x$ 收敛, 否则称反常积分 $\int_a^b f(x)\mathrm{d}x$ 发散.

类似地, 设函数 $f(x)$ 在 $[a,b)$ 上连续, 点 b 为 $f(x)$ 的瑕点. 取 $t<b$, 如果极限

$$\lim_{t\to b^-}\int_a^t f(x)\mathrm{d}x$$

存在, 则定义

$$\int_a^b f(x)\mathrm{d}x = \lim_{t\to b^-}\int_a^t f(x)\mathrm{d}x$$

这时也称反常积分 $\int_a^b f(x)\mathrm{d}x$ 收敛, 否则称反常积分 $\int_a^b f(x)\mathrm{d}x$ 发散.

设函数 $f(x)$ 在 $[a,b]$ 上除点 $c(a<c<b)$ 外连续, 点 c 为 $f(x)$ 的瑕点. 如果两个反常积分

$$\int_a^c f(x)\mathrm{d}x \text{ 和} \int_c^b f(x)\mathrm{d}x$$

都收敛, 则定义

$$\int_a^b f(x)\mathrm{d}x = \int_a^c f(x)\mathrm{d}x + \int_c^b f(x)\mathrm{d}x.$$

当上式右端两个反常积分都存在时, 称反常积分 $\int_a^b f(x)\mathrm{d}x$ 收敛, 否则称反常积分 $\int_a^b f(x)\mathrm{d}x$ 发散.

对于 $f(x)$ 在点 $x=a$ 和点 $x=b$ 附近都无界的情形, 可以定义

$$\int_a^b f(x)\mathrm{d}x = \lim_{A\to a^+}\int_A^c f(x)\mathrm{d}x + \lim_{B\to b^-}\int_c^B f(x)\mathrm{d}x$$

其中 c 为介于 a 和 b 之间的某个确定的数, 如果上式右端的两个极限都存在, 则称反常积分 $\int_a^b f(x)\mathrm{d}x$ 收敛, 否则称为发散.

计算无界函数的反常积分, 也可借助于牛顿-莱布尼兹公式.

设 $x=a$ 为 $f(x)$ 的瑕点, 若函数 $F(x)$ 是 $f(x)$ 在 $(a,b]$ 上的一个原函数, 如果极限 $\lim\limits_{x\to a^+}F(x)$ 存在, 则反常积分 $\int_a^b f(x)\mathrm{d}x$ 收敛.

$$\int_a^b f(x)\mathrm{d}x = F(b) - \lim_{x\to a^+}F(x) = F(b) - F(a^+)$$

如果极限 $\lim\limits_{x\to a^+}F(x)$ 不存在, 则反常积分 $\int_a^b f(x)\mathrm{d}x$ 发散.

我们仍用记号 $F(x)\ \big|_a^b$ 来表示 $F(b)-F(a^+)$, 于是在形式上仍然有

$$\int_a^b f(x)\mathrm{d}x = F(x)\ \big|_a^b$$

对于函数 $f(x)$ 在 $[a,b)$ 上连续, b 为 $f(x)$ 瑕点的反常积分也有类似的计算公式, 这里不再详述.

例 5 讨论反常积分 $\int_a^b \dfrac{1}{(b-x)^p}\mathrm{d}x$ $(p>0)$ 的敛散性.

解 当 $p=1$ 时,

$$\int_a^b \frac{1}{(b-x)^p}\mathrm{d}x = \int_a^b \frac{1}{b-x}\mathrm{d}x = -\ln(b-x)\ \bigg|_a^b = +\infty.$$

当 $p \neq 1$ 时，

$$\int_a^b \frac{1}{(b-x)^p}dx = \frac{1}{p-1}(b-x)^{1-p}\Big|_a^b = \begin{cases} \dfrac{1}{1-p}(b-a)^{1-p}, & 0<p<1, \\ \infty, & p>1. \end{cases}$$

所以反常积分 $\int_a^b \dfrac{1}{(b-x)^p}dx$ 当 $0<p<1$ 时收敛；当 $p \geqslant 1$ 时发散.

例 6 讨论反常积分 $\int_{-1}^1 \dfrac{1}{x^2}dx$ 的敛散性.

解 被积函数 $\dfrac{1}{x^2}$ 在区间 $[-1,1]$ 上除点 $x=0$ 外连续，且 $\lim\limits_{x \to 0}\dfrac{1}{x^2} = +\infty$.

由于

$$\int_{-1}^0 \frac{1}{x^2}dx = -\frac{1}{x}\Big|_{-1}^0 = \lim_{x \to 0^-}\left(-\frac{1}{x}\right) - 1 = +\infty,$$

即反常积分 $\int_{-1}^0 \dfrac{1}{x^2}dx$ 发散，所以反常积分 $\int_{-1}^1 \dfrac{1}{x^2}dx$ 发散.

实际上，类似地，反常积分 $\int_0^1 \dfrac{1}{x^2}dx$ 也是发散的，请读者自行计算.

同样地，无界函数的反常积分与无穷区间上的反常积分一样，计算时也可以使用换元积分法和分部积分法.

例 7 计算反常积分 $\int_0^1 \dfrac{\ln x}{\sqrt{x}}dx$.

解 $\int_0^1 \dfrac{\ln x}{\sqrt{x}}dx = \int_0^1 \ln x d(2\sqrt{x}) = 2\sqrt{x}\ln x\Big|_0^1 - \int_0^1 \dfrac{2}{\sqrt{x}}dx = 0 - 4\sqrt{x}\Big|_0^1 = -4.$

其中，利用洛必达法则可得：

$$\lim_{x \to 0^+}2\sqrt{x}\ln x = \lim_{x \to 0^+}\frac{2\ln x}{\dfrac{1}{\sqrt{x}}} = \lim_{x \to 0^+}\frac{\dfrac{2}{x}}{-\dfrac{1}{2}x^{-\frac{3}{2}}} = 0.$$

利用上述定义和方法，我们可以判断一些反常积分的收敛性，但许多函数 $f(x)$ 相应的原函数 $F(x)$ 并不太容易求出，因而判断反常积分的敛散性还有一些其他的准则和方法，这里不再详述.

习题 5.4

1. 判断下列反常积分的收敛性：

$(1) \int_2^{+\infty} \dfrac{\ln x}{x}dx;$ $(2) \int_{-\infty}^{+\infty} \dfrac{2x}{1+x^2}dx;$ $(3) \int_2^{+\infty} \dfrac{1}{x(\ln x)^k}dx;$

$(4) \int_0^2 \dfrac{1}{x\ln x}dx;$ $(5) \int_0^{+\infty} xe^{-x^2}dx;$ $(6) \int_0^2 \dfrac{1}{x^2-4x+3}dx;$

$(7)\displaystyle\int_1^{+\infty}\frac{\arctan x}{x^2}\mathrm{d}x$；　　$(8)\displaystyle\int_0^1\frac{x}{\sqrt{1-x^2}}\mathrm{d}x.$

2. 计算下列反常积分：

$(1)\displaystyle\int_0^{+\infty}\mathrm{e}^{-ax}\mathrm{d}x\,(a>0)$；　$(2)\displaystyle\int_{-\infty}^{+\infty}\frac{1}{x^2+6x+10}\mathrm{d}x$；　　$(3)\displaystyle\int_0^{+\infty}x\mathrm{e}^{-x^2}\mathrm{d}x$；

$(4)\displaystyle\int_0^{+\infty}\mathrm{e}^{-x}\sin x\mathrm{d}x$；　　$(5)\displaystyle\int_1^2\frac{x}{\sqrt{x-1}}\mathrm{d}x$；　　$(6)\displaystyle\int_{a^2}^{+\infty}\frac{1}{x\sqrt{1+x^2}}\mathrm{d}x\,(a\neq0)$；

$(7)\displaystyle\int_0^{+\infty}x^n\mathrm{e}^{-x}\mathrm{d}x\,(n\text{ 是正整数})$；　　　　　　$(8)\displaystyle\int_1^{+\infty}\frac{1}{x\sqrt{x-1}}\mathrm{d}x.$

5.5　定积分的几何应用

本节我们将在前几节内容的基础上讲述定积分的应用. 我们将利用定积分理论来分析和解决一些几何、物理中的问题，其目的不仅在于建立计算这些几何、物理量的公式，而且更重要的还在于如何应用元素法将问题归结为定积分，从而体现元素法的思想和方法.

下面我们首先介绍定积分的元素法，然后介绍其在几何上的应用.

5.5.1　定积分的元素法

在 5.1 节中我们已经看到：曲边梯形的面积、变力做功等问题之所以能用定积分来表示，是因为它们具有以下共同点.

（1）所求量都是由一个函数 $f(x)$ 及其定义区间 $[a,b]$ 决定的；

（2）所求量的大小可由 $[a,b]$ 上各小区间上分量求和而得到，即所求量对区间 $[a,b]$ 具有可加性.

在实际问题中，具备上述两个特点的几何及物理量都可以用定积分来表示并计算.

定积分是对区间 $[a,b]$ 上定义的函数 $f(x)$，经过分割、近似代替、求和、取极限这样四个步骤而得到的，即

$$\int_a^b f(x)\mathrm{d}x=\lim_{\lambda\to0}\sum_{i=1}^n f(\xi_i)\Delta x_i,$$

在这四个步骤中最重要的是求得 $\Delta A_i\approx f(\xi_i)\Delta x_i$，为了使问题得到简化，在实际应用时，常采取区间 $[a,b]$ 做任意分割；任取 x 代替定义中的分点 x_i，用 x 处的函数值 $f(x)$ 代替 $f(\xi_i)$，$\mathrm{d}x$ 代替 Δx_i，即用 $\mathrm{d}A=f(x)\mathrm{d}x$ 代替定义中的 $\Delta A_i\approx f(\xi_i)\Delta x_i$，称 $\mathrm{d}A$ 为所求量的**元素**，再对 $\mathrm{d}A$ 积分，便可得到所要求的量

$$A=\int_a^b\mathrm{d}A=\int_a^b f(x)\mathrm{d}x.$$

这样建立积分表达式的方法，称为**元素法**（也称**微元法**）.

具体应用时可采用下面步骤：

（1）根据具体的实际问题建立适当的坐标系，选取一个变量如 x 作为积分变量，并确定它的变化范围，即积分区间 $[a,b]$；

(2)设想把区间$[a,b]$分成若干个小区间，从中任取一个小区间$[x,x+dx]$，求出相应于这个小区间的部分量 ΔA 的近似值，如果部分量 ΔA 的近似值能表示成$f(x)dx$，就把这个乘积$f(x)dx$称作量 A 的元素并记作 $dA=f(x)dx$；

(3)以所求量 A 的元素$f(x)dx$为被积表达式，在区间$[a,b]$上作定积分，得总量

$$A = \int_a^b dA = \int_a^b f(x)\,dx$$

这就是用**元素法**解决实际问题的基本思路，在本节和下一节的学习中，基本上都用这样的基本思想来解决几何、物理问题，下面我们先从几何问题入手.

5.5.2　平面图形的面积

1. 直角坐标情形

(1)设函数$f(x)$在区间$[a,b]$上连续，曲线$y=f(x)$与直线$x=a$，$x=b$，$y=0$围成的平面图形的面积A有如下计算方法：

当$f(x) \geqslant 0$时，$A = \int_a^b f(x)\,dx$；

当$f(x)<0$时，由于面积总是非负的，所以有$A = -\int_a^b f(x)\,dx$；

若$f(x)$在区间$[a,b]$上既有取正值部分，也有取负值部分(见图5.5)，则

$$A = \int_a^b |f(x)|\,dx = \int_a^{c_1} f(x)\,dx - \int_{c_1}^{c_2} f(x)\,dx + \int_{c_2}^b f(x)\,dx.$$

(2)如果平面图形是由连续曲线$y=f(x)$，$y=g(x)$及直线$x=a$，$x=b$围成(见图5.6)，则面积

$$A = \int_a^b |f(x) - g(x)|\,dx.$$

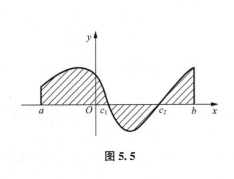

图 5.5

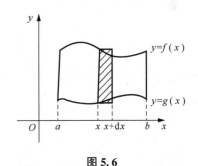

图 5.6

例1　求由直线$y=2$，$y=x$及曲线$xy=1$所围成的平面图形的面积.

解　首先根据题设条件作图(见图5.7)，图中的交点分别为$A\left(\dfrac{1}{2},2\right)$，$B(1,1)$，$C(2,2)$.

选择积分变量y，$y \in [1,2]$. 任取$y \in [1,2]$，考虑区间$[y,y+dy]$，则面积微元为

$$dA = \left(y - \frac{1}{y}\right)dy,$$

所以面积为

$$A = \int_1^2 \left(y - \frac{1}{y} \right) dy = \left(\frac{1}{2} y^2 - \ln y \right) \bigg|_1^2 = \frac{3}{2} - \ln 2.$$

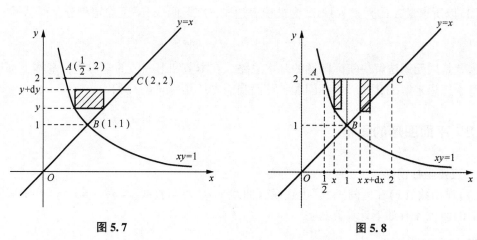

图 5.7　　　　　　　　　　　　　　　图 5.8

若选择 x 作积分变量，如图 5.8 所示，则此面积应该分成两个图形 A_1 和 A_2 面积之和来求.

A_1 由 $y=2$，$xy=1$ 及 $x=1$ 围成，其面积微元为

$$dA_1 = \left(2 - \frac{1}{x} \right) dx, \quad x \in \left[\frac{1}{2}, 1 \right],$$

A_2 由 $x=1$，$y=2$ 及 $y=x$ 围成，其面积微元为

$$dA_2 = (2-x)dx, \quad x \in [1, 2],$$

所以面积　$A = A_1 + A_2 = \int_{\frac{1}{2}}^1 \left(2 - \frac{1}{x} \right) dx + \int_1^2 (2 - x) dx$

$$= (2x - \ln x) \bigg|_{\frac{1}{2}}^1 + \left(2x - \frac{x^2}{2} \right) \bigg|_1^2 = \frac{3}{2} - \ln 2.$$

通过上述两种解法，可以看出前一种较简便. 值得提醒同学们注意的是，积分变量选取适当，可使计算更简便.

例 2　过原点作曲线 $y = \ln x$ 的切线，试求该切线与曲线 $y = \ln x$ 及 x 轴所围平面图形的面积.

解　设切点的坐标为 $P(x_0, \ln x_0)$，则曲线 $y = \ln x$ 在点 $P(x_0, \ln x_0)$ 处的切线方程为

$$y = \ln x_0 + \frac{1}{x_0} (x - x_0).$$

由于切线过原点 $(0, 0)$，知 $\ln x_0 - 1 = 0$，从而有 $x_0 = e$，所以切线方程为 $y = \frac{1}{e} x$. 为了计算简便，我们可以选 y 为积分变量（见图 5.9），于是所求平面图形的面积为

$$A = \int_0^1 (e^y - ey) dy = \frac{1}{2} e - 1.$$

本题也可以选择 x 作积分变量，留给读者自行完成.

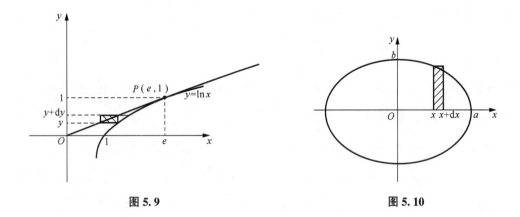

图 5.9   图 5.10

例 3   求椭圆 $\dfrac{x^2}{a^2}+\dfrac{y^2}{b^2}=1(a>0,b>0)$ 围成的平面图形的面积.

解   椭圆关于 x 轴、y 轴对称, 所以椭圆的面积 A 等于第一象限部分面积的 4 倍(见图 5.10).

$$A=4A_1=4\int_0^a y\mathrm{d}x.$$

由 $\dfrac{x^2}{a^2}+\dfrac{y^2}{b^2}=1$, 得 $y=\pm\dfrac{b}{a}\sqrt{a^2-x^2}$, 其中 $y=\dfrac{b}{a}\sqrt{a^2-x^2}$ 表示上半椭圆的方程, 代入上式得

$$A=4\int_0^a y\mathrm{d}x=4\int_0^a \frac{b}{a}\sqrt{a^2-x^2}\mathrm{d}x=\frac{4b}{a}\int_0^a \sqrt{a^2-x^2}\mathrm{d}x.$$

已知 $\displaystyle\int_0^a \sqrt{a^2-x^2}\mathrm{d}x=\dfrac{\pi}{4}a^2$, 从而有 $A=\dfrac{4b}{a}\cdot\dfrac{\pi}{4}a^2=\pi ab$.

另外, 椭圆 $\dfrac{x^2}{a^2}+\dfrac{y^2}{b^2}=1$ 也可用如下的参数方程进行表示:

$$\begin{cases} x=a\cos t, \\ y=b\sin t \end{cases}(0\leqslant t\leqslant 2\pi),$$

且当 $x=0$ 时, $t=\dfrac{\pi}{2}$, 当 $x=a$ 时, $t=0$, 因此

$$A=4A_1=4\int_0^a y\mathrm{d}x=4\int_{\frac{\pi}{2}}^0 b\sin t(a\cos t)'\mathrm{d}t=-4ab\int_{\frac{\pi}{2}}^0 \sin^2 t\mathrm{d}t=4ab\cdot\frac{\pi}{2}\cdot\frac{1}{2}=\pi ab.$$

特别地, 当 $a=b$ 时, 就得到大家熟悉的圆的面积公式 $A=\pi a^2$.

一般地, 如果所给的曲边梯形的曲边由参数方程 $x=x(t)$, $y=y(t)$ 给出, 设 α, β 分别为对应于曲边的起点与终点的参数, 那么所求曲边梯形的面积为

$$A=\int_\alpha^\beta |y(t)||x'(t)|\mathrm{d}t.$$

2. 极坐标情形

如图 5.11 所示, 设由曲线 $r=r(\theta)$ 与射线 $\theta=\alpha$, $\theta=\beta$ 围成一平面图形(称为曲边扇形), 这里函数 $r(\theta)$ 在 $[\alpha,\beta]$ 上连续, $r(\theta)\geqslant 0$, 我们用元素法来求此曲边扇形的面积.

由于当 θ 在 $[\alpha,\beta]$ 上变动时, 极径 $r=r(\theta)$ 也随之变动, 因此所求图形的面积不能直接

利用扇形面积的公式 $A = \dfrac{1}{2}\theta R^2$ 来计算.

取极角 θ 为积分变量，$\theta \in [\alpha, \beta]$，考察有代表性的微小区间 $[\theta, \theta + \mathrm{d}\theta]$ 上的曲边扇形的面积，它可用半径为 $r = r(\theta)$，中心角为 $\mathrm{d}\theta$ 的扇形面积代替，从而得到曲边扇形的面积元素 $\mathrm{d}A = \dfrac{1}{2}r^2(\theta)\,\mathrm{d}\theta$，在 $[\alpha, \beta]$ 上作积分，便得到其面积为

$$A = \int_\alpha^\beta \frac{1}{2}r^2(\theta)\,\mathrm{d}\theta.$$

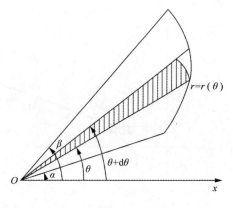

图 5.11

例 4　求心形线 $r = a(1+\cos\theta)(a>0)$ 所围成的图形的面积.

解　如图 5.12 所示，心形线所围成的图形关于极轴对称，因此所求图形的面积 A 等于极轴上方部分图形面积 A_1 的 2 倍. 对于极轴上方部分的图形，θ 的变化范围是 $[0, \pi]$，所以，曲线所围图形的面积为

$$\begin{aligned}
A = 2A_1 &= 2\int_0^\pi \frac{a^2}{2}(1+\cos\theta)^2\,\mathrm{d}\theta \\
&= a^2\int_0^\pi (1 + 2\cos\theta + \cos^2\theta)\,\mathrm{d}\theta \\
&= a^2\left(\frac{3}{2}\theta + 2\sin\theta + \frac{1}{4}\sin2\theta\right)\Bigg|_0^\pi \\
&= \frac{3}{2}\pi a^2.
\end{aligned}$$

例 5　求双纽线 $(x^2+y^2)^2 = a^2(x^2-y^2)$ 在圆周 $x^2+y^2 = \dfrac{a^2}{2}(a>0)$ 内的图形面积（见图 5.13）.

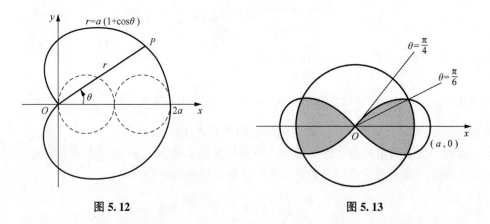

图 5.12　　　　　　　　　　　　　　　　图 5.13

解　利用极坐标进行计算，令 $x = r\cos\theta$，$y = r\sin\theta$，两曲线在极坐标系下的方程为 $r^2 = a^2\cos2\theta$ 及 $r^2 = \dfrac{a^2}{2}$，由对称性知，所求图形的面积 A 等于第一象限部分的面积 A_1 的 4 倍.

两条曲线在第一象限的交点是 $\left(\dfrac{a}{\sqrt{2}},\dfrac{\pi}{6}\right)$，故有

$$A = 4A_1 = 4\left(\int_0^{\frac{\pi}{6}}\frac{1}{2}\cdot\frac{a^2}{2}\mathrm{d}\theta + \int_{\frac{\pi}{6}}^{\frac{\pi}{4}}\frac{1}{2}a^2\cos2\theta\mathrm{d}\theta\right) = \frac{1}{6}\pi a^2 + a^2\sin2\theta\bigg|_{\frac{\pi}{6}}^{\frac{\pi}{4}} = \left(\frac{\pi}{6} + 1 - \frac{\sqrt{3}}{2}\right)a^2.$$

5.5.3 立体的体积

1. 平行截面面积已知的立体体积

设有一立体位于过点 $x=a$，$x=b(a<b)$ 且垂直于 x 轴的两个平面之间，如果过点 $x(a<x<b)$ 且垂直于 x 轴的平面截该立体所得截面的面积是 x 的已知的连续函数 $A(x)$，求该立体的体积 V(见图 5.14).

取 x 为积分变量，它的变化区间为 $[a,b]$，相应于 $[a,b]$ 上任意子区间 $[x,x+\mathrm{d}x]$ 的立体薄片的体积近似地等于以 $A(x)$ 为底、$\mathrm{d}x$ 为高的柱体的体积，即体积元素为

$$\mathrm{d}V=A(x)\mathrm{d}x.$$

将其在 $[a,b]$ 上作定积分，即得到该立体的体积为

$$V = \int_a^b A(x)\mathrm{d}x.$$

例 6 一平面经过底面半径为 R 的圆柱体的底面中心，并与底面交角为 α，求这平面截圆柱体所得立体的体积(见图 5.15).

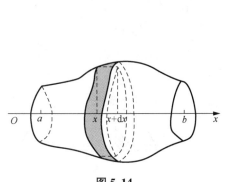

图 5.14

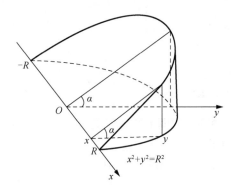

图 5.15

解 取圆柱底面与这平面的交线为 x 轴，底面上过圆心且垂直于 x 轴的直线为 y 轴，于是底圆的方程为 $x^2+y^2=R^2$. 如图 5.15 所示，所求立体在 x 轴上投影区间为 $[-R,R]$，在 x 处的截面是一个三角形，其面积为

$$A(x) = \frac{1}{2}\sqrt{R^2-x^2}\cdot\sqrt{R^2-x^2}\tan\alpha = \frac{1}{2}(R^2-x^2)\tan\alpha.$$

所求体积

$$V = \int_{-R}^R A(x)\mathrm{d}x = \tan\alpha\int_0^R(R^2-x^2)\mathrm{d}x = \frac{2}{3}R^3\tan\alpha.$$

2. 旋转体的体积

设 $f(x)$ 在 $[a,b]$ 上连续，求由曲线 $y=f(x)(f(x)\geqslant0)$ 与直线 $x=a$，$x=b$ 及 x 轴所围成

的曲边梯形绕 x 轴旋转一周所得到的旋转体的体积(见图 5.16),我们可以利用上面平行截面面积为已知的立体体积的计算方法建立公式.

取 x 为积分变量,它的变化区间为 $[a,b]$,任取 $x \in [a,b]$,过此点作一平面垂直于 x 轴,则该平面截旋转体所得截面是以 $f(x)$ 为半径的圆,于是截面积为 $A(x) = \pi f^2(x)$,这时体积元素 $\mathrm{d}V = \pi f^2(x)\mathrm{d}x$,于是旋转体的体积为

$$V = \int_a^b \mathrm{d}V = \pi \int_a^b f^2(x)\mathrm{d}x.$$

类似可得由曲线 $x = \varphi(y)$,直线 $y = c$,$y = \mathrm{d}(c<d)$ 与 y 轴围成的平面图形绕 y 轴旋转一周得到的旋转体体积为

$$V = \pi \int_c^d \varphi^2(y)\mathrm{d}y.$$

进一步有,由两条连续曲线 $y = f_1(x)$,$y = f_2(x)(0 \leqslant f_1(x) < f_2(x))$ 及两条直线 $x = a$,$x = b(a<b)$ 围成的图形(见图 5.17)绕 x 轴旋转所得的旋转体的体积为

$$V = \pi \int_a^b [f_2^2(x) - f_1^2(x)]\mathrm{d}x.$$

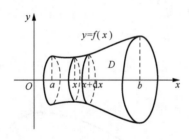

图 5.16

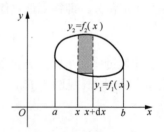

图 5.17

例 7　求摆线 $\begin{cases} x = a(t-\sin t), \\ y = a(1-\cos t) \end{cases}$,的一拱($0 \leqslant t \leqslant 2\pi$)与 x 轴围成的图形绕 x 轴旋转一周所得旋转体的体积(见图 5.18).

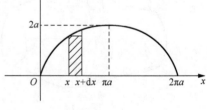

图 5.18

解　当 $x = 0$ 时,$t = 0$;而当 $x = 2\pi a$ 时,$t = 2\pi$,从而

$$V = \pi \int_0^{2\pi a} y^2 \mathrm{d}x$$

$$= \pi \int_0^{2\pi} a^2 (1-\cos t)^2 \cdot a(1-\cos t)\mathrm{d}t$$

$$= \pi a^3 \int_0^{2\pi} (1 - 3\cos t + 3\cos^2 t - \cos^3 t)\mathrm{d}t = 5\pi^2 a^3.$$

例 8　求圆形域 $x^2 + (y-b)^2 \leqslant a^2 (b>a)$ 绕 x 轴旋转而成的旋转体的体积.

解　上半圆的方程为 $y_2 = b + \sqrt{a^2 - x^2}$,下半圆的方程为 $y_1 = b - \sqrt{a^2 - x^2}$,

$$\mathrm{d}V = (\pi y_2^2 - \pi y_1^2)\mathrm{d}x = 4\pi b \sqrt{a^2 - x^2}\,\mathrm{d}x,$$

于是

$$V = 4\pi b \int_{-a}^a \sqrt{a^2 - x^2}\,\mathrm{d}x = 8\pi b \frac{\pi a^2}{4} = 2\pi^2 a^2 b.$$

例 9 过原点作曲线 $y=\ln x$ 的切线，试求该切线与曲线 $y=\ln x$ 及 x 轴所围平面图形 D 绕直线 $x=e$ 旋转一周所得旋转体的体积.

解 由本节例 2 知，切线方程是 $y=\dfrac{1}{e}x$，则它与 x 轴及直线 $x=e$ 所围三角形绕直线 $x=e$ 旋转所得圆锥体体积为

$$V_1 = \frac{1}{3}\pi e^2$$

曲线 $y=\ln x$ 与 x 轴及直线 $x=e$ 所围图形绕直线 $x=e$ 旋转所得旋转体体积为

$$V_2 = \int_0^1 \pi\,(e - e^y)^2 dy$$

因此所求体积为

$$V = V_1 - V_2 = \frac{1}{3}\pi e^2 - \int_0^1 \pi\,(e - e^y)^2 dy = \frac{\pi}{6}(5e^2 - 12e + 3).$$

5.5.4 平面曲线的弧长

在 3.6 节中我们已介绍平面上连续曲线的弧长和弧微分的概念，那么具备什么条件的曲线是可求长的呢？可以证明光滑曲线是可求长的，下面仍用元素法来计算给定曲线的弧长.

1. 直角坐标情形

设 $f(x)$ 在 $[a,b]$ 上有连续导数，使用元素法求曲线 $y=f(x)\,(a \le x \le b)$ 的长度；在 $[a,b]$ 上任取微小区间 $[x,x+dx]$，对应于这小区间的一段弧的长度即弧长的微分，由 3.6.1 节平面曲线的弧微分公式：

$$ds = \sqrt{1+y'^2(x)}\,dx$$

再积分便得到了这段曲线的弧长

$$s = \int_a^b \sqrt{1 + y'^2(x)}\,dx.$$

2. 参数方程情形

设曲线弧的参数方程是 $\begin{cases} x=x(t), \\ y=y(t) \end{cases}(\alpha \le t \le \beta)$，$x(t)$，$y(t)$ 在 $[\alpha,\beta]$ 上有连续导数，此时 $ds = \sqrt{x'^2(t)+y'^2(t)}\,dt$，积分后得曲线弧长

$$s = \int_\alpha^\beta \sqrt{x'^2(t) + y'^2(t)}\,dt$$

3. 极坐标情形

设曲线由极坐标方程 $r=r(\theta)\,(\alpha \le \theta \le \beta)$ 给出，$r(\theta)$ 在 $[\alpha,\beta]$ 上有连续导数，因为有 $\begin{cases} x=r(\theta)\cos\theta, \\ y=r(\theta)\sin\theta \end{cases}(\alpha \le \theta \le \beta)$，所以这段曲线可以看成是用以 θ 为参数的参数方程表示，于是有

$$ds = \sqrt{x'^2(\theta)+y'^2(\theta)}\,d\theta = \sqrt{r^2(\theta)+r'^2(\theta)}\,d\theta,$$

从而有

$$s = \int_\alpha^\beta \sqrt{r^2(\theta) + r'^2(\theta)}\,d\theta.$$

例 10　求曲线 $(y - \arcsin x)^2 = 1 - x^2$ 的全长.

解　$y = \pm\sqrt{1 - x^2} + \arcsin x$，$|x| \leqslant 1$，故曲线可分为两支，其中 $y_1 = \sqrt{1 - x^2} + \arcsin x$，$y_2 = -\sqrt{1 - x^2} + \arcsin x$，则有

$$y_1' = \frac{1 - x}{\sqrt{1 - x^2}}, \quad y_2' = \frac{1 + x}{\sqrt{1 - x^2}},$$

所以

$$s = s_1 + s_2 = \int_{-1}^{1} \sqrt{1 + (y_1')^2}\, dx + \int_{-1}^{1} \sqrt{1 + (y_2')^2}\, dx$$

$$= \sqrt{2} \int_{-1}^{1} \frac{1}{\sqrt{1 + x}}\, dx + \sqrt{2} \int_{-1}^{1} \frac{1}{\sqrt{1 - x}}\, dx = 8.$$

例 11　求星形线 $x = a\cos^3 t$，$y = a\sin^3 t$ 的全长（见图 5.19）.

解　由对称性，所求长度等于第一象限的弧长的 4 倍.

当 $x = a$ 时，$t = 0$，而当 $y = a$ 时，$t = \dfrac{\pi}{2}$.

由弧长计算公式得

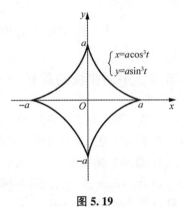

图 5.19

$$s = 4\int_{0}^{\frac{\pi}{2}} 3a\sqrt{\cos^4 t \sin^2 t + \sin^4 t \cos^2 t}\, dt$$

$$= 12a \int_{0}^{\frac{\pi}{2}} \sin t \cos t\, dt = 6a.$$

例 12　求心形线 $r = a(1 + \cos\theta)$ $(a > 0)$ 的周长.

解　由对称性，心形线的全长 s 等于极轴上方部分的弧长 s_1 的 2 倍.

因为 $r'(\theta) = -a\sin\theta$，因而弧长元素为

$$ds = \sqrt{a^2(1 + \cos\theta)^2 + a^2\sin^2\theta}\, d\theta = a\sqrt{2 + 2\cos\theta}\, d\theta = 2a\left|\cos\frac{\theta}{2}\right| d\theta.$$

于是

$$s = 2s_1 = 2\int_{0}^{\pi} 2a\left|\cos\frac{\theta}{2}\right| d\theta = 4a\int_{0}^{\pi} \cos\frac{\theta}{2}\, d\theta = 8a.$$

习题 5.5

1. 求下列各曲线所围成的图形的面积：

(1) 由曲线 $y = \ln x$ 与直线 $y = (e + 1) - x$，$y = 0$；

(2) 由直线 $y = x$，$y = 2$ 与曲线 $y = \sqrt{x}$；

(3) 抛物线 $y^2 = 2x$ 与圆 $x^2 + y^2 = 8$ 围成的位于两曲线内的那部分图形；

(4) 抛物线 $y = -x^2 + 4x - 3$ 与其在点 $(0, -3)$ 和 $(3, 0)$ 处切线所围成图形；

(5) 星形线：$\begin{cases} x = a\cos^3 t, \\ y = a\sin^3 t; \end{cases}$

(6)摆线：$\begin{cases} x=a(t-\sin t), \\ y=a(1-\cos t) \end{cases}$，$0 \leqslant t \leqslant 2\pi$ 与 $y=0$.

2. 求下列各立体体积：

(1)圆域$(x-5)^2+y^2 \leqslant 16$ 绕 y 轴旋转一周得到的旋转体；

(2)星形线$\begin{cases} x=a\cos^3 t, \\ y=a\sin^3 t \end{cases}$（$a>0$）围成的图形绕 x 轴旋转而成的旋转体.

3. 证明：将平面图形 $0 \leqslant a \leqslant x \leqslant b$，$0 \leqslant y \leqslant y(x)$ 绕 y 轴旋转一周所得到旋转体的体积为

$$V = 2\pi \int_a^b xy(x)\,\mathrm{d}x.$$

4. 求下列各弧长：

(1)曲线 $y=\ln x$ 介于 $\sqrt{3} \leqslant x \leqslant 2\sqrt{2}$ 之间的一段弧；

(2)摆线$\begin{cases} x=a(\theta-\sin\theta), \\ y=a(1-\cos\theta) \end{cases}$，相应于 $0 \leqslant \theta \leqslant 2\pi$ 的一段弧；

(3)阿基米德螺线 $r=a\theta$（$a>0$）相应于 $0 \leqslant \theta \leqslant 2\pi$ 的一段弧.

5. 求曲线 $y=x^2-2x$，直线 $y=0$，$x=1$，$x=3$ 所围成的平面图形的面积，并求该平面图形绕 y 轴旋转所得旋转体的体积.

6. 在第一象限内求曲线 $y=-x^2+1$ 上的一点，使该点处的切线与所给曲线及两坐标轴围成的图形面积最小，并求此最小面积.

7. 设平面图形 A 由 $x^2+y^2 \leqslant 2x$ 与 $y \geqslant x$ 确定，求 A 绕直线 $x=2$ 旋转一周得到的立体体积.

8. 设抛物线 $y=ax^2+bx+c$ 过原点，当 $0 \leqslant x \leqslant 1$ 时，$y \geqslant 0$，又知抛物线与 x 轴及直线 $x=1$ 围成的图形面积等于 $\dfrac{1}{3}$，试确定 a,b,c，使此图形绕 x 轴旋转而成的立体的体积最小.

5.6 定积分的物理应用

5.6.1 变力沿直线做功

下面举例说明如何运用元素法计算各种情形下变力沿直线所做的功.

例1 空气压缩机的活塞表面积为 A，压缩机内盛有一定量气体，在等温条件下，由于膨胀将活塞从 a 处移动到 b 处，如图 5.20 所示，求气体压力所做的功.

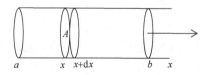

图 5.20

解 任取 $x \in [a,b]$，考虑活塞在$[x,x+\mathrm{d}x]$上压力做的功，由物理学知识，单位面积

上的压力 P(即压强)与体积 V 成反比，即 $P=\dfrac{k}{V}$(k 为常数)，在 x 处气体体积为 $V=Ax$，而活塞受到的总压力为

$$F(x)=A\,\frac{k}{V}=\frac{Ak}{Ax}=\frac{k}{x},$$

又活塞移动的距离是 $\mathrm{d}x$，所以在 x 处压力做功的微元为

$$\mathrm{d}W=F(x)\,\mathrm{d}x=\frac{k}{x}\mathrm{d}x,$$

从而所求功为

$$W=\int_a^b\frac{k}{x}\mathrm{d}x=k\ln\frac{b}{a}.$$

例 2　将半径为 R(单位：m)的半球面做成容器，容器中盛满水，现在需把水抽尽，试计算需做多少功.(设水的密度为 ρ(单位：kg/m^3)).

解　如图 5.21 所示选取坐标系，设 y 轴在水平面上，水深方向为 x 轴正向，球心为坐标原点，取深度 x 为积分变量.

任取 $x\in[0,R]$，选取小区间 $[x,x+\mathrm{d}x]$，功的微元是将这一薄层水抽出水平面做的功，水的重力可视为底面半径为 y，高为 $\mathrm{d}x$ 的圆柱形水柱的重力，其值为

$$f(x)=\rho\cdot g\cdot\pi y^2\mathrm{d}x$$

功的微元为

$$\mathrm{d}W=f(x)\cdot x=\pi g\rho y^2 x\mathrm{d}x$$

而 $y=\sqrt{R^2-x^2}$，所以

$$\mathrm{d}W=\pi\rho g(R^2-x^2)x\mathrm{d}x$$

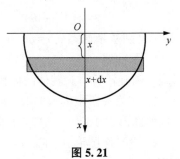

图 5.21

故克服重力做的功为

$$W=\int_0^R\mathrm{d}W=\int_0^R\pi g\rho(R^2-x^2)x\mathrm{d}x=\frac{R^4}{4}\pi g\rho\,(\mathrm{J}).$$

5.6.2　液体对薄板的侧压力

由物理学可知，在水深为 h 处的压强为 $p=\rho g h$，其中 ρ 是水的密度. 如果有一面积为 A 的平板水平地放置在水深为 h 处，那么，平板一侧所受的水压力为 $P=p\cdot A$. 现考虑平板铅直放置在水中，那么，由于水深不同的点处压强不相等，平板一侧所受的水压力就不能用上述方法计算. 现举例说明侧压力的计算方法.

例 3　有一三角形闸门竖直放在水中，闸门上底长为 a，高为 h(单位：m)，上底与水平面平齐，求闸门受到的侧压力(设水的密度为 ρ(单位：kg/m^3)).

解　如图 5.22 所示建立坐标系，取积分变量为 x，则积分区间是 $[0,h]$，在闸门上任取一水平小条，即梯形 $ABCD$，其高为 $\mathrm{d}x$，底长 $\overline{AB}=\dfrac{a}{h}(h-x)$，小梯形面积近似为(用矩形面积代替)

$$dA = \frac{a}{h}(h-x)dx,$$

平板受到的压力元素为 $dP = \rho g \dfrac{a}{h}(h-x)xdx$，而整个

三角形闸门所受到的水压力为

$$P = \rho g \frac{a}{h}\int_0^h (h-x)xdx = \frac{a\rho g h^2}{6}\ (\text{N}).$$

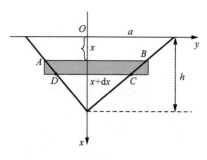

图 5.22

5.6.3 引力

例 4 有一根长为 l，质量为 m 的均匀细直棒，在它的一端垂直线上离棒的距离为 a 处有质量为 M 的质点，求棒对质点的引力.

解 如图 5.23 所示建立坐标系，设引力为 F，水平分力为 F_x，垂直分力为 F_y，在细直棒上任取一点 x，$x \in [0,l]$，取 $[x,x+dx]$ 为代表区间，当 dx 很小时，这一小段细直棒可视为质点，则长为 dx 的一小段细直棒对质点的引力大小为

$$dF = K\frac{m}{a^2+x^2} \cdot \frac{M}{l}dx\left(\frac{M}{l}\text{为细直棒的线密度}\right)$$

$$= \frac{KMm}{l(a^2+x^2)}dx,$$

因为引力是矢量，它在 x 方向与 y 方向分量微元的大小分别为

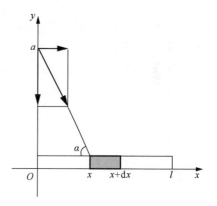

图 5.23

$$dF_x = \frac{KmM}{l(a^2+x^2)}\cos\alpha dx$$

$$= \frac{KmM}{l(a^2+x^2)} \cdot \frac{x}{\sqrt{a^2+x^2}}dx$$

$$= \frac{KmMx}{l\left(a^2+x^2\right)^{\frac{3}{2}}}dx,$$

$$dF_y = \frac{KmM}{l(a^2+x^2)}\sin\alpha dx = \frac{KmMa}{l\left(a^2+x^2\right)^{\frac{3}{2}}}dx,$$

所以

$$F_x = \frac{KmM}{l}\int_0^l \frac{x}{\left(a^2+x^2\right)^{\frac{3}{2}}}dx = \frac{KmM}{al\sqrt{a^2+l^2}}\left(\sqrt{a^2+l^2}-a\right),$$

$$F_y = \frac{KmMa}{l}\int_0^l \frac{dx}{\left(a^2+x^2\right)^{\frac{3}{2}}} = \frac{KmM}{a\sqrt{a^2+l^2}}.$$

引力水平方向分力指向 x 轴正向，而铅直方向指向 y 轴负向.

习题 5.6

1. 把弹簧拉长所需的力与弹簧的伸长成正比, 已知 1 kg 的力使弹簧伸长为 1 cm, 求将弹簧拉长 10 cm 应做多少功.

2. 一物体按规律 $x=ct^3(c>0)$ 做直线运动, x 表示在时间 t 内物体移动的距离, 设介质阻力与速度的平方正比, 求物体从 $x=0$ 开始到 $x=a$ 时为克服阻力所做的功.

3. 半径为 R 的球沉入水中, 球的上部与水面相切, 球的密度与水相同, 现将球从水中取出, 需做多少功?

4. 某水渠的闸门是一等腰梯形, 上底 6 m, 下底 2 m, 高 10 m, 求水灌满时闸门所受的侧压力(设水的密度为 ρ (单位: kg/m^3)).

5. 直径为 6 m 的一圆板铅直浸入水中, 其中心在水面下 10 m, 求圆板表面受到水的侧压力(设水的密度为 ρ (单位: kg/m^3)).

6. 用铁锤将一铁钉击入木板, 设木板对铁钉的阻力与铁钉击入木板的深度成正比, 在击第一次时将铁钉击入 1 cm, 如果铁锤每次打击铁钉做的功相等, 求击第二次时铁钉又被击入多少.

 本章小结

一、基本要求

(1) 正确理解定积分的概念及其基本性质和几何意义.

(2) 熟悉积分上限函数及其求导定理, 了解微分与积分之间的内在联系, 能熟练运用牛顿—莱布尼兹公式计算定积分.

(3) 能熟练运用定积分换元法和分部积分法计算定积分, 会证明简单的积分论证题.

(4) 了解两类反常积分的概念, 会计算简单的反常积分, 能判断简单反常积分的敛散性.

(5) 理解定积分元素法的基本思想, 会用元素法建立定积分表达式, 并会计算一些几何量(面积、弧长、旋转体和平行截面面积为已知的立体体积)和简单物理量(功、液体侧压力).

二、内容提要

1. 定积分的概念

(1) 定义: 设 $f(x)$ 在 $[a,b]$ 上有界, 若存在数 I, 对任意 $\varepsilon>0$, 总存在 $\delta>0$, 对于区间 $[a,b]$ 的任何分法, 以及 ξ_i 在小区间 $[x_{i-1},x_i]$ 上的任意取法, 当 $0<\lambda<\delta$ 时, 恒有

$\left| \sum\limits_{i=1}^{n} f(\xi_i)\Delta x_i - I \right| <\varepsilon$, 则数 I 称为 $f(x)$ 在闭区间 $[a,b]$ 上的定积分(其中 $\lambda = \max\limits_{1 \leqslant i \leqslant n} \{\Delta x_i\}$).

(2)可积的条件：$\begin{cases} \text{必要条件：可积函数必有界.} \\ \text{充分条件：连续函数、单调有界函数、有界且只有有限个} \\ \text{第一类间断点的函数必可积.} \end{cases}$

(3)几何意义：定积分 $\int_a^b f(x)\,\mathrm{d}x$ 在几何上表示由直线 $x=a$，$x=b$，曲线 $y=f(x)$ 及 x 轴所围成的各个曲边梯形面积的代数和.

2. 定积分的性质

线性性质、对区间的可加性质、保号(保序)性质、绝对值性质、估值定理、积分中值定理.

3. 微积分基本定理

(1)定积分与不定积分的关系：若函数 $f(x)$ 在区间 $[a,b]$ 上连续，则函数 $F(x)=\int_a^x f(t)\,\mathrm{d}t$ 是 $f(x)$ 在该区间上的一个原函数，即 $F'(x)=f(x)$.

(2)牛顿—莱布尼兹公式：$\int_a^b f(x)\,\mathrm{d}x = F(x)\ \Big|_a^b = F(b)-F(a)$，其中 $F(x)$ 是 $f(x)$ 在区间 $[a,b]$ 上的一个原函数，它将定积分的计算归结为求原函数问题.

4. 换元积分法与分部积分法

(1)换元公式：$\int_a^b f(x)\,\mathrm{d}x = \int_\alpha^\beta f[\varphi(t)]\varphi'(t)\,\mathrm{d}t$，注意：在应用换元公式计算定积分时，若所作代换 $\omega(x)=t$ 的反函数 $x=\varphi(t)$ 是多值函数，就要注意恰当地选择多值函数的单值分支，否则就会发生错误.

(2)分部积分公式：$\int_a^b u(x)v'(x)\,\mathrm{d}x = u(x)v(x)\ \Big|_a^b - \int_a^b v(x)u'(x)\,\mathrm{d}x$.

5. 反常积分

(1)无穷区间上的反常积分

分别有如下定义：$\int_a^{+\infty} f(x)\,\mathrm{d}x = \lim\limits_{A\to+\infty}\int_a^A f(x)\,\mathrm{d}x$，

$$\int_{-\infty}^a f(x)\,\mathrm{d}x = \lim\limits_{B\to-\infty}\int_B^a f(x)\,\mathrm{d}x;$$

若等式右边的极限存在，则称等式左边的反常积分收敛.

$$\int_{-\infty}^{+\infty} f(x)\,\mathrm{d}x = \int_{-\infty}^0 f(x)\,\mathrm{d}x + \int_0^{+\infty} f(x)\,\mathrm{d}x;$$

若等式右边的两个反常积分都存在，则称等式左边的反常积分收敛.

(2)无界函数的反常积分

分别有如下定义：$\int_a^b f(x)\,\mathrm{d}x = \lim\limits_{B\to b^-}\int_a^B f(x)\,\mathrm{d}x$（其中 b 为瑕点）；

$$\int_a^b f(x)\,\mathrm{d}x = \lim\limits_{A\to a^+}\int_A^b f(x)\,\mathrm{d}x\ (\text{其中 } a \text{ 为瑕点});$$

若等式右边的极限存在，则称等式左边的反常积分收敛.

$$\int_a^b f(x)\,\mathrm{d}x = \int_a^c f(x)\,\mathrm{d}x + \int_c^b f(x)\,\mathrm{d}x\ (\text{其中 } c \text{ 为瑕点，且 } a<c<b);$$

若等式右边的两个反常积分都存在，则称等式左边的反常积分收敛.

6. 定积分应用

元素法的基本步骤：

（1）根据具体的实际问题建立适当的坐标系，选取自变量，并确定自变量变化的范围，即积分区间 $[a,b]$；

（2）任取 $x \in [a,b]$，得到微小区间 $[x,x+\mathrm{d}x]$，分析这个微小区间上变量之间的数量关系，求出部分量 ΔA 的近似值（积分微元）$\mathrm{d}A = f(x)\mathrm{d}x$；

（3）对 $\mathrm{d}A$ 从 a 到 b 积分，得总量

$$A = \int_a^b \mathrm{d}A = \int_a^b f(x)\mathrm{d}x.$$

几何应用：

①面积

由连续曲线 $y=f(x)$，$y=g(x)$ 及直线 $x=a$，$x=b$ 围成的平面图形面积为

$$A = \int_a^b |f(x) - g(x)| \mathrm{d}x;$$

由曲线 $x=x(t)$，$y=y(t)$ $(\alpha \leqslant t \leqslant \beta)$，$x$ 轴以及直线 $x=a$，$x=b(x(\alpha)=a,\ x(\beta)=b)$ 围成的平面图形面积为

$$A = \int_\alpha^\beta |y(t)| x'(t)\mathrm{d}t;$$

由曲线 $r=r(\theta)$ 与射线 $\theta=\alpha$，$\theta=\beta$ 围成的平面图形（称为曲边扇形）的面积为

$$A = \int_\alpha^\beta \frac{1}{2}r^2(\theta)\mathrm{d}\theta.$$

②体积

立体位于过点 $x=a$，$x=b(a<b)$ 且垂直于 x 轴的两个平面之间，过点 x 且垂直 x 轴的截面面积 $A(x)$ 已知的立体体积为

$$V = \int_a^b A(x)\mathrm{d}x;$$

由曲线 $y=f(x)$，直线 $x=a$，$x=b$ 及 x 轴所围成的平面图形绕 x 轴旋转一周所得到的旋转体的体积为

$$V = \pi \int_a^b f^2(x)\mathrm{d}x.$$

③平面曲线的弧长

直角坐标情形

$$s = \int_a^b \sqrt{1 + y'^2(x)}\,\mathrm{d}x\ (a<b);$$

参数方程情形

$$s = \int_\alpha^\beta \sqrt{x'^2(t) + y'^2(t)}\,\mathrm{d}t\ (\alpha<\beta);$$

极坐标情形

$$s = \int_\alpha^\beta \sqrt{r^2(\theta) + r'^2(\theta)}\,\mathrm{d}\theta\ (\alpha<\beta).$$

物理应用：

变力沿直线做功；液体的侧压力；引力.

总习题 5

1. 选择题.

(1) 设 $M = \int_{-\frac{\pi}{2}}^{\frac{\pi}{2}} \frac{\sin x}{1+x^2} \cos^4 x \mathrm{d}x$, $N = \int_{-\frac{\pi}{2}}^{\frac{\pi}{2}} (\sin^3 x + \cos^4 x) \mathrm{d}x$, $P = \int_{-\frac{\pi}{2}}^{\frac{\pi}{2}} (x^2 \sin^3 x - \cos^4 x) \mathrm{d}x$, 则有( ).

    A. $N<P<M$ B. $M<P<N$ C. $N<M<P$ D. $P<M<N$

(2) 设在区间 $[a,b]$ 上 $f(x)>0$, $f'(x)<0$, $f''(x)>0$, 令 $S_1 = \int_a^b f(x)\mathrm{d}x$, $S_2 = f(b)(b-a)$, $S_3 = \frac{1}{2}[f(b)+f(a)](b-a)$, 则有( ).

    A. $S_1<S_2<S_3$ B. $S_2<S_1<S_3$ C. $S_1<S_3<S_2$ D. $S_2<S_3<S_1$

(3) 设 $F(x) = \int_x^{x+2\pi} \mathrm{e}^{\sin t} \sin t \mathrm{d}t$, 则 $F(x)$ ( ).

    A. 为正常数   B. 为负常数   C. 恒为零   D. 不为常数

(4) 设 f 为连续函数, $I = t\int_0^{\frac{s}{t}} f(tx)\mathrm{d}x$, 其中 $t>0$, $s>0$, 则 I 的值( ).

    A. 依赖于 s 和 t B. 依赖于 s 和 t 及 x

    C. 依赖于 t 和 x, 不依赖于 s D. 依赖于 s, 不依赖于 t

(5) 双纽线 $(x^2+y^2)^2 = x^2-y^2$ 所围图形的面积可以用定积分表示为( ).

    A. $2\int_0^{\frac{\pi}{4}} \cos 2\theta \mathrm{d}\theta$ B. $4\int_0^{\frac{\pi}{4}} \cos 2\theta \mathrm{d}\theta$ C. $2\int_0^{\frac{\pi}{4}} \sqrt{\cos 2\theta} \mathrm{d}\theta$ D. $2\int_0^{\frac{\pi}{4}} \cos^2 2\theta \mathrm{d}\theta$

(6) 设函数 $f(x)$, $g(x)$ 在区间 $[a,b]$ 上连续, 且 $g(x)<f(x)<m$ (m 是常数), 则曲线 $y=g(x)$, $y=f(x)$, $x=a$ 及 $x=b$ 所围平面图形绕直线 $y=m$ 旋转而成的旋转体体积为( ).

    A. $\int_a^b \pi[2m-f(x)+g(x)][f(x)-g(x)]\mathrm{d}x$

    B. $\int_a^b \pi[2m-f(x)-g(x)][f(x)-g(x)]\mathrm{d}x$

    C. $\int_a^b \pi[2m+f(x)-g(x)][f(x)-g(x)]\mathrm{d}x$

    D. $\int_a^b \pi[2m+f(x)+g(x)][f(x)-g(x)]\mathrm{d}x$

2. 填空题.

(1) 设 f 为连续函数, 且 $\int_0^{x^3-1} f(t)\mathrm{d}t = x$, 则 $f(7) = $ _____.

(2) 设 f 为连续函数, 且 $f(x) = x + 2\int_0^1 f(t)\mathrm{d}t$, 则 $f(x) = $ _____.

(3) 设 f 是连续函数, 则 $\frac{\mathrm{d}}{\mathrm{d}x}\int_0^x tf(x^2-t^2)\mathrm{d}t = $ _____.

（4）积分 $\int_0^1 \sqrt{2x - x^2}\, \mathrm{d}x = $ _____ .

（5）已知 $\lim\limits_{x \to \infty} \left(\dfrac{1 + x}{x} \right)^{ax} = \int_{-\infty}^a t \mathrm{e}^t \mathrm{d}t$，则常数 $a = $ _____ .

（6）由曲线 $y = f(x)$（$f(x) > 0$）与直线 $x = a$，$x = b$（$b > a > 0$）及 $y = 0$ 所围平面图形绕 y 轴旋转而成的旋转体体积 $V = $ _____ .

3. 设 $x \geqslant -1$，计算 $\int_{-1}^x (1 - |t|)\, \mathrm{d}t$.

4. 设函数 $f(x)$ 满足 $f(x) = f(x - \pi) + \sin x$，且 $f(x) = x$，$x \in [0, \pi]$，计算 $\int_\pi^{3\pi} f(x)\, \mathrm{d}x$.

5. 计算 $\int_0^{\ln 2} \sqrt{1 - \mathrm{e}^{-2x}}\, \mathrm{d}x$.

6. 计算反常积分：

（1）$\int_3^{+\infty} \dfrac{\mathrm{d}x}{(x-1)^4 \sqrt{x^2 - 2x}}$；　　　（2）$\int_{\frac{1}{2}}^{\frac{3}{2}} \dfrac{\mathrm{d}x}{\sqrt{|x - x^2|}}$；　　　（3）$\int_1^{+\infty} \dfrac{\arctan x}{x^2}\mathrm{d}x$.

7. 设 $y = f(x)$ 是区间 $[0,1]$ 上的任一非负连续函数.

（1）试证存在 $x_0 \in (0,1)$，使得区间 $[0, x_0]$ 上以 $f(x_0)$ 为高的矩形面积等于区间 $[x_0, 1]$ 上以 $y = f(x)$ 为曲边的曲边梯形面积；

（2）又设 $f(x)$ 在 $(0,1)$ 内可导，且 $f'(x) > -\dfrac{2f(x)}{x}$，证明（1）中的 x_0 是唯一的.

8. 设 $A > 0$，D 是由曲线段 $y = A \sin x$ $\left(0 \leqslant x \leqslant \dfrac{\pi}{2} \right)$ 及直线 $y = 0$，$x = \dfrac{\pi}{2}$ 所围成的平面区域，V_1，V_2 分别表示 D 绕 x 轴与绕 y 轴旋转所成旋转体的体积，若 $V_1 = V_2$，求 A 的值.

9. 设函数 $f(x)$ 在区间 $[0, +\infty)$ 上单调减少且非负连续，$a_n = \sum\limits_{k=1}^n f(k) - \int_1^n f(x)\, \mathrm{d}x$，（$n = 1, 2, 3, \cdots$）证明数列 $\{a_n\}$ 收敛.

10. 设 $f'(x)$ 在区间 $[0, a]$ 上连续，且 $f(0) = 0$，证明：$\left| \int_0^a f(x)\, \mathrm{d}x \right| \leqslant \dfrac{Ma^2}{2}$，其中 $M = \max\limits_{0 \leqslant x \leqslant a} |f'(x)|$.

第6章 常微分方程

微分方程是与微积分一起形成和发展起来的重要的数学分支，是数学理论特别是微积分联系实际的重要渠道之一。为了解决实际问题，需要建立反映实际问题的函数关系，然而，有些问题往往难以直接找到需要的函数关系，但是比较容易找到含有待求函数的导数或微分的关系式，这样的关系式就是微分方程。通过一定的数学方法求出满足微分方程的未知函数，这就是解微分方程。早在十七至十八世纪，牛顿、莱布尼兹、伯努利等人在研究力学和几何学时就提出了微分方程，后来随着科学的发展，微分方程在自然科学和工程技术，甚至在社会科学和经济学等领域内的应用越来越广泛。因此，微分方程是建立实际问题的数学模型的重要工具之一。本章主要介绍微分方程的基本概念，几种常用微分方程的解法以及微分方程在实际问题中的应用。

6.1 微分方程的基本概念

下面通过几何和物理学中的几个具体问题来说明微分方程的基本概念。

6.1.1 引例

例1 一条曲线通过点$(1,2)$，在该曲线上任一点$M(x,y)$处的切线斜率为$2x$，求该曲线方程。

解 设所求的曲线方程为$y=y(x)$，根据导数的几何意义可知未知函数$y=y(x)$满足关系式：

$$\frac{\mathrm{d}y}{\mathrm{d}x}=2x \tag{6.1}$$

此外，未知函数$y=y(x)$还应满足下列条件：$y(1)=2$。

我们对(6.1)式两边积分，得

$$y=\int 2x\mathrm{d}x=x^2+C \ (\text{其中 } C \text{ 是任意常数})$$

再根据$y(1)=2$，代入上式得$2=1^2+C$，从而$C=1$，于是所求曲线的方程为$y=x^2+1$。

例2 设一跳伞运动员从飞机上跳下，刚下跳时，速度为零。由于重力的作用，下降的速度开始加快，空气的阻力也越来越大。假设空气的阻力与下降速度成正比，试求运动员的下降速度在打开降落伞之前是如何变化的，并求下落的运动规律。

解 设运动员的质量为m，时刻t下落的速度为$v(t)$，则加速度$a=\dfrac{\mathrm{d}v}{\mathrm{d}t}$，根据牛顿第二定律，得

$$m\frac{\mathrm{d}v}{\mathrm{d}t}=mg-kv \ (k>0),$$

即 $$\frac{\mathrm{d}v}{\mathrm{d}t}+\frac{k}{m}v=g \tag{6.2}$$

且 $v(t)$ 满足下列条件： $$v(0)=0 \tag{6.3}$$

若能从(6.2)式，(6.3)式中解出 $v(t)$ 即知运动员的下降速度的变化情况.

又以 $s(t)$ 表示时刻 t 下落的距离，则 $v=\dfrac{\mathrm{d}s}{\mathrm{d}t}$，$a=\dfrac{\mathrm{d}^2s}{\mathrm{d}t^2}$，从(6.2)式知 $s(t)$ 满足下列关系式：

$$\frac{\mathrm{d}^2s}{\mathrm{d}t^2}+\frac{k}{m}\frac{\mathrm{d}s}{\mathrm{d}t}=g \tag{6.4}$$

且满足条件 $$s\mid_{t=0}=0,\ \ \frac{\mathrm{d}s}{\mathrm{d}t}\bigg|_{t=0}=0 \tag{6.5}$$

同样，若能从(6.4)式，(6.5)式中解出 $s(t)$，即可知运动员下落的运动规律.

上面两个具体实例所给的方程都具有一个共同点，那就是方程中均含有未知函数的导数.

6.1.2　微分方程的概念

表示未知函数、未知函数的导数或微分与自变量的关系的方程，称为**微分方程**. 未知函数是一元函数的，叫作**常微分方程**；未知函数是多元函数的，叫作**偏微分方程**. 微分方程有时简称为方程. 本章只讨论常微分方程.

微分方程中所出现的未知函数的最高阶导数或微分的阶数称为**微分方程的阶**. 如上面例题中的方程(6.1)，方程(6.2)是一阶方程，方程(6.4)是二阶方程.

一般 n 阶微分方程可表示为

$$F(x,y,y',\cdots,y^{(n)})=0 \tag{6.6}$$

或 $$y^{(n)}=f(x,y,y',\cdots,y^{(n-1)}) \tag{6.7}$$

必须指出的是方程(6.7)中 $y^{(n)}$ 必须出现，而 $x,y,y',\cdots,y^{(n-1)}$ 等可以不出现. 以后我们讨论的微分方程都是已解出最高阶导数的方程或能解出最高阶导数的方程.

6.1.3　微分方程的解

由前面的例子我们看到，在研究某些实际问题时，首先要建立微分方程，然后要找到满足微分方程的函数(解微分方程)，就是说，找到这样的函数，将它代入微分方程后，使该方程成为恒等式，这个函数就称为**微分方程的解**. 确切地说，设函数 $y=\varphi(x)$ 在区间 I 上有 n 阶连续导数，如果在区间 I 上

$$F(x,\varphi(x),\varphi'(x),\cdots,\varphi^{(n)}(x))\equiv 0,$$

则称函数 $y=\varphi(x)$ 为微分方程(6.6)在区间 I 上的解.

例如，$y=\mathrm{e}^x$ 是微分方程 $y'=y$ 的解；$y=C_1\cos mx+C_2\sin mx$（C_1，C_2 为任意常数）是微分方程 $y''+m^2y=0$ 的解.

如果微分方程的解中含有任意常数，且任意常数的个数与微分方程的阶数相同，这样

的解称为微分方程的**通解**. 例如，例 1 中函数 $y=x^2+C$ 就是微分方程 $\dfrac{\mathrm{d}y}{\mathrm{d}x}=2x$ 的通解.

通解中含有任意常数，它的任意性反映了微分方程所描述的这一类变化过程的一般规律，有时我们需要确定某一具体变化过程的规律，这就需要给出确定这一具体变化过程的附加条件，用这些附加条件来确定通解中的任意常数.

用以确定通解中任意常数的附加条件，称为**初始条件**.

例如，例 1 中的条件 $y(1)=2$，例 2 中的条件 $v(0)=0$，$s\,|_{t=0}=0$，$\dfrac{\mathrm{d}s}{\mathrm{d}t}\Big|_{t=0}=0$ 便是这样的条件.

设微分方程中的未知函数为 $y(x)$，如果方程是一阶的，通常初始条件为：
$$x=x_0 \text{ 时 } y=y_0，通常写成 } y\,|_{x=x_0}=y_0 \text{ 或 } y(x_0)=y_0.$$
如果方程是二阶的，通常初始条件为：
$$y\,|_{x=x_0}=y_0，\quad y'\,|_{x=x_0}=y_0'.$$
利用初始条件确定通解中任意常数后所得到的解，称为微分方程的**特解**.

例如，例 1 中函数 $y=x^2+1$ 就是满足初始条件 $y(1)=2$ 的特解.

求一阶微分方程 $y'=f(x,y)$ 满足初始条件 $y\,|_{x=x_0}=y_0$ 的特解这样的问题，叫作一阶微分方程的初值问题，记作：
$$\begin{cases} y'=f(x,y) \\ y\,|_{x=x_0}=y_0 \end{cases} \tag{6.8}$$

常微分方程解的图形是一条曲线，称为微分方程的**积分曲线**. 初值问题(6.8)的几何意义就是求微分方程通过点 (x_0,y_0) 的那条积分曲线.

二阶微分方程的初值问题
$$\begin{cases} y''=f(x,y,y') \\ y\,|_{x=x_0}=y_0，\quad y'\,|_{x=x_0}=y_0' \end{cases}$$
的几何意义就是求微分方程通过点 (x_0,y_0) 且在该点的切线斜率为 y_0' 的那条积分曲线.

例 3 验证函数 $y=Ce^{\cos x}-\cos x-1$（C 为任意常数）是微分方程
$$y'+y\sin x=-\sin x\cos x$$
的通解，并求该方程满足初始条件 $y(0)=0$ 的特解.

解 直接将函数 $y=Ce^{\cos x}-\cos x-1$ 代入方程，得
$$y'+y\sin x=-C\sin xe^{\cos x}+\sin x+C\sin xe^{\cos x}-\sin x\cos x-\sin x=-\sin x\cos x，$$
因此含一个任意常数的解 $y=Ce^{\cos x}-\cos x-1$ 是原方程的通解，将 $y(0)=0$ 代入通解，得
$$0=Ce^{\cos 0}-\cos 0-1，$$
求得 $C=\dfrac{2}{e}$，所以满足初始条件的特解为 $y=2e^{\cos x-1}-\cos x-1$.

例 4 设 C 是任意常数，求以 $y=Cx^2$ 为通解的一阶微分方程.

解 对 x 求导，得 $y'=2Cx$，

解得 $C=\dfrac{y'}{2x}$，代入 $y=Cx^2$ 得 $y=\dfrac{xy'}{2}$，即 $xy'=2y$ 为以 $y=Cx^2$ 为通解的一阶微分方程.

习题 6.1

1. 指出下列微分方程的阶数：

(1) $yy'-2x=0$；

(2) $y''+3yy'+x^2=0$；

(3) $(3x-4y)\mathrm{d}x+(x+y)\mathrm{d}y=0$；

(4) $L\dfrac{\mathrm{d}^2Q}{\mathrm{d}t^2}+R\dfrac{\mathrm{d}Q}{\mathrm{d}t}+\dfrac{Q}{C}=0.$

2. 判断下列已知函数是否为所给微分方程的解：

(1) $yy'-2x=0$，$y=3x^2$；

(2) $y''+3yy'+x^2=0$，$y=4\sin x+5\cos x$；

(3) $y''-2y'+y=0$，$y=x^2\mathrm{e}^x$；

(4) $\dfrac{\mathrm{d}^2x}{\mathrm{d}t^2}+4x=0$，$x=C_1\cos 2t+C_2\sin 2t.$

3. 验证所给二元方程所确定的函数为所给微分方程的解：

(1) $yy'+x=0$，$x^2+y^2=C$；

(2) $(x-2y)y'=2x-y$，$x^2-xy+y^2=C.$

4. 下列各题中，对所含任意常数的函数(或隐函数)，求出以它为通解的微分方程：

(1) $(x-C)^2+y^2=4$；

(2) $y=C_1x+C_2x^2.$

5. 验证函数 $y=(x^2+C)\sin x$(C 为任意常数)是方程 $\dfrac{\mathrm{d}y}{\mathrm{d}x}-y\cot x-2x\sin x=0$ 的通解，并求满足初始条件 $y\,|\,_{x=\frac{\pi}{2}}=0$ 的特解.

6. 写出下列曲线所满足的微分方程：

(1) 曲线上任一点 $P(x,y)$ 处的法线与 x 轴的交点为 Q，线段 PQ 恰好被 y 轴平分；

(2) 曲线 C 过点 $A(1,0)$ 及 $B(0,1)$，且 $\overset{\frown}{AB}$ 为凸弧，P 为曲线 C 上异于点 B 的任一点，已知弧 $\overset{\frown}{PB}$ 与弦 $\overline{PB}$ 所围成的平面图形的面积等于点 P 的横坐标的立方.

7. 设一物体的温度为 100℃，将其放置在空气温度为 20℃ 的环境中冷却. 根据冷却定律：物体温度的变化率与物体和当时空气温度之差成正比. 设物体的温度 T 与时间 t 的函数关系为 $T=T(t)$，建立函数 $T(t)$ 满足的微分方程.

8. 列车在平直线路上以 20 m/s 的速度行驶，当制动时列车获得加速度 -0.4 m/s^2，问：开始制动后多长时间列车才能停住以及列车在这段时间内行驶了多长路程？

6.2　一阶微分方程

在上一节中我们介绍了微分方程的概念，本节我们介绍一阶微分方程

$$y'=f(x,y) \tag{6.9}$$

或写成如下的对称形式：

$$P(x,y)\mathrm{d}x+Q(x,y)\mathrm{d}y=0 \tag{6.10}$$

的解法. 对一阶方程而言，我们所用的方法就是对方程进行适当变换，然后进行积分，这种应用积分求解微分方程的方法称为**初等积分法**，本节对几类特殊的微分方程加以系统的讨论.

6.2.1 可分离变量的微分方程

称形如
$$y'=f(x)g(y) \tag{6.11}$$
的方程为**可分离变量的微分方程**. 其中 $f(x)$，$g(y)$ 为连续函数. 假设 $g(y)\neq0$，方程 (6.11) 的变量 x，y 可分离于两端，即变成方程
$$\frac{dy}{g(y)}=f(x)dx,$$
上式两端分别积分，得到
$$\int\frac{dy}{g(y)}=\int f(x)dx+C,$$
若 $G(y)$ 与 $F(x)$ 分别为 $\frac{1}{g(y)}$ 与 $f(x)$ 的一个原函数，则有
$$G(y)=F(x)+C,\ C\ 是任意常数 \tag{6.12}$$
(6.12) 式就是方程 (6.11) 的隐函数形式的通解. 若以 $x=x_0$，$y=y_0$ 代入 (6.12) 式，则得出 $C=G(y_0)-F(x_0)$，于是方程 (6.11) 满足初始条件 $y(x_0)=y_0$ 的特解可表示为
$$G(y)=F(x)+G(y_0)-F(x_0).$$

若 $g(y_0)=0$，则常值函数 $y=y_0$ 亦是方程 (6.11) 的解，这个解称为方程的**奇解**. 上述这种求解微分方程的方法，即把变量分离，两边求不定积分而得到微分方程的通解的方法称为**分离变量法**.

例1 求下列方程的通解及满足 $y(0)=1$ 的特解.

$(1)y'=y\cos x$; $\qquad(2)y'=\dfrac{x(y^2+1)}{(x^2+1)^2}$.

解 (1)首先将方程分离变量，化为：
$$\frac{dy}{y}=\cos x dx,$$
两边积分得 $\ \ln|y|=\sin x+C_1$，其中 C_1 是任意常数.
于是方程的通解为 $\ y=\pm e^{\sin x+C_1}=Ce^{\sin x}$，其中 $C=\pm e^{C_1}$.
将 $x=0$，$y=1$ 代入 $y=Ce^{\sin x}$ 得 $C=1$，
于是满足初始条件 $y(0)=1$ 的特解为 $y=e^{\sin x}$.

(2)将方程分离变量，化为
$$\frac{dy}{y^2+1}=\frac{xdx}{(x^2+1)^2},$$
两端积分后得
$$\arctan y=-\frac{1}{2(x^2+1)}+C,$$
故所求通解为
$$y=\tan\left[C-\frac{1}{2(x^2+1)}\right].$$

为求满足初始条件 $y(0)=1$ 的特解，将 $y(0)=1$ 代入 $y=\tan\left[C-\dfrac{1}{2(x^2+1)}\right]$ 得 $C=\dfrac{\pi}{4}+\dfrac{1}{2}$，

于是，所求特解为 $y=\tan\left[\dfrac{\pi}{4}+\dfrac{1}{2}-\dfrac{1}{2(x^2+1)}\right]$.

例2　求解 6.1.1 节例 2 的初值问题：$\begin{cases}\dfrac{\mathrm{d}v}{\mathrm{d}t}+\dfrac{k}{m}v=g,\\[2mm] v(0)=0.\end{cases}$

解　方程可化为

$$m\frac{\mathrm{d}v}{\mathrm{d}t}=mg-kv,$$

分离变量

$$\frac{\mathrm{d}v}{mg-kv}=\frac{\mathrm{d}t}{m},$$

两端积分

$$\int\frac{\mathrm{d}v}{mg-kv}=\int\frac{\mathrm{d}t}{m}.$$

考虑到 $mg-kv>0$，两端积分后得

$$-\frac{1}{k}\ln(mg-kv)=\frac{t}{m}+C_1,$$

即

$$mg-kv=\mathrm{e}^{-\frac{kt}{m}-kC_1},$$

或

$$v=\frac{mg}{k}+C\mathrm{e}^{-\frac{kt}{m}}\left(C=-\frac{\mathrm{e}^{-kC_1}}{k}\right).$$

将初始条件 $v(0)=0$ 代入，得 $C=-\dfrac{mg}{k}$，所以特解为 $v=\dfrac{mg}{k}(1-\mathrm{e}^{-\frac{kt}{m}})$.

由上式看出，随着时间的增大，速度逐渐接近常数 $\dfrac{mg}{k}$，且不会超过 $\dfrac{mg}{k}$，跳伞后开始是加速运动，但以后逐渐接近等速运动.

鉴于可分离变量的微分方程可直接用积分求出其通解，初等积分法的一个主导想法就是尽可能通过适当的变量代换将微分方程化为可分离变量的微分方程.

能化为可分离变量的微分方程的一个典型例子是**齐次方程**.

若一阶微分方程 $y'=f(x,y)$ 的函数 $f(x,y)$ 可以写成 $\dfrac{y}{x}$ 的函数，即

$$y'=f(x,y)=\varphi\left(\frac{y}{x}\right) \tag{6.13}$$

则称这样的方程为**齐次方程**. 例如

$$(y^2-3x^2)\mathrm{d}x+2xy\mathrm{d}y=0$$

为齐次方程. 因为 $f(x,y)=\dfrac{3x^2-y^2}{2xy}=\dfrac{3-\left(\dfrac{y}{x}\right)^2}{2\dfrac{y}{x}}$.

在方程 (6.13) 中引进新的未知函数 $u=\dfrac{y}{x}$，则将 $y=xu$，$\dfrac{\mathrm{d}y}{\mathrm{d}x}=u+x\dfrac{\mathrm{d}u}{\mathrm{d}x}$ 代入方程 (6.13) 得：

$$u+x\frac{\mathrm{d}u}{\mathrm{d}x}=\varphi(u).$$

于是方程化为关于新未知函数 u 的可分离变量的微分方程：

$$\frac{\mathrm{d}u}{\varphi(u)-u}=\frac{\mathrm{d}x}{x}.$$

两边积分后求出通解，再以 $\dfrac{y}{x}$ 代替 u，便得所给齐次方程的通解.

例3 求方程 $xy'=y+x\tan\dfrac{y}{x}$ 的通解.

解 将方程改写成

$$y'=\frac{y}{x}+\tan\frac{y}{x},$$

这是一个齐次方程，令 $u=\dfrac{y}{x}$，则 $y=xu$，$\dfrac{\mathrm{d}y}{\mathrm{d}x}=u+x\dfrac{\mathrm{d}u}{\mathrm{d}x}$.

于是方程化为

$$x\frac{\mathrm{d}u}{\mathrm{d}x}=\tan u,$$

分离变量得

$$\frac{\mathrm{d}u}{\tan u}=\frac{\mathrm{d}x}{x},$$

两边积分得 $\ln|\sin u|=\ln|x|+C_1$，C_1 为任意常数，

即 $\sin u=Cx$，这里 $C=\pm\mathrm{e}^{C_1}$.

再以 $\dfrac{y}{x}$ 代替 u，得所求方程的通解为

$$\sin\frac{y}{x}=Cx.$$

利用变量代换（因变量代换或自变量的变量代换）把一个微分方程化为可分离变量的微分方程或化为已知其求解步骤的方程，这是求解微分方程最常用的方法. 其他一些能化为可分离变量方程的微分方程，需要灵活处理，如下面的例子.

例4 求方程 $y'=\sin(x-y)$ 的通解.

解 作代换 $u=x-y$，则

$$\sin u=y'=(x-u)'=1-u',$$

分离变量

$$\frac{\mathrm{d}u}{1-\sin u}=\mathrm{d}x \tag{6.14}$$

因为

$$\int\frac{\mathrm{d}u}{1-\sin u}=\int\frac{1+\sin u}{\cos^2 u}\mathrm{d}u=\tan u+\sec u+C,$$

(6.14)式两边积分得

$$\tan u+\sec u=x+C,$$

故所求通解为 $\tan(x-y)+\sec(x-y)=x+C.$

6.2.2 一阶线性微分方程

方程

$$y'+P(x)y=Q(x) \tag{6.15}$$

叫作**一阶线性微分方程**. 若 $Q(x) \equiv 0$, 则方程

$$y' + P(x)y = 0 \tag{6.16}$$

叫作**一阶齐次线性微分方程**. 若 $Q(x)$ 不恒为零, 则方程 (6.15) 叫作**一阶非齐次线性微分方程**.

我们首先考虑与方程 (6.15) 对应的齐次线性方程 (6.16). 方程 (6.16) 是可分离变量方程,

分离变量
$$\frac{\mathrm{d}y}{y} = -P(x)\mathrm{d}x,$$

两边积分
$$\ln|y| = -\int P(x)\mathrm{d}x + C_1,$$

容易求出其通解为

$$y = C\mathrm{e}^{-\int P(x)\mathrm{d}x} \quad (C = \pm\mathrm{e}^{C_1}) \tag{6.17}$$

为得到方程 (6.15) 的通解, 可用如下的方法: 将 (6.17) 式中的常数 C 换成函数 $C(x)$, 设方程 (6.15) 有如下形式的解:

$$y = C(x)\mathrm{e}^{-\int P(x)\mathrm{d}x},$$

上式中 $C(x)$ 为待定函数. 为确定 $C(x)$, 将上式代入方程 (6.15) 得

$$\left[C'(x)\mathrm{e}^{-\int P(x)\mathrm{d}x} - P(x)C(x)\mathrm{e}^{-\int P(x)\mathrm{d}x} + P(x)C(x)\mathrm{e}^{-\int P(x)\mathrm{d}x} \right] = Q(x),$$

即
$$C'(x) = Q(x)\mathrm{e}^{\int P(x)\mathrm{d}x},$$

于是
$$C(x) = \int Q(x)\mathrm{e}^{\int P(x)\mathrm{d}x}\mathrm{d}x + C_1,$$

将它代入 $y = C(x)\mathrm{e}^{-\int P(x)\mathrm{d}x}$ 得方程 (6.15) 的通解为 (改写 C_1 为 C):

$$y = \mathrm{e}^{-\int P(x)\mathrm{d}x}\left[C + \int Q(x)\mathrm{e}^{\int P(x)\mathrm{d}x}\mathrm{d}x \right]. \tag{6.18}$$

将 (6.18) 式改写成两项之和

$$y = C\mathrm{e}^{-\int P(x)\mathrm{d}x} + \mathrm{e}^{-\int P(x)\mathrm{d}x}\int Q(x)\mathrm{e}^{\int P(x)\mathrm{d}x}\mathrm{d}x.$$

上式右端第一项是对应的齐次线性方程 (6.16) 的通解, 第二项是非齐次线性方程 (6.15) 的一个特解 (在方程 (6.15) 的通解公式 (6.18) 中取 $C = 0$ 便可得到这个特解). 由此可知:

一阶非齐次线性方程的通解等于它对应的齐次线性方程的通解与非齐次线性方程的一个特解之和.

上述这种将对应的齐次线性方程的通解中的任意常数 C 换成待定函数 $C(x)$ 后求非齐次线性方程的方法称为**常数变易法**. 常数变易法不仅适用于一阶线性方程, 而且也适用于高阶线性微分方程.

在具体求解一阶线性微分方程时, 可利用常数变易法, 也可以直接应用通解公式 (6.18), 而不必重复上面的推导过程. 必须注意, 在应用通解公式 (6.18) 之前应将方程化为形如方程 (6.15) 的标准形式.

例 5 求方程 $xy' = (x-1)y + \mathrm{e}^{2x}$ 的通解.

解 将方程写成标准形式

$$y' + \frac{1-x}{x}y = \frac{1}{x}\mathrm{e}^{2x} \tag{6.19}$$

用常数变易法，先求对应的齐次线性方程的通解为

$$y = C_1 e^{-\int \frac{1-x}{x} dx} = C_1 e^{x - \ln|x|} = \frac{C_1 e^x}{|x|} = \frac{C e^x}{x} \ (C = \pm C_1),$$

将齐次方程中的任意常数换成 $C(x)$，将 $y = \frac{C(x)e^x}{x}$ 代入方程(6.19)得：

$$\frac{x[C'(x)e^x + C(x)e^x] - C(x)e^x}{x^2} + \frac{1-x}{x} \cdot \frac{C(x)e^x}{x} = \frac{1}{x}e^{2x},$$

化简得
$$C'(x) = e^x,$$

于是
$$C(x) = e^x + C,$$

从而方程的通解为
$$y = \frac{1}{x}e^x(C + e^x).$$

本题也可以直接利用公式(6.18).

记 $P(x) = \frac{1-x}{x}$，首先求出 $\int P(x)dx = \ln|x| - x$，然后用公式(6.18)得所求通解为

$$y = e^{x - \ln|x|}\left(C_1 + \int \frac{1}{x}e^{2x}e^{\ln|x| - x}dx\right)$$

$$= \frac{1}{|x|}e^x\left(C_1 + \int (\mathrm{sgn}\,x)e^x dx\right)$$

$$= \frac{1}{x}e^x(C + e^x) \ (C = C_1 \mathrm{sgn}\,x = \pm C_1).$$

说明 为了便于计算，在计算 $\int \frac{1-x}{x}dx$ 时，对数函数可以不加绝对值符号，即

$\int \frac{1-x}{x}dx = \ln x - x$，一般不影响结果. 采用此方法，本题用公式(6.18)所求通解可表示为

$$y = e^{x - \ln x}\left(C + \int \frac{1}{x}e^{2x}e^{\ln x - x}dx\right) = \frac{1}{x}e^x\left(C + \int e^x dx\right) = \frac{1}{x}e^x(C + e^x).$$

例 6 设连续函数 $y = f(x) \ (0 \leqslant x < +\infty)$ 满足条件 $f(0) = 0$，$0 \leqslant f(x) \leqslant e^x - 1$，平行于 y 轴的动直线 MN 与曲线 $y = f(x)$ 和 $y = e^x - 1$ 分别交于 P_1，P_2，曲线 $y = f(x)$、直线 MN 与 x 轴所围图形的面积等于线段 P_1P_2 的长度，求 $y = f(x)$ 的表达式.

解 按题意有
$$\int_0^x f(t)dt = e^x - 1 - f(x),$$

两边对 x 求导得
$$f(x) = e^x - f'(x),$$

即
$$f'(x) + f(x) = e^x,$$

这是一个一阶非齐次线性方程，求得其通解为

$$f(x) = e^{-\int P(x)dx}\left[C + \int Q(x)e^{\int P(x)dx}dx\right]$$

$$= e^{-x}\left(C + \int e^x e^x dx\right)$$

$$= Ce^{-x} + \frac{1}{2}e^x,$$

又因 $f(0) = 0$，得 $C = -\frac{1}{2}$，所以所求函数为 $f(x) = -\frac{1}{2}e^{-x} + \frac{1}{2}e^x = \mathrm{sh}\,x$.

有些方程本身并非一阶线性微分方程，但经过适当变形后可化为一阶线性微分方程，则亦可用以上解法.

例 7 求方程 $(x-e^y)y'=1$ 的通解.

解 将 y 看作自变量，x 看作 y 的函数，则原方程可化为关于 x 的一阶线性微分方程

$$\frac{\mathrm{d}x}{\mathrm{d}y}-x=-e^y,$$

这里 $\qquad\qquad\qquad P(y)=-1, \quad Q(y)=-e^y,$

然后用通解公式 $\qquad x=e^{-\int P(y)\mathrm{d}y}\left[C+\int Q(y)e^{\int P(y)\mathrm{d}y}\mathrm{d}y\right],$

得方程的通解为

$$x=e^y\left(C-\int e^y\cdot e^{-y}\mathrm{d}y\right)=e^y(C-y).$$

可化为一阶线性微分方程的典型例子是如下的**伯努利(Bernoulli)方程**：

$$y'+P(x)y=Q(x)y^n\ (n\neq0,1) \tag{6.20}$$

方程(6.20)不是线性方程，但可通过变量代换化为一阶线性方程.

事实上，以 y^n 除方程(6.20)的两端，得

$$y^{-n}\frac{\mathrm{d}y}{\mathrm{d}x}+P(x)y^{1-n}=Q(x).$$

因为 $y^{-n}\dfrac{\mathrm{d}y}{\mathrm{d}x}=\dfrac{1}{1-n}\dfrac{\mathrm{d}y^{1-n}}{\mathrm{d}x}$，所以我们引进新的未知函数 $z=y^{1-n}$，则方程(6.20)化为一阶线性方程

$$\frac{\mathrm{d}z}{\mathrm{d}x}+(1-n)P(x)z=(1-n)Q(x) \tag{6.21}$$

从而可用一阶线性方程的通解公式求方程(6.21)的通解，再将 $z=y^{1-n}$ 代入便得伯努利方程(6.20)的通解.

例 8 求方程 $y'=\dfrac{3(x-1)}{2y}+\dfrac{y}{2(x-1)}$ 的通解.

解 这是一个伯努利方程 $(n=-1)$，$y'-\dfrac{y}{2(x-1)}=\dfrac{3(x-1)}{2y}$，

令 $z=y^2$，方程化为

$$\frac{\mathrm{d}z}{\mathrm{d}x}-\frac{z}{x-1}=3(x-1),$$

然后用公式(6.18)可得通解为 $z=e^{\int\frac{1}{x-1}\mathrm{d}x}\left[C_1+\int 3(x-1)e^{-\int\frac{1}{x-1}\mathrm{d}x}\mathrm{d}x\right]$

$$=e^{\ln(x-1)}\left[C+\int 3(x-1)e^{-\ln(x-1)}\mathrm{d}x\right]$$

$$=(x-1)\left(C+\int 3\mathrm{d}x\right)$$

$$=C(x-1)+3x(x-1).$$

再将 $z=y^2$ 代入，得原方程的通解：$y^2=C(x-1)+3x(x-1)$.

例9 求满足方程 $f(x) = e^x \left[1 + \int_0^x f^2(t)\,dt \right]$ 的连续函数 $f(x)$.

解 因 $\left[1 + \int_0^x f^2(t)\,dt \right]' = f^2(x)$，故原方程右端函数可微，从而 $f(x)$ 亦可微. 原方程两端对 x 求导得

$$f'(x) = e^x \left[1 + \int_0^x f^2(t)\,dt \right] + e^x f^2(x) = f(x) + e^x f^2(x).$$

令 $y = f(x)$，原方程化为

$$y' = y + e^x y^2, \tag{6.22}$$

这是一个伯努利方程，令 $z = y^{-1}$，方程化为

$$\frac{dz}{dx} + z = -e^x,$$

然后用公式(6.18)可得通解为 $y^{-1} = z = Ce^{-x} - \dfrac{1}{2}e^x$,

即

$$f(x) = \frac{2}{2Ce^{-x} - e^x}.$$

在原方程中令 $x = 0$ 得 $f(0) = 1$，由此定出 $2C = 3$，因此所求函数

$$f(x) = \frac{2}{3e^{-x} - e^x}.$$

6.2.3 几类可降阶的高阶微分方程

二阶及二阶以上的微分方程统称为**高阶微分方程**. 对于高阶微分方程，没有普遍有效的一般解法. 但是对于几种特殊类型的高阶微分方程，我们可以通过变量代换将它化成较低阶的方程来求解，即所谓**降阶法**. 如二阶微分方程 $y'' = f(x, y, y')$，如果我们通过变量代换将它化成一阶，那么就有可能利用前面所讲的方法来求解了.

类型 I
$$y^{(n)} = f(x). \tag{6.23}$$

方程(6.23)右端仅含有自变量 x，因此两边积分一次就可得 $y^{(n-1)}$，连续积分 n 次可得所求方程的通解.

例10 求方程 $y''' = \sin x - \cos x$ 的通解及满足条件 $y(0) = 0$，$y'(0) = 0$，$y''(0) = 1$ 的特解.

解 连续三次积分得

$$y'' = \int (\sin x - \cos x)\,dx = -\cos x - \sin x + 2C_1,$$

$$y' = -\sin x + \cos x + 2C_1 x + C_2,$$

$$y = \cos x + \sin x + C_1 x^2 + C_2 x + C_3,$$

这就是方程的通解. 第一次积分后的任意常数写作 $2C_1$，是为了使最终结果更整齐. 将 $y(0) = 0$，$y'(0) = 0$，$y''(0) = 1$ 代入可得 $C_1 = 1$，$C_2 = -1$，$C_3 = -1$，于是所求方程的特解为

$$y = \cos x + \sin x + x^2 - x - 1.$$

类型 II

$$y'' = f(x, y'). \tag{6.24}$$

方程 $y''=f(x,y')$ 的右端不显含未知函数 y，如果令 $p=y'$，那么 $y''=\dfrac{\mathrm{d}p}{\mathrm{d}x}$，则原方程化为关于 p 与 x 的一阶微分方程

$$p'=f(x,\ p).$$

若能解出其通解

$$p=\varphi(x,C_1),$$

将 $p=y'$ 代入又得到一个一阶微分方程

$$\frac{\mathrm{d}y}{\mathrm{d}x}=\varphi(x,\ C_1),$$

再积分一次可得原方程的通解为

$$y=\int\varphi(x,C_1)\,\mathrm{d}x+C_2.$$

例 11　求方程 $xy''+y'=4x$ 的通解.

解　题设方程属 $y''=f(x,y')$ 型. 令 $p=y'$，则原方程化为一阶线性方程

$$p'+\frac{p}{x}=4,$$

用公式

$$\begin{aligned}
p&=\mathrm{e}^{-\int P(x)\,\mathrm{d}x}\left[C_1+\int Q(x)\,\mathrm{e}^{\int P(x)\,\mathrm{d}x}\,\mathrm{d}x\right]\\
&=\mathrm{e}^{-\int\frac{1}{x}\mathrm{d}x}\left(C_1+\int 4\mathrm{e}^{\int\frac{1}{x}\mathrm{d}x}\,\mathrm{d}x\right)\\
&=\mathrm{e}^{-\ln x}\left(C_1+\int 4\mathrm{e}^{\ln x}\,\mathrm{d}x\right)\\
&=\frac{1}{x}\left(C_1+\int 4x\,\mathrm{d}x\right)\\
&=\frac{C_1}{x}+2x,
\end{aligned}$$

即

$$y'=p=\frac{C_1}{x}+2x,$$

再积分一次可得原方程通解为

$$y=x^2+C_1\ln|x|+C_2.$$

例 12　求微分方程初值问题.

$$(1+x^2)y''=2xy',\quad y\big|_{x=0}=1,\quad y'\big|_{x=0}=3$$

解　令 $y'=p$，代入方程并分离变量后，有

$$\frac{\mathrm{d}p}{p}=\frac{2x}{1+x^2}\mathrm{d}x.$$

两端积分，得

$$\ln|p|=\ln(1+x^2)+C,$$

即

$$p=y'=C_1(1+x^2)\,(C_1=\pm\mathrm{e}^C).$$

由条件 $y'\big|_{x=0}=3$，得 $C_1=3$，所以 $y'=3(1+x^2)$.

两端再积分，得 $y=x^3+3x+C_2$. 又由条件 $y\big|_{x=0}=1$，得 $C_2=1$，

于是所求的特解为　$y=x^3+3x+1$.

类型Ⅲ

$$y''=f(y,y') \tag{6.25}$$

方程 $y''=f(y,y')$ 中不显含自变量 x，为了求出它的解，我们令 $y'=p(y)$，利用复合函

数求导把 y'' 化为对 y 的导数,

即
$$y'' = \frac{dy'}{dx} = \frac{dy'}{dy} \cdot \frac{dy}{dx} = p\frac{dp}{dy}.$$

这样原方程化为关于 p 与 y 的一阶微分方程
$$p\frac{dp}{dy} = f(y, p),$$

若能解出 $p = \varphi(y, C_1)$,则问题可以归结为求解一阶微分方程
$$y' = \varphi(y, C_1).$$

分离变量并积分便得到方程(6.25)的通解 $\int \frac{dy}{\varphi(y, C_1)} = x + C_2$.

例 13 求方程 $yy'' = (y')^2$ 的通解及满足初始条件 $y(0) = y'(0) = 1$ 的特解.

解 方程不显含 x,令 $y' = p(y)$,原方程可化为关于未知函数 $p(y)$ 的一阶微分方程
$$yp\frac{dp}{dy} = p^2.$$

若 $p = 0$,则 $y = C$.

若 $p \neq 0$,则上述方程可化为 $\frac{dp}{p} = \frac{dy}{y}$,

两边积分得 $p = C_1 y(C_1 \neq 0)$,

用分离变量法进一步得 $y = C_2 e^{C_1 x}$.

若允许 $C_1 = 0$,则 $y = C_2 e^{C_1 x}$ 包含了 $p = 0$ 所对应的解 $y = C$,

因此原方程的通解为 $y = C_2 e^{C_1 x}$,C_1,C_2 为任意常数.

将条件 $y(0) = y'(0) = 1$ 代入可得 $C_1 = C_2 = 1$,故所求特解为 $y = e^x$.

注意 求特解时也可以利用 $y(0) = y'(0) = 1$ 先求出 $p = C_1 y$ 中的 $C_1 = 1$,然后再根据 $p = \frac{dy}{dx} = y$ 求出 $y = C_2 e^x$,最后根据 $y(0) = 1$ 求出 $C_2 = 1$.

例 14 在上半平面求一条向上凹的曲线,其上任一点 $P(x, y)$ 处的曲率等于此曲线在该点的法线段 PQ 长度的倒数(Q 是法线与 x 轴的交点),且曲线在点 $(1, 1)$ 处的切线与 x 轴平行.

解 设所求曲线为 $y = f(x)$,于是在点 $P(x, y)$ 处的曲率为 $K = \frac{|y''|}{(1 + y'^2)^{\frac{3}{2}}}$,

因为曲线为凹的,$y'' > 0$,所以曲率 $K = \frac{y''}{(1 + y'^2)^{\frac{3}{2}}}$.

曲线 $y = f(x)$ 在点 $P(x, y)$ 处的法线方程为 $Y - y = -\frac{1}{y'}(X - x)$,

它与 x 轴的交点 Q 的坐标为 $Q(x + yy', 0)$,于是,$|PQ| = \sqrt{(yy')^2 + y^2} = y(1 + y'^2)^{\frac{1}{2}}$,

由题设 $K = \frac{1}{|PQ|}$,得 $\frac{y''}{(1 + y'^2)^{\frac{3}{2}}} = \frac{1}{y(1 + y'^2)^{\frac{1}{2}}}$,

即得曲线 $y = f(x)$ 满足微分方程 $yy'' = 1 + y'^2$,

且满足初始条件 $y|_{x=1} = 1$,$y'|_{x=1} = 0$,

这是不显含 x 的微分方程，令 $y'=p(y)$，$y''=p\dfrac{\mathrm{d}p}{\mathrm{d}y}$，原方程可化为关于未知函数 $p(y)$ 的一阶微分方程

$$yp\frac{\mathrm{d}p}{\mathrm{d}y}=1+p^2$$

分离变量
$$\frac{p\mathrm{d}p}{1+p^2}=\frac{\mathrm{d}y}{y},$$

两边积分得
$$\frac{1}{2}\ln(1+p^2)=\ln y+C_1,$$

将 $x=1$，$y=1$，$y'|_{x=1}=0$ 代入，得 $C_1=0$. 于是 $p^2=y^2-1$，即 $p=\pm\sqrt{y^2-1}$，

注意到若 $p=-\sqrt{y^2-1}$，则 $y''=-\dfrac{y}{\sqrt{y^2-1}}<0$，所以 $\dfrac{\mathrm{d}y}{\mathrm{d}x}=p=\sqrt{y^2-1}$，

分离变量 $\dfrac{\mathrm{d}y}{\sqrt{y^2-1}}=\mathrm{d}x$，两边积分得 $\ln(y+\sqrt{y^2-1})=x+C_2$，

将 $y|_{x=1}=1$ 代入，得 $C_2=-1$，所以，所求曲线为 $\ln(y+\sqrt{y^2-1})=x-1$，

即
$$y=\frac{1}{2}\big[\mathrm{e}^{x-1}+\mathrm{e}^{-(x-1)}\big].$$

习题 6.2

1. 求下列可分离变量方程的通解：

$(1)\, yy'=1-x$；

$(2)\, y'=\dfrac{1+y^2}{xy(1+x^2)}$；

$(3)\, y'=\tan x\tan y$；

$(4)\, y'=10^{x+y}$；

$(5)\, y-xy'=a(y^2+y')$；

$(6)\, y\mathrm{d}x+\sqrt{x^2+1}\,\mathrm{d}y=0$.

2. 求下列微分方程满足给定初始条件的特解：

$(1)\, (1+\mathrm{e}^x)yy'=\mathrm{e}^x,\, y(1)=1$；

$(2)\, (1+x^2)\mathrm{d}y+y\mathrm{d}x=0$，$y(1)=1$；

$(3)\, xy'+y=y^2$，$y(1)=\dfrac{1}{2}$；

$(4)\, y'\sin x=y\ln y$，$y\left(\dfrac{\pi}{2}\right)=\mathrm{e}$.

3. 求下列齐次方程的解：

$(1)\, xy'=y(1+\ln y-\ln x)$；

$(2)\, (x^3+y^3)\mathrm{d}x-3xy^2\mathrm{d}y=0$；

$(3)\, \left(2x\sin\dfrac{y}{x}+3y\cos\dfrac{y}{x}\right)\mathrm{d}x-3x\cos\dfrac{y}{x}\mathrm{d}y=0$；

$(4)\, \left(1+2\mathrm{e}^{\frac{x}{y}}\right)\mathrm{d}x+2\mathrm{e}^{\frac{x}{y}}\left(1-\dfrac{x}{y}\right)\mathrm{d}y=0$；

$(5)\, y'=\dfrac{x}{y}+\dfrac{y}{x}$，$y|_{x=1}=2$.

4. 求下列一阶线性微分方程的通解：

$(1)\, y'+x^2y=0$；

$(2)\, y'+y=\mathrm{e}^{-x}$；

$(3)\, xy'-y=\dfrac{x}{\ln x}$；

$(4)\, (x^2-1)y'+2xy-\cos x=0$；

$(5)(y^2-6x)y'+2y=0$； $(6) y\ln y dx + (x-\ln y) dy = 0.$

5. 求下列微分方程满足初始条件的特解：

$(1) xy' + y = e^x$，$y(a) = b$； $(2) y' + \dfrac{y}{x} = \dfrac{\sin x}{x}$，$y(\pi) = 1$；

$(3)(1-x^2)y' + xy = 1$，$y(0) = 1$； $(4) y' + y\cos x = \sin x\cos x$，$y(0) = 1.$

6. 求下列伯努利方程的通解：

$(1) y' + \dfrac{y}{x} = x^2 y^6$； $(2) y' + \dfrac{xy}{1-x^2} = x\sqrt{y}$；

$(3) yy' - y^2 = x^2$； $(4) y^3 dx + 2(x^2 - xy^2) dy = 0.$

7. 设函数 $f(x)$ 在 $x>0$ 时可微，且满足方程 $f(x) = 1 + \dfrac{1}{x}\displaystyle\int_1^x f(t) dt$，求 $f(x)$.

8. 求一连续可导函数 $f(x)$，使其满足下列方程：$f(x) = \sin x - \displaystyle\int_0^x f(x-t) dt.$

9. 设函数 $f(x)$ 可微，$f'(0) = 2$，又对任意的实数 x, y，满足关系式 $f(x+y) = e^x f(y) + e^y f(x)$，求 $f(x)$ 的表达式.

10. 一过原点的曲线，其方程为 $y=f(x)\geqslant 0$，过曲线上任一点引两坐标轴的平行线与两坐标轴围成一矩形，曲线将这样的矩形分成两个区域，其中一个面积是另一个面积的 n 倍，求 $f(x)$.

11. 由坐标原点向曲线的切线所作垂线之长等于该点的横坐标，求此曲线方程.

12. 设有一质量为 m 的质点做直线运动，从速度等于零的时刻起，有一个与运动方向一致、大小与时间 t 成正比（比例系数为 k_1）的力作用于它，此外还受一个与速度 V 成正比（比例系数为 k_2）的阻力作用，求质点运动的速度 v 与时间 t 的函数关系.

13. 求解下列微分方程：

$(1) x^2 y^{(4)} + 1 = 0$； $(2) y''(1+e^x) + y' = 0$；

$(3) xy'' - y' = x^2$； $(4)(1-y)y'' + 2(y')^2 = 0$；

$(5)(y')^2 + y'' = 1$，$y|_{x=0} = y'|_{x=0} = 0.$

6.3 高阶线性微分方程

线性微分方程的理论与方法已比较完备，并且在应用上较为广泛，因此在微分方程理论中占有重要的地位. 本节先介绍高阶线性微分方程解的结构，然后再讨论常系数线性微分方程的解法.

6.3.1 高阶线性微分方程解的结构

在微分方程中，如果未知函数及其导数都是一次的，且不含有这些变量的乘积项，则称这样的方程为**线性微分方程**. 否则称为**非线性微分方程**.

考虑一般的 $n(n\geqslant 1)$ 阶线性微分方程

$$y^{(n)} + a_1(x)y^{(n-1)} + \cdots + a_{n-1}(x)y' + a_n(x)y = f(x) \tag{6.26}$$

其中 $a_i(x)(1 \leqslant i \leqslant n)$ 与 $f(x)$ 是某区间 I 上的连续函数. 若取 $f(x) \equiv 0$, 则得到与方程 (6.26)相对应的 n 阶**齐次线性微分方程**

$$y^{(n)} + a_1(x)y^{(n-1)} + \cdots + a_{n-1}(x)y' + a_n(x)y = 0 \tag{6.27}$$

称 $a_i(x)(1 \leqslant i \leqslant n)$ 为方程(6.26)与方程(6.27)的系数. 为了便于理解, 我们先讨论**二阶齐次线性微分方程**

$$y'' + P(x)y' + Q(x)y = 0 \tag{6.28}$$

和二阶非齐次线性微分方程

$$y'' + P(x)y' + Q(x)y = f(x) \tag{6.29}$$

解的一些性质, 然后推广到 n 阶线性微分方程解的性质.

定理 6.3.1　如果 $y_1(x), y_2(x)$ 是二阶齐次线性微分方程

$$y'' + P(x)y' + Q(x)y = 0$$

的两个解, 则

$$y = C_1 y_1(x) + C_2 y_2(x) \tag{6.30}$$

也是方程(6.28)的解, 其中 C_1, C_2 为任意常数.

证明　将(6.30)式代入方程(6.28)的左端, 得

$$[C_1 y_1''(x) + C_2 y_2''(x)] + P(x)[C_1 y_1'(x) + C_2 y_2'(x)] + Q(x)[C_1 y_1(x) + C_2 y_2(x)]$$
$$= C_1 [y_1'' + P(x)y_1' + Q(x)y_1] + C_2 [y_2'' + P(x)y_2' + Q(x)y_2].$$

由于 $y_1(x), y_2(x)$ 都是方程的解, 上式右端方括号里的表达式都恒为零, 因而整个式子恒为零, 所以(6.30)式是方程(6.28)的解.

齐次线性微分方程的这个性质称为解的**叠加原理**.

叠加起来的解(6.30)从形式上含有 C_1, C_2 两个任意常数, 但它不一定是方程(6.28)的通解. 例如, 设 $y_1(x)$ 为方程(6.28)的解, 则 $y_2 = 2y_1(x)$ 也是方程(6.28)的解, 这时(6.30)式成为 $y = C_1 y_1(x) + 2C_2 y_1(x)$, 可以把它改写成 $y = C y_1(x)$, 其中 $C = C_1 + 2C_2$, 这样只有一个任意常数, $y = C y_1(x)$ 显然不是方程(6.28)的通解. 那么在什么情况下(6.30)式才是方程(6.28)的通解呢? 要解决这个问题, 我们引进一个新的概念, 即函数的线性相关与线性无关.

定义 6.3.1　设 $y_1(x), y_2(x), \cdots, y_n(x)$ 是区间 I 上的 n 个函数, 若存在 n 个不全为零的常数 $\lambda_1, \lambda_2, \cdots, \lambda_n$, 使得 $\displaystyle\sum_{i=1}^{n} \lambda_i y_i(x) \equiv 0 (x \in I)$,

则称函数组 $y_1(x), y_2(x), \cdots, y_n(x)$ 在区间 I 上线性相关, 否则称为线性无关.

例如, 函数组 1, $\sin^2 x$, $\cos 2x$ 在 $(-\infty, +\infty)$ 上因有恒等式 $1 - 2\sin^2 x - \cos 2x \equiv 0$, 所以它们在 $(-\infty, +\infty)$ 上线性相关; 函数组 $1, x, \cdots, x^n$ 在任何区间 I 上线性无关, 因为当多项式 $\displaystyle\sum_{i=0}^{n} \lambda_i x^i = 0$ 时其系数必全为零.

容易看出, 两个函数 $y_1(x), y_2(x)$ 线性相关的充要条件是它们成比例, 即 $y_1(x) = k y_2(x)$ 或 $y_2(x) = k y_1(x)$, k 是某个常数. 例如, 函数 $\sin 2x$, $\cos 2x$ 在 $(-\infty, +\infty)$ 上有 $\dfrac{\sin 2x}{\cos 2x} = \tan 2x$, 故函数 $\sin 2x$, $\cos 2x$ 在 $(-\infty, +\infty)$ 上线性无关.

有了线性无关的概念后, 我们有以下关于二阶齐次线性微分方程(6.28)的通解的结构.

定理 6.3.2　如果 $y_1(x)$, $y_2(x)$ 是二阶齐次线性微分方程

$$y'' + P(x)y' + Q(x)y = 0$$

的两个线性无关的解,

则
$$y=C_1y_1(x)+C_2y_2(x)$$
是方程(6.28)的通解,其中 C_1,C_2 为任意常数.

定理 6.3.2 表明了二阶齐次线性微分方程(6.28)的通解的结构,也就是说只要找到它的两个线性无关的特解,就能得到它的通解. 另外定理 6.3.2 也可推广到 n 阶齐次线性微分方程解的结构.

推论 设 $y_1(x)$,$y_2(x)$,$\cdots$,$y_n(x)$ 是方程
$$y^{(n)}+a_1(x)y^{(n-1)}+\cdots+a_{n-1}(x)y'+a_n(x)y=0$$
在 I 上的一组线性无关的解,则
$$y=C_1y_1(x)+C_2y_2(x)+\cdots+C_ny_n(x) \tag{6.31}$$
就是方程的通解. 其中 C_1,C_2,$\cdots$,C_n 为任意常数.

下面我们讨论二阶非齐次线性微分方程
$$y''+P(x)y'+Q(x)y=f(x)$$
我们把方程(6.28)叫作方程(6.29)对应的齐次线性微分方程.

在 6.2.2 节中我们已知,一阶非齐次线性微分方程的通解等于它对应的齐次线性微分方程的通解与非齐次线性微分方程的一个特解之和. 实际上不仅一阶非齐次线性微分方程的通解具有这样的结构,而且二阶及更高阶非齐次线性微分方程的通解也具有同样的结构.

定理 6.3.3 设 y^* 是二阶非齐次线性微分方程
$$y''+P(x)y'+Q(x)y=f(x)$$
的一个特解,Y 是与它对应的齐次线性微分方程(6.28)的通解,那么
$$y=Y+y^* \tag{6.32}$$
是二阶非齐次线性微分方程的通解.

证明 将(6.32)式代入方程的左端,得
$$(Y''+y^{*''})+P(x)(Y'+y^{*'})+Q(x)(Y+y^*)=[Y''+P(x)Y'+Q(x)Y]+[y^{*''}+P(x)y^{*'}+Q(x)y^*]$$
由于 Y 是方程(6.28)的解,y^* 是方程(6.29)的解,可知上式右端第一个方括号内的表达式恒为零,第二个方括号内的表达式恒为 $f(x)$. 这样 $y=Y+y^*$ 即是方程(6.29)的解. 又因为对应的齐次线性方程的通解中含有两个任意常数,所以 $y=Y+y^*$ 中也含有两个任意常数,从而它就是二阶非齐次线性方程(6.29)的通解.

齐次、非齐次线性微分方程的特解有时需要下述定理来帮助求出.

定理 6.3.4 设非齐次线性微分方程(6.29)的右端 $f(x)$ 是几个函数之和,如
$$y''+P(x)y'+Q(x)y=f_1(x)+f_2(x) \tag{6.33}$$
而 y_1^*,y_2^* 分别是方程
$$y''+P(x)y'+Q(x)y=f_1(x) \tag{6.34}$$
$$y''+P(x)y'+Q(x)y=f_2(x) \tag{6.35}$$
的特解,则 $y_1^*+y_2^*$ 是方程(6.33)的特解.

证明 将 $y=y_1^*+y_2^*$ 代入方程(6.33)的左端,得
$$(y_1^*+y_2^*)''+P(x)(y_1^*+y_2^*)'+Q(x)(y_1^*+y_2^*)$$
$$=[y_1^{*''}+P(x)y_1^{*'}+Q(x)y_1^*]+[y_2^{*''}+P(x)y_2^{*'}+Q(x)y_2^*]$$
$$=f_1(x)+f_2(x),$$

因此 $y=y_1^*+y_2^*$ 是方程(6.33)的一个特解. 这一定理通常称为非齐次线性微分方程的解的**叠加原理**.

定理 6.3.5　如果 $y_1(x)$，$y_2(x)$ 是二阶非齐次线性微分方程

$$y''+P(x)y'+Q(x)y=f(x)$$

的两个解，则 $y_1(x)-y_2(x)$ 是它对应的齐次线性微分方程

$$y''+P(x)y'+Q(x)y=0$$

的一个解.

证明　将 $y_1(x)-y_2(x)$ 代入 $y''+P(x)y'+Q(x)y=0$ 即可得证.

定理 6.3.3，定理 6.3.4，定理 6.3.5 都可推广到 n 阶线性微分方程，这里就不再赘述.

例 1　验证 $y_1=x^2$，$y_2=x^2\ln x$ 都是齐次线性微分方程 $x^2y''-3xy'+4y=0$ 的解，并写出该方程的通解.

解　将 $y_1'=2x$，$y_1''=2$ 代入原方程得 $x^2y''-3xy'+4y=2x^2-6x^2+4x^2=0$，

所以 $y_1=x^2$ 是方程的解.

再将 $y_2'=2x\ln x+x$，$y_2''=2\ln x+3$ 代入原方程得

$$x^2y''-3xy'+4y=x^2(2\ln x+3)-3x(2x\ln x+x)+4x^2\ln x=0.$$

所以 $y_2=x^2\ln x$ 是方程的解.

又因为 $\dfrac{y_1}{y_2}=x^2\ln x\neq$ 常数，故 y_1，y_2 线性无关.

故原方程的通解为

$$y=C_1x^2+C_2x^2\ln x.$$

例 2　设线性无关的函数 x，e^x，e^{-x} 都是二阶非齐次线性微分方程

$$y''+P(x)y'+Q(x)y=f(x)$$

的解，求该方程的通解.

解　因为 x，e^x 是非齐次方程的两个解，则 e^x-x 是对应的齐次方程的一个解，同理 $e^{-x}-x$ 也是对应的齐次方程的一个解，

又 $\dfrac{e^x-x}{e^{-x}-1}\neq$ 常数，所以 e^x-x，$e^{-x}-x$ 线性无关，

于是对应的齐次方程的通解为

$$Y=C_1(e^x-x)+C_2(e^{-x}-x),$$

非齐次方程的通解为

$$y=C_1(e^x-x)+C_2(e^{-x}-x)+x.$$

6.3.2　常系数线性微分方程

对于常系数线性微分方程，已经有很完善的解法. 这类解法的特点是：假定方程的解具有某一特定的表达式，需要确定的只是该表达式中的若干待定参数. 而为了确定这些参数，通常仅需用一定的代数方法，这样的解法称为**待定系数法**. 下面我们先讨论二阶常系数线性微分方程的解法，然后推广到 n 阶常系数线性微分方程.

1. 常系数齐次线性微分方程

在二阶齐次线性微分方程 $y''+P(x)y'+Q(x)y=0$ 中，若 $P(x)$，$Q(x)$ 为常数，则方程

变为

$$y''+py'+qy=0 \tag{6.36}$$

其中 p，q 为常数，我们称方程(6.36)为**二阶常系数齐次线性微分方程**. 若 $P(x)$，$Q(x)$ 不全为常数，则称为变系数齐次线性微分方程.

由上一节讨论可知，要找方程(6.36)的通解，只要先求出它的两个线性无关的解 $y_1(x)$，$y_2(x)$，那么 $y=C_1y_1(x)+C_2y_2(x)$ 就是方程(6.36)的通解.

我们猜测方程(6.36)有形如 e^{rx} 的指数函数解，其中 r 为待定参数. 于是以 $y=\mathrm{e}^{rx}$ 代入方程(6.36)进行试探，化简后得

$$(r^2+pr+q)\mathrm{e}^{rx}=0.$$

因 $\mathrm{e}^{rx}\neq0$，故 $y=\mathrm{e}^{rx}$ 是方程(6.36)的解的充要条件是 r 为二次方程

$$r^2+pr+q=0 \tag{6.37}$$

的根. 有鉴于此，称方程(6.37)为方程(6.36)的**特征方程**，而称方程(6.37)的根为**特征根**. 设 r_1，r_2 是方程(6.37)的两个根，下面分三种情况予以讨论.

情形 1 当 $\Delta=p^2-4q>0$ 时，特征方程 $r^2+pr+q=0$ 有两个不相等的实根：$r_1=\dfrac{-p+\sqrt{p^2-4q}}{2}$，$r_2=\dfrac{-p-\sqrt{p^2-4q}}{2}$，因 $\dfrac{\mathrm{e}^{r_1x}}{\mathrm{e}^{r_2x}}=\mathrm{e}^{(r_1-r_2)x}$ 不是常数，所以 e^{r_1x}，e^{r_2x} 是方程(6.36)的两个线性无关的解，于是方程(6.36)的通解为

$$y=C_1\mathrm{e}^{r_1x}+C_2\mathrm{e}^{r_2x}.$$

情形 2 当 $\Delta=p^2-4q=0$ 时，特征方程 $r^2+pr+q=0$ 有两个相等的实根(二重实根)$r_1=r_2=r=-\dfrac{p}{2}$，则 $y_1=\mathrm{e}^{rx}$ 是方程(6.36)的一个解. 现在我们要找另一个与 $y_1=\mathrm{e}^{rx}$ 线性无关的特解. 令 $y_2=C(x)y_1=C(x)\mathrm{e}^{rx}$(其中 $C(x)$ 为待定函数)，将其代入方程 $y''+py'+qy=0$，得

$$(y_1''+py_1'+qy_1)C(x)+(2y_1'+py_1)C'(x)+y_1C''(x)=0,$$

即

$$\mathrm{e}^{rx}[(r^2+pr+q)C(x)+(2r+p)C'(x)+C''(x)]=0.$$

由于 r 是二重实根，因此 $r^2+pr+q=0$，$2r+p=0$，$\mathrm{e}^{rx}\neq0$，

所以，上式可化为

$$C''(x)=0,$$

取 $C(x)=x$，得 $y_2=x\mathrm{e}^{rx}$ 是方程(6.36)的另一个解，且与 $y_1=\mathrm{e}^{rx}$ 线性无关，于是方程(6.36)的通解为

$$y=(C_1+C_2x)\mathrm{e}^{rx}.$$

情形 3 当 $\Delta=p^2-4q<0$ 时，特征方程 $r^2+pr+q=0$ 有一对共轭复数根 $r_{1,2}=\dfrac{-p\pm\sqrt{4q-p^2}\,\mathrm{i}}{2}=\alpha\pm\mathrm{i}\beta$，这时 $y_1=\mathrm{e}^{(\alpha+\beta\mathrm{i})x}$，$y_2=\mathrm{e}^{(\alpha-\beta\mathrm{i})x}$ 是微分方程(6.36)的两个解，但它们是复值函数形式，为了得到实函数形式，我们利用欧拉公式 $\mathrm{e}^{\mathrm{i}\theta}=\cos\theta+\mathrm{i}\sin\theta$ 把 y_1，y_2 改写成

$$y_1=\mathrm{e}^{(\alpha+\beta\mathrm{i})x}=\mathrm{e}^{\alpha x}(\cos\beta x+\mathrm{i}\sin\beta x),$$

$$y_2=\mathrm{e}^{(\alpha-\beta\mathrm{i})x}=\mathrm{e}^{\alpha x}(\cos\beta x-\mathrm{i}\sin\beta x).$$

由于方程(6.36)的解符合解的叠加原理，所以实值函数

$$\overline{y_1}=\frac{1}{2}(y_1+y_2)=\mathrm{e}^{\alpha x}\cos\beta x,$$

$$\overline{y_2} = \frac{1}{2i}(y_1 - y_2) = e^{\alpha x}\sin\beta x$$

还是方程(6.36)的解，且 $\dfrac{\overline{y_1}}{\overline{y_2}} = \dfrac{e^{\alpha x}\cos\beta x}{e^{\alpha x}\sin\beta x} = \cot\beta x$ 不是常数，所以微分方程(6.36)的通解为

$$y = e^{\alpha x}(C_1\cos\beta x + C_2\sin\beta x).$$

综上所述，求二阶常系数齐次线性微分方程

$$y'' + py' + qy = 0$$

的通解的步骤如下：

第一步：写出微分方程的特征方程

$$r^2 + pr + q = 0$$

第二步：求出特征方程的两个根 r_1，r_2.

第三步：根据特征根的不同情形，按照下列表格写出微分方程的通解.

特征方程 $r^2 + pr + q = 0$ 的两个根 r_1，r_2	微分方程 $y'' + py' + qy = 0$ 的通解
两个不相等的实根 r_1，r_2	$y = C_1 e^{r_1 x} + C_2 e^{r_2 x}$
两个相等的实根 $r_1 = r_2 = r$	$y = (C_1 + C_2 x)e^{rx}$
一对共轭复根 $r_{1,2} = \alpha \pm i\beta$	$y = e^{\alpha x}(C_1\cos\beta x + C_2\sin\beta x)$

例 3　求下列方程的通解：

(1) $y'' + 3y' + 2y = 0$；　　(2) $y'' + 6y' + 9y = 0$；　　(3) $y'' - 4y' + 13y = 0$.

解　(1)所给微分方程的特征方程为

$$r^2 + 3r + 2 = (r+1)(r+2) = 0,$$

得特征根 $r_1 = -1$，$r_2 = -2$，于是所求通解为

$$y = C_1 e^{-x} + C_2 e^{-2x}.$$

(2)所给方程的特征方程为

$$r^2 + 6r + 9 = (r+3)^2 = 0,$$

得特征根 $r_1 = r_2 = -3$，故所求通解为

$$y = (C_1 + C_2 x)e^{-3x}.$$

(3)所给方程的特征方程为

$$r^2 - 4r + 13 = 0,$$

解之得特征根 $r_{1,2} = 2 \pm 3i$，于是所求通解为

$$y = e^{2x}(C_1\cos 3x + C_2\sin 3x).$$

例 4　已知 $y = e^x\sin x$ 是某二阶常系数齐次线性微分方程的一个解，求此微分方程.

解　由题设，$r = 1 \pm i$ 是此二阶常系数齐次线性微分方程的特征根，

所以特征方程为：$(r - 1 - i)(r - 1 + i) = 0$，

即　　　　　　　　　　　　　　　　　　$r^2 - 2r + 2 = 0$，

故所求微分方程为　　　　　　　　　　　$y'' - 2y' + 2y = 0.$

上面讨论的关于二阶常系数齐次线性方程的结论可以推广到 n 阶常系数齐次线性方程

$$y^{(n)} + a_1 y^{(n-1)} + \cdots + a_n y = 0 \tag{6.38}$$

其中 $a_1, a_2, \cdots, a_n$ 为常数, $n \geqslant 2$.

如同讨论二阶常系数齐次线性方程那样, 令 $y = e^{rx}$, 代入方程(6.38), 知道如果 r 满足方程

$$r^n + a_1 r^{n-1} + \cdots + a_{n-1} r + a_n = 0 \qquad (6.39)$$

那么函数 $y = e^{rx}$ 就是方程(6.38)的一个解. 方程(6.39)叫作方程(6.38)的特征方程, 特征方程的根叫作特征根.

根据特征根, 可以写出其对应的微分方程的解:

特征方程的根	微分方程通解中的对应项
单实根 r	给出一项 e^{rx}
一对单共轭复根 $r_{1,2} = \alpha \pm i\beta$	给出两项 $e^{\alpha x}\cos\beta x$, $e^{\alpha x}\sin\beta x$
k 重实根 r	给出 k 项 $e^{rx}, xe^{rx}, x^2 e^{rx}, \cdots, x^{k-1} e^{rx}$
k 重共轭复根 $r_{1,2} = \alpha \pm i\beta$	给出 $2k$ 项 $e^{\alpha x}\cos\beta x, xe^{\alpha x}\cos\beta x, \cdots, x^{k-1} e^{\alpha x}\cos\beta x,$ $e^{\alpha x}\sin\beta x, xe^{\alpha x}\sin\beta x, \cdots, x^{k-1} e^{\alpha x}\sin\beta x$

从代数学的知识知道, n 次代数方程有 n 个根(重根按重数计算), 而特征方程的每个根对应着通解中的一项, 而这 n 个函数线性无关, 这样就得到 n 阶常系数齐次线性方程的通解:

$$y = C_1 y_1 + C_2 y_2 + \cdots + C_n y_n.$$

例 5 求方程 $y^{(5)} + y^{(4)} + 2y''' + 2y'' + y' + y = 0$ 的通解.

解 所给方程的特征方程为

$$r^5 + r^4 + 2r^3 + 2r^2 + r + 1 = 0,$$

即

$$(r+1)(r^2+1)^2 = 0.$$

它有单特征根 -1, 二重特征根 $\pm i$, 它们分别对应原方程的解

$$e^{-x}, \quad \cos x, \quad \sin x, \quad x\cos x, \quad x\sin x,$$

于是原方程的通解为

$$y = C_1 e^{-x} + (C_2 + C_3 x)\cos x + (C_4 + C_5 x)\sin x.$$

2. 常系数非齐次线性微分方程

首先考虑二阶常系数非齐次线性微分方程:

$$y'' + py' + qy = f(x) \qquad (6.40)$$

其中 p, q 为常系数. 因它对应的齐次线性方程(6.36)的通解问题已经解决, 故现在只需求出方程(6.40)的一个特解 y^*. 下面只介绍两种特殊类型的 $f(x)$ 求 y^* 的方法. 这种方法的特点是不需积分, 先设出特解 y^* 的形式, 然后代入方程, 求出 y^* 中所含的参数, 故这种方法称为**待定系数法**.

情形 I $f(x) = P_m(x)e^{\lambda x}$, 其中 λ 是常数, $P_m(x) = a_0 + a_1 x + \cdots + a_m x^m$ 是 m 次多项式.

我们知道, 方程(6.40)的特解 y^* 是方程(6.40)成为恒等式的函数, 怎样的函数能使方程(6.40)成为恒等式呢? 因为方程(6.40)的右端 $f(x)$ 是多项式 $P_m(x)$ 与指数函数 $e^{\lambda x}$ 的乘积, 因此, 我们猜测 $y^* = Q(x)e^{\lambda x}$(其中 $Q(x)$ 也是某个多项式)可能是方程的特解. 将 y^* 代入方

程(6.40)，然后考虑能否选取合适的多项式 $Q(x)$，使 $y^* = Q(x)e^{\lambda x}$ 满足方程(6.40).

将
$$y^* = Q(x)e^{\lambda x},$$
$$y^{*\prime} = e^{\lambda x}[\lambda Q(x) + Q'(x)],$$
$$y^{*\prime\prime} = e^{\lambda x}[\lambda^2 Q(x) + 2\lambda Q'(x) + Q''(x)],$$

代入方程(6.40)并消去 $e^{\lambda x}$，得

$$Q''(x) + (2\lambda + p)Q'(x) + (\lambda^2 + p\lambda + q)Q(x) = P_m(x) \tag{6.41}$$

(1)若 λ 不是特征方程 $r^2 + pr + q = 0$ 的根，即 $r^2 + pr + q \neq 0$，由于 $P_m(x)$ 是一个 m 次多项式，要使方程(6.41)两端恒等，则可令 $Q(x)$ 为另一个 m 次多项式 $Q_m(x)$：

$$Q_m(x) = b_0 + b_1 x + b_2 x^2 + \cdots + b_m x^m,$$

代入方程(6.41)，比较等式两端同次幂的系数，就可解得 $b_0, b_1, b_2, \cdots, b_m$. 从而求出特解 $y^* = Q_m(x)e^{\lambda x}$.

(2)若 λ 是特征方程 $r^2 + pr + q = 0$ 的单根，即 $r^2 + pr + q = 0$，但 $2\lambda + p \neq 0$，要使方程(6.41)两端恒等，那么 $Q'(x)$ 必须是 m 次多项式，这时可令 $Q(x) = xQ_m(x)$，并用同样的方法求出 $Q_m(x)$ 的系数 $b_0, b_1, b_2, \cdots, b_m$.

(3) 若 λ 是特征方程 $r^2 + pr + q = 0$ 的二重根，即 $r^2 + pr + q = 0$，且 $2\lambda + p = 0$，要使方程(6.41)两端恒等，那么 $Q''(x)$ 必须是 m 次多项式，这时可令 $Q(x) = x^2 Q_m(x)$，并用同样的方法求出 $Q_m(x)$ 的系数 $b_0, b_1, b_2, \cdots, b_m$.

由以上分析，得出下面的结论：

若 $f(x) = P_m(x)e^{\lambda x}$，则二阶常系数非齐次线性方程具有形如 $y^* = x^k e^{\lambda x} Q_m(x)$ 的特解形式，其中 $Q_m(x)$ 为与 $P_m(x)$ 同次的 m 次多项式，$k = \begin{cases} 0, & \lambda \text{ 不是特征根,} \\ 1, & \lambda \text{ 是特征单根,} \\ 2, & \lambda \text{ 是二重特征根.} \end{cases}$

上述结论可以推广到 n 阶常系数非齐次线性微分方程

$$y^{(n)} + a_1 y^{(n-1)} + \cdots + a_n y = f(x).$$

若 $f(x) = P_m(x)e^{\lambda x}$，则 n 阶常系数非齐次线性方程的特解形式为 $y^* = x^k e^{\lambda x} Q_m(x)$，其中 $Q_m(x)$ 为与 $P_m(x)$ 同次的 m 次多项式，$k = \begin{cases} 0, & \lambda \text{ 不是特征根,} \\ 1, & \lambda \text{ 是特征单根,} \\ s, & \lambda \text{ 是 } s \text{ 重特征根.} \end{cases}$

例 6 求方程 $y'' + y' - 2y = x^2 + 3$ 的一个特解.

解 这是二阶常系数非齐次线性方程，$P_m(x) = x^2 + 3$，$\lambda = 0$.
方程所对应的齐次方程的特征方程为

$$r^2 + r - 2 = 0,$$

特征根
$$r_1 = 1, \quad r_2 = -2,$$

$\lambda = 0$ 不是特征根，$P_m(x) = x^2 + 3$ 为二次多项式，所以特解形式为

$$y^* = Ax^2 + Bx + C,$$

将它代入所给方程，整理得

$$-2Ax^2 + (2A - 2B)x + (2A + B - 2C) = x^2 + 3,$$

比较等式两边同次幂的系数，得 $\begin{cases} -2A = 1, \\ 2A - 2B = 0, \\ 2A + B - 2C = 3, \end{cases}$ 解得 $A = -\dfrac{1}{2}$，$B = -\dfrac{1}{2}$，$C = -\dfrac{9}{4}$，

所以求得一个特解为 $y^* = -\dfrac{1}{2}x^2 - \dfrac{1}{2}x - \dfrac{9}{4}$.

例 7 求方程 $y'' - y = 4xe^x$ 的通解.

解 这是二阶常系数非齐次线性方程, $P_m(x) = 4x$, $\lambda = 1$.
方程所对应的齐次方程的特征方程为

$$r^2 - 1 = 0,$$

特征根 $\qquad\qquad\qquad r_1 = 1, \quad r_2 = -1,$

因此方程所对应的齐次方程 $y'' - y = 0$ 的通解为

$$Y = C_1 e^x + C_2 e^{-x}.$$

又 $\lambda = 1$ 是特征单根, $P_m(x) = 4x$ 为一次多项式, 所以特解形式为

$$y^* = x(b_0 + b_1 x)e^x = (b_0 x + b_1 x^2)e^x,$$

将上式代入原方程, 约去 e^x 后得

$$4b_1 x + 2b_0 + 2b_1 = 4x,$$

由此得 $\qquad\qquad 4b_1 = 4, \quad 2b_0 + 2b_1 = 0, \quad 故\ b_0 = -1, \quad b_1 = 1,$

所以求得一个特解为 $\qquad\qquad y^* = (x^2 - x)e^x,$

故所求通解为 $\qquad\qquad y = C_1 e^x + C_2 e^{-x} + (x^2 - x)e^x.$

例 8 求方程 $y'' - 2y' + y = e^x$ 满足初始条件 $y\big|_{x=0} = 1$, $y'\big|_{x=0} = 0$ 的特解.

解 其对应齐次方程的特征方程为 $r^2 - 2r + 1 = 0$, 解得特征根为 $r_1 = r_2 = 1$.
对应齐次方程的通解为 $\qquad Y = (C_1 + C_2 x)e^x.$
因 $\lambda = 1$ 是特征方程的二重根, 所以设原方程的一个特解为:

$$y^* = Ax^2 e^x,$$

将上式代入原方程, 约去 e^x 后得 $2A = 1$, 即 $A = \dfrac{1}{2}$,

于是得特解 $\qquad\qquad\qquad y^* = \dfrac{1}{2}x^2 e^x.$

故方程的通解为 $\qquad\qquad y = (C_1 + C_2 x)e^x + \dfrac{1}{2}x^2 e^x.$

又 $\qquad\qquad\qquad y' = \left(C_1 + C_2 + x + C_2 x + \dfrac{1}{2}x^2\right)e^x,$

由 $y\big|_{x=0} = 1$ 得 $C_1 = 1$, 由 $y'\big|_{x=0} = 0$ 得 $C_1 + C_2 = 0$, 解得 $C_2 = -1$,
故原方程的特解为

$$y = (1-x)e^x + \dfrac{1}{2}x^2 e^x.$$

例 9 求方程 $y'' - 4y' + 4y = 3 + e^{-2x}$ 的通解.

解 特征方程为 $r^2 - 4r + 4 = 0$, 特征根为 $r_{1,2} = 2$,
对应的齐次方程的通解 $\qquad Y = (C_1 + C_2 x)e^{2x},$
这里 $f(x) = f_1(x) + f_1(x) = 3 + e^{-2x}$.
对方程 $y'' - 4y' + 4y = 3$, 设它的一个特解为 $y_1^* = A$,

将此特解代入 $y'' - 4y' + 4y = 3$ 得 $A = \dfrac{3}{4}$, 所以 $y_1^* = \dfrac{3}{4}$.

对方程 $y''-4y'+4y=\mathrm{e}^{-2x}$，设它的一个特解为 $y_2^*=B\mathrm{e}^{-2x}$，

将此特解代入 $y''-4y'+4y=\mathrm{e}^{-2x}$，得 $B=\dfrac{1}{16}$，所以 $y_2^*=\dfrac{1}{16}\mathrm{e}^{-2x}$.

故原方程的通解为 $y=(C_1+C_2x)\mathrm{e}^{2x}+\dfrac{1}{16}\mathrm{e}^{-2x}+\dfrac{3}{4}$.

情形 II　$f(x)=\mathrm{e}^{\lambda x}[P_l(x)\cos\omega x+P_n(x)\sin\omega x]$，$P_l(x)$，$P_n(x)$分别为 l，n 次多项式.

应用欧拉公式
$$\cos x=\frac{\mathrm{e}^{\mathrm{i}x}+\mathrm{e}^{-\mathrm{i}x}}{2},\quad \sin x=\frac{\mathrm{e}^{\mathrm{i}x}-\mathrm{e}^{-\mathrm{i}x}}{2\mathrm{i}},$$

把三角函数表示为复指数函数形式，有：

$$
\begin{aligned}
f(x)&=\mathrm{e}^{\lambda x}\left[P_l(x)\cos\omega x+P_n(x)\sin\omega x\right]\\
&=\mathrm{e}^{\lambda x}\left[P_l(x)\frac{\mathrm{e}^{\mathrm{i}\omega x}+\mathrm{e}^{-\mathrm{i}\omega x}}{2}+P_n(x)\frac{\mathrm{e}^{\mathrm{i}\omega x}-\mathrm{e}^{-\mathrm{i}\omega x}}{2\mathrm{i}}\right]\\
&=\left[\frac{P_l(x)}{2}+\frac{P_n(x)}{2\mathrm{i}}\right]\mathrm{e}^{(\lambda+\mathrm{i}\omega)x}+\left[\frac{P_l(x)}{2}-\frac{P_n(x)}{2\mathrm{i}}\right]\mathrm{e}^{(\lambda-\mathrm{i}\omega)x}\\
&=P(x)\mathrm{e}^{(\lambda+\mathrm{i}\omega)x}+\overline{P(x)}\mathrm{e}^{(\lambda-\mathrm{i}\omega)x},
\end{aligned}
$$

其中
$$P(x)=\frac{P_l(x)}{2}+\frac{P_n(x)}{2\mathrm{i}}=\frac{P_l(x)}{2}-\frac{P_n(x)}{2}\mathrm{i},$$
$$\overline{P(x)}=\frac{P_l(x)}{2}-\frac{P_n(x)}{2\mathrm{i}}=\frac{P_l(x)}{2}+\frac{P_n(x)}{2}\mathrm{i}$$

是互成共轭的 m 次多项式（这里 $m=\max(l,n)$），即它们对应项的系数是共轭复数.

应用情形 I 的结果，对于 $f(x)$ 中的第一项 $P(x)\mathrm{e}^{(\lambda+\mathrm{i}\omega)x}$，有特解形式
$$y_1^*=x^kQ_m(x)\mathrm{e}^{(\lambda+\mathrm{i}\omega)x},$$

它是方程
$$y''+py'+qy=P(x)\mathrm{e}^{(\lambda+\mathrm{i}\omega)x}$$

的特解. 其中 k 按照 $\lambda+\mathrm{i}\omega$ 不是特征方程的根或是特征方程的单根依次取 0，1. 由于 $f(x)$ 中的第二项 $\overline{P(x)}\mathrm{e}^{(\lambda-\mathrm{i}\omega)x}$ 与第一项 $P(x)\mathrm{e}^{(\lambda+\mathrm{i}\omega)x}$ 成共轭，因此，与 y^* 共轭的函数
$$y_2^*=\overline{y^*}=x^k\overline{Q_m(x)}\mathrm{e}^{(\lambda-\mathrm{i}\omega)x},$$

必然是方程
$$y''+py'+qy=\overline{P(x)}\mathrm{e}^{(\lambda-\mathrm{i}\omega)x}$$

的特解，这里 $\overline{Q_m(x)}$ 是与 $Q_m(x)$ 共轭的 m 次多项式，根据非齐次线性方程解的叠加原理，方程
$$y''+py'+qy=f(x)$$

具有形如
$$y^*=x^kQ_m(x)\mathrm{e}^{(\lambda+\mathrm{i}\omega)x}+x^k\overline{Q_m(x)}\mathrm{e}^{(\lambda-\mathrm{i}\omega)x}$$
的特解，上式可写成

$$
\begin{aligned}
y^*&=x^k\mathrm{e}^{\lambda x}\left[Q_m(x)\mathrm{e}^{\mathrm{i}\omega x}+\overline{Q_m(x)}\mathrm{e}^{-\mathrm{i}\omega x}\right]\\
&=x^k\mathrm{e}^{\lambda x}\left[Q_m(x)(\cos\omega x+\mathrm{i}\sin\omega x)+\overline{Q_m(x)}(\cos\omega x-\mathrm{i}\sin\omega x)\right].
\end{aligned}
$$

由于括号内的两项互成共轭，相加后无虚部，所以写成实函数的形式：
$$y^*=x^k\mathrm{e}^{\lambda x}\left[R_m^{(1)}(x)\cos\omega x+R_m^{(2)}(x)\sin\omega x\right],$$

其中 $R_m^{(1)}(x)$ 与 $R_m^{(2)}(x)$ 均是 m 次待定多项式.

综上所述，我们有如下结论：

如果 $f(x) = \mathrm{e}^{\lambda x}[P_l(x)\cos\omega x + P_n(x)\sin\omega x]$，$P_l(x)$，$P_n(x)$ 分别为 l，n 次多项式，则二阶常系数非齐次线性方程 $y'' + py' + qy = f(x)$ 的特解形式为

$$y^* = x^k \mathrm{e}^{\lambda x}[R_m^{(1)}(x)\cos\omega x + R_m^{(2)}(x)\sin\omega x],$$

其中 $R_m^{(1)}(x)$ 与 $R_m^{(2)}(x)$ 均是 m 次待定多项式，$m = \max(l, n)$. 当 $\lambda \pm \mathrm{i}\omega$ 是特征方程 $r^2 + pr + q = 0$ 的根时，取 $k = 1$，否则取 $k = 0$.

上述结论同样可以推广到 n 阶常系数非齐次线性方程

$$y^{(n)} + a_1 y^{(n-1)} + \cdots + a_n y = f(x).$$

若 $f(x) = \mathrm{e}^{\lambda x}[P_l(x)\cos\omega x + P_n(x)\sin\omega x]$，$P_l(x)$，$P_n(x)$ 分别为 l，n 次多项式，则 n 阶常系数非齐次线性方程的特解形式为

$$y^* = x^k \mathrm{e}^{\lambda x}[R_m^{(1)}(x)\cos\omega x + R_m^{(2)}(x)\sin\omega x],$$

其中 $R_m^{(1)}(x)$ 与 $R_m^{(2)}(x)$ 均是 m 次待定多项式，$m = \max(l, n)$.

$$k = \begin{cases} 0, & \lambda \pm \mathrm{i}\omega \text{ 不是特征根}, \\ 1, & \lambda \pm \mathrm{i}\omega \text{ 是特征单根}, \\ s, & \lambda \pm \mathrm{i}\omega \text{ 是 } s \text{ 重特征根}. \end{cases}$$

例 10 求方程 $y'' + 4y = \cos 2x$ 的一个特解.

解 方程所对应的齐次方程的特征方程为

$$r^2 + 4 = 0,$$

特征根 $\qquad\qquad\qquad\qquad r_{1,2} = \pm 2\mathrm{i},$

$P_l(x) = 1$，$P_n(x) = 0$，$\lambda \pm \mathrm{i}\omega = \pm 2\mathrm{i}$ 为特征根，所以特解形式为

$$y^* = x(A\cos 2x + B\sin 2x),$$

A，B 是待定系数，求出它的一阶和二阶导数，

$$y^{*\prime} = (2Bx + A)\cos 2x + (B - 2Ax)\sin 2x,$$

$$y^{*\prime\prime} = [(4B - 4Ax)\cos 2x + (-4A - 4Bx)\sin 2x],$$

将上述的 $y^*, y^{*\prime}, y^{*\prime\prime}$ 代入原方程得

$$4B\cos 2x - 4A\sin 2x = \cos 2x,$$

由此得 $\qquad\qquad\qquad\qquad A = 0, \quad B = \dfrac{1}{4},$

因此原方程的一个特解为 $\qquad\qquad y^* = \dfrac{x}{4}\sin 2x.$

例 11 求方程 $y'' + y' - 2y = 8\sin 2x$ 的通解.

解 特征方程 $r^2 + r - 2 = 0$，特征根 $r_1 = 1$，$r_2 = -2$，

对应的齐次方程的通解 $\qquad\qquad Y = C_1 \mathrm{e}^x + C_2 \mathrm{e}^{-2x}.$

因为 $\lambda \pm \mathrm{i}w = \pm 2\mathrm{i}$ 不是特征根，设原方程的一个特解为 $y^* = A\cos 2x + B\sin 2x$，

$$y^{*\prime} = -2A\sin 2x + 2B\cos 2x, \quad y^{*\prime\prime} = -4A\cos 2x - 4B\sin 2x, \quad \text{代入原方程得}$$

$$(-6B - 2A)\sin 2x + (-6A + 2B)\cos 2x = 8\sin 2x,$$

比较系数得 $\begin{cases} -6B - 2A = 8, \\ -6A + 2B = 0, \end{cases}$ 解得 $A = -\dfrac{2}{5}$，$B = -\dfrac{6}{5}$，

所以 $\qquad\qquad\qquad y^* = -\dfrac{2}{5}\cos 2x - \dfrac{6}{5}\sin 2x,$

故原方程的通解为
$$y = C_1 \mathrm{e}^x + C_2 \mathrm{e}^{-2x} - \frac{2}{5}\cos 2x - \frac{6}{5}\sin 2x.$$

例 12 已知函数 $y = \mathrm{e}^{2x} + (x+1)\mathrm{e}^x$ 是二阶常系数非齐次线性微分方程 $y'' + ay' + by = c\mathrm{e}^x$ 的一个特解，试确定常数 a, b 与 c，并求该方程的通解.

解法 1 将 $y = \mathrm{e}^{2x} + (x+1)\mathrm{e}^x$ 代入原方程得
$$(4+2a+b)\mathrm{e}^{2x} + (3+2a+b)\mathrm{e}^x + (1+a+b)x\mathrm{e}^x = c\mathrm{e}^x,$$
比较两边同类项系数，可得 $4+2a+b=0$，$3+2a+b=c$，$1+a+b=0$.
解得
$$a = -3,\quad b = 2,\quad c = -1,$$
于是原方程为
$$y'' - 3y' + 2y = -\mathrm{e}^x,$$
可以解得其通解为
$$y = C_1 \mathrm{e}^{2x} + C_2 \mathrm{e}^x + x\mathrm{e}^x.$$

解法 2 将已知方程的特解改写为 $y = \mathrm{e}^{2x} + \mathrm{e}^x + x\mathrm{e}^x$，
因对应齐次方程的解应是 e^{rx} 型的，如 e^{2x} 是对应齐次方程的解，e^x 也可能是，因原方程的自由项是 $C\mathrm{e}^x$，而 $x\mathrm{e}^x$ 或 $(x+1)\mathrm{e}^x$ 是原非齐次方程的解，故 e^x 也是对应齐次方程的解（即 $r=1$ 也是特征方程的根）. 故原方程所对应的齐次方程的特征方程为
$$(r-2)(r-1) = 0,\quad 即\ r^2 - 3r + 2 = 0,$$
于是得 $a = -3$，$b = 2$. 将 $y^* = x\mathrm{e}^x$ 代入方程 $y'' - 3y' + 2y = C\mathrm{e}^x$ 得
$$(x+2)\mathrm{e}^x - 3(x+1)\mathrm{e}^x + 2x\mathrm{e}^x = C\mathrm{e}^x,$$
解得 $C = -1$，于是原方程为
$$y'' - 3y' + 2y = -\mathrm{e}^x,$$
其通解为
$$y = C_1 \mathrm{e}^{2x} + C_2 \mathrm{e}^x + x\mathrm{e}^x.$$

6.3.3* 欧拉(Euler)方程

所谓**欧拉(Euler)**方程是指形如
$$x^n y^{(n)} + a_1 x^{n-1} y^{(n-1)} + \cdots + a_n y = f(x) \tag{6.42}$$
的线性微分方程，其中 $a_1, a_2, \cdots, a_n$ 为常数. 这是一个 n 阶的变系数的线性方程，其特点是 $y^{(k)}$ 的系数为 $a_{n-k} x^k (k=0,1,2,\cdots,n-1)$. 这种方程可通过变量代换 $x = \mathrm{e}^t$ 化为以 t 为自变量的常系数线性微分方程，从而可用 6.3.2 节的方法求解. 具体做法如下：
$$\frac{\mathrm{d}y}{\mathrm{d}x} = \frac{\mathrm{d}y}{\mathrm{d}t} \cdot \frac{\mathrm{d}t}{\mathrm{d}x} = \frac{1}{x}\frac{\mathrm{d}y}{\mathrm{d}t},$$
$$\frac{\mathrm{d}^2 y}{\mathrm{d}x^2} = \frac{1}{x^2}\left(\frac{\mathrm{d}^2 y}{\mathrm{d}t^2} - \frac{\mathrm{d}y}{\mathrm{d}t}\right),$$
$$\frac{\mathrm{d}^3 y}{\mathrm{d}x^3} = \frac{1}{x^3}\left(\frac{\mathrm{d}^3 y}{\mathrm{d}t^3} - 3\frac{\mathrm{d}^2 y}{\mathrm{d}t^2} + 2\frac{\mathrm{d}y}{\mathrm{d}t}\right),$$
如果采用记号
$$D = \frac{\mathrm{d}}{\mathrm{d}t},\quad D^k = \frac{\mathrm{d}^k}{\mathrm{d}t^k}(k=1,2,3,\cdots,n),$$
$$Dy = \frac{\mathrm{d}y}{\mathrm{d}t},\quad D^k y = \frac{\mathrm{d}^k y}{\mathrm{d}t^k}(k=1,2,\cdots,n),$$
则
$$xy' = Dy,\quad x^2 y'' = \frac{\mathrm{d}^2 y}{\mathrm{d}t^2} - \frac{\mathrm{d}y}{\mathrm{d}t} = (D^2 - D)y = D(D-1)y,$$

$$x^3 y''' = \frac{\mathrm{d}^3 y}{\mathrm{d}t^3} - 3\frac{\mathrm{d}^2 y}{\mathrm{d}t^2} + 2\frac{\mathrm{d}y}{\mathrm{d}t} = (D^3 - 3D^2 + 2D)y = D(D-1)(D-2)y,$$

一般有

$$x^k y^{(k)} = D(D-1)(D-2)\cdots(D-k+1)y,$$

把它代入方程(6.42)便得到一个以 t 为自变量的常系数线性方程,求出这个方程的解后,将 $x = \mathrm{e}^t$ 代入便可得到方程(6.42)的解.

例 13　求方程 $x^2 y'' + xy' - y = 3x^2$ 的通解.

解　令 $x = \mathrm{e}^t$,即 $t = \ln x$,依次算出

$$xy' = Dy,$$
$$x^2 y'' = D(D-1)y,$$

代入原方程后得到　　　$[D(D-1) + D - 1]y = (D^2 - 1)y = 3\mathrm{e}^{2t},$

即方程化为　　　　　　$\dfrac{\mathrm{d}^2 y}{\mathrm{d}t^2} - y = 3\mathrm{e}^{2t}.$

这是二阶常系数非齐次线性微分方程,它所对应的齐次方程的特征方程为

$$r^2 - 1 = 0,$$

特征根为　　　　　　$r_1 = 1,\ r_2 = -1,$

它所对应的齐次方程的通解为 $Y = C_1 \mathrm{e}^t + C_2 \mathrm{e}^{-t}.$

设非齐次方程的一个特解为 $y^* = A\mathrm{e}^{2t}$,代入原方程,得 $A = 1$,即 $y^* = \mathrm{e}^{2t}$,

故方程的通解为　　　　$y = C_1 \mathrm{e}^t + C_2 \mathrm{e}^{-t} + \mathrm{e}^{2t},$

将 $t = \ln x$ 代回,得原方程的通解是

$$y = C_1 x + C_2 x^{-1} + x^2.$$

例 14　求方程 $x^3 y''' + x^2 y'' - 4xy' = 3x^2$ 的通解.

解　令 $x = \mathrm{e}^t$,则　　　　$xy' = Dy,$

$$x^2 y'' = = D(D-1)y,$$
$$x^3 y''' = D(D-1)(D-2)y,$$

代入原方程得

$$[D(D-1)(D-2) + D(D-1) - 4D]y = 3\mathrm{e}^{2t},$$

即　　　　　　　　　$(D^3 - 2D^2 - 3D)y = 3\mathrm{e}^{2t},$

还原成一般常系数方程的写法:

$$\frac{\mathrm{d}^3 y}{\mathrm{d}t^3} - 2\frac{\mathrm{d}^2 y}{\mathrm{d}t^2} - 3\frac{\mathrm{d}y}{\mathrm{d}t} = 3\mathrm{e}^{2t} \tag{6.43}$$

方程对应的特征方程为　　　$r^3 - 2r^2 - 3r = 0,$

特征根　　　　　　　　$r_1 = 0,\ r_2 = 3,\ r_3 = -1,$

方程(6.43)对应的齐次方程的通解为 $y = C_1 + C_2 \mathrm{e}^{3t} + C_3 \mathrm{e}^{-t},$

方程(6.43)的一个特解设为 $y^* = b_0 \mathrm{e}^{2t}$,代入方程(6.43)得 $b_0 = -\dfrac{1}{2}$,

故方程(6.43)的通解为　　　$y = C_1 + C_2 \mathrm{e}^{3t} + C_3 \mathrm{e}^{-t} - \dfrac{1}{2}\mathrm{e}^{2t},$

然后以 $t = \ln x$ 代回,即得原方程的通解为

$$y = C_1 + C_2 x^3 + \frac{C_3}{x} - \frac{x^2}{2}.$$

习题 6.3

1. 下列函数组哪些是线性无关的？哪些是线性相关的？

(1) x, $2x$;　　　　　　　　　　　(2) e^x, e^{2x};

(3) $\cos 3x$, $\sin 3x$;　　　　　　　(4) $\sin 2x$, $\cos x \sin x$.

2. 验证 $y_1 = e^{x^2}$ 及 $y_2 = xe^{x^2}$ 都是方程 $y'' - 4xy' + (4x^2 - 2)y = 0$ 的解，并写出此方程的通解，并求满足条件 $\begin{cases} y(0) = 0, \\ y'(0) = 2 \end{cases}$ 的特解.

3. 已知二阶非齐次线性微分方程 $y'' + P(x)y' + Q(x)y = f(x)$ 的三个特解 $y_1 = 1$，$y_2 = x$，$y_3 = x^2$，写出其通解.

4. 求下列常系数齐次线性微分方程的通解（x 为自变量）：

(1) $y'' - 9y = 0$;　　　　　　　　(2) $y'' - 4y' = 0$;

(3) $y'' - 2y' - y = 0$;　　　　　　(4) $y'' + y' + y = 0$;

(5) $y'' + ay = 0$（a 为实常数）;　　(6) $y'' + 2\lambda y' + y = 0$（$\lambda$ 为实常数）;

(7) $y^{(4)} - y = 0$;　　　　　　　(8) $y''' + y' = 0$;

(9) $y^{(4)} + 2y'' + y = 0$;　　　　(10) $y^{(4)} + 2y''' - 3y'' - 4y' + 4y = 0$.

5. 求下列初值问题：

(1) $y'' - 4y' + 3y = 0$, $y(0) = 6$, $y'(0) = 10$;

(2) $4y'' + 4y' + y = 0$, $y(0) = 2$, $y'(0) = 0$;

(3) $y'' - 2y' + y = 0$, $y(2) = 0$, $y'(2) = -2$;

(4) $y'' + 2y' + 10y = 0$, $y(0) = 1$, $y'(0) = 2$;

(5) $\dfrac{d^4 x}{dt^4} + 2\dfrac{d^2 x}{dt^2} + x = 0$, $x(0) = 1$, $x'(0) = x''(0) = x'''(0) = 0$.

6. 已知二阶常系数齐次线性微分方程的一个解为 $y_1 = xe^x$，求此微分方程及其通解.

7. 求下列微分方程的通解：

(1) $y'' - 4y' + 3y = 6$;　　　　　(2) $y'' - 4y' + 4y = x$;

(3) $y'' - y' = x^2$;　　　　　　　(4) $y'' + y = \sin x$;

(5) $y'' - 7y' + 6y = \sin x$;　　　(6) $y'' + y' + y = \sin^2 x$.

8. 写出下列方程含待定系数的特解（无需求出系数）：

(1) $y'' - 2y' + 2y = e^x + x\cos x$;　　(2) $y'' - 8y' + 20y = 5xe^{4x}\sin 2x$;

(3) $y'' - 2y' + y = e^x(2x + \sin 2x)$;　(4) $y'' - 9y = e^{3x}(x^2 + \sin 3x)$;

(5) $y''' + y = \sin x + x\cos x$;　　　(6) $y'' - 3y' + 2y = 2^x$.

9. 求下列方程满足给定初值条件的特解：

(1) $y'' + y' - 2y = 2x$, $y(0) = 0$, $y'(0) = 1$;

(2) $y'' + 9y = \cos x$, $y\left(\dfrac{\pi}{2}\right) = y'\left(\dfrac{\pi}{2}\right) = 0$;

(3) $y'' + 2y' + 2y = xe^{-x}$, $y(0) = 0$, $y'(0) = 0$;

(4) $y'' - 2y' + 2y = 4e^x\cos x$, $y(\pi) = 0$, $y'(\pi) = -2\pi e^\pi$.

10. 求下列方程的解：

(1) $x^2y'' + 3xy' + y = 0$;　　　　(2) $xy'' + y' = a$;

(3) $y'' - \dfrac{y'}{x} + \dfrac{y}{x^2} = \dfrac{2}{x}$.

11. 设 $f(x)$ 为连续函数，且满足 $f(x) = e^x - \displaystyle\int_0^x (x-t)f(t)\,dt$，求 $f(x)$.

12. 设 $y = f(x)$ 满足微分方程 $y'' - 3y' + 2y = 2e^x$，其图形在点 $(0,1)$ 处的切线与曲线 $y = x^2 - x + 1$ 在该点的切线重合，求 $f(x)$.

6.4* 微分方程的应用

在 6.1 节中我们已通过几个微分方程实例引进了微分方程的基本概念. 本节将继续介绍微分方程的实例，一方面展示微分方程在各领域的应用，另一方面使读者了解如何将实际问题转化成数学问题，进而解决实际问题，接受数学建模的初步训练.

例 1 (追迹问题的数学模型)

设开始时甲、乙水平距离为 1 单位，乙从 A 点沿垂直于 OA 的直线以等速 v_0 向正北行走；甲从乙的左侧 O 点出发，始终对准乙以 $nv_0(n>1)$ 的速度追赶. 求追迹曲线方程，并问乙行多远时，被甲追到.

解　设所求追迹曲线方程为 $y = y(x)$. 在时刻 t，甲在追迹曲线上的点为 $P(x,y)$，乙在点 $B(1, v_0 t)$. 于是

$$\tan\theta = y' = \frac{v_0 t - y}{1 - x} \tag{6.44}$$

由题设，曲线的弧长 OP 为

$$\int_0^x \sqrt{1 + y'^2}\,dx = nv_0 t,$$

解出 $v_0 t$，代入 (6.44) 式，得

$$(1-x)y' + y = \frac{1}{n}\int_0^x \sqrt{1 + y'^2}\,dx.$$

两边求导得

$$(1-x)y'' = \frac{1}{n}\sqrt{1 + y'^2}.$$

设 $y' = p(x)$，$y'' = p'$，则方程化为

$$(1-x)p' = \frac{1}{n}\sqrt{1 + p^2} \quad 即 \quad \frac{dp}{\sqrt{1 + p^2}} = \frac{dx}{n(1-x)},$$

两边积分，得

$$\ln(p + \sqrt{1 + p^2}) = -\frac{1}{n}\ln|1 - x| + \ln|C_1|,$$

即

$$p + \sqrt{1 + p^2} = \frac{C_1}{\sqrt[n]{1 - x}}.$$

将初始条件 $y'\mid_{x=0}=p\mid_{x=0}=0$ 代入上式，得 $C_1=1$. 于是

$$y'+\sqrt{1+y'^2}=\frac{1}{\sqrt[n]{1-x}}, \tag{6.45}$$

左边分子分母同乘 $y'-\sqrt{1+y'^2}$，并化简得

$$y'-\sqrt{1+y'^2}=-\sqrt[n]{1-x}, \tag{6.46}$$

(6.45)式与(6.46)式相加得

$$y'=\frac{1}{2}\left(\frac{1}{\sqrt[n]{1-x}}-\sqrt[n]{1-x}\right),$$

两边积分得

$$y=\frac{1}{2}\left[-\frac{n}{n-1}(1-x)^{\frac{n-1}{n}}+\frac{n}{n+1}(1-x)^{\frac{n+1}{n}}\right]+C_2.$$

代入初始条件 $y\mid_{x=0}=0$ 得 $C_2=\dfrac{n}{n^2-1}$，故所求追迹曲线为

$$y=\frac{1}{2}\left[-\frac{n}{n-1}(1-x)^{\frac{n-1}{n}}+\frac{n}{n+1}(1-x)^{\frac{n+1}{n}}\right]+\frac{n}{n^2-1}\ (n>1),$$

甲追到乙时，即点 P 的横坐标 $x=1$，此时 $y=\dfrac{n}{n^2-1}$，即乙行走至离 A 点 $\dfrac{n}{n^2-1}$ 个单位距离时被甲追到.

例 2（混合溶液的数学模型）

设一容器内原有 100 L 盐水，内含有盐 10 kg，现以 3 L/min 的速度注入质量浓度为 0.01 kg/L 的淡盐水，同时以 2 L/min 的速度抽出混合均匀的盐水，求容器内盐量变化的数学模型.

解 设 t 时刻容器内的盐量为 $x(t)$ kg，考虑 t 到 $t+\mathrm{d}t$ 时间内容器中盐的变化情况，在 $\mathrm{d}t$ 时间内

容器中盐的改变量＝注入的盐水中所含盐量－抽出的盐水中所含盐量.

容器内盐的改变量为 $\mathrm{d}x$，注入的盐水中所含盐量为 $0.01\times3\mathrm{d}t$，t 时刻容器内溶液的质量浓度为 $\dfrac{x(t)}{100+(3-2)t}$，假设 t 到 $t+\mathrm{d}t$ 时间内容器内溶液的质量浓度不变（事实上，容器内的溶液质量浓度时刻在变，由于 $\mathrm{d}t$ 时间很短，可以这样看）. 于是抽出的盐水中所含盐量为 $\dfrac{x(t)}{100+(3-2)t}2\mathrm{d}t$，这样即可列出方程

$$\mathrm{d}x=0.03\mathrm{d}t-\frac{2x}{100+t}\mathrm{d}t,$$

即

$$\frac{\mathrm{d}x}{\mathrm{d}t}=0.03-\frac{2x}{100+t}.$$

又因为 $t=0$ 时，容器内有盐 10kg，于是得该问题的数学模型为

$$\begin{cases}\dfrac{\mathrm{d}x}{\mathrm{d}t}+\dfrac{2x}{100+t}=0.03,\\[2mm]x(0)=10.\end{cases}$$

这是一阶非齐次线性方程的初值问题，其解为

$$x(t) = 0.01(100+t) + \frac{9\times10^4}{(100+t)^2}.$$

下面对该问题进行以下简单的讨论，由上式不难发现，t 时刻容器内溶液的质量浓度为

$$p(t) = \frac{x(t)}{100+t} = 0.01 + \frac{9\times10^4}{(100+t)^3},$$

且当 $t\to+\infty$ 时，$p(t)\to0.01$，即长时间地进行上述稀释过程，容器内盐水的质量浓度将趋于注入溶液的质量浓度.

溶液混合问题的更一般的提法是：设有一容器装有某种质量浓度的溶液，以流量 V_1 注入质量浓度为 C_1 的溶液（指同一种类溶液，只是质量浓度不同），假定溶液立即被搅匀，并以 V_2 的流量流出这种混合溶液，试建立容器中质量浓度与时间的数学模型.

首先设容器中溶质的质量为 $x(t)$，初始质量为 x_0，$t=0$ 时溶液的体积为 V_0，在 dt 时间内，容器内溶质的改变量等于流入溶质的数量减去流出溶质的数量，即

$$dx = C_1V_1dt - C_2V_2dt,$$

其中 C_1 是流入溶液的质量浓度，C_2 为 t 时刻容器中溶液的质量浓度，$C_2 = \dfrac{x}{V_0+(V_1-V_2)t}$，于是，有混合溶液的数学模型

$$\begin{cases} \dfrac{dx}{dt} = C_1V_1 - C_2V_2, \\ x(0) = x_0, \end{cases}$$

该模型不仅适用于液体的混合，而且还适用于讨论气体的混合.

上述这种考虑自变量的一个微小变化引起的未知函数的微小变化，再利用微分概念和等量关系列出微分方程的方法称为**微小增量分析法**，它是建立微分方程的常用方法.

例 3（振动模型）

振动是生活与工程中的常见现象. 研究振动规律有着极其重要的意义. 在自然界中，许多振动现象都可以抽象为下述振动问题.

设有一个弹簧，它的上端固定，下端挂一个质量为 m 的物体，试研究其振动规律.

解 假设(1)物体的平衡位置位于坐标原点，并取 x 轴的正向铅直向下（见图 6.1）. 物体的平衡位置指物体处于静止状态时的位置. 此时，作用在物体上的重力与弹性力大小相等，方向相反；(2)在一定的初始位移 x_0 及初始速度 v_0 下，物体离开平衡位置，并在平衡位置附近作没有摇摆的上下振动；(3)物体在 t 时刻的位置坐标为 $x=x(t)$，即 t 时刻物体偏离平衡位置的位移；(4)在振动过程中，受阻力作用，阻力的大小与物体速度成正比，阻力的方向总是与速度方向相反，因此阻力为 $-h\dfrac{dx}{dt}$，h 为阻尼系数；(5)当质点有位移 $x(t)$ 时，假设所受的弹簧恢复力是与位移成正比的，而恢复力的方向总是指向平衡位置，也就是总与偏离平衡位置的位移方向相反，因此所受弹簧恢复力为 $-kx$，其中 k 为劲度系数；(6)在振动过程中受外力 $f(t)$ 的作用. 在上述假设下，根据

图 6.1

牛顿第二定律得

$$m\frac{\mathrm{d}^2x}{\mathrm{d}t^2}=-h\frac{\mathrm{d}x}{\mathrm{d}t}-kx+f(t)\tag{6.47}$$

这就是该物体的强迫振动方程.

由于方程(6.47)中, $f(t)$ 的具体形式没有给出, 所以, 不能对方程(6.47)直接求解. 下面我们分四种情形对其进行讨论.

1. 无阻尼自由振动

在这种情况下, 假定物体在振动过程中, 既无阻力、又不受外力作用. 此时方程(6.47)变为

$$m\frac{\mathrm{d}^2x}{\mathrm{d}t^2}+kx=0,$$

令 $\dfrac{k}{m}=\omega^2$, 方程变为

$$\frac{\mathrm{d}^2x}{\mathrm{d}t^2}+\omega^2x=0,$$

特征方程为

$$r^2+\omega^2=0,$$

特征根为

$$r_{1,2}=\pm\mathrm{i}\omega,$$

通解为

$$x=C_1\sin\omega t+C_2\cos\omega t,$$

或将其写为

$$x=\sqrt{C_1^2+C_2^2}\left(\frac{C_1}{\sqrt{C_1^2+C_2^2}}\sin\omega t+\frac{C_2}{\sqrt{C_1^2+C_2^2}}\cos\omega t\right)$$

$$=A(\cos\varphi\sin\omega t+\sin\varphi\cos\omega t)=A\sin(\omega t+\varphi),$$

其中

$$A=\sqrt{C_1^2+C_2^2},\quad \sin\varphi=\frac{C_2}{\sqrt{C_1^2+C_2^2}},\quad \cos\varphi=\frac{C_1}{\sqrt{C_1^2+C_2^2}}.$$

这就是说, 物体离开平衡位置的最大距离为 $A=\sqrt{C_1^2+C_2^2}$, 物体在 $-A$ 和 A 之间作周期为 $\dfrac{2\pi}{\omega}$ 的振动, 故称 $A=\sqrt{C_1^2+C_2^2}$ 为无阻尼自由振动的振幅, $\omega=\sqrt{\dfrac{k}{m}}$ 为频率.

2. 有阻尼自由振动

在该种情况下, 考虑物体所受到的阻力, 不考虑物体所受的外力. 此时, 方程(6.47)变为

$$m\frac{\mathrm{d}^2x}{\mathrm{d}t^2}+h\frac{\mathrm{d}x}{\mathrm{d}t}+kx=0.$$

令 $\dfrac{k}{m}=\omega^2$, $\dfrac{h}{m}=2\delta$, 方程变为

$$\frac{\mathrm{d}^2x}{\mathrm{d}t^2}+2\delta\frac{\mathrm{d}x}{\mathrm{d}t}+\omega^2x=0,$$

特征方程为 $r^2+2\delta r+\omega^2=0$, 特征根 $r_{1,2}=-\delta\pm\sqrt{\delta^2-\omega^2}$. 根据 δ 与 ω 的关系, 又分为如下三种情形:

(1)大阻尼情形, $\delta>\omega$. 特征根为两不相等实根, 通解为

$$x=C_1\mathrm{e}^{(-\delta+\sqrt{\delta^2-\omega^2})t}+C_2\mathrm{e}^{(-\delta+\sqrt{\delta^2-\omega^2})t}.$$

从上式可以看出，使 $x=0$ 的 t 最多只有一个，即物体最多越过平衡位置一次，因此物体不再有振动现象．又当 $t\to+\infty$ 时，$x\to0$，因此，物体随着时间 t 的增大而趋于平衡位置．

（2）临界阻尼情形，$\delta=\omega$．特征根为重根，通解为

$$x=(C_1+C_2t)\mathrm{e}^{-\delta t}.$$

由上式可以看出，在临界阻尼情形使 $x=0$ 的 t 也最多只有一个，因此物体不再有振动现象．又因为 $\lim\limits_{t\to+\infty}te^{-\delta t}=0$，从而当 $t\to+\infty$ 时，$x\to0$．物体也随着时间 t 的增大而趋于平衡位置．

（3）小阻尼情形，$\delta<\omega$．特征根为共轭复根，通解为

$$x=\mathrm{e}^{-\delta t}(C_1\sin\sqrt{\omega^2-\delta^2}\,t+C_2\sin\sqrt{\omega^2-\delta^2}\,t).$$

将其简化为

$$x=A\mathrm{e}^{-\delta t}\sin(\sqrt{\omega^2-\delta^2}\,t+\varphi) \tag{6.48}$$

其中 $A=\sqrt{C_1{}^2+C_2{}^2}$，$\sin\varphi=\dfrac{C_2}{\sqrt{C_1{}^2+C_2{}^2}}$，$\cos\varphi\dfrac{C_1}{\sqrt{C_1{}^2+C_2{}^2}}$，

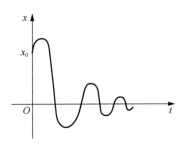

图 6.2

从（6.48）式看出，物体的运动是 $T=\dfrac{2\pi}{\sqrt{w^2-\delta^2}}$ 的振动，但与简谐振动不同的是它的振幅 $A=\mathrm{e}^{-\delta t}$ 随着时间 t 的增大而减小，因此，这是一种衰减振动，物体也随着时间 t 的增大而趋于平衡位置（见图 6.2）．

3. 无阻尼强迫振动

在这种情形下，设物体不受阻力作用，其所受外力为简谐力 $f(t)=f_0\sin pt$，此时，方程（6.47）化为

$$m\frac{\mathrm{d}^2x}{\mathrm{d}t^2}+kx=f_0\sin pt,$$

$$\frac{\mathrm{d}^2x}{\mathrm{d}t^2}+\omega^2x=h\sin pt,$$

这里记 $\dfrac{f_0}{m}=h$.

根据 $\mathrm{i}p$ 是否等于特征根 $\mathrm{i}\omega$，其通解分为如下两种情形：

（1）当 $p\neq\omega$ 时，其通解为

$$x=\frac{h}{\omega^2-p^2}\sin pt+C_1\sin\omega t+C_2\cos\omega t=\frac{h}{\omega^2-p^2}\sin pt+A\sin(\omega t+\varphi),$$

这里令 $A\sin\varphi=C_1$，$A\cos\varphi=C_2$.

上式表示，物体的运动由两部分组成，这两部分都是简谐振动．上式第一项表示强迫振动，强迫振动是由干扰力引起的，它的振幅 $\dfrac{h}{\omega^2-p^2}$ 可以很大．第二项表示自由振动．

（2）当 $p=\omega$ 时，其通解为

$$x=-\frac{h}{2\omega}t\cos pt+C_1\sin\omega t+C_2\cos\omega t=-\frac{h}{2\omega}t\cos pt+A\sin(\omega t+\varphi),$$

此时，强迫振动的振幅 $\dfrac{h}{2\omega}t$ 随时间 t 的增加而无限增大，这就发生所谓的共振现象，即当外力的频率 p 等于物体的固有频率 ω 时，将发生共振．为了避免共振现象，应使干扰力的角频率 p 尽量不要靠近振动系统的固有频率 ω.

有阻尼的强迫振动问题可作类似讨论，这里从略了.

例 4（市场价格模型）

对于纯粹的市场经济来说，商品市场价格取决于市场供需之间的关系，市场价格能促使商品的供给与需求相等(这样的价格称为(静态)均衡价格). 也就是说，如果不考虑商品价格形成的动态过程，那么商品的市场价格应能保证市场的供需平衡，但是，实际的市场价格不会恰好等于均衡价格，而且价格也不会是静态的，应是随时间不断变化的动态过程.

试建立描述市场价格形成的动态过程的数学模型.

解　假设在某一时刻 t，商品的价格为 $p(t)$，它与该商品的均衡价格间有差别，此时，存在供需差，此供需差促使价格变动. 对新的价格，又有新的供需差，如此不断调节，就构成市场价格形成的动态过程，假设价格 $p(t)$ 的变化率 $\dfrac{\mathrm{d}p}{\mathrm{d}t}$ 与需求和供给之差成正比，并记 $f(p,r)$ 为需求函数，$g(p)$ 为供给函数(r 为参数)，于是

$$\begin{cases} \dfrac{\mathrm{d}p}{\mathrm{d}t}=\alpha\big[f(p,r)-g(p)\big], \\ p(0)=p_0, \end{cases}$$

其中 p_0 为商品在 $t=0$ 时刻的价格，α 为正常数.

若设 $f(p,r)=-ap+b$，$g(p)=cp+d$，则上式变为

$$\begin{cases} \dfrac{\mathrm{d}p}{\mathrm{d}t}=-\alpha(a+c)p+\alpha(b-d) \\ p(0)=p_0 \end{cases} \tag{6.49}$$

其中 a，b，c，d 均为正常数，其解为

$$p(t)=\left(p_0-\frac{b-d}{a+c}\right)\mathrm{e}^{-\alpha(a+c)t}+\frac{b-d}{a+c}.$$

下面对所得结果进行讨论：

(1)设 $\bar{p}$ 为静态均衡价格，则其应满足

$$f(\bar{p},\ r)-g(\bar{p})=0,$$

即

$$-a\,\bar{p}+b=c\,\bar{p}+d,$$

于是得 $\bar{p}=\dfrac{b-d}{a+c}$，从而价格函数 $p(t)$ 可写为

$$p(t)=(p_0-\bar{p})\mathrm{e}^{-\alpha(a+c)t}+\bar{p},$$

令 $t\to+\infty$，取极限得

$$\lim_{t\to+\infty}p(t)=\bar{p}.$$

这说明，市场价格逐步趋于均衡价格. 又若初始价格 $p_0=\bar{p}$，则动态价格就维持在均衡价格 $\bar{p}$ 上，整个动态过程就化为静态过程.

(2)由于

$$\frac{\mathrm{d}p}{\mathrm{d}t}=(\bar{p}-p_0)\alpha(a+c)\mathrm{e}^{-\alpha(a+c)t},$$

所以，当 $p_0 > \bar{p}$ 时，$\dfrac{\mathrm{d}p}{\mathrm{d}t} < 0$，$p(t)$ 单调减少向 $\bar{p}$ 靠拢；当 $p_0 < \bar{p}$ 时，$\dfrac{\mathrm{d}p}{\mathrm{d}t} > 0$，$p(t)$ 单调增加向 $\bar{p}$ 靠拢. 这说明：初始价格高于均衡价格时，动态价格就要逐步降低，且逐步靠近均衡价格，否则，动态价格就要逐步升高. 因此，(6.49)式在一定程度上反映了价格影响需求与供给，而需求与供给反过来又影响价格的动态过程，并指出了动态价格逐步向均衡价格靠拢的变化趋势.

习题 6.4

1. 设一污水处理池容量为 10000 m^3，开始时池中全部是清水，污染物的质量浓度为 $\dfrac{1}{3}$ kg/m^3 的污水流经处理池，水流速度为 50 m^3/min，污水通过处理池时，每分钟可处理掉 2% 的污染物，求从池中流出的水的污染物的质量浓度.

2. 从船上向海中沉放某种探测仪器，按探测要求，需确定仪器的下沉深度 y（从海平面算起）与下沉速度 v 之间的函数关系. 设仪器在重力的作用下，从海平面由静止开始铅直下沉，在下沉过程中还受到阻力和浮力的作用，设仪器的质量为 m，体积为 B，海水密度为 ρ，仪器所受的阻力与下沉的速度成正比，比例系数为 $k(k>0)$，试建立 y 与 v 所满足的微分方程，并求出函数关系式 $y = y(x)$.

3. 交叉路口黄灯信号的效果是清除交叉路口的车辆——正处于交叉路口的车辆可以驶过去，而太靠近交叉路口的车若采取制动措施后滑行的一段距离超出了停车线，也将造成路口不通畅，所以也应当让它驶过去，黄灯滞留一段时间就是为了让这些车辆通过路口. 假设允许车速为 v_0，交叉路口宽为 l，车身长为 L，黄灯信号该滞留多长时间？

 本章小结

一、基本要求

(1) 了解微分方程、微分方程的解、通解、特解等概念.

(2) 熟练掌握可分离变量方程、一阶线性微分方程的求解；会求解齐次方程、伯努利方程.

(3) 会用降阶法求解下列三类可降阶的高阶微分方程：$y^{(n)} = f(x)$，$y'' = f(x, y')$，$y'' = f(y, y')$.

(4) 了解线性微分方程解的结构.

(5) 熟练掌握二阶常系数齐次线性微分方程的解法，会求解 n 阶常系数齐次线性微分方程.

(6) 熟练掌握自由项形为 $f(x) = P_m(x)\mathrm{e}^{\lambda x}$，$f(x) = \mathrm{e}^{\lambda x}[P_l(x)\cos\omega x + P_n(x)\sin\omega x]$ 的二阶常系数非齐次线性微分方程的解法.

(7) 会求解欧拉方程.

(8) 会通过建立微分方程模型，解决一些简单的实际问题.

二、内容提要

1. 一阶微分方程

（1）可分离变量的微分方程

称形如 $y'=f(x)g(y)$ 的方程为可分离变量方程. 将变量分离 $\dfrac{\mathrm{d}y}{g(y)}=f(x)\,\mathrm{d}x$，上式两端分别积分后得到通解.

$$\int \frac{\mathrm{d}y}{g(y)}= \int f(x)\,\mathrm{d}x + C.$$

对于齐次方程 $y'=g\left(\dfrac{y}{x}\right)$，作代换 $u=\dfrac{y}{x}$，则 $y=xu$，$y'=u+xu'=g(u)$，于是方程化为关于新未知函数 u 的可分离变量方程 $\dfrac{\mathrm{d}u}{g(u)-u}=\dfrac{\mathrm{d}x}{x}$，从而求出通解.

（2）一阶线性微分方程

称形如 $y'+P(x)y=Q(x)$ 的方程为一阶线性方程，通过常数变易法可求出其通解为

$$y=\mathrm{e}^{-\int P(x)\,\mathrm{d}x}\left[C+\int Q(x)\,\mathrm{e}^{\int P(x)\,\mathrm{d}x}\,\mathrm{d}x\right].$$

伯努利（Bernoulli）方程的一般形式为 $y'+P(x)y=Q(x)y^n\,(n\neq 0,1)$，令 $z=y^{1-n}$，方程可化为一阶线性方程 $\dfrac{\mathrm{d}z}{\mathrm{d}x}+(1-n)P(x)z=(1-n)Q(x)$.

（3）几类可降阶的微分方程

类型 Ⅰ　$y^{(n)}=f(x)$.

解法：连续积分 n 次可得出其通解.

类型 Ⅱ　$y''=f(x,y')$（方程中缺 y）.

解法：令 $p=y'$，将原方程化为关于 p 的一阶方程 $p'=f(x,\ p)$. 若能解出 $p=\varphi(x,\ C)$，则积分一次即得原方程通解为

$$y=\int \varphi(x,C)\,\mathrm{d}x + C_1.$$

类型 Ⅲ　$y''=f(y,y')$（方程中缺 x）.

解法：令 $y'=p(y)$，则 $y'=\dfrac{\mathrm{d}y'}{\mathrm{d}x}=\dfrac{\mathrm{d}y'}{\mathrm{d}y}\cdot\dfrac{\mathrm{d}y}{\mathrm{d}x}=p\dfrac{\mathrm{d}p}{\mathrm{d}y}$，以 y 作为自变量，将原方程化为关于 $p(y)$ 的一阶方程

$$p\frac{\mathrm{d}p}{\mathrm{d}y}=f(y,p),$$

若能解出 $p=\varphi(y,C)$，则问题可归结为求解一阶微分方程 $\dfrac{\mathrm{d}y}{\varphi(y,C_1)}=\mathrm{d}x$，两端积分可得其通解：$\displaystyle\int \frac{\mathrm{d}y}{\varphi(y,C_1)}= x + C_2$.

2. 高阶线性微分方程

（1）高阶线性微分方程解的结构

$n(n\geqslant 1)$ 阶线性微分方程：

$$y^{(n)}+a_1(x)y^{(n-1)}+\cdots+a_{n-1}(x)y'+a_n(x)y=f(x) \tag{6.50}$$

其中 $a_i(x)(1 \leq i \leq n)$ 与 $f(x)$ 是某区间 I 上的连续函数.

相对应的齐次线性方程:

$$y^{(n)} + a_1(x)y^{(n-1)} + \cdots + a_{n-1}(x)y' + a_n(x)y = 0 \qquad (6.51)$$

设 $y_1, y_2, \cdots, y_n$ 是方程(6.51)在 I 上的一组线性无关的解, y^* 是方程(6.50)在 I 上的任一特解, 则方程(6.51)与方程(6.50)的通解分别为

$$y = C_1 y_1 + C_2 y_2 + \cdots + C_n y_n$$

与

$$y = C_1 y_1 + C_2 y_2 + \cdots + C_n y_n + y^*.$$

(2)常系数线性微分方程

①二阶常系数齐次线性微分方程 $y'' + py' + qy = 0$ 的特征方程是 $r^2 + pr + q = 0$.

(i)r_1, r_2 是两个不相等的实根, 方程的通解为

$$y = C_1 e^{r_1 x} + C_2 e^{r_2 x}.$$

(ii)$r_1 = r_2 = r$ 是二重实根, 方程的通解为

$$y = (C_1 + C_2 x)e^{rx}.$$

(iii)设 $r_1 = \alpha + i\beta$ 与 $r_2 = \alpha - i\beta$ 是特征方程的一对共轭复根, 方程的通解为

$$y = e^{\alpha x}(C_1 \cos\beta x + C_2 \sin\beta x).$$

②n 阶常系数齐次线性微分方程

$$y^{(n)} + a_1 y^{(n-1)} + \cdots + a_n y = 0,$$

特征方程是

$$r^n + a_1 r^{n-1} + \cdots + a_n = 0.$$

依情况分述如下:

(i)单重实特征根 r 对应方程的解 $y = e^{rx}$;

(ii)$k(k \geq 2)$ 重实根对应方程的 k 个解 $y_j = x^{j-1}e^{rx}(1 \leq j \leq k)$;

(iii)单重共轭复根 $r = \alpha \pm i\beta$ 对应方程的一对解 $y_1 = e^{\alpha x}\cos\beta x, y_2 = e^{\alpha x}\sin\beta x$;

(iv)$k(k \geq 2)$ 重共轭复根 $\alpha \pm i\beta$ 对应方程的 k 对解 $x^{j-1}e^{\alpha x}\cos\beta x$, $x^{j-1}e^{\alpha x}\sin\beta x$ $(1 \leq j \leq k)$.

将每个特征根依上述规则所对应的解组合起来, 恰好有 n 个, 且必定线性无关, 因此它们构成方程的通解.

③二阶常系数非齐次线性微分方程 $y'' + py' + qy = f(x)$.

情形 I $f(x) = P_m(x)e^{\lambda x}$, 其中 λ 是常数, $P_m(x)$ 是 m 次多项式.

特解形式 $\qquad y = x^k Q_m(x)e^{\alpha x}$,

其中 $Q_m(x)$ 为与 $P_m(x)$ 同次的 m 次多项式, $k = \begin{cases} 0, & \lambda \text{ 不是特征根}, \\ 1, & \lambda \text{ 是特征单根}, \\ 2, & \lambda \text{ 是二重特征根}. \end{cases}$

情形 II $f(x) = e^{\lambda x}[P_l(x)\cos\omega x + P_n(x)\sin\omega x]$, $P_l(x), P_n(x)$ 分别为 l, n 次多项式,

特解形式 $\qquad y^* = x^k e^{\lambda x}[R_m^{(1)}(x)\cos\omega x + R_m^{(2)}(x)\sin\omega x]$,

其中 $R_m^{(1)}(x)$ 与 $R_m^{(2)}(x)$ 均是 m 次待定多项式, $m = \max(l, n)$. 当 $\lambda \pm i\omega$ 是特征方程 $r^2 + pr + q = 0$ 的根时, 取 $k = 1$, 否则取 $k = 0$.

(3)欧拉方程 $\qquad x^n y^{(n)} + a_1 x^{n-1} y^{(n-1)} + \cdots + a_n y = f(x)$

令 $x = e^t$, 则 $x^k y^{(k)} = D(D-1)(D-2)\cdots(D-k+1)y$, 将方程化为一个以 t 为自变量的常系数线性微分方程来求解.

总习题 6

1. 选择与填空题.

(1) 若连续函数 $f(x)$ 满足 $f(x) = \int_0^{2x} f\left(\dfrac{t}{2}\right) \mathrm{d}t + \ln 2$, 则 $f(x) = ($　　$)$.

A. $\mathrm{e}^x \ln 2$ 　　　　B. $\mathrm{e}^{2x} \ln 2$ 　　　　C. $\mathrm{e}^x + \ln 2$ 　　　　D. $\mathrm{e}^{2x} + \ln 2$

(2) 若 $y = f(x)$ 是 $y'' - y' = 2\mathrm{e}^x$ 的一个解, $f'(x_0) = 0$, 则 $y = f(x)($　　$)$.

A. 在 x_0 处取得极小值 　　　　　　　B. 在 x_0 处取得极大值

C. 在 x_0 的某邻域单调增加 　　　　　D. $(x_0, f(x_0))$ 为拐点

(3) 以方程 $(x + C)^2 + y^2 = 1$ (其中 C 为任意常数) 确定的函数为通解的微分方程为 _____.

(4) $y'' - y' = x^2 \mathrm{e}^x$ 的一个特解形式为 _____ (不必求解).

(5) $y'' + y = x^2 \cos x$ 的通解为 _____ (不必求解).

(6) 设 $y = \mathrm{e}^x(C_1 \sin x + C_2 \cos x)$ (C_1, C_2 为任意常数) 为某二阶常系数齐次线性微分方程的通解, 则此微分方程为 _____.

2. 求下列微分方程的通解或满足给定初值条件的特解:

(1) $y' \tan x + y = -3$;

(2) $\cos y \mathrm{d}x + (1 + \mathrm{e}^{-x}) \sin y \mathrm{d}y = 0$;

(3) $y^2 \mathrm{d}x - (xy - x^2) \mathrm{d}y = 0$;

(4) $xy' \ln x + y = ax(\ln x + 1)$;

(5) $\dfrac{\mathrm{d}y}{\mathrm{d}x} = \dfrac{y}{2(\ln y - x)}$;

(6) $\dfrac{\mathrm{d}y}{\mathrm{d}x} + xy - x^3 y^3 = 0$;

(7) $(x + 1)y'' + y' = \ln(x + 1)$;

(8) $yy'' - y'^2 + y'^3 = 0, y(0) = 1, y'(0) = -1$;

(9) $y'' + 2y' + 5y = \sin 2x$;

(10) $y''' + y'' - 2y' = x(\mathrm{e}^x + 4)$;

(11) $x^2 y'' - xy' + 4y = x\sin(\ln x)$.

3. 已知 $g(x)$ 是可微函数 $f(x)$ 的反函数, 且 $\int_1^{f(x)} g(t)\mathrm{d}t = \dfrac{1}{3}(x^{\frac{3}{2}} - 8)$, 求 $f(x)$.

4. 设 $F(x) = f(x)g(x)$, 其中 $f(x)$, $g(x)$ 在 $(-\infty, +\infty)$ 内满足以下条件:
$f'(x) = g(x)$, $g'(x) = f(x)$, 且 $f(0) = 0$, $f(x) + g(x) = 2\mathrm{e}^x$.

(1) 求 $F(x)$ 所满足的微分方程;

(2) 求 $F(x)$ 的表达式.

5. 设二阶常系数线性方程 $y'' + \alpha y' + \beta y = \gamma \mathrm{e}^{2x}$ 有特解 $y = 3\mathrm{e}^{-x} - x\mathrm{e}^{2x}$, 求此微分方程及其通解.

6. 求以 $x\mathrm{e}^{-x}$, $3\cos x$ 为解的阶数最低的常系数齐次线性方程.

7. 设 $f(x)$ 二阶可导且满足 $\int_0^x (x + 1 - t)f'(t)\mathrm{d}t = x^2 + \mathrm{e}^x - f(x)$, 求 $f(x)$.

8. 设函数 $y = y(x)$ 在 $(-\infty, +\infty)$ 内具有二阶导数, 且 $y' \neq 0$, $x = x(y)$ 是 $y = y(x)$ 的反函数.

(1) 试将 $x = x(y)$ 所满足的微分方程 $\dfrac{\mathrm{d}^2 x}{\mathrm{d}y^2} + (y + \sin x)\left(\dfrac{\mathrm{d}x}{\mathrm{d}y}\right)^3 = 0$ 变换为 $y = y(x)$ 的微分

方程；

（2）求变换后的微分方程满足初始条件 $y(0)=0$，$y'(0)=\dfrac{3}{2}$ 的解.

9. 设函数 $y=y(x)(x \geqslant 0)$ 二阶可导，且 $y'(x)>0$，$y(0)=1$. 过曲线 $y=y(x)$ 上任意一点 $P(x,y)$ 作该曲线的切线及 x 轴的垂线，上述两直线与 x 轴所围的三角形的面积记为 S_1，在区间 $[0,x]$ 上以曲线 $y=y(x)$ 为曲边的曲边梯形的面积记为 S_2，并设 $2S_1-S_2=1$，求曲线 $y=y(x)$ 的方程.

10. 设弹簧的上端固定，有两个质量为 m 的重物挂在弹簧的下端，使弹簧伸长 $2a$，今突然取去一重物，弹簧由静止状态开始振动，求余下重物的运动规律.

11. 某种飞机在机场降落时，为了减少滑行距离，在触地的瞬间，飞机尾部张开减速伞以增加阻力，使飞机减速并停下. 现有一质量为 9000 kg 的飞机，着落时的水平速度为 700 km/h，经测试，减速伞打开后，飞机所受的阻力与飞机的速度成正比（比例系数 $k=6.0×10^6$），问：从着落点算起，飞机滑行的最长距离是多少？

12. 设函数 $y=y(x)$ 满足微分方程 $y''+4y'+4y=\mathrm{e}^{-2x}$ 及 $y(0)=2$，$y'(0)=-4$，求反常积分 $\displaystyle\int_0^{+\infty} y(x)\,\mathrm{d}x$.

习题答案与提示

第 1 章

习题 1.1

1. $A \cup B = \{ x \mid x < 4 \}$，$A \cap B = \{ x \mid 1 < x \leqslant 3 \}$，$A \setminus B = \{ x \mid 3 < x < 4 \}$，$B \setminus A = \{ x \mid x \leqslant 1 \}$.

2. (1) 单射非满射；　(2) 满射非单射；　(3) 一一映射.

3. (1) $[-1,2) \cup (2,+\infty)$；　(2) $(-\infty,0) \cup (0,3]$；　(3) $[-\sqrt{11},-\sqrt{2}] \cup [\sqrt{2},\sqrt{11}]$.

4. (1) 不相等；　(2) 相等；　(3) 不相等.

5. (1) 偶函数；　(2) 偶函数；　(3) 非奇非偶；　(4) 奇函数；　(5) 偶函数；　(6) 奇函数.

6. (1) $T = \dfrac{\pi}{2}$；　(2) $T = \pi$；　(3) 非周期函数.

7. (1) 单调增加；　(2) 单调增加.

8. (1) 有界；　(2) 有界.

9. (1) $y = -\dfrac{x}{(1+x)^2}$，$-1 < x \leqslant 1$；　(2) $y = \log_2 \dfrac{x}{1-x}$ $(0 < x < 1)$.

10. 若 $a \in \left(0,\dfrac{1}{2} \right)$，$D = [a,1-a]$，若 $a > \dfrac{1}{2}$，$D = \Phi$.

11. $f[g(x)] = \begin{cases} -2+x, & x \leqslant 0, \\ -2-x, & x > 0, \end{cases}$ $g[f(x)] = \begin{cases} 2+x, & x \geqslant 0, \\ 2+x^2, & x < 0. \end{cases}$ (作图略)

12. (1) $y = \sqrt{\ln\sin^2 x}$ 是由 $y = \sqrt{u}$，$u = \ln v$，$v = w^2$，$w = \sin x$ 四个函数复合而成；

　　(2) $y = \mathrm{e}^{\arctan^2 \frac{1}{x}}$ 是由 $y = \mathrm{e}^u$，$u = v^2$，$v = \arctan w$，$w = \dfrac{1}{x}$ 四个函数复合而成.

13. $f(x) = x^2 + 2$.

14. $f(x) = \begin{cases} 2x+5, & x \leqslant 1-\sqrt{6}, \\ x^2, & 1-\sqrt{6} < x \leqslant 2, \\ -x+6, & x > 2, \end{cases}$ $\max f(x) = 4$.

15. 设批量为 x，库存量与生产准备费的和为 $P(x) = b \cdot \dfrac{a}{x} + c \cdot \dfrac{x}{2} = \dfrac{ab}{x} + \dfrac{cx}{2}$.

定义域为 $(0,a]$，x(台数) 只取定义域中的正整数.

习题 1.2

1. (1) 收敛于 0；　(2) 收敛于 1；　(3) 发散；　(4) 发散.

2. 略.

3*. 证略，反例：$u_n = (-1)^n$. 若 $a = 0$，则 $\lim\limits_{n \to \infty} u_n = 0 \Leftrightarrow \lim\limits_{n \to \infty} |u_n| = 0$.

4*–5*. 略.

习题 1.3

1. 略.

2. (1) 不存在；　(2) 不存在.

3*–6*. 略.

习题 1.4

1. 不一定. 如 $\lim\limits_{x \to 0} \dfrac{x\sin\frac{1}{x}}{x}$ 不存在.

2–3. 略.

4. (1) 3；　(2) 0.

5–6*. 略.

习题 1.5

1. (1) -7； (2) 2； (3) $-\dfrac{1}{6}$； (4) $\dfrac{2}{3}$； (5) $3x^2$； (6) 0； (7) $\dfrac{1}{2}$； (8) $\dfrac{1}{2}$；

   (9) $\dfrac{2}{3}$； (10) $\dfrac{1}{n}$； (11) -1； (12) $\dfrac{1}{2}$； (13) $\dfrac{3}{2}$； (14) 0； (15) $\dfrac{n}{m}$； (16) 3.

2. $-1, 0, -\infty$.

3. (1) $a=2$，$b=-8$； (2) $a=1$，$b=\dfrac{1}{2}$.

习题 1.6

1. (1) $\dfrac{\alpha}{\beta}$； (2) 3； (3) $\dfrac{1}{2}$； (4) 1； (5) x； (6) $\cos a$； (7) 8； (8) $(-1)^{m-n}\dfrac{m}{n}$；

   (9) 2； (10) $\dfrac{1}{4}$.

2. (1) e^{-2}； (2) e^3； (3) e^2； (4) e^{-1}； (5) e^2； (6) e^2.

3. 提示：$0 \leqslant a - x_n \leqslant y_n - x_n$，$0 \leqslant y_n - a \leqslant y_n - x_n$，利用夹逼准则.

4. (1) $\dfrac{1}{2}$； (2) b； (3) $\max\{a_1, a_2, \cdots, a_m\}$.

5. (1) 2； (2) $1 - \sqrt{1-a}$.

习题 1.7

1. $x^2 - x^3$.

2. 2 阶.

3. (1) 同阶不等价； (2) 等价无穷小.

4. (1) $\dfrac{1}{2}m^2$； (2) 1； (3) $\dfrac{1}{2}$； (4) $\dfrac{1}{2}$； (5) $\dfrac{1}{4}$； (6) $-\dfrac{3}{2}$.

习题 1.8

1. (1) 在区间 $(-\infty, -3) \cup (-3, 2) \cup (2, +\infty)$ 内 $f(x)$ 连续. $x=2$ 为可去间断点，$x=-3$ 为无穷间断点.

  (2) 在区间 $(-\infty, -1) \cup (-1, 0) \cup (0, 1) \cup (1, +\infty)$ 内 $f(x)$ 连续. $x=0$ 是 $f(x)$ 的第一类间断点（跳跃间断点），$x=-1$ 是 $f(x)$ 的第二类间断点（无穷间断点），$x=1$ 是 $f(x)$ 的第一类间断点（可去间断点）.

  (3) 在区间 $(-\infty, 0) \cup (0, +\infty)$ 内 $f(x)$ 连续. $x=0$ 是 $f(x)$ 的第一类间断点（跳跃间断点）.

  (4) 在 $x \neq k\pi$，$x \neq k\pi + \dfrac{\pi}{2} (k \in Z)$ 处 $f(x)$ 连续. $x=0$，$x = k\pi + \dfrac{\pi}{2} (k \in Z)$ 是可去间断点，$x = k\pi (k \neq 0)$ 是无穷间断点.

  (5) 在 $x \neq 1$ 处 $f(x)$ 连续. $x=1$ 是跳跃间断点.

  (6) 在 $x \neq 0$ 处 $f(x)$ 连续. $x=0$ 是跳跃间断点.

2. (1) $\sqrt{3}$； (2) 0； (3) $\dfrac{2}{\pi}$； (4) $1 - e^2$.

3. (1) $-\dfrac{1}{2}$； (2) $\dfrac{\ln 2}{3}$； (3) $-\dfrac{3}{2}$； (4) 1； (5) e； (6) $e^{\frac{1}{2}}$； (7) $\sqrt{ab}$.

4. (1) $a=2$； (2) $a=1$，$b=2$.

5. 在 $x \neq \pm 1$ 处 $f(x)$ 连续，$x = \pm 1$ 是跳跃间断点.

习题 1.9

1-4. 略.

总习题 1

1. (1) D； (2) B； (3) D； (4) C； (5) A； (6) $-5, 0$，任意常数，不等于 0 的数； (7) 2；

   (8) 跳跃，无穷，可去； (9) $\dfrac{3}{2}$； (10) 2.

2. (1) 3； (2) $\dfrac{1}{2}$； (3) π； (4) -1； (5) 1； (6) e^{a+b}； (7) 1； (8) $\dfrac{1}{2}$； (9) $\dfrac{1}{2}$；

   (10) $\dfrac{1}{8}$； (11) 1； (12) $\ln a$.

3. $a=\mathrm{e}$，$x=0$ 为无穷间断点．

4. $a=0$，$b=1$．

5. $x=0$ 为跳跃间断点，$x=1$ 为无穷间断点．

6. $x=0$ 为跳跃间断点，$x=1$ 为振荡间断点，$x=-1$ 为可去间断点，$x=-2,-3,\cdots$ 为无穷间断点．

7. $\dfrac{3}{2}$．

8. $\sqrt{3}$．

9. 略．

10. （1）0；　（2）$\mathrm{e}^{-\frac{1}{2}}$．

第 2 章

习题 2.1

1. $2ax+b$．

2. $-9!$．

3. 略．

4. （1）$-f'(x_0)$；　（2）$(a+b)f'(x_0)$；　（3）$f'(0)$．

5. 略．

6. （1）$\dfrac{2}{3}x^{-\frac{1}{3}}$；　（2）$\dfrac{-2}{x^3}$；　（3）$\dfrac{16}{5}x^{\frac{11}{5}}$；　（4）$\dfrac{1}{6}x^{-\frac{5}{6}}$．

7. 切线方程为 $\dfrac{\sqrt{3}}{2}x+y-\dfrac{1}{2}\left(1+\dfrac{\sqrt{3}}{3}\pi\right)=0$；法线方程为 $\dfrac{2\sqrt{3}}{3}x-y+\dfrac{1}{2}-\dfrac{2\sqrt{3}}{9}\pi=0$．

8. $(2,4)$．

9. （1）在 $x=0$ 处连续，不可导；　（2）在 $x=0$ 处连续，不可导；　（3）在 $x=0$ 处连续且可导．

10. $a=2$，$b=-1$．

11. $f'_+(0)=0$，$f'_-(0)=-1$，$f'(0)$ 不存在．

12. $f'(x)=\begin{cases}\cos x,&x<0,\\1,&x\geqslant0.\end{cases}$

13. 略．

习题 2.2

1. （1）$5x^4-\dfrac{2}{\sqrt[3]{x^4}}+\dfrac{2}{x^2}$；　（2）$15x^2-2^x\ln2+3\mathrm{e}^x$；　（3）$y=\sec x(2\sec x+\tan x)$；

（4）$\cos^3x-\sin x\sin2x$；　（5）$x(2\ln x+1)$；　（6）$3\mathrm{e}^x(\cos x-\sin x)$；

（7）$\sin x+\sin x\sec^2x-\csc^2x$；　（8）$\dfrac{1-\ln x^\alpha}{x^{\alpha+1}}$；　（9）$\dfrac{-2}{x(1+\ln x)^2}$；　（10）$\dfrac{1+\sin x+\cos x}{(1+\cos x)^2}$；

（11）$\dfrac{\sqrt{1-x^2}+1}{\sin x\cdot\sqrt{1-x^2}}-\dfrac{(x+\arctan x)\cos x}{\sin^2x}$；　（12）$t^2\mathrm{e}^{-t}\left[(3-t)\arctan t+\dfrac{t}{1+t^2}\right]$．

2. 切线方程为 $2x-y=0$；法线方程为 $x+2y=0$．

3. $\left(\dfrac{1}{4},\dfrac{1}{16}\right)$ 及 $(-1,1)$．

4. （1）$3\sin(4-3x)$；　（2）$-6x\mathrm{e}^{-3x^2}$；　（3）$\dfrac{\mathrm{e}^x}{1+\mathrm{e}^{2x}}$；　（4）$\dfrac{1}{2\sqrt{x-x^2}}$；　（5）$-\tan x$；　（6）$\sec x$；

（7）$-\dfrac{1}{2}\mathrm{e}^{-\frac{x}{2}}(\cos3x+6\sin3x)$；　（8）$\dfrac{2x\cos2x-\sin2x}{x^2}$；

（9）$a^x\mathrm{e}^{\sin\tan x}(\ln a+\sec^2x\cos\tan x)$；　（10）$\dfrac{1}{\sqrt{1-x^2}+1-x^2}$；　（11）$\dfrac{1}{x\ln x\cdot\ln(\ln x)}$；　（12）$\arcsin\dfrac{x}{2}$；

（13）$\dfrac{-x\arcsin x}{(1+x^2)^{\frac{3}{2}}}+\dfrac{1}{\sqrt{1-x^4}}-\dfrac{1}{1-x^2}$；　（14）$\dfrac{\mathrm{e}^{-x}-\mathrm{e}^x}{\mathrm{e}^{-x}+\mathrm{e}^x}$．

5. $f'(x)=\dfrac{c(a+bx^2)}{(b^2-a^2)x^2}$．

习题 2.3

1. (1) $4-\dfrac{1}{x^2}$；　(2) $-2e^{-t}\cos t$；　(3) $y=2\arctan x+\dfrac{2x}{1+x^2}$；　(4) $\dfrac{e^x(x^2-2x+2)}{x^3}$；

　(5) $\dfrac{6x(2x^3-1)}{(1+x^3)^3}$；　(6) $-\dfrac{x}{(1+x^2)^{\frac{3}{2}}}$.

2. $f'''(2)=207360$.

3. (1) $2f'(x^2)+4x^2f''(x^2)$；　(2) $(e^x+1)^2f''(e^x+x)+e^xf'(e^x+x)$；

　(3) $\dfrac{f''(x)f(x)-[f'(x)]^2}{[f(x)]^2}$；　(4) $a^2e^{f(ax+b)}[f'^2(ax+b)+f''(ax+b)]$.

4. (1) $(-1)^n\dfrac{(n-2)!}{x^{n-1}}(n\geqslant2)$；　(2) $2^{n-1}\sin\left[2x+(n-1)\dfrac{\pi}{2}\right]$；

　(3) $(-1)^nn!\left[\dfrac{1}{(x-2)^{n+1}}-\dfrac{1}{(x-1)^{n+1}}\right]$；　(4) $(x+n)e^x$.

5. 略.

习题 2.4

1. (1) $\dfrac{ay-x^2}{y^2-ax}$；　(2) $\dfrac{e^{x+y}-y}{x-e^{x+y}}$；　(3) $\dfrac{-e^y}{1+xe^y}$.

2. 切线方程为 $x+y-\dfrac{\sqrt{2}}{2}a=0$；法线方程为 $x-y=0$.

3. 略.

4. (1) $\dfrac{-b^4}{a^2y^3}$；　(2) $\dfrac{e^{2y}(3-y)}{(2-y)^3}$.

5. (1) $x^{\frac{1}{x}-2}(1-\ln x)$；　(2) $(\sin x)^{\cos x-1}(\cos^2x-\sin^2x\cdot\ln\sin x)$；

　(3) $\dfrac{\sqrt{x+2}(3-x)^4}{(x+1)^5}\left[\dfrac{1}{2(x+2)}-\dfrac{4}{3-x}-\dfrac{5}{x+1}\right]$；　(4) $\dfrac{1}{5}\sqrt[5]{\dfrac{x-5}{\sqrt[5]{x^2+2}}}\left[\dfrac{1}{x-5}-\dfrac{2x}{5(x^2+2)}\right]$.

6. (1) $\dfrac{3b}{2a}t$；　(2) $\dfrac{\cos\theta-\theta\sin\theta}{1-\sin\theta-\theta\cos\theta}$.

7. 切线方程为 $2\sqrt{2}x+y-2=0$；法线方程为 $\sqrt{2}x-4y-1=0$.

8. (1) $\dfrac{4}{9}e^{3t}$；　(2) $\dfrac{-2}{y^3}$；　(3) $\dfrac{2+t^2}{a(\cos t-t\sin t)^3}$；　(4) $\dfrac{1}{f''(t)}$.

9. (1) $\dfrac{-3}{8t^5}(1+t^2)$；　(2) $\dfrac{t^4-1}{8t^3}$.

10. 0.64 cm/min.

11. 4π m²/s.

习题 2.5

1. Δy 的值分别为 130，4，0.31，0.0301，dy 的值分别为 30，3，0.3，0.03，$\Delta y-dy\to0(\Delta x\to0)$.

2. 略.

3. (1) $(\sin2x+2x\cos2x)dx$；　(2) $e^{-x}[\sin(3-x)-\cos(3-x)]dx$；　(3) $\dfrac{2\ln(1-x)}{x-1}dx$；

　(4) $(x^2+1)^{-\frac{3}{2}}dx$；　(5) $dy=\begin{cases}\dfrac{dx}{\sqrt{1-x^2}},&-1<x<0,\\[2mm]-\dfrac{dx}{\sqrt{1-x^2}},&0<x<1;\end{cases}$　(6) $8x\tan(1+2x^2)\sec^2(1+2x^2)dx$；

　(7) $\dfrac{-2x}{1+x^4}dx$；　(8) $\left[\dfrac{\sin x}{x\ln a}+\log_ax\cdot\cos x+\dfrac{2\sin x}{(\cos x+1)^2}\right]dx$.

4. (1) $\dfrac{3}{2}x^2+C$；　(2) $\sin x+C$；　(3) $-\dfrac{1}{\omega}\cos\omega x+C$；　(4) $-\dfrac{1}{2}e^{-2x}+C$；

$(5)2\sqrt{x}+C$；　$(6)\dfrac{1}{3}\tan 3x+C.$

5. $(1)1.002$；　$(2)0.4849$；　$(3)60°2'$；　$(4)0.03.$

6. $(1)1-4x^3-3x^6$；　$(2)\dfrac{x\cos x-\sin x}{2x^3}.$

7. 1. 16 克.

总习题 2

1. (1)充分，必要；　(2)充分必要；　(3)充分必要.

2. $(1)f'(a)$；　$(2)f'(a).$

3. $(1)f'_-(0)=1$, $f'_+(0)=0$, $f(x)$ 在 $x=0$ 处不可导；　$(2)f'_+(0)=0$, $f'_-(0)=1$, $f(x)$ 在 $x=0$ 处不可导.

4. (1)连续且可导；　(2)连续，不可导.

5. $(1)\dfrac{7}{8}x^{-\frac{1}{8}}$；　$(2)\dfrac{\cos x}{2\sqrt{\sin x(1-\sin x)}}$；　$(3)\dfrac{\ln x-2}{x^2}\sin\dfrac{2(1-\ln x)}{x}$；

　　$(4)(\sin x)^{\cos x}(\cos x\cot x-\sin x\ln\sin x)+(\cos x)^{\sin x}(\cos x\ln\cos x-\sin x\tan x)$；

　　$(5)\sin x\cdot\ln\tan x$；　$(6)\dfrac{\psi(x)\varphi'(x)-\varphi(x)\psi'(x)}{\varphi^2(x)+\psi^2(x)}.$

6. $(1)-2\cos 2x\ln x-\dfrac{2\sin 2x}{x}-\dfrac{\cos^2 x}{x^2}$；　$(2)\dfrac{3x}{(1-x^2)^{\frac{5}{2}}}.$

7. $(1)(-1)^n\mathrm{e}^{-x}[x^2-2(n-1)x+n^2-3n+2]$；　$(2)\dfrac{(2n-3)!!\ (4n-1-x)}{2^n\ (1-x)^{n+\frac{1}{2}}}.$

8. $(1)-\dfrac{\cos x+\mathrm{e}^y}{x\mathrm{e}^y}$；　$(2)-\dfrac{y}{x^2(y-1)}\left[\dfrac{(x-1)^2}{(y-1)^2}+1\right].$

9. $(1)\dfrac{\mathrm{d}y}{\mathrm{d}x}=-\tan t$, $\dfrac{\mathrm{d}^2 y}{\mathrm{d}x^2}=\dfrac{1}{3a}\sec^4 t\cdot\csc t$；　$(2)\dfrac{\mathrm{d}y}{\mathrm{d}x}=\dfrac{1}{t}$, $\dfrac{\mathrm{d}^2 y}{\mathrm{d}x^2}=-\dfrac{1+t^2}{t^3}.$

10. 切线方程为 $x+y=0$；法线方程为 $x-y=0.$

11. 略.

12. $\sqrt{2}.$

13. $-43.633\ \mathrm{cm}^2$；$104.72\ \mathrm{cm}^2.$

14. 大约 2. 228 cm.

第 3 章

习题 3.1

1-4. 略.

5. 有分别位于区间 $(1,2),(2,3)$ 及 $(3,4)$ 内的三个根.

6. 提示：对函数 $f(x)=a_0 x^n+a_1 x^{n-1}+\cdots+a_{n-1}x$ 在区间 $[0,x_0]$ 上用罗尔定理.

7. 提示：对函数 $F(x)=(x-1)^2 f(x)$ 用两次罗尔定理.

8-9. 略.

10. 提示：利用连续函数的介值定理证明正根的存在性；利用反证法和罗尔定理证明根的唯一性.

11. 提示：令 $F(x)=f(x)\mathrm{e}^{-x}$，先证明 $F(x)$ 为常数.

12. 提示：令 $\varphi(x)=\dfrac{f(x)}{x}$, $g(x)=\dfrac{1}{x}$，在区间 $[a,b]$ 上应用柯西定理.

习题 3.2

1. $(1)2$；　$(2)-\dfrac{1}{3}$；　$(3)-\dfrac{1}{8}$；　$(4)\dfrac{m}{n}a^{m-n}$；　$(5)1$；　$(6)3$；　$(7)1$；　$(8)\infty$；

　$(9)\dfrac{1}{2}$；　$(10)\dfrac{1}{2}$；　$(11)-\dfrac{1}{2}$；　$(12)1$；　$(13)1$；　$(14)\mathrm{e}^{-\frac{2}{\pi}}$；　$(15)\mathrm{e}^{-\frac{1}{6}}$；　$(16)\mathrm{e}^2.$

2. (1)0，不能用洛必达法则，因为不是未定式；

　(2)0，不能用洛必达法则，因为导数之比的极限不存在；

　(3)1，不能用洛必达法则，因为导数之比的极限不存在.

3. 提示：先用洛必达法则，然后再用导数的定义.

习题 3.3

1. $f(x)=-56+21(x-4)+37(x-4)^2+11(x-4)^3+(x-4)^4$.

2. $\tan x=x+\dfrac{1}{3}x^3+o(x^3)$.

3. $x\mathrm{e}^x=x+x^2+\dfrac{x^3}{2!}+\cdots+\dfrac{x^n}{(n-1)!}+o(x^n)$.

4. $\sqrt{x}=2+\dfrac{1}{4}(x-4)-\dfrac{1}{64}(x-4)^2+\dfrac{1}{512}(x-4)^3-\dfrac{15(x-4)^4}{4!\cdot16\left[4+\theta(x-4)\right]^{\frac{7}{2}}}(0<\theta<1)$.

5. $\dfrac{1}{x}=-\left[1+(x+1)+(x+1)^2+\cdots+(x+1)^n\right]+(-1)^{n+1}\dfrac{(x+1)^{n+1}}{\left[-1+\theta(x+1)\right]^{n+2}}(0<\theta<1)$.

6. $\ln x=\ln2+\dfrac{1}{2}(x-2)-\dfrac{(x-2)^2}{2^3}+\dfrac{(x-2)^3}{3\cdot2^3}-\cdots+(-1)^{n-1}\dfrac{(x-2)^n}{n\cdot2^n}+o((x-2)^n)$.

7. (1) $\sqrt[3]{30}\approx3.10724$，$\left|R_3\right|<1.88\times10^{-5}$；　　(2) $\sin18°\approx0.3090$，$\left|R_3\right|<1.3\times10^{-4}$.

8. (1) $\dfrac{1}{2}$；　　(2) $\dfrac{1}{6}$.

习题 3.4

1-2. 略.

3. (1) 在 $(-\infty,-1]$，$[3,+\infty)$ 上单调增加，在 $[-1,3]$ 上单调减少；

(2) 在 $[0,2]$ 上单调减少，在 $[2,+\infty)$ 上单调增加；

(3) 在 $(-\infty,0)$；$\left(0,\dfrac{1}{2}\right]$，$[1,+\infty)$ 上单调减少，在 $\left[\dfrac{1}{2},1\right]$ 上单调增加；

(4) 在 $\left(-\infty,\dfrac{2}{3}a\right]$，$[a,+\infty)$ 上单调增加，在 $\left[\dfrac{2}{3}a,a\right]$ 上单调减少；

(5) 在 $[0,n]$ 上单调增加，在 $[n,+\infty)$ 上单调减少；

(6) 在 $\left[\dfrac{k\pi}{2},\dfrac{k\pi}{2}+\dfrac{\pi}{3}\right]$ 上单调增加，在 $\left[\dfrac{k\pi}{2}+\dfrac{\pi}{3},\dfrac{k\pi}{2}+\dfrac{\pi}{2}\right]$ 上单调减少 $(k\in\mathbf{Z})$.

4. 略.

5. (1) 极大值为 $y(0)=0$，极小值为 $y(1)=-1.33$；　　(2) 极小值为 $y(0)=0$；

(3) 极大值为 $y(1)=1$，极小值为 $y(0)=y(2)=0$；　　(4) 极小值为 $y(-\ln\sqrt{2})=2\sqrt{2}$；

(5) 无极值；　　(6) 无极值.

6. $\alpha=2$，$y\left(\dfrac{\pi}{3}\right)=\sqrt{3}$ 为极大值.

7. (1) 有一实根，在 $[3,+\infty)$ 内；

(2) 当 $a>\dfrac{1}{\mathrm{e}}$ 时，无实根；当 $0<a<\dfrac{1}{\mathrm{e}}$ 时，有两个实根，分别在 $\left(0,\dfrac{1}{a}\right)$，$\left(\dfrac{1}{a},+\infty\right)$ 内；当 $a=\dfrac{1}{\mathrm{e}}$ 时，只有 $x=\mathrm{e}$ 一个实根.

8. (1) 最大值为 13，最小值为 4；　　(2) 最大值为 $\dfrac{\pi}{2}$，最小值为 $-\dfrac{\pi}{2}$；

(3) 最大值为 $\dfrac{3}{5}$，最小值为 -1；　　(4) 最大值为 $\dfrac{\pi}{4}$，最小值为 0.

9. 当 $x=-3$ 时函数有最小值 27.

10. 当 $x=1$ 时函数有最大值 $\dfrac{1}{2}$.

11. 所求的直线方程为：$\dfrac{x}{3}+\dfrac{y}{6}=1$.

12. 当桶底半径为 1 米，高为 1.5 米时，成本最低.

13. 1800 元.

习题 3.5

1. (1) 是凸的；　　(2) 是凹的.

2. (1) 拐点为 $\left(\dfrac{5}{3},\dfrac{20}{27}\right)$，在 $\left(-\infty,\dfrac{5}{3}\right)$ 内是凸的，在 $\left[\dfrac{5}{3},+\infty\right)$ 内是凹的；

(2) 拐点为 $\left(2,\dfrac{2}{e^2}\right)$，在 $(-\infty,2]$ 内是凸的，在 $[2,+\infty)$ 内是凹的；

(3) 拐点为 $(-1,\ln 2)$；$(1,\ln 2)$，在 $(-\infty,-1]$，$[1,+\infty)$ 内是凸的，在 $[-1,1]$ 内是凹的；

(4) 拐点为 $(1,-7)$，在 $(0,1]$ 内是凸的，在 $[1,+\infty)$ 内是凹的；

(5) 拐点为 $\left(\dfrac{1}{2},e^{\arctan\frac{1}{2}}\right)$，在 $\left(-\infty,\dfrac{1}{2}\right]$ 内是凹的，在 $\left[\dfrac{1}{2},+\infty\right)$ 内是凸的；

(6) 拐点为 $\left(-\dfrac{\sqrt{3}}{3},\dfrac{3}{4}\right)$，$\left(\dfrac{\sqrt{3}}{3},\dfrac{3}{4}\right)$，在 $\left(-\infty,-\dfrac{\sqrt{3}}{3}\right]$，$\left[\dfrac{\sqrt{3}}{3},+\infty\right)$ 内是凹的，在 $\left[-\dfrac{\sqrt{3}}{3},\dfrac{\sqrt{3}}{3}\right]$ 内是凸的.

3. 拐点为：$(1,4)$；$(1,-4)$.

4. 略.

5. $a=-\dfrac{3}{2}$，$b=\dfrac{9}{2}$.

6. $k=\pm\dfrac{\sqrt{2}}{8}$.

7. (1) 水平渐近线为：$y=0$；垂直渐近线为：$x=1$，$x=2$；

(2) 垂直渐近线为：$x=0$；斜渐近线为：$y=x+3$；

(3) 垂直渐近线为：$x=-\dfrac{1}{e}$；斜渐近线为：$y=x+\dfrac{1}{e}$；

(4) 水平渐近线为：$y=0$.

8. (1) 在 $(-\infty,-2]$ 内单调减少，在 $[-2,+\infty)$ 内单调增加；在 $(-\infty,-1]$，$[1,+\infty)$ 内是凹的，在 $[-1,1]$ 上是凸的；拐点为 $\left(-1,-\dfrac{6}{5}\right)$；$(1,2)$；极小值为 $f(-2)=-\dfrac{17}{5}$.

(2) 在 $(-\infty,-3]$，$[3,+\infty)$ 内单调减少，在 $(-3,3]$ 内单调增加；在 $[6,+\infty)$ 内是凹的，在 $(-\infty,-3)$；$(-3,6]$ 上是凸的；拐点为 $\left(6,\dfrac{11}{3}\right)$；极大值为 $f(3)=4$.

(3) 在 $(-\infty,0)$；$\left(0,\dfrac{\sqrt[3]{4}}{2}\right]$ 内单调减少，在 $\left[\dfrac{\sqrt[3]{4}}{2},+\infty\right)$ 内单调增加；在 $(-\infty,-1]$，$(0,+\infty)$ 内是凹的，在 $[-1,0)$ 上是凸的；拐点为 $(-1,0)$；极小值为 $f\left(\dfrac{\sqrt[3]{4}}{2}\right)=\dfrac{3}{2}\sqrt[3]{2}$；垂直渐近线为 $x=0$.

(4) $y=f(x)$ 是偶函数，因此可以只讨论 $[0,+\infty)$ 上该函数的图形. 在 $[0,+\infty)$ 内单调减少；在 $[1,+\infty)$ 内是凹的，在 $[0,1]$ 上是凸的；拐点为 $\left(1,\dfrac{1}{\sqrt{2\pi e}}\right)$；极大值为 $f(0)=\dfrac{1}{\sqrt{2\pi}}$；水平渐近线为 $y=0$.

习题 3.6

1. (1) $k=\dfrac{\sqrt{2}}{4}$；　(2) $k=\dfrac{6\,|\,x\,|}{(1+9x^4)^{\frac{3}{2}}}$；　(3) $k=0$；　(4) $k=\dfrac{5\sqrt{2}}{6a}$；　(5) $k=\dfrac{1}{6}$.

2. $\left(\dfrac{\sqrt{2}}{2},-\dfrac{1}{2}\ln 2\right)$，$R=\dfrac{3\sqrt{2}}{2}$.

3. $x^2+\left(y-\dfrac{1}{2}\right)^2=\dfrac{1}{4}$.

4. $a=3$，$b=-3$，$c=1$.

5. 约 1246 N.

提示：沿曲线运动的物体所受的向心力为 $F=\dfrac{mv^2}{r}$，这里 m 为物体的质量，v 为它的速度，r 为运动轨迹的曲率半径.

总习题 3

1. 2.

2. 提示：用反证法和罗尔定理.

3. 提示：作辅助函数 $F(x)=xf(x)$，再用罗尔定理.

4. 提示：作辅助函数 $F(x)=e^x f(x)$，再用罗尔定理.

5. 提示：作辅助函数 $F(x)=e^{g(x)}f(x)$，再用罗尔定理.

6. 提示：在区间 $[a,c]$ 和 $[c,b]$ 上分别应用拉格朗日中值定理，再用罗尔定理.

7. 提示：对函数 $f(x)$ 和 $g(x)=\ln x$ 用柯西定理.

8. 提示：对函数 $f(x)$ 和 $g(x)=x^2$ 用柯西定理，再对 $f(x)$ 应用拉格朗日定理.

9. (1) 2; (2) $e^{-\frac{2}{\pi}}$; (3) $e^{\frac{1}{3}}$; (4) 0; (5) $\frac{1}{2}$; (6) $a_1 a_2 \cdots a_n$.

10. 略.

11. (1) 极小值为 $y(0)=0$；极大值为 $y(2)=4e^{-2}$.

   (2) 极小值 $y\left(2n\pi+\dfrac{\pi}{4}\right)=\sqrt{2}e^{2n\pi+\frac{\pi}{4}}$；极大值 $y\left[(2n+1)\pi+\dfrac{\pi}{4}\right]=-\sqrt{2}e^{(2n+1)\pi+\frac{\pi}{4}}$, $n\in Z$.

12. $\sqrt[3]{3}$.

13. 凸区间：$(-\infty,0]$，凹区间：$[0,+\infty)$，拐点：$(0,0)$.

14. 提示：记 $x_0=(1-t)x_1+tx_2$，先证
$$f(x)\geqslant f(x_0)+f'(x_0)(x-x_0).$$
然后在上式中分别令 $x=x_1$ 及 $x=x_2$，可得两个不等式，由此推出结论.

15. 提示：设 $x_0\in(0,1)$ 是 $f(x)$ 的最大值点，在区间 $[0,x_0]$ 和 $[x_0,1]$ 上分别对 $f'(x)$ 应用拉格朗日中值定理，然后再估值.

16. $a=\dfrac{4}{3}$, $b=-\dfrac{1}{3}$.

第 4 章

习题 4.1

1. (1) $\dfrac{x^2}{2}+x+\dfrac{4}{3}x^{\frac{3}{2}}+C$; (2) $-\dfrac{2}{x}+3e^x+C$; (3) $\dfrac{1}{2}x^4+\cos x+\dfrac{10}{3}x^{\frac{3}{2}}+C$;

   (4) $3\arctan x-2\arcsin x+C$; (5) $-2x^{-\frac{1}{2}}-\ln|x|+e^x+C$; (6) $2x-\dfrac{5\left(\frac{2}{3}\right)^x}{\ln 2-\ln 3}+C$;

   (7) $\arctan x+x^3+C$; (8) $\dfrac{1}{3}x^3-x+2\arctan x+C$; (9) $\sin x+\cos x+C$;

   (10) $\tan x-\cot x+C$; (11) $\tan x-\sec x+C$; (12) $x-\cos x+C$;

   (13) $-\cot x-2x+C$; (14) $\dfrac{1}{2}\tan x+\dfrac{1}{2}x+C$.

2. $y=\ln|x|+1$.

3. (1) 27 m; (2) $\sqrt[3]{360}\approx 7.11$ s.

习题 4.2

1. (1) $-\dfrac{1}{3}\cos 3x+2e^{-\frac{x}{2}}+C$; (2) $-\dfrac{1}{2}(2-3x)^{\frac{2}{3}}+C$; (3) $\dfrac{1}{2}\ln(1+x^2)+C$;

   (4) $-2\cos\sqrt{x}+C$; (5) $2\arctan\sqrt{x}+C$; (6) $-\sin\dfrac{1}{x}+C$;

   (7) $\dfrac{1}{2}\ln(1+e^{2x})+C$; (8) $\ln|\ln(\ln x)|+C$; (9) $\dfrac{1}{2}\sec^2 x+C$;

   (10) $\ln|1+\sin x+\cos x|+C$; (11) $\dfrac{1}{2}(\arctan x)^2+C$; (12) $-\dfrac{1}{x\ln x}+C$;

   (13) $\ln|x+\sin x|+C$; (14) $\sin x-\dfrac{1}{3}\sin^3 x+C$; (15) $\dfrac{1}{10}\sin 5x-\dfrac{1}{18}\sin 9x+C$;

   (16) $\dfrac{1}{7}\sec^7 x-\dfrac{2}{5}\sec^5 x+\dfrac{1}{3}\sec^3 x+C$; (17) $\arctan e^x+C$; (18) $\dfrac{1}{2}(\ln\tan x)^2+C$;

   (19) $-\dfrac{1}{\arcsin x}+C$; (20) $-\ln|\cos\sqrt{1+x^2}|+C$; (21) $\dfrac{1}{3}(x+1)^{\frac{3}{2}}-\dfrac{1}{3}(x-1)^{\frac{3}{2}}+C$;

(22)$\arcsin\dfrac{\sin^2 x}{\sqrt{2}}+C$；　(23)$\sqrt{3x^2-5x+6}+C$；　(24)$\dfrac{1}{2}\ln(x^2+2x+3)-\sqrt{2}\arctan\dfrac{x+1}{\sqrt{2}}+C$.

2. (1)$\arcsin x-\dfrac{x}{1+\sqrt{1-x^2}}+C$；　(2)$\dfrac{1}{2}(\arcsin x+\ln|x+\sqrt{1-x^2}|)+C$；

(3)$\sqrt{x^2-9}-3\arccos\dfrac{3}{|x|}+C$；　(4)$\arccos\dfrac{1}{|x|}+C$；　(5)$-\dfrac{1}{9x}\sqrt{x^2+9}+C$；

(6)$\sqrt{2x}-\ln(1+\sqrt{2x})+C$；　(7)$\ln\left(x+\dfrac{1}{2}+\sqrt{1+x+x^2}\right)+C$；　(8)$-\dfrac{(4-x^2)^{\frac{3}{2}}}{12x^3}+C$.

习题 4.3

1. (1)$-x\cos x+\sin x+C$；　(2)$-\dfrac{1}{2}x\mathrm{e}^{-2x}-\dfrac{1}{4}\mathrm{e}^{-2x}+C$；

(3)$\dfrac{1}{3}x^3\ln x-\dfrac{1}{9}x^3+C$；　(4)$x\arccos x-\sqrt{1-x^2}+C$；

(5)$\dfrac{1}{3}x^2\sin 3x+\dfrac{2}{9}x\cos 3x-\dfrac{2}{27}\sin 3x+C$；　(6)$\dfrac{1}{3}x^3\arctan x-\dfrac{1}{6}x^2+\dfrac{1}{6}\ln(1+x^2)+C$；

(7)$\dfrac{1}{2}\mathrm{e}^{-x}(\sin x-\cos x)+C$；　(8)$\dfrac{1}{2}x(\sin\ln x+\cos\ln x)+C$；

(9)$x\tan x+\ln|\cos x|-\dfrac{1}{2}x^2+C$；　(10)$-\dfrac{1}{x}(\ln^3 x+3\ln^2 x+6\ln x+6)+C$；

(11)$-x\cot x+\ln|\sin x|+C$；　(12)$x\tan\dfrac{x}{2}+C$；

(13)$x(\arcsin x)^2+2\sqrt{1-x^2}\arcsin x-2x+C$；　(14)$\dfrac{1}{2}\mathrm{e}^x-\dfrac{1}{10}\mathrm{e}^x(\cos 2x+2\sin 2x)+C$；

(15)$\dfrac{2}{3}\mathrm{e}^{\sqrt{3x+9}}(\sqrt{3x+9}-1)+C$；　(16)$\dfrac{1}{2}x\sqrt{x^2+a^2}+\dfrac{a^2}{2}\ln|x+\sqrt{x^2+a^2}|+C$；

(17)$\tan x\cdot\ln\sin x-x+C$；　(18)$\dfrac{1}{2}(x^2-1)\ln\dfrac{1+x}{1-x}+x+C$.

习题 4.4

1. (1)$\dfrac{1}{3}x^3-\dfrac{3}{2}x^2+9x-27\ln|x+3|+C$；　(2)$\ln|x-2|+\ln|x+5|+C$；

(3)$\dfrac{2}{5}\ln|1+2x|-\dfrac{1}{5}\ln(1+x^2)+\dfrac{1}{5}\arctan x+C$；

(4)$\ln|x|-\dfrac{1}{2}\ln|x+1|-\dfrac{1}{4}\ln(1+x^2)-\dfrac{1}{2}\arctan x+C$；

(5)$\dfrac{\sqrt{2}}{4}\ln\left|\dfrac{(x-\sqrt{2})(x-\sqrt{3})}{(x+\sqrt{2})(x+\sqrt{3})}\right|+C$；　(6)$-\dfrac{x+1}{x^2+x+1}-\dfrac{4}{\sqrt{3}}\arctan\dfrac{2x+1}{\sqrt{3}}+C$；

(7)$\dfrac{1}{\sqrt{2}}\arctan\dfrac{x^2-1}{\sqrt{2}x}+C$；　(8)$\dfrac{\sqrt{2}}{4}\arctan\dfrac{x^2-1}{\sqrt{2}x}-\dfrac{\sqrt{2}}{8}\ln\dfrac{x^2-\sqrt{2}x+1}{x^2+\sqrt{2}x+1}+C$.

2. (1)$\dfrac{1}{2\sqrt{3}}\arctan\dfrac{2\tan x}{\sqrt{3}}+C$；　(2)$\dfrac{1}{\sqrt{2}}\arctan\dfrac{\tan\frac{x}{2}}{\sqrt{2}}+C$；　(3)$\ln\left|1+\tan\dfrac{x}{2}\right|+C$；

(4)$\dfrac{1}{\sqrt{5}}\arctan\dfrac{3\tan\frac{x}{2}+1}{\sqrt{5}}+C$；　(5)$-\dfrac{1}{4}\ln(5+4\cos x)+C$；　(6)$\dfrac{1}{\sqrt{2}}\arctan\dfrac{\tan 2x}{\sqrt{2}}+C$.

3. (1)$\dfrac{3}{2}\sqrt[3]{(x+1)^2}-3\sqrt[3]{x+1}+3\ln|1+\sqrt[3]{x+1}|+C$；

(2)$\dfrac{1}{2}x^2-\dfrac{2}{3}x^{\frac{3}{2}}+x-4\sqrt{x}+4\ln(1+\sqrt{x})+C$；

(3)$2\sqrt{x}-4\sqrt[4]{x}+4\ln(1+\sqrt[4]{x})+C$；　(4)$x-4\sqrt{x+1}+4\ln(\sqrt{x+1}+1)+C$；

（5）$\arcsin x+\sqrt{1-x^2}+C$；　　（6）$-\dfrac{3}{2}\sqrt[3]{\dfrac{x+1}{x-1}}+C$.

总习题 4

1. $x^2\cos x-4x\sin x-6\cos x+C$.

2. $f(x)=x+\mathrm{e}^x+C$.

3. $\displaystyle\int\dfrac{1}{f(x)}\mathrm{d}x=\dfrac{1}{3}(1-x^2)^{\frac{3}{2}}+C$.

4. （1）$\dfrac{1}{2}\dfrac{1}{(1-x)^2}-\dfrac{1}{1-x}+C$；　　（2）$\dfrac{1}{2}\arctan(\sin^2 x)+C$；

　（3）$\dfrac{1}{3}\tan^3 x-\tan x+x+C$；　　（4）$\ln\left|x+\dfrac{1}{2}+\sqrt{x(1+x)}\right|+C$；

　（5）$\dfrac{1}{4}(\arcsin x)^2+\dfrac{x}{2}\sqrt{1-x^2}\arcsin x-\dfrac{x^2}{4}+C$；　　（6）$-\dfrac{\sqrt{(1+x^2)^3}}{3x^3}+\dfrac{\sqrt{1+x^2}}{x}+C$；

　（7）$x\tan\dfrac{x}{2}+2\ln\left|\cos\dfrac{x}{2}\right|+C$；　　（8）$-\dfrac{2}{17}\mathrm{e}^{-2x}\left(\cos\dfrac{x}{2}+4\sin\dfrac{x}{2}\right)+C$；

　（9）$\dfrac{x}{\ln x}+C$；　　（10）$\dfrac{x\mathrm{e}^x}{\mathrm{e}^x+1}-\ln(1+\mathrm{e}^x)+C$；

　（11）$\dfrac{1}{4}\ln|x|-\dfrac{1}{24}\ln(x^6+1)+C$；　　（12）$\mathrm{e}^{\sin x}(x-\sec x)+C$；

　（13）$(x+1)\arctan\sqrt{x}-\sqrt{x}+C$；　　（14）$\ln\dfrac{x}{(1+\sqrt[6]{x})^6}+C$；

　（15）$-\ln|\csc x+1|+C$；　　（16）$\dfrac{x\ln x}{\sqrt{1+x^2}}-\ln(x+\sqrt{1+x^2})+C$；

　（17）$\arctan(\mathrm{e}^x-\mathrm{e}^{-x})+C$；　　（18）$\dfrac{1}{1+\mathrm{e}^x}+\ln\dfrac{\mathrm{e}^x}{1+\mathrm{e}^x}+C$；

　（19）$\dfrac{\sqrt{x^2-1}}{x}+C$；　　（20）$-\dfrac{1}{3}\sqrt{1-x^2}(x^2+2)\arccos x-\dfrac{1}{9}x(x^2+6)+C$.

第 5 章

习题 5.1

1. 略.

2. $S=\displaystyle\int_{t_0}^{t_1}v(t)\mathrm{d}t$.

3. $m=\displaystyle\int_0^l\rho(x)\mathrm{d}x$.

4. $\displaystyle\int_0^1\dfrac{1}{1+x^2}\mathrm{d}x$.

5. 略.

6. （1）正；　　（2）正.

7. （1）$\displaystyle\int_0^{\frac{1}{2}}\dfrac{x}{1+x}\mathrm{d}x<\int_0^{\frac{1}{2}}(1+x)\mathrm{d}x$；　　（2）$\displaystyle\int_1^2\left(1+\dfrac{1}{2}x\right)\mathrm{d}x>\int_1^2\sqrt{1+x}\,\mathrm{d}x$.

8-9. 略.

习题 5.2

1. （1）$a^3+\dfrac{a^2}{2}+a$；　　（2）$\dfrac{\pi}{6}$；　　（3）1；　　（4）$\dfrac{a^2-1}{\ln a}$；　　（5）$\dfrac{\pi}{4}$；　　（6）$\ln(1+\sqrt{2})$.

2. （1）$\dfrac{2\sin x^4}{x}-\dfrac{1}{2}\dfrac{\mathrm{e}^{\frac{x}{2}}}{\sqrt{1-\dfrac{x^2}{4}}}$；　　（2）$2\sqrt{f(x)}(2x+\sin|\sin x|\sin 2x)$；

　（3）$\varphi(\ln x)\dfrac{1}{x}+\varphi\left(\dfrac{1}{x}\right)\dfrac{1}{x^2}$；　　（4）$\displaystyle\int_0^x\varphi(u)\mathrm{d}u$.

3. (1) $\dfrac{1}{3}$;　(2) 2.

4. $\mathrm{d}y = \dfrac{\mathrm{e}^{-x^2}}{2y\cos y^4}\mathrm{d}x$.

5. 极大值为 $\dfrac{4}{3}a^3+2a$；极小值为 $2a$.

6. $a^2 f(a)$.

7. 略.

8. (1) $a=0$;　(2) $f'(0)=\dfrac{1}{3}$.

9. $F(x)=\begin{cases} x^2, & 0 \leqslant x \leqslant 1, \\ \dfrac{1}{2}(x+1), & 1 < x \leqslant 2. \end{cases}$

10～11. 略.

习题 5.3

1. (1) $\dfrac{1}{2}(1-\ln 2)$;　(2) π;　(3) $\dfrac{1}{5}(2\mathrm{e}^\pi+1)$;　(4) $\ln\dfrac{\mathrm{e}+\sqrt{1+\mathrm{e}^2}}{1+\sqrt{2}}$;

　(5) $x\ln(x+\sqrt{x^2+a^2})-a\ln(1+\sqrt{2}a)-\sqrt{x^2+a^2}+\sqrt{2}a$;

　(6) $\dfrac{a^2}{2}[\sqrt{2}-\ln(\sqrt{2}+1)]$;　(7) $6-2\mathrm{e}$;　(8) $\dfrac{2}{\sqrt{5}}\arctan\dfrac{1}{\sqrt{5}}$.

2. (1) $\dfrac{8}{15}$;　(2) $\dfrac{35}{128}\pi$;　(3) $\dfrac{256}{693}$;　(4) $\dfrac{8}{35}$;　(5) $\dfrac{5}{16}\pi$;　(6) $\dfrac{3}{16}\pi$;

　(7) $\dfrac{(2n)!!}{(2n+1)!!}$;　(8) $\dfrac{\pi a^4}{16}$.

3～4. 略.

5. (1) 0;　(2) $1-\dfrac{\sqrt{3}}{6}\pi$;　(3) 0;　(4) $\dfrac{3}{2}\pi$.

6. 略.

7. (1) $\dfrac{\pi}{2}$;　(2) $\dfrac{9-4\sqrt{3}}{36}\pi+\dfrac{1}{2}\ln\dfrac{3}{2}$;　(3) $\dfrac{\pi}{4}$;　(4) $\dfrac{\pi^3}{6}-\dfrac{\pi}{4}$;　(5) 0;　(6) $\dfrac{\pi}{4}$.

习题 5.4

1. (1) 发散;　(2) 发散;　(3) $k>1$ 时收敛，$k \leqslant 1$ 时发散;　(4) 发散;　(5) 收敛;

　(6) 发散;　(7) 收敛;　(8) 收敛.

2. (1) $\dfrac{1}{a}$;　(2) π;　(3) $\dfrac{1}{2}$;　(4) $\dfrac{1}{2}$;　(5) $\dfrac{8}{3}$;　(6) $\ln\dfrac{1+\sqrt{a^4+1}}{a^2}$;　(7) $n!$;　(8) π.

习题 5.5

1. (1) $\dfrac{3}{2}$;　(2) $\dfrac{5}{6}$;　(3) $2\pi+\dfrac{4}{3}$;　(4) $\dfrac{9}{4}$;　(5) $\dfrac{3}{8}\pi a^2$;　(6) $3\pi a^2$.

2. (1) $160\pi^2$;　(2) $\dfrac{32}{105}\pi a^3$.

3. 略.

4. (1) $1+\dfrac{1}{2}\ln\dfrac{3}{2}$;　(2) $8a$;　(3) $\dfrac{a}{2}[2\pi\sqrt{1+4\pi^2}+\ln(2\pi+\sqrt{1+4\pi^2})]$.

5. $A=2$;　$V=9\pi$.

6. $\left(\dfrac{1}{\sqrt{3}},\dfrac{2}{3}\right)$;　$A_{\min}=\dfrac{2}{9}(2\sqrt{3}-3)$.

7. $\dfrac{\pi^2}{2}-\dfrac{2\pi}{3}$.

8. $a=-\dfrac{5}{4}$;　$b=\dfrac{3}{2}$;　$c=0$.

习题 5.6

1. 4.9 J.

2. $\dfrac{27}{7}kc^{\frac{2}{3}}a^{\frac{7}{3}}$（其中 k 为比例常数）.

3. $\dfrac{4}{3}\pi R^4$ g.

4. $\dfrac{500}{3}\rho g$ N.

5. $90\pi\rho g$ N.

6. $\sqrt{2}-1$ cm.

总习题 5

1. （1）D；　（2）B；　（3）A；　（4）D；　（5）A；　（6）B.

2. （1）$\dfrac{1}{12}$；　（2）$x-1$；　（3）$xf(x^2)$；　（4）$\dfrac{\pi}{4}$；　（5）2；　（6）$2\pi\displaystyle\int_a^b xf(x)\,\mathrm{d}x$.

3. $\begin{cases}\dfrac{x^2}{2}+x+\dfrac{1}{2}, & x\leqslant 0,\\[2mm] x-\dfrac{x^2}{2}+\dfrac{1}{2}, & x>0.\end{cases}$

4. π^2-2.

5. $\ln(2+\sqrt{3})-\dfrac{\sqrt{3}}{2}$.

6. （1）$\dfrac{2}{3}-\dfrac{3\sqrt{3}}{8}$；　（2）$\dfrac{\pi}{2}+\ln(2+\sqrt{3})$；　（3）$\dfrac{\pi}{4}+\dfrac{1}{2}\ln 2$.

7. 略.

8. $\dfrac{8}{\pi}$.

9–10. 略.

第 6 章

习题 6.1

1. （1）1；　（2）2；　（3）1；　（4）2.

2. （1）不是；　（2）不是；　（3）不是；　（4）是.

3. 略.

4. （1）$y^2(1+y'^2)=4$；　（2）$x^2y''-2xy'+2y=0$.

5. $y=\left(x^2-\dfrac{\pi^2}{4}\right)\sin x$.

6. （1）$2x+yy'=0$；　（2）$\begin{cases}y'-\dfrac{y}{x}=-\dfrac{1+6x^2}{x},\\[2mm] y(1)=0.\end{cases}$

7. $\dfrac{\mathrm{d}T}{\mathrm{d}t}=-k(T-20)$，$T\big|_{t=0}=100$.

8. $t=50$ s，$s=500$ m.

习题 6.2

1. （1）$(x-1)^2+y^2=C$；　（2）$(1+x^2)(1+y^2)=Cx^2$；　（3）$\sin y\cos x=C$；

　（4）$10^x+10^{-y}=C$；　（5）$y=C(x+a)(1-ay)$；　（6）$y(x+\sqrt{x^2+1})=C$.

2. （1）$y^2-1=2\ln(\mathrm{e}^x+1)-2\ln(\mathrm{e}+1)$；　（2）$y=\mathrm{e}^{\frac{\pi}{4}-\arctan x}$；　（3）$(1+x)y=1$；　（4）$\ln y=\tan\dfrac{x}{2}$.

3. （1）$y=x\mathrm{e}^{Cx}$；　（2）$x^3-2y^3=Cx$；　（3）$x^2=C\sin^3\dfrac{y}{x}$；

　（4）提示：令 $\dfrac{x}{y}=u$，$x+2y\mathrm{e}^{\frac{x}{y}}=C$；　（5）$y^2=2x^2(\ln x+2)$.

4. $(1) y = Ce^{-\frac{x^3}{3}}$;　　$(2) y = (x+C)e^{-x}$;　　$(3) y = x(\ln|\ln x| + C)$;　　$(4) y = \dfrac{\sin x + C}{x^2 - 1}$;

　　$(5) x = Cy^3 + \dfrac{1}{2}y^2$;　　$(6) 2x\ln y = \ln^2 y + C$.

5. $(1) y = \dfrac{e^x + ab - e^a}{x}$;　　$(2) y = \dfrac{\pi - 1 - \cos x}{x}$;　　$(3) y = x + \sqrt{1 - x^2}$;　　$(4) y = 2e^{-\sin x} + \sin x - 1$.

6. $(1) y^5(5x^3 + Cx^5) = 2$;　　$(2) 3\sqrt{y} = x^2 - 1 + C(1 - x^2)^{\frac{1}{4}}$;　　$(3) y^2 = Ce^{2x} - x^2 - x - \dfrac{1}{2}$;

　　(4) 提示：化为以 x 为未知函数的伯努利方程，$y^2 = x(\ln y^2 + C)$.

7. $f(x) = \ln x + 1$.

8. $f(x) = \dfrac{1}{2}(\cos x + \sin x - e^{-x})$，令 $x - t = u$.

9. $f(x) = 2xe^x$. 提示：$f(x)$ 满足的微分方程为 $f'(x) - f(x) = 2e^x$.

10. $x = Cy^n$ 或 $y = Cx^n$.

11. $x^2 + y^2 = Cx$.

12. $v = \dfrac{k_1}{k_2}t - \dfrac{k_1 m}{k_2^2}(1 - e^{-\frac{k_2}{m}t})$.

13. $(1) y = \dfrac{x^2}{2}\ln x + C_1 x^3 + C_2 x^2 + C_3 x + C_4$;　　$(2) y = C_1(x - e^{-x}) + C_2$;

　　$(3) y = \dfrac{1}{3}x^3 + C_1 x^2 + C_2$;　　$(4) y = 1 - \dfrac{1}{C_1 x + C_2}$;　　$(5) y = \ln(e^x + e^{-x}) - \ln 2$.

习题 6.3

1. (1) 相关；　　(2) 无关；　　(3) 无关；　　(4) 相关.

2. $y = (C_1 + C_2 x)e^{x^2}$, $y = 2xe^{x^2}$.

3. $y = C_1(x^2 - x) + C_2(x^2 - 1) + 1$, 或 $y = C_1(x^2 - 1) + C_2(x - 1) + 1$.

4. $(1) y = C_1 e^{3x} + C_2 e^{-3x}$;　　$(2) y = C_1 + C_2 e^{4x}$;

　　$(3) y = C_1 e^{(1+\sqrt{2})x} + C_2 e^{(1-\sqrt{2})x}$;　　$(4) y = e^{-\frac{x}{2}}\left(C_1 \cos\dfrac{\sqrt{3}}{2}x + C_2 \sin\dfrac{\sqrt{3}}{2}x\right)$;

　　(5) 当 $a < 0$ 时，$y = C_1 e^{\sqrt{-a}x} + C_2 e^{-\sqrt{-a}x}$，当 $a = 0$ 时，$y = C_1 + C_2 x$，当 $a > 0$ 时，$y = C_1 \cos\sqrt{a}x + C_2 \sin\sqrt{a}x$;

　　(6) 当 $|\lambda| > 1$ 时，$y = C_1 e^{(-\lambda + \sqrt{\lambda^2 - 1})x} + C_2 e^{(-\lambda - \sqrt{\lambda^2 - 1})x}$，当 $|\lambda| = 1$ 时，$y = C_1 e^{-\lambda x} + C_2 x e^{-\lambda x}$，当 $|\lambda| < 1$ 时，$y = e^{-\lambda x}(C_1 \cos\sqrt{1 - \lambda^2}x + C_2 \sin\sqrt{1 - \lambda^2}x)$;

　　$(7) y = C_1 e^x + C_2 e^{-x} + C_3 \cos x + C_4 \sin x$;

　　$(8) y = C_1 \cos x + C_2 \sin x + C_3$;　　$(9) y = (C_1 + C_2 x)\cos x + (C_3 + C_4 x)\sin x$;

　　$(10) y = (C_1 + C_2 x)e^x + (C_3 + C_4 x)e^{-2x}$.

5. $(1) y = 4e^x + 2e^{3x}$;　　$(2) y = (2 + x)e^{-\frac{x}{2}}$;　　$(3) y = (4 - 2x)e^{x-2}$;

　　$(4) y = e^{-x}(\cos 3x + \sin 3x)$;　　$(5) x = \cos t + \dfrac{1}{2}t\sin t$.

6. $y'' - 2y' + y = 0$, $y = (C_1 + C_2 x)e^x$.

7. $(1) y = C_1 e^x + C_2 e^{3x} + 2$;　　$(2) y = (C_1 + C_2 x)e^{2x} + \dfrac{1}{4}(x + 1)$;　　$(3) y = C_1 + C_2 e^x - \dfrac{1}{3}x^3 - x^2 - 2x$;

　　$(4) y = C_1 \cos x + C_2 \sin x - \dfrac{1}{2}x\cos x$;　　$(5) y = C_1 e^x + C_2 e^{6x} + \dfrac{7}{74}\cos x + \dfrac{5}{74}\sin x$;

　　$(6) y = e^{-\frac{x}{2}}\left(C_1 \cos\dfrac{\sqrt{3}}{2}x + C_2 \sin\dfrac{\sqrt{3}}{2}x\right) - \dfrac{2}{26}\sin 2x + \dfrac{3}{26}\cos 2x + \dfrac{1}{2}$.

8. $(1) y = Ae^x + (B + Cx)\cos x + (D + Ex)\sin x$;

　　$(2) y = xe^{4x}[(B + Cx)\cos 2x + (D + Ex)\sin 2x]$;

　　$(3) y = e^x[x^2(B + Cx) + (D\cos 2x + E\sin 2x)]$;

　　$(4) y = e^{3x}[x(Ax^2 + Bx + C) + (D\cos 2x + E\sin 2x)]$;

　　$(5) y = x[(B + Cx)\cos x + (D + Ex)\sin x]$;

（6）$y=A2^x$，提示：$2^x=e^{x\ln2}$.

9.（1）$y=e^x-\dfrac{1}{2}e^{-2x}-x-\dfrac{1}{2}$；　（2）$y=\dfrac{1}{24}\cos3x+\dfrac{1}{8}\cos x$；　（3）$y=e^{-x}(x-\sin x)$；　（4）$y=2xe^x\sin x$.

10.（1）$y=\dfrac{1}{x}(C_1\ln x+C_2)$；　（2）$y=C_1+C_2\ln x+ax$；　（3）$y=x(C_1\ln x+C_2)+x\ln^2x$.

11. $f(x)=\dfrac{1}{2}(\sin x+\cos x+e^x)$.

12. $y=(1-2x)e^x$.

习题 6.4

1. $\dfrac{1-e^{-\frac{t}{40}}}{15}\,\text{kg/m}^3$.

2. $\dfrac{\mathrm{d}y}{\mathrm{d}v}=\dfrac{mv}{mg-\rho B-kv}$，$y=-\dfrac{mv}{k}-\dfrac{m(mg-\rho B)}{k^2}\ln\left(1-\dfrac{kv}{mg-\rho B}\right)$.

3. $t=T+\dfrac{l+L}{v_0}+\dfrac{v_0}{2kg}$，其中 T 为司机的反应时间，k 为路面的摩擦系数.

总习题 6

1.（1）B；　（2）A；　（3）$y^2(y'^2+1)=1$；　（4）$y*=x(Ax^2+Bx+C)e^x$；

（5）$y=C_1\cos x+C_2\sin x+x[(A_1x^2+B_1x+C_1)\cos x+(A_2x^2+B_2x+C_2)\sin x]$；　（6）$y''-2y'+2y=0$.

2.（1）$y=\dfrac{C}{\sin x}-3$；　（2）$e^x=C\cos y-1$；　（3）$y=Ce^{\frac{y}{x}}$；　（4）$y=ax+\dfrac{C}{\ln x}$；

（5）$x=Cy^{-2}+\ln y-\dfrac{1}{2}$；　（6）$y^{-2}=Ce^{x^2}+x^2+1$；　（7）$y=(x+1+C_1)\ln(x+1)-2x+C_2$；

（8）$y-2\ln|y|=x+1$；　（9）$y=e^{-x}(C_1\cos2x+C_2\sin2x)-\dfrac{4}{17}\cos2x+\dfrac{1}{17}\sin2x$；

（10）$y=C_1+C_2e^x+C_3e^{-2x}+\left(\dfrac{1}{6}x^2-\dfrac{4}{9}x\right)e^x-x^2-x$；

（11）$y=C_1\cos(\sqrt{3}\ln x)+C_2\sin(\sqrt{3}\ln x)+\dfrac{x}{2}\sin(\ln x)$.

3. $f(x)=\sqrt{x}-1$.

4.（1）$F'(x)+2F(x)=4e^{2x}$；　（2）$F(x)=e^{2x}-e^{-2x}$.

5. $y''-y'-2y=-3e^{2x}$，$y=C_1e^{-x}+C_2e^{2x}-xe^{2x}$.

6. $y^{(4)}+2y'''+2y''+2y'+y=0$.

7. $f(x)=-3+\dfrac{11}{3}e^{-\frac{x}{2}}+2x+\dfrac{1}{3}e^x$.

8.（1）$y''-y=\sin x$；　（2）$y=e^x-e^{-x}-\dfrac{1}{2}\sin x$.

9. $y=e^x$.

10. $x=a\cos\sqrt{\dfrac{g}{a}}t$.

11. 1.05 km. 提示：$v(t)=v_0e^{-\frac{k}{m}t}$，最长距离 $s=\displaystyle\int_0^{+\infty}v_0e^{-\frac{kt}{m}}\mathrm{d}t=1.05$.

12. $\dfrac{9}{8}$.

参考文献

[1]同济大学数学系. 高等数学：第7版[M]. 北京：高等教育出版社，2014.

[2]邱中华，张爱华，周华，李雷. 高等数学[M]. 北京：高等教育出版社，2010.

[3]薛至纯，余慎之，袁洁英. 高等数学[M]. 北京：清华大学出版社，2008.

[4]伍胜健. 数学分析[M]. 北京：北京大学出版社，2009.

[5]中国科学技术大学高等数学教研室. 高等数学导论：第2版[M]. 合肥：中国科学技术大学出版社，1995.

[6]杨志和. 微积分[M]. 北京：高等教育出版社，2001.

[7]陈纪修. 数学分析[M]. 北京：高等教育出版社，1999.

[8]同济大学数学系. 高等数学[M]. 北京：人民邮电出版社，2017.